कृषि भूगोल
AGRICULTURAL GEOGRAPHY

कृषि भूगोल

AGRICULTURAL GEOGRAPHY

लेखक

डॉ॰ इन्दिरा सिंह

डिस्कवरी पब्लिशिंग हाऊस

नई दिल्ली–110 002

प्रथम संस्करणः 2007

पुनर्मुद्रणः 2023

ISBN: 978-93-5056-659-6

कृषि भूगोल

प्रकाशकः

डिस्कवरी पब्लिशिंग हाऊस प्राइवेट लिमिटेड

4383/4B, अन्सारी रोड, दरियागंज

नई दिल्ली - 110 002

दूरभाष—+91-11-23279245, 23253475, 43596065

+91 9811179893 / +91 9871656464

E-mail: discoverybooksindia@gmail.com

orderdphbooks@gmail.com

namitwasan9@gmail.com

web: www.discoverypublishinggroup.com

Printed at:

Infinity Imaging Systems

Delhi

प्रस्तावना

किसी भी देश की अर्थव्यवस्था में कृषि का महत्वपूर्ण स्थान होता है। एक ओर यह हमारी भोजन की आवश्यकता को पूर्ण करता है तो दूसरी ओर उद्योग के लिए कच्चा माल भी उपलब्ध कराता है। कृषि के उद्भव एवं विकास से अनुसंधान के नये क्षेत्र का मार्ग प्रशस्त किया है। इसके तहत भूविज्ञानियों, वनस्पति, भौतिक और प्राणी विज्ञानियों सहित पुरातत्वविदों सहित विविध क्षेत्रों से जुड़े विशेषज्ञों नें जरूरी सामग्री जमा की। मानव ने वनस्पति को नियंत्रित या प्रभावित करने हेतु शुरूआती प्रयास किये। इससे पूर्व पौधों तथा वृक्षों से उसे प्रत्यक्षतः कुछ मात्रा में भोजन की प्राप्ति होती है। आदि मानव को कुछ मात्रा में भोजन जंगली जानवरों और पक्षियों से प्राप्त होता था। तत्पश्चात् मानव ने पत्थर के औजार बनाये, पत्थरों के घर्षण से अग्नि उत्पन्न होता देख, अग्नि में भूनकर खाना शुरू किया। वनों को साफकर खेती करना शुरू किया। शनैःशनैः कृषि जन्म कार्यों के लिए उत्तम पौधों का चयन किया।

प्रस्तुत पुस्तक में कृषि के समस्त पहलुओं पर प्रकाश डाला गया है। इसमें कृषि की उत्पत्ति एवं प्रसार; कृषि भूमि उपयोग; कृषि प्रकार; नवीन कृषि पद्धतियाँ आदि विषयों पर प्रकाश डाला गया है। पुस्तक की भाषा सरल व सुबोध है। आशा है पुस्तक पाठकों के लिए उपयोगी होगी।

—लेखिका

अनुक्रम

1

कृषि की उत्पत्ति एवं प्रसार

पुरा पाषाण कालीन मानव को कृषि तकनीक की कोई जानकारी नहीं थी। जंगली फलों और आखेट से प्राप्त पशुओं का मांस इनका खाद्य पदार्थ था निवास के रूप में पर्वत की कन्दराएं। इसके लिए सुरक्षित आश्रयणी समझी जाती थी। गुफाओं के मुहाने पर अलाव जलाया जाता था ताकि हिंसक जंगली जानवर अनसे दूर रहें। शिकार के लिए नुकीले पाषाण को घिस कर हथियार का रूप दे दिया जाता था। पुरातात्विक उत्खनन में विभिन्न आकार के तीक्ष्ण पत्थरों की प्राप्ति से इस तथ्य की पुष्टि होती है। कालांतर में मानव ने मांस को भुनकर खाना शुरू किया। जंगलों को काटकर कृषि करना प्रारंभ किया। धीरे-धीरे कृषि कार्यों के लिए उच्च कोटि के पौधों का चयन शुरू हुआ। कृषि की उत्पत्ति से अनुसंधान नामक नवीन क्षेत्र का मार्ग प्रशस्त हुआ। इसके अन्तर्गत भूविज्ञानियों, वनस्पति, भौतिक और प्राणी विज्ञानियों सहित पुरातत्वविदों सहित विविध क्षेत्रों से जुड़े विशेषज्ञों ने जरूरी सामग्री जमा की। मानव ने वनस्पति को नियंत्रित या प्रभावित करने हेतु शुरूआती प्रयास किये।

अपने परिवेश के पास वृक्षारोपण एवं पशुओं को पालतू बनाने के कार्य का शुभारम्भ 8000 ई. पूर्व से शुरू हुआ। प्रारम्भिक कृषि व पशुचारण स्थिति के मध्य का सम्बन्ध विवादपूर्ण है। इस संबंध में एक मत यह है कि नवीन अन्नोत्पादक अर्थव्यवस्था मिश्रित कृषि (mixed farming) की शैशव स्थली (Cardle) से

भिन्न-भिन्न दिशाओं में फैली। यह शैशवस्थली उर्वरचाप (fertile Crescent) में अवस्थित थी। इनमें से एक अर्थव्यवस्था यूरेशिया के स्टेप प्रदेश में गई। वहाँ वह पहले ही पशुचारणिक व चलवासी अर्थव्यवस्था के रूप में परिवर्तित हो गई। इस प्रक्रिया में पर्यावरण के कारकों ने महत्त्वपूर्ण योगदान दिया। दूसरा मत क्रमशः पादप कृषि के भिन्न-भिन्न उद्भवों तथा पशुधन पालन के सिद्धान्तों पर विचार करता है। ये दोनों अर्थव्यवस्थाएँ प्राचीन दुनिया के द्वितीय महाद्वीपों में फैली हुई हैं। ये उर्वरचार प्रदेश अथवा निकटवर्ती देशों में एक दूसरे से मिल गईं और अंतःमिश्रित हो गईं। इस प्रकार यहाँ उन्होंने मिश्रित खेती को जन्म दिया। यह पद्धति रोमन परंपरा से चली आ रही है कि खेती का उद्भव और विकास इस अनुक्रम में हुआ। प्रथम, वन्य प्राणियों का शिकार, द्वितीय, वन्य फलों व भोज्य पदार्थों का संग्रहण व तृतीय, पशुचारण। किन्तु अब इसे शायद ही स्वीकार किया जाता है। इसी तरह एक दूसरा विचार यह है कि कृषि की उत्पत्ति ऐसी विशाल घाटियों में हुई है, जहाँ जल नियंत्रण की आवश्यकता पड़ती थी। इस मत के विरूद्ध भी साक्ष्य प्रस्तुत किये गये हैं जैसेः—गिरीपाद प्रदेशों के बीच और उच्च भूमि प्रदेशों में जहाँ मृदाएँ मिली हैं। कृषि की उत्पत्ति के संबंध में सायर का अभिमत अधिकतर स्वीकृत किया गया है, जिसके मुख्य बातें निम्नलिखित हैं—

(क) कृषि की उत्पत्ति उन समुदायों में नहीं हुई जहाँ अनाज का बहुत अभाव था। बल्कि वहाँ हुआ जहाँ कृषि के प्रयोग करने के लिए अभावों से उन्मुक्तता थी।

(ख) शैशवस्थली में उपज उगाने के कार्यों को (hearth of demostication) पौधों अथवा पशुओं के विशिष्ट विभिन्नता वाले प्रदेशों में खोजना चाहिए।

(ग) आदिम कृषि का आरम्भ विशाल नदी घाटियों में न होकर पहाड़ी भूमियों में हुआ, क्योंकि वे दीर्घ बाढ़ों द्वारा प्रभावित होती थीं।

(घ) खेती जंगलों से परिपूर्ण भूमियों में शुरू हुई, क्योंकि वहाँ की मिट्टी को आसानी से कार्यावस्था में लाई जाती थी।

(ङ) खेती के आविष्कारों ने पहले से ही विशिष्ट प्रवीणता हासिल कर ली थी, किन्तु आखेटक लोग घरेलू कार्यों की ओर बहुत कम प्रवृत्त हुए।

(च) सबसे महत्त्वपूर्ण बात यह है कि खेती के संस्थापक स्थानबद्ध मनुष्य थे। फसलों के पकने, कटने तथा खलिहान में पहुंचने तक लगातार देखभाल की आवश्यकता होती है। लगातार ध्यान न दिए जाने पर फसल को हानिकारक कीटों और पशु-पक्षियों से नुकसान पहुंचने का खतरा बना रहता है।

सायर का विचार है कि सम्भवतः कुछ उत्तम तथा मृदुल जलवायु में, मीठे पानी के जलाशयों के किनारे रहने वाले लोगों ने कृषि व्यवसाय आरम्भ किया होगा। उनके अनुसार दक्षिण-पूर्वी एशिया प्रारम्भिक कृषि की शैशवस्थली है। मत्स्य शिकार और कृषि संस्कृति के विकास हेतु इसके समान दूसरा कोई क्षेत्र इतना उपयुक्त या कृषि कर्म की दृष्टि से परिष्कृत नहीं है। उनका विचार यह है कि दक्षिण-पश्चिम एशिया के पशु-समूहों के विपरीत यहाँ पालतू-पशु, उदाहरणस्वरूप, शूकर, कुत्ता, बत्तख, कुक्कुट व हंस आदि घरेलू पशुओं के रूप में पैदा हुए। उन्होंने यह स्वीकार किया कि यह पौध-रोपण की तकनीक व वास्पतिक-जनन Planting Technique and Vegetative Reproduction) का प्रमुख केन्द्र भी है, जिसे मनुष्य ने बीजों से फसलों को तैयार कराने के पहले सीखा।

सायर के मतानुसार इन संस्कृतियों का प्रसार प्रशान्त क्षेत्र में हुआ। ये उत्तर की तरफ चीन, हिन्द महासागर के चतुर्दिक ओर से अफ्रीका और भूमध्यसागरीय भूमि से होकर यूरोप में फैलीं। ऊष्ण-कटिबंधीय अमरीका में वानस्पतिक-जनन (Vegetative Reproduction) पर विश्वास किया जाता है। उन्होंने वानस्पतिक पौध-रोपण (Vegetative planting) की उत्तर-पश्चिमी आखिरी सीमा अर्थात् मेक्सिकन मध्य-अमरीकन सीमा को मुख्य बीज-पौधों का जन्म स्थली स्वीकार किया। सायर ने पुरानी दुनिया में बीजों के उपजाने के तीन केन्द माने है। प्रथम, उत्तरी चीन में, द्वितीय, पश्चिमी भारत में, जो पूर्वी भूमध्यसागर तक फैला है, तृतीय इथीओपिया में। इन तीनों क्षेत्रों में वानस्पतिक- पुनरूत्थान को मुश्किल बनाया गया था वार्षिक बीज उत्पादन जलवायु द्वारा आसान बना था।

कुछ वर्ष पहले बेबिलोन तथा अन्य रूसी वैज्ञानिकों ने 1916 तथा 1930 ई. के मध्य विश्व भर में अभियान किये, जिनके आधार पर उन्होंने विश्व के बहुत ही महत्त्वपूर्ण कृषि पौधों (Cultivated Plants) की उत्पत्ति के आठ स्वतंत्र केन्द्रों को सूचीबद्ध किया–

1. चीन–यह सर्वप्रमुख तथा विशालतम स्वतन्त्र केन्द्र है, जो मध्य पश्चिमी चीन के पर्वतीय प्रदेशों निकटवर्ती निम्न भूमियों से बना है। बेबिलोन वे इस प्रदेश में ज्वार-बाजरा,(Millets) कुटू (Buck-wheat), सोयाबीन, शिम्ब और फल अन्य 136 स्थानिक जातियाँ सूची बद्ध कीं।

2. उत्तरी-पश्चिमी भारत को छोड़कर बर्मा असम सहित शेष भारतवर्ष। भारत [illegible], चावल अनेकों फलियों तथा आम तथा कई निम्बु-वंशीय पौधा

सहित अनेक ऊष्ण-कटिबंधीय फलों के पौधों का जन्म-स्थल रहा है। कद्दू, दालें तथा खीरा सहित अन्य साग-भाजियाँ, सलाद, मूली आदि 117 सूचीबद्ध जातियों में थे।

3. मध्य एशिया, इसमें उत्तर पश्चिमी अफगानिस्तान, भारत, ताजि किस्तान, पश्चिमी उज्बेकिस्तान त्येन-शान शामिल है। इस क्षेत्र की प्रमुख विशेषतायें—गेहूँ के मुख्य वर्ग, महत्त्वपूर्ण मटर सहित अन्य फलियाँ, मसूर, सेम तथा कपास हैं। 42 जातियाँ सूचीबद्ध की गई थीं।

4. सुदूर पूर्व, इसमें एशिया-माइनर के आंतरिक भाग, ट्रांसकाकेशिया ईरान तथा तुर्कमेनिस्तान की उच्च-भूमियाँ शामिल है। यहाँ की 83 सूचीबद्ध जातियों में से गेहूँ तथा राई की नौ वानस्पतिक जातियाँ अंगूर, अंजीर, नाशपाती, चेरी, बादाम, अखरोट और एल्फाफा थे।

5. भूमध्यसागरीय केन्द्र जौ, जैतून तथा अनेक साग-सब्जियों का गृह है। यह एक महत्त्वपूर्ण पूरक साधना था, जिसमें कृषि के लिए अधिक आशाजनक प्रकारों को चुनने में मनुष्य का स्थान मुख्य रूप से उल्लेखनीय है।

6. इथिओपिया। बेबिलोन के 1972 के अभियान से इस क्षेत्र का महत्त्व उद्भव के एक स्वतंत्र केन्द्र के रूप में अस्तित्व में आया। यह क्षेत्र गेहूँ, सौधम, जौ, ज्वार-बाजरा के अनेक प्रकारों के लिए विशेष महत्त्वपूर्ण है। यहाँ 38 सूचीबद्ध जातियाँ थीं।

7. दक्षिणी मेक्सिको मध्य-अमरीका (एन्टीलोस सहित) यहाँ शकरकन्द, मक्का और उच्चभूमि प्रकार के कपास का प्राथमिक केन्द्र था यहाँ 49 स्थानिक जातियाँ सूचीबद्ध की गई थीं।

8. दक्षिण-अमरीका। 1932-33 के रूसी अभियान के बोलीविया, पेरू ईक्वाडोर के उच्च-पर्वतीय क्षेत्र के महत्त्व पर जोर दिया। यह स्थानिक पौधों में विशेषकर श्रेष्ठ उल्लेखनीय था। अन्य प्रतिष्ठित केन्द्र चिली द्वीप हैं। ब्राजील पेरागवे के क्षेत्र, में कुल 62 सूचीबद्ध जातियाँ थीं। पुरानी दुनिया के बीज नर्जण हरे शैशव स्थली की कृषि में अनाज सामन्त तंत्र ने किसान या चाकर (Serf) को सम्पदा से बाँध दिया। षष्टम शताब्दी में बाईजेटियन से पूर्व में किसान वर्ग को स्वतंत्र करना आरम्भ हो गया किन्तु पश्चिमी यूरोप में यह आन्दोलन समान रूप से नहीं चला। चतुर्थ शताब्दी में मिश्र में कुछ मठ (बिहार) विकसित हुए थे। जिनका अनुकरण पश्चिम की उन्नति से संभव हुआ, जिसने वैज्ञानिक कृषि भूमि विकास को जीवित बनाये रखने में सहयोग किया की।

मध्य-काल में खेती का विकास

वर्तमान में हमें यह ज्ञात हो चुका है कि अठारहवीं शताब्दी की कृषि क्रान्ति और व्यावसायिक खेती के उद्भव से पूर्व मध्यकाल में कृषि तकनीक, कृषि उपस्कर और प्रशासनिक विकास के सम्पन्न होने में लगभग एक हजार वर्ष का समय लगा। इस काल में सामंती प्रथा का चलन था। इस व्यवस्था में आश्रित अपने उत्पादन का एक भाग स्वामी को प्रदान करता था; व उसे इसके साथ ही भू-सम्पत्ति (क्मउमेदम) पर बिना मजदूरी लिए मेहनत करना पड़ता था। इस प्रणाली में खेत की जुताई स्वामी के फायदे हेतु की जाती थी।

सही मायने में यह प्रणाली ऐसी आर्थिक व्यवस्था की प्रतिक्रिया थी जिसमें मुद्रा की कमी थी। उदाहरणार्थ पश्चिमी यूरोप में आर्थिक व सैन्यशक्ति के पूर्व की ओर चले जाने से वहाँ चाँदी तथा सोना भी क्रमशः खाली हो गया। इस क्षेत्र में मुसलमानों की जीत के कारण पश्चिमी यूरोप भूमध्यसागरीय प्रदेश से कट गया जिससे सामन्तशाही व सामन्ती व्यवस्था (Manorial system) सम्पूर्ण कैरोलिजी (Carolingian Empire) साम्राज्य में फैल गई। इंग्लैण्ड की नार्मन जीत के बाद सामन्तशाही के सैन्य उत्तरदायित्व सामन्ती व्यवस्था पर अनुचित लार्भाजन करने लगे। ये प्रणालियाँ सेक्सन्स लोगों ने पहले ही विकसित करली थीं। कैरोलिंजी साम्राज्य (Caroliagian Empire) की सामन्ती प्रणाली में जगह-जगह पर अन्तर पाये जाते थे। स्केन्डेनेविया और उत्तर सागर तट इस प्रणाली से बहुत कम प्रभावित हुए क्योंकि उनकी व्यापारिक आर्थिक व्यवस्था पशुपालन पर आश्रित थी। खेतों के आकार व उनके उपयोग में भी पूर्वानुमान से ज्यादा बदलाव हो गये। खेत खुले थे तथा उनमें अलग-अलग बाड़ नहीं लगाई जाती थी। वे क्यारियों में जोते जाते थे। ऐसे खेत मध्ययुग के विशेष रूप से अभिन्न अंग समझे जाने लगे। किन्तु कुछ क्षेत्रों में आज भी भिन्न-भिन्न दीवारों से घिरे हुए खेत उपलब्ध पाये जाते है। उपनिवेशों के प्रदेशों में जैसे हालैण्ड की पर्क भूमियों में प्रक्षेत्र गृह भिन्न-भिन्न क्यारियों में स्थित थे।

इस युग में कृषि की निम्न पाँच विधियाँ उल्लेखनीय थीं—

1. स्काटलैण्ड व आयरलैण्ड की इनफील्ड, आऊटफील्ड प्रणाली (The infleld outfield system) तथा इसी प्रकार की अन्य प्रणालियाँ जिनमें भूभि के एक टुकड़े पर ज्यादा से ज्यादा खाद खोदकर लगातार कृषि की जाती थी। किन्तु दूसरे टुकड़े जिनमें लगातार खेती नहीं की जाती थी, उसमें कभी-कभी ही खाद दी जाती थी।

2. अस्थायी कृषि, जिसके उपरान्त भूमि एक अनिश्चित काल के लिए अकृष्य पड़ी रहने दी जाती थीं।

3. द्विसस्यावर्तन क्रम (The two course rotation)इसमें भूमि को जोता जाता था, किन्तु एकान्तर वर्षों में उसे पड़ती छोड़ दिया जाता था।

4. त्रिसस्यावर्तन (The three course rotation) इसमें शीतकालीन (गेहूँ तथा राई) के पश्चात् वसंतकालीन अनाज (जौ और जई) बोया जाता था। इसके बाद भूमि को पड़ती छोड़ दिया जाता था।

5. त्रि-वर्षीय प्रणाली (A three year rotation) इसमें जमीन एक वर्ष में जोती जाती थी, इसके पश्चात् उसे दो वर्ष के लिए पड़ती छोड़ दिया जाता था।

द्विसस्यावर्तन क्रम का प्रयोग मुख्य रूप से भूमध्यसागरीय क्षेत्र में होता था। यहाँ शीतकालीन अन्न के उत्तरी यूरोप में भी जहाँ बसंतकाल तक वपनीय खेत तैयार नहीं किये जा सकते हैं। उन स्थानों में द्विसस्यावर्तन क्रम का उपयोग होता था। अन्य मध्यवर्ती भागों में शीतकालीन व बसंतकालीन अनाज उगाये जा सकते थे। त्रिसस्यावर्तन क्रम से उत्पादन में उन्नति हुई किन्तु तेज गति से बढ़ती हुई जनसंख्या की जरूरतों की पूर्ति के लिए यह अपर्याप्त थी। मध्यकाल के उपरान्त बारहवीं शताब्दी के उत्तरार्द्ध और तेरहवीं सदी में आबादी की बढ़ोतरी एवं द्रव्य के परिचालन में प्रगति से अनाज की कीमतों में अत्यधिक बढ़ोतरी हो गयी। फलतः दलदली तथा जंगली भूमि का उद्धार किया गया व चरागाहों की भी जुताई की गई। हाल ही में जनसंख्या से उनकी उपनिवेशीय खेती सीमान्त भूमियों तक फैल गया। खाद की अपर्याप्तता से उनकी प्रादुर्भूत उर्वरकता तुरन्त ही समाप्त हो गई।

उर्वरक भूमियों का उपविभाजन इतना हुआ कि अनेक क्षेत्रों में खेत इतने छोटे हो गये कि उनपर आश्रित जनसंख्या का भरण पोषण होना मुश्किल हो गया। इस युग के आर्थिक बदलाव चौदहवीं शताब्दी में घटित मन्दी के दौर से सामंती व्यवस्था का क्रमशः परित्याग कर दिया गया। कृषि-दास को महान त्याग के उपरांत स्वतन्त्रता का मुख देखने को मिला। कुछ मामलों मे उन्हें ऐसा करने के लिए मजबूर किया गया। परिणामतः छोटे जोतदारों और काटरों का एक नवीन वर्ग दूर-दूर तक विस्तारित हो गया। 1300 ई. से गेहूँ के मूल्य शनैः-शनैः गिरने लगी। प्लेज व 1347-58 ई. की ब्लैक डेथ (Black death) की भयंकर महामारी ने यूरोप का सर्वनाश कर दिया तथा पन्द्रहवीं शताब्दी में गम्भीर गिरावट आ गई। इससे फसलों का बोना कम हो गया तथा पशुधन पालन में बृद्धि हुई बढ़ती हुई ऊन की माँग का सामना करने हेतु भेड़-पालन को अधिक महत्त्व दिया गया।

बारहवीं शताब्दी की समाप्ति के पहले ही अनेक सिस्टरसियन खेत (Cistercian farm) भेड़ पालन में विशिष्टकरण प्राप्त करने लगे व उनके उत्तम संगठन सुधारों के लिए सुविधाएँ देने लगे; किन्तु पन्द्रहवीं शताब्दी में ही कृषि का व्यवसायिक रूप में व्यापक रूपान्तर हुआ। औद्योगिक फसलें, अम्बाड़ी, फ्लैक्स रेगवाले पौधे व तिलहन आदि अधिक महत्त्वपूर्ण हो गए तथा अंगूर की बेलें अधिक से अधिक लगाई जाने लगीं। सोलहवीं शताब्दी में धान्य की कीमतों में दुबारा वृद्धि हो गई। ये जनसंख्या में नवीन उन्नति तथा वृद्धि को व्यक्त करती थी। भूमि उद्धार की एक नई लहर आई तथा उच्च पैदावार के लिए अन्वेषण तथा अधिक खाद का प्रयोग "भोज्य एवं औद्योगिक फसलों" में किया जाने लगा।

ऊष्ण तथा उपोष्ण कटिबंधीय क्षेत्रों में उपनिवेशन से व्यावसायिक सस्य के उत्पादन के लिए बागान प्रणाली की खोज की गई। सत्रहवीं व अठारहवीं शताब्दी में मन्दी के काल आये। कृषि व पशु-चारण संवर्धन (Pastoral&husbandry) की सापेक्ष सफलता के मनुहार में उनमें उतार-चढ़ाव हुए। जनसंख्या की सामान्य बढ़ोतरी तथा सुधार होने से खेती-बाड़ी के लिए नवीन स्थिति का निर्माण हो रहा था।

18वीं सदी के उत्तरार्द्ध तक नयी कृषि तकनीक यूरोप की सीमाओं को लांघ कर अन्य महादेशों में पहुंच गयी। कृषि प्रणालियों की स्थानपूर्ति अनेक चरणों में हुई इसमें निरन्तर सस्यावर्तन द्वारा पलिहर तथा नई फसलों को बोना शामिल था। यह बदलावट जगह-जगह पर अलग-अलग थी, जो अनेक शताब्दियों तक चलती रही। सिलवर वान वाथ में जोतने की ग्यारह प्रणालियाँ सूचीबद्ध कीं, जिसमें सत्रहवीं शताब्दियों के अलग-अलग कालों की पलिहर तथा चारा फसलें शामिल हैं।

कृषि-भूमि क्रान्ति

सही मायने में कृषि भूमि-क्रान्ति और औद्योगिक क्रान्ति दोनों एक दूसरे से सम्बद्ध थे। जैसा कि इंगित किया जा चुका है ये क्रान्तियाँ अचानक न होकर शनैः-शनैः प्रकट होने वाले प्रायोगिक की मनोभावना में का परिणाम थी। सुदूरवर्ती क्षेत्रों तक फैल गई। 1709 ई. में अब्राहम डबी कोलबुक डेल में कोक की मदद से लोहे के ढालने का कार्य कर रहे थे। किन्तु कोलबकडेल तथा रेक्सहम जिलों के बाहर 1750 ई. तक नहीं अपनाई जा सकी। सभी प्रकार के लोहे को ढालने के पहले उसमें अनेकों सुधार करने पड़े। जैसे-जैसे लोहे ढालने की नयी विधियाँ अपनाई जाने लगीं वैसे-वैसे कृषि व अन्य उद्योगों का सस्ता लोहा सुलभता से प्राप्त होने लगा। वाष्प-शक्ति भी आसानी से प्राप्त होने लगी। नहरों व रेलों के निर्माण से उद्योग शालाएँ कच्चे माल से सम्बधित हो गए। विकसित नगरी पण्यक्षेत्र व कृषि उपजों

को भेजने के लिए परिवहन का प्रबन्ध किया गया। इससे उद्योग शालाएँ तथा पूरक सेवाओं की तीव्रता से वृद्धि हुई। इसका परिणाम यह हुआ कि श्रमिकोंकी माँग की पूर्ति भी बढ़ गई।

दूरस्थ क्षेत्रों से श्रमिकों को बुलाये जाने के बावजूद श्रमिकों का अभाव बन रहा। फलस्वरूप ज्यादा कार्य निर्पुण खेती की विधियों की ओर ध्यान दिया गया। इससे खेतों व बाड़ों के प्रबन्ध को अधिक आसान बना लिया गया। जो भूमि सुधारों के लिए बहुत ही जरूरी शर्त थी। नयी कृषि तरीकों का महत्त्वपूर्ण लक्षण विशिष्टकरण था। पहले आदिम यातायात व्यावसायिक सेवाओं तथा परम्परागत प्रविधियों के सीमित होने के कारण अधिकांशतः किसान विक्रय के लिए अतिरिक्त उत्पादन नहीं करते थे; किन्तु अब उद्योगशालाओं, यातायात खानों तथा जालों के कारण भूमिहीन श्रमिक बल का निर्माण हुआ। उनके लिए अरिरिक्त उत्पादन की जरूरत पड़ी। आत्मनिर्भरता मूलक कृषि से किसानों की पेय भोजन व वस्त्रों की न्यूनाधिक आवश्यकताओं की पूइबीर्ति होती थी। अब गेंहू जैसी प्रमुख फसल अधिक अनुकूल उत्पादन क्षेत्रों से कम अनुकूल क्षेत्रों में उपजायी जाने लगी। इसके परिमाणतः यह हुआ कि इन फसलों का उत्पादन कम होने लगा। इसका कारण यह था। कि पलिहर के अर्न्तगत मिट्टी की उर्वरकता की क्षतिपूर्ति अपर्याप्त थी।

जड़ फसलों के बोने से इससे न सिर्फ उर्वरकता की उत्तम रीति से बनाये रखने में सहयोग मिला व आंतरिक्त फसलों की प्राप्ति हुई बल्कि इससे कृषि का विशिष्टीकरण सरल हो गया। उदाहारणस्वरूप शलजम का उत्पादन पशुओं के लिए तथा आलुओं का उत्पादन मानवीय उपभोग के लिए किया जाने लगा। खेती के क्षेत्र में घासपात की उन्नति पर प्रतिबन्ध लगाकर निरन्तर कृषि करना जेथरो टल को ड्रिल से बोने तथा हार्स होईग खेतीबाड़ी(Jethro Tulls* Drilling and Horse & Hoeing Husbandry) द्वारा संभव हो सका। इस विधि में बीज ड्रिल द्वारा सीधी कतारों में बोये जाते थे। इससे कतारबद्ध कृषि संभव हो सकी। इसे नारफोफ सस्यावर्तन में प्रत्यावर्ती निर्वातक तथा पुनर्योजक भूमि उपयोग के सिद्धान्त में सम्मिलित कर दिया गया।

सस्यावर्तन को पूरा करने के लिए अस्थायी घास के बाद वसंतकालीन अनाज (जौ तथा जई) बोया जाने लगा। इसके बाद जुताई की गई। तदोपरान्त शीतकालीन अनाज (गेहूँ) बोया जाने लगा तथा आखिर में जड़ वाली फसलें बोई जाने लगीं। कुछ समय उपरान्त यह आवश्यक समझा गया कि भूमि में खाद की पूर्ति करने हेतु जाड़े में पशुधन अधिक संख्या में रखा जाए। इंग्लैण्ड के पूर्वी भागों की हल्की मिट्टियों वाले

क्षेत्रों में इसे प्रामाणिक विधि माना गया। ज्यादा नम भागों में चरागाहों के नाइट्रोजन चक्र को सुधारने के लिए तिरपतिया घास व सम्बन्धित पौधों की रक्षा करना अधिक जरूरी था। नोवारिका घास व तिरपतिया घास भूमियों के के आस-पास चरागाहें विकसित हुई।

शीतकाल में ज्यादा पशुओं को रखने व उनके स्वास्थ्य को सुधारने हेतु शाद्वल (Meadows) पर्याप्त सूखी घास का उत्पादन करते थे। इस प्रकार किसान कृषि के अनुपयुक्त प्रदेशों से दूध उत्पादन की पूर्ति संभव हुई। अठारहवीं व उन्नीसवीं शताब्दियों में भूमि उपयोग में प्रादेशिक बदलाव तथा पशुलन के परिष्कृत प्रजनन से यूरोप की जलवायु की क्षमता का पूर्णतः फायदा उठाया जा सका। जैसे-जैसे कृषि कार्यों में घोड़ों की तुलना में बैलों का उपयोग होने लगा वैसे वैसे मांस व दूध के गुणों के आधार पर पशु-प्रजनन के चुनाव पर दिया जाने लगा। दूध व मोटे पशुओं की प्राप्ति के लिए स्थानीय जलवायु परिवहन और मिट्टी दशाओं के अनुकूल प्रजनन में परिष्करण में किया गया। इस प्रकार जर्सी, आयरशायर, फ्रायसियन और डेरीशारथार्न डेरी नस्लें तथा हियरफोर्ड एंगस एवरडीन और बीफ या स्काच शारथनं गौ मांस की नस्लें तैयार हुईं। औद्योगिक निर्माताओं को विविध वर्गों के ऊन की पूर्ति हेतु भेड़ों की नस्लों को चुनी हुई प्रजनन-प्रक्रियाओं द्वारा सुधारा गया।

विभिन्न प्रादेशिक पर्यावरणों का लाभ उठाने हेतु विशिष्ट नस्लें तैयार की गईं। इससे एक-एक फार्म पर विशिष्टीकरण को प्रोत्साहन मिला। एक शताब्दी से भी अधिक का समय बीत गया किन्तु फिर भी ब्रिटिश द्वीप पुंज के सभी क्षेत्रों और समस्त किसानों द्वारा ये कृषि विधियाँ अंगीकार नहीं हो पाईं। उन्नीसवीं शताब्दी के आरम्भ में नवीन व्यवस्था का प्रभुत्व स्थापित हो गया और पुरानी व्यवस्था परावृत हो गई। निम्नभूमियों की खेती को नयी प्रविधियों की दिशा की ओर लाया गया। इसके पहले यह कृषि सुदूरवर्ती और कम उत्पादन पहाड़ी प्रदेशों की ओर ले जाई गई थी। उन्नीसवीं सदी के आगमन के साथ ही यूरोप में वाष्प युग के उन्नत परिवहन मौजूद हो गये, जिनके द्वारा नवीन विशेषकर, भूमियों अमरीका से माल मौजूद हुआ।

वहां उपलब्ध विशाल भू-क्षेत्रों का लाभ उठाने हेतु यूरोपीय पद्धतियों का इस्तेमाल किया गया। इसमें कम श्रमिकों व अधिक मशीनरी का इस्तेमाल किया गया। इससे उत्पादन लागतें एक ऐसी सीमा तक घट गईं कि ब्रिटेन में स्थानीय उत्पादन की तुलना में जहाजों द्वारा आयातित अनाज ज्यादा सस्ता बेचा जा सकता था। इससे मांग तेज गति से बढ़ी। इंग्लैण्ड के उद्योगपति मजदूरी को नीचे लाने के लिए सस्ता अनाज चाहते थे। क्योंकि वे निर्माण लागतें नीचे रखना चाहते थे। इसके लिए ब्रिटेन में कार्न कानूनों को समाप्त कर दिया गया।

विश्व में आर्थिक व्यवस्था के अंग होने की वजह से उसे स्वतः ही समायोजित होना पड़ा। इस तरह इसने न सिर्फ ब्रिटेन को बल्कि समस्त यूरोपीय देशों पर न्यूनाधिक मात्रा में अपना प्रभाव डाला। उन्नीसवीं शताब्दी के मध्य तक कृषि के वितरण को प्रभावित करने वाले समस्त प्रमुख तत्त्वों को सक्रिय रूप से जारी किया गया।

खेती को प्रभावित करने वाले कारक

कृषि कार्य के पीछे कई कारकों का सम्मिलित योगदान होता है। प्राकृतिक, आर्थिक, राजनीतिक तथा सामाजिक और सांस्कृतिक कारकों द्वारा खेती को संचालित किया जाता है। इन्हीं कारकों के फलस्वरूप कृषि को वैशिष्ट्य दर्जा प्राप्त होता है। साथ ही इन्हीं की समरूपता तथा अनेकरूपता के परिणाम कृषि प्रदेशों का उदय होता है जिससे एक क्षेत्र में एक विशेष प्रकार की फसल पैदा होती है तो दूसरे भाग में भिन्न प्रकार की फसल उत्पन्न होती है। इस प्रकार इन्हीं कारणों के परिणामतः कृषि में भिन्नता पायी जाती है जिससे कहीं चावल उत्पन्न होता है तो कहीं गेहूँ। इसी प्रकार किसी क्षेत्र में गन्ना उत्पन्न होता है तो किसी में रबर। कहीं सघन कृषि की जाती है तो कोई क्षेत्र कृषि से शून्य भी मिलता है। कृषि में ये भिन्नताएँ विभिन्न कारकों की देन हैं। कृषि में यह भिन्नता तथा साम्यता इन्हीं कारकों द्वारा निर्धारित होती है। इस प्रकार कृषि को प्रभावित करने वाले कारकों को कुछ मुख्य वर्गों में बांटा जा सकता हैं। ये कारक कृषि को केवल प्रभावित ही नहीं करते अपितु दिशा तथा गति भी प्रदान करते हैं जो निम्नांकित हैं–

1. राजनीतिक कारक (Political Factors)
2. सामाजिक तथा सांस्कृतिक कारक (Social and Cultural Factors)
3. आर्थिक कारक (Economic Factors)
4. प्राकृतिक कारक (Natural Factors)

राजनीतिक कारक

कृषि को प्रभावित करने वाले कारकों में प्राकृतिक, सामाजिक तथा आर्थिक तथ्यों का अध्ययन विशेष तौर पर तुलनात्मक रूप में किया गया है। किन्तु खेती पर राजनीतिक नीतियों से होने वाले प्रभावों का अध्ययन तुलनात्मक रूप में बहुत ही कम हुआ है जबकि इसका प्रभाव स्थानीय, राष्ट्रीय एवं अन्तर्राष्ट्रीय सभी स्तरों

पर पड़ता है। सं.रा. अमेरिका के प्रादेशिक कृषि स्वरूप में राजनीतिक एवं प्रशासनिक प्रभावों से सम्बन्धित विशेष अध्ययन हुए हैं। इसके अतिरिक्त यूरोपीय देशों में भी राजनीतिक निर्णयों का कृषि पर पड़ने वाले प्रभावों का अध्ययन किया गया है। विश्व के लगभग समस्त देशों में वहाँ की सरकारों द्वारा प्रतिपादित नीतियों के द्वारा खेती का संचालन किया जाता है। इन नीतियों में भूमि सुधार, भूस्वामित्व, जोत का आकार आदि का निर्धारण एवं कार्यान्वयन सरकारी संरक्षण में ही संभव होता है।

चूँकि कृषि भी एक उद्यम है इसलिए इसके समुचित विकास के लिए सरकारी तन्त्र द्वारा पर्याप्त पूँजी विनियोजन, विपणन, कृषि उत्पादों के परिवहन, मूल्य निर्धारण आदि में राजनीतिक व्यवस्था का प्रमुख योगदान होता है। विश्व के विभिन्न देशों में भूमि सुधार तथा चकबन्दी द्वारा फार्म बड़े करके उत्पादन बढ़ाने का प्रयत्न सरकारी प्रयासों के ही परिणाम हैं। यूरोप और भारत में चकबन्दी के प्रभावों का विशद अध्ययन हुआ है जबकि मैक्सिको सरकार ने वहाँ के बड़े-बड़े इस्टेट को छोटे-छोटे फार्मों में विभक्त कर दिया है। ये फार्म इतने छोटे हो गये हैं कि उन पर खेती करना आर्थिक दृष्टि से उपादेय नहीं है। अन्तर्राष्ट्रीय स्तर पर राजनीति का प्रभाव रोपण खेती के विकास तथा विस्तार पर देखा जा सकता है।

यूरोपीय देशों द्वारा बागानी कृषि का प्रसार एवं विस्तार किया गया जिनकी विशेष तौर पर आवश्यकता थी। वेबेल (Waibel, 1963) के अनुसार पश्चिमी अफ्रीका में बागानी कृषि की फसलें ब्रिटेन तथा फ्रांस की जरूरतों द्वारा निर्धारित हुईं क्योंकि ये क्षेत्र इन देशों के उपनिवेश के रूप में थे। इसी प्रकार दक्षिणी-पूर्वी एशिया में भी चाय तथा रबर की कृषि ब्रिटिश एवं डच लोगों के द्वारा शोषण-आर्थिक नीतियों पर आधारित थी। संसार की अनेक सरकारें भू-स्वामित्व के अतिरिक्त कृषि-उत्पादकता की वृद्धि के लिए विभिन्न प्रकार की योजनायें कार्यान्वित कर रही हैं। जैसे—शुष्क भागों में सिंचाई की व्यवस्था, जनसंख्या की वृद्धि के साथ ही नये क्षेत्रों पर कृषि का विस्तार, डेल्टाई तथा नदी तटीय दलदली भागों में जल निकास आदि की व्यवस्था सरकार द्वारा अपनायी गयी, कृषि-आत्मनिर्भर नीति से प्रभावित है।

पश्चिमी संयुक्त राज्य, मिस्त्र, भारत, पाकिस्तान में नहर सिंचाई का विस्तार और कृषि का विकास सरकारी प्रयासों के ही प्रतिफल हैं। भारत में स्वातंत्र्यों परांत कृषि की स्थिति सुधारने के लिए विकास खण्डों (Block Development) के द्वारा किसानों को आर्थिक मदद और समर्थन (subsidies and grants) दिये गये। कपास तथा जूट

उत्पादकों को उत्पादन उन्नति के लिए आर्थिक सहायता दी गयी। संयुक्त राज्य अमेरिका में अतिरेक उत्पादन (over production) तथा मिट्टी-उत्पादकता ह्रास के कारण पैदा समस्या के निवारण के लिए सरकार को भूमि उपयोग नियन्त्रण सम्बन्धी अनेक कार्यक्रमों को लागू करना पड़ा। सरकारी नीतियों और कार्यक्रमों के परिणामस्वरूप मध्य महान मैदान में गेहूँ और दूसरे खाद्यान्नों के स्थान पर घास पैदा करने हेतु वित्तीय मदद मुहैया कराया। फलतः गेहूं और खाद्यान्नों के क्षेत्रफल में कमी आई।

दक्षिण-पूर्व में भी तीव्र गति से तम्बाकू क्षेत्र में वृद्धि को राजनीतिक नियन्त्रण के माध्यम से रोका गया। कपास पेटी भी दक्षिण-पूर्व से दक्षिण-पश्चिम की ओर खिसक रही है। कपास पेटी के इस खिसकाव पर भी प्रबन्ध लगाया गया है। ग्रेगर (Gregor, H.F., 1970) ने फसल पेटियों के इस नियन्त्रण को राजनीतिक निश्चयवाद (Political Determinism) की संज्ञा प्रदान की है। इस प्रकार देश के अन्दर खेती के क्षेत्रों तथा उत्पादनों के बारे में सरकारी नीति एवं निर्णय महत्त्वपूर्ण होते हैं। अतिरिक्त फसलों का उत्पादन, आवश्यकतानुसार फसलों के क्षेत्रफल में कमी-वेसी आदि महत्त्वपूर्ण निर्णय सरकारी नीतियों पर निर्भर होते हैं। जब पाकिस्तान और बांग्लादेश संयुक्त रूप से एक देश के रूप में थे तो पश्चिमी तथा पूर्वी पाकिस्तान के कपास तथा जूट के निर्यात के लिए अलग-अलग नीतियाँ प्रस्तावित थीं। भारत के सन्दर्भ में सरकार की कृषि नीति विकासोन्नमुख रही है। यहाँ कृषि के अलग-अलग क्षेत्रों का विकास, विभिन्न संस्थाओं के अन्तर्गत किया जाता है। खेती विकास के उद्देश्य से प्रमुख संस्थाओं भारतीय कृषि अनुसंधान संस्थान (I.A.R.I), कृषि अनुसंधान संस्था (I.C.A.R), भारतीय ग्रामीण विकास कारपोरेशन (I.R.D.C.), भारतीय सामाजिक विज्ञान अनुसंधान परिषद (I.C.S.S.R.) आदि प्रमुख हैं। इसी प्रकार विश्व स्तर पर भी कृषि विकास के लिए कुछ संस्थायें तथा एजेन्सी योगदान दे रही हैं जैसे—International Bank of Rural Development, International Development Agency आदि। ये बैंक एवं एजेन्सी कृषि विकास के लिए लोन (ऋण), मशीन, उर्वरक और दवाइयों आदि की उपलब्धि, रियायती दरों पर ऋण, सिंचाई के साधनों व सामाजिक व्यवस्थाओं में सुधार आदि के लिए सरकारी योजनाओं के माध्यम से सहयोग प्रदान करती हैं।

सामाजिक और सांस्कृतिक कारक

कृषि प्राकृतिक कारकों के साथ ही सामाजिक तथा सांस्कृतिक प्रवृत्तियों से भी प्रभावित होती है। इन्हें संस्थागत कारक भी कहा जाता है। कृषि को हम किस

दृष्टि से अपना रहे हैं, हमारी सामाजिक-सांस्कृतिक मान्यताएं और मूल्य क्या हैं, इसका प्रभाव अप्रत्यक्ष रूप से कृषि पर पड़ता है। हम कृषि को जीवनयापन की दृष्टि से अपना रहे हैं अथवा व्यावसायिक रूप में इसका प्रभाव कृषि पद्धति पर स्पष्टता देखा जाता है। स्टैम्प ने भूमि-उपयोग को प्रभावित करने वाले कारकों में सामाजिक-आर्थिक कारकों को विशेष महत्ता प्रदान किया है। वेगनर (Wagner. P.L., 1964, The Human Use of the Earth) तथा बोसरूप (Boserup, E., The Condition of theAgricultural Growth) ने कृषि को प्रभावित करने वाले कारकों में सामाजिक एवं मानवीय कारकों को प्राथमिकता दी है।

चौहान (D.S. Chauhan) ने इसे आर्थिक व संस्थागत सामाजिक मानवीय कारक के रूप में बताया है। इन संस्थागत-सामाजिक कारकों के अन्तर्गत-कृषकों की संख्या व उनकी मनोवृत्ति, भूस्वामित्व का स्वरूप खेतों का आकार-प्रकार तथा वितरण आदि प्रमुख हैं। जार्ज (George, P., 1956) ने कृषि को प्रभावित करने वाले कारको में क्रमशः प्राकृतिक, जनसंख्या एवं ऐतिहासिक कारको के रूप में वर्णित किया है। इस प्रकार जार्ज द्वारा वर्णित कृषि प्रभावी कारकों में दो मानवीय चर हैं जिनका प्रभाव प्रत्यक्ष तथा परोक्ष रूप से कृषि पर पड़ता है। सामाजिक व्यवस्थाओं एवं संगठनों (social systems and organizations) का प्रभाव भी कृषि पर दृष्टव्य है।

सोवियत रूस की जार कालीन कृषि और आज की सामूहिक कृषि, चीन की प्राचीन ग्रामीण कृषि तथा अब कम्यूनों की कृषि, उत्तरी-दक्षिणी अमेरिका की प्राचीन व वर्तमान की प्रवासी लोगों द्वारा सम्पन्न कृषि में परिवर्तित हुए सामाजिक व्यवस्थाओं एवं संगठनों के कारण प्रभावित हुई हैं, जिससे इन क्षेत्रों की कृषि पद्धतियों एवं प्रकारों में बदलाव हुआ है। उत्तरी एवं दक्षिणी अमेरिका में यूरोपीय प्रवासियों द्वारा किये जाने वाले परिवर्तन भी इसके उदाहरण हैं। इनकी कृषि की प्रक्रियाएँ स्थानीय कृषकों से पूर्णतया अलग हैं। यूरोपीय लोगों ने उत्तरी और दक्षिणी अमेरिका में पहुंचकर अपने कठोर श्रम से विविध फसलों के उत्पादन भूस्वामी पशुचरण और पशुपालन, लगानदार व्यवस्था को छोड़कर अधिकाधिक उत्पादन शुरू कर दिया। इसके साथ ही अगर हम पूरब पश्चिम की कृषि की अपेक्षा करें तो इन दोनों क्षेत्रों की कृषि में पर्याप्त विभिन्नता मिलेगी।

जहाँ पूरब की कृषि परम्परागत रीतियों के कारण जीविकोपार्जन की पद्धति् (way of life) है, इसके विपरीत पश्चिम की कृषि बड़े पैमाने पर व्यापारिक तथा यान्त्रिक अर्थात् जीविका के साधन (way pof living) का निर्धारण करती है। इन

दोनों ही वृहत् समाजों में कृषि के प्रारूपों में भिन्नता आर्थिक, सामाजिक भिन्नता के साथ ही सामाजिक संरचना व मूल्यों के कारण है। सामाजिक व्यवस्थाओं विशेषकर धर्म, रीति-रिवाज, समाज जातिगत संस्कार, आदतें आदि का प्रभाव भी कृषि पर परिलक्षित होता है। इस तरह विश्व के भिन्न-भिन्न समाजों को निहित सामाजिक कथ्यों व्यवस्थाओं के तहत श्रेणियों में विभक्त किया जा सकता है। जिनका प्रभाव कृषि के कार्यों, पद्धतियों तथा स्वरूपों पर पड़ता है। सामाजिक व्यवस्थाओं में विभिन्न धर्मों, जातिगत रीति-रिवाजों, विशेषताओं, आदतों, तौर-तरीकों, खेती के आकार-प्रकार, भू-स्वामित्व, काश्तकारी कृषि, कृषि कार्य पद्धतियों, कृषि स्वरूप आदि से पड़ता है।

कृषि-भूमि जाति, धर्म अथवा विशेष वर्ग समूह द्वारा संचालित होती है (Agricultural land is held by religious ,caste or a group of people or community) जाति, धर्म, जनजाति अथवा आदिवासी समूहों द्वारा कृषि-भूमि पर संगठित रूप से कृषि की जाती है और इस उत्पादन का इस्तेमाल सभी अपने जीविकोपार्जन के लिए करते हैं। यहाँ व्यक्तिगत उपयोग की कोई बात नहीं होती है। एशियाई देशों में मानसून की यह प्रथा विशेषकर आदिम जाति के लोगों में आज भी देखने को मिलती है। धर्मावलम्बी-मठ, मन्दिर, गिरजाघर के अधिकार में भी भूमि होती है, जिस पर कृषि कार्य किया जाता है व उत्पादन का प्रयोग वहाँ पर रहने वाले समस्त लोग करते हैं। ठीक इसी प्रकार किसी सम्प्रदाय के पास भी जो भूमि होती है, उस पर सम्प्रदाय के समस्त लोगों का समान अधिकार होता है।

विविध सामाजिक समूहों की अपनी अलग-अलग विशिष्टताएं और व्यवस्थाएं होती हैं। इन्हें संस्थागत कारक (institutional factors) भी कहते हैं। कृषि से जुड़े सामाजिक कारकों के अंतर्गत निम्न तथ्यों को रखा जा सकता है–

भू स्वामित्व–भूमि के सदुपयोग व उत्पादन बढ़ाने के लिए किसानों में प्रतिस्पर्धा होने लगी है। सरकारी तन्त्र से भी प्रेरणा मिलती है, इनमें भू स्वामित्व का पहलू है। आदिकाल में कृषित् भूमि पर सामूहिक अधिकार था किन्तु आज तकनीकी विकास की दौड़ में विश्व के अधिकतर देशों में भूमि पर व्यक्तिगत स्वामित्व प्राप्त है। आज भूमि पर अधिकार हैसियत व समृद्धता का सूचक है। अतएव किसान कृषि योग्य जमीन पर व्यक्तिगत नियंत्रण रखने या समाज में अपनी प्रतिष्ठा और सम्मान के वृद्धि करने हेतु ज्यादा से ज्यादा मात्रा में भूमि पर अपना मालिकान हक कायम करना चाहता है। चीन, रूस और पूर्वी यूरोपीय देशों में सामूहिक खेती का प्रचलन है। भूमि अधिकार का अभिप्राय ऐसे समझौते से है जिसके कारण भूमि पर अधिकार

प्राप्त होता है। इस प्रकार इसके अन्तर्गत समस्त प्रकार की काश्तकारी भूमियों को रखा जाता है। लेसली साइमन के अनुसार भूमि का अधिकार कृषि को अनेक प्रकार से प्रभावित करता है जिनमें निम्नांकित प्रमुख हैं–

1. कृषि विकास के लिए आवश्यक पूँजी की सुविधाएं भूमि स्वामित्व के प्रकार पर निर्भर हैं।

2. कृषि का विस्तार, भूमि का विक्रय अथवा किराये पर देना आदि भू-स्वामित्व के प्रकार पर ही आश्रित है।

3. भूमि के विकास में लगायी जाने वाली पूँजी की मात्रा भूमि स्वामित्व के प्रकार पर निर्भर करती है।

4. इसके माध्यम से ही भूमि विकास में लगी पूँजी के उपयोग का अधिकार मिलता है।

5. भूमि का आकार खेती के विकास की आयोजना और लाभों की अवधि सुनिश्चित करता है।

6. लगान, कर इत्यादि का भार भी भूस्वामित्व के प्रकार पर ही निर्भर है।

भू स्वामित्व की व्यवस्था कृषक-समुदाय में अशान्ति का मुख्य कारण है। असन्तुलित व्यवस्था सोवियत रूस तथा चीन की क्रान्ति में एक मुख्य कारण थी और आज भी है। वर्तमान काल में विश्व के अधिकतर देशों (एशिया एवं लैटिन अमेरिकी देशों) में इस व्यवस्था में संशोधन की तीव्रता के साथ आवश्यकता महसूस की जा रही है। भारत की कृषि में भी भू-स्वामित्व से जुड़ी कई समस्यायें हैं।

सामान्य रूप से यह देखा जाता है कि जिनके पास भू स्वामित्व है, वे स्वयं कृषि कार्य नहीं करते बल्कि भूमिहीन श्रमिकों द्वारा कृषि कार्य कराते हैं अथवा भूमि को पट्टे पर दे देते हैं। इस प्रकार एक ऐसा वर्ग है जो हमेशा दूसरों की भूमि पर कृषि कार्य करता है और अधिक लाभ से वंचित रह जाता है। परिणाम यह होता है कि ये श्रमिक मनोयोगपूर्वक कृषि कार्य नहीं करते जिसके कारण कृषि क्षमता लगातार प्रभावित होती रहती है। इस सम्बन्ध में आर्थर यंग महोदय का यह कथन उल्लेखनीय है–"निजी सम्पत्ति की भावना से रेत सोना हो सकता है और वीरान को उपवन में परवर्तित किया जा सकता है। किन्तु यदि यही उपवन नौ वर्ष के लिए पट्टे पर दे दिया जाये तो मरुस्थल में बदल जायेगा।" इस प्रकार यह स्पष्ट है कि भूमि पर स्थायी अधिकार होने पर कृषक मेहनत तथा कुशलतापूर्वक खेती करते हैं।

पूर्वी एवं पश्चिमी उत्तर प्रदेश की कृषि में मूल अन्तर भू स्वामित्व का ही है। पश्चिमी उत्तर प्रदेश की वृद्धि का मूल कारण यही है कि साधारणतः सभी कृषकों के पास कुछ न कुछ भू स्वामित्व है जिसमें पूरा परिवार ही लगा रहता है जबकि पूर्वी

उत्तर प्रदेश में समस्त लोगों के पास भूमि-स्वामित्व न होने के कारण उत्पादन तथा कृषि विकास की दर तुलनात्मक रूप से पश्चिमी उत्तर प्रदेश से बहुत ही कम है।

भू स्वामित्व सम्बन्धी नियमों में प्रादेशिक भिन्नता है। फ्रायर (Fryer,D.W, 1965) ने विश्व के भू स्वामित्व प्रकारों को चार वर्गों में वर्णित किया गया हैं–

1. सामूहिक भू-स्वामित्व (Communal tenure)
2. बड़े इस्टेट भूस्वामित्व (Large estate Latefundium)
3. भू-स्वामित्व कृषक(Free -holds or land lord cultivator)
4. आसामी कृषक (Tenant)

5. भूमि का सामूहिक स्वामित्व–यह परंपरा काफी प्राचीन हैं जिसके कई रूप आज भी दृष्टिगोचर होते है। मैक्सिको के इजिडो (Ejido), इजराइल में किबुत्ज (Kibbutz), सोवियत रूस व पूर्वी यूरोप में कोलखोज (Kolkhoz) या सामूहिक फार्म तथा चीन में कम्यून (Kung -she) सामूहिक प्रकार की व्यवस्था हैं। इसमें भूमि पर व्यक्तिगत अधिकार न होकर ग्रामीण या समाज का सामूहिक अधिकार होता है। इस व्यवस्था में गाँव प्रधान व शासन तो बड़े भू-स्वामी बन गये, उनकी प्रजा मात्र कब्जेदार काश्तकार तक ही रह गयी। इन सामूहिक फार्मों पर जहाँ मद्रदायिनी फसलें पैदा की जाती हैं वहाँ कस्टोडियन ही भू-स्वामी बन जाते हैं, जैसा कि चीन, रूस और इजराइल की भू-स्वामित्व व्यवस्था से स्पष्ट है। सिर्फ इजराइल में यह प्रक्रिया सफल रही है।

4. विस्तृत भू-भागीय स्वामित्व–यह स्थिति पहले भी थी और आज भी है। विशेषकर रूम सागरीय देशों-पूर्तगाल, दक्षिणी स्पेन, इटली, मध्य पूर्व, दक्षिण एशिया के फिलीपीन्स तथा लैटिन अमेरिका के देशों में यह परम्परा पाई जाती है। बड़े इस्टेट फार्मों के रूप में रूस के सरकारी फार्म सोव खोज (Sovkhoz) हैं। ये सरकारी फार्म सामूहिक फार्मों की अपेक्षाकृत बड़े फार्म कजाकिस्तान के स्टेपी भू-भाग तथा पश्चिमी साइबेरिया में लगभग 12,000 हेक्टेयर तक के आकार के मिलते हैं। इन फार्मों पर कृषि मैनेजर तथा श्रमिकों के सहयोग से की जाती है। ये फार्म सरकारी नियन्त्रण में हैं। चीन में भी यह व्यवस्था उत्तरी तथा दक्षिणी भागों में मिलती है। कुछ देशों में इन बड़े इस्टेट फार्मों पर दो प्रकार की व्यवस्थाएँ मिलती हैं। प्रथम भू-स्वामी स्वयं कृषि नहीं करते अपितु भूमि को लगान पर कृषकों को दे देते हैं व दूसरे, वे जो स्वयं खेती न करके श्रमिकों से करवाते हैं।

3. भू स्वामी किसान–इसे स्वतन्त्र भूस्वामित्व भी कहा जाता है। यह सर्वाधिक उत्तम और उच्च कोटि की व्यवस्था है, क्योंकि इसमें अपनी भूमि का स्वामी किसान खुद होता है। इस व्यवस्था में फार्म के आकार अधिकतर छोटे होते हैं किन्तु

यह माना जा सकता है कि जिस सम्पत्ति पर स्वामी का नियन्त्रण होता है, उसे विकसित तथा सुरक्षित रखने के लिए उसमें एक विशिष्ट व सबल प्रेरणा होती है। जिस प्रकार वह अपने परिवार तथा उत्तराधिकारी के लिए समर्पित होता है, ठीक उसी प्रकार इसे भी सजग प्रहरी के समान मार्यादित तरीके से देखभाल करता है।

2. असामी कृषि—इस व्यवस्था में कृषक स्वयं भू-स्वामी नहीं होता, अपितु कृषि उत्पादन के लिए अधिकार पाने के लिए वह भू-स्वामी को लगान देता है। यह लगान अथवा कर भू-स्वामी तीन रूपों में प्राप्त करता है—(i) मुद्रा, (ii) बटाई एवं (iii) श्रम।

भू-स्वामी द्वारा नौकरों, चरवाहों, हलवाहों, धोबी, नाई आदि को परिश्रम के बदले भूमि की कब्जेदारी दी जाती है। यह व्यवस्था भारत दक्षिण-पूर्व एशियाई देशों व लैटिन अमेरिका के कुछ देशों में प्रचलित है। बटाई काश्तकारी (share croppong) व मुद्रा के रूप में लगान अथवा कर देने की प्रथा प्रचलित है। असामी कृषकों के अनेक प्रकार हैं, यथा-कब्जेदार-काश्तकार(Occupancy tenant), गैर-मजरुआ काश्तकार(Tenent-at will) शिकमी-काश्तकार(Sublet tenant), व रेहनदार काश्तकार तथा पट्टेदार काश्तकार आदि।

1. भू-जोत का आकार—कृषि विकास व फसलों के चुनाव में जोत का आकार महत्त्वपूर्ण होता है। इससे कृषि के प्रकार और गहनता का भी सम्बन्ध होता है। जोत का आकार प्राकृतिक तथा सांस्कृतिक कारकों से निर्धारित होता है। उच्चावच एवं अपवाह तन्त्र के साथ ही जनसंख्या वृद्धि कृषकों की संख्या और भूमि पर उनका दबाव, उत्तराधिकार कानून, आर्थिक स्तर आदि विभिन्नताओं के कारण जोतों के आकार में प्रादेशिक भिन्नता मिलती है, जैसे फार्म का औसत क्षेत्रफल यूरोप में 10 हेक्टेयर तथा एशिया में 5 हेक्टेयर से भी कम पाया जाता है। फार्म के आकार का उत्पादन पर पड़ने वाला प्रभाव आकार में होने वाले बदलाव के कारण व इनके सामाजिक-आर्थिक पक्षों पर पड़ने वाले प्रभावों का अध्ययन शोधकर्ताओं का मुख्य ध्येय रहा है। कृषि और फार्म के आकार के अन्तर्सम्बन्धों पर विचार करते हुए बड़े व छोटे दोनों ही प्रकार के फार्मों के पक्ष तथा विपक्ष में कहा गया है। बड़े फार्मों से मिलने वाले लाभों को व्यापारिक एवं तकनीकी वर्गों में रखा जा सकता है।

व्यापारिक लाभ अधिक मात्रा में निवेश की वस्तुएँ यथा—उर्वरक, उन्नतशील बीज आदि क्रय करने तथा अत्यधिक मात्रा में उत्पादित वस्तुओं के विक्रय से मिलता है, क्योंकि बड़े फार्मों से विक्रय के लिए कृषिगत वस्तुओं की मात्रा ज्यादा होती है। तकनीकी दृष्टि से बड़ी तथा महँगी मशीनों एवं यन्त्रों का प्रयोग लाभदायक होता

है तथा श्रमिकों के लिए बड़े फार्मों पर शारीरिक तथा बौद्धिक श्रमता के अनुकूल कार्य भी आसान हो जाता है, जबकि इसके विपरीत छोटे फार्मों पर कृषकों के झुकाव के कारण गहन निर्वाहन कृषि की जाती है और छोटी जोतों में प्रति इकाई क्षेत्र पर उपज अधिक होती है। ए.एन. खुसरो (1961) भी इसी निष्कर्ष पर पहुँचे हैं कि"भारत में प्रति एकड़ औसत उपज, (मूल्यों में) बड़ी जोतों की अपेक्षा छोटी जोतों के फार्मों पर अधिक है।"

एक परिवार के लिए आर्थिक अथवा आदर्श का आकार क्या होना चाहिए ? इस संकल्पना से अवगत होना कृषि भूगोल के छात्र के लिए जरूरी है।

अर्थिक अथवा अनुकूलतम जोत पर कई विद्वानों ने अपने अलग-अलग मत व्यक्त किये हैं, किन्तु अधिकांश का यह मानना हैं कि किन्तु यह सभी मानते है कि आदर्श या अनुकूलतम जोत वह क्षेत्रफल हैं, जिससे वर्तमान परिथितियों एवं व्यवस्थाओं में जीवन के लिए पर्याप्त उत्पादन होता है। अर्थिक जोतों के आकार में प्रादेशिक भिन्नता मिलती है। आर्थिक तथा पारिवारिक जोत का आकार मृदा का उपजाऊपन, सिंचाई सुविधा तथा इस भाग में पैदा होने वाली शस्यों के आधार पर निर्धरित होता है। इस प्रकार आर्थिक जोत का अभिप्राय किसानों के पास भूमि के उस क्षेत्र से है, जिस पर वह अपनी पूँजी तथा श्रम का निवेश करके अपने परिवार के पालन-पोषण हेतु प्रचुर मात्रा में अन्नोत्पादन कर सकें।

भारत के विभिन्न क्षेत्रों के लिए जोतों का पृथक्-पृथक् आकार वर्णित किया गया है। डॉ. मान ने दक्षिणी भारत के लिए जोत का आकार 8 हेक्टेयर, प्रो. कोल्वर्ट ने पंजाब के लिए 5 हेक्टेयर, उत्तर प्रदेश सरकार ने सिंचित भागों के लिए 7 हेक्टेयर तथा असिंचित भागों के लिए 11 हेक्टेयर माना है। प्रादेशिक स्तर पर अधिक जोताकार परिवार की संख्या, क्षेत्र तथा कृषि प्रकार तथा व्यवस्था आदि के अनुसार रहता है और परिवर्तित होता रहता है। जर्मनी, स्वीडन, डेनमार्क, नीदरलैण्ड देशों के लिए साधारण परिस्थितियों में जोत का आकार 10 से 20 हेक्टेयर है, जबकि दक्षिणी यूरोपीय देशों के लिए जहां पर कृषि से संबंधित सभी आर्थिक कारक सुलभ हैं, के कारण गहन कृषि की जाती है, इससे आदर्श जोत का क्षेत्र कम हो जाता है। छोटे खेतों का आर्थिक महत्त्व बिखरे होने के कारण और भी कम हो जाता है। इस समस्या के सामाधान के लिए 'संयुक्त राष्ट्रसंघ' द्वारा संचालित 'खाद्य एवं कृषि संगठन' ने विश्व के देशों के अध्ययन के बाद भूमि सुधार एवं चकबन्दी योजना लागू की है।

भारत में बधु और सीमांत जोत आकर और जोतों में उपविभाजन से खेती की क्षमता और गुणवत्ता में कभी आई है। कृषि क्षमता में कमी होने के कारण निम्नांकित हैं—

1. छोटे जोतों से समय तथा श्रम का अधिकधिक उपयोग नहीं हो पाता है।

2. छोटे जोतों से भरपूर लाभ की प्राप्ति नहीं होना।

3. ऐसे जोतों के निरीक्षण में असुविधा होती है।

4. ऐसे जोतों में सुधार एवं विकास की संभावनायें कम से अल्पतर हो जाती हैं।

5. विभाजन तथा विखण्डन से कृषि योग्य भूमि का क्षेत्र कम हो जाता है।

इस प्रकार खेतों के पुनर्विभाजन तथा विखण्डन से क्षेत्राकार बहुत छोटा हो जाता है। खेतों का आकार छोटा होने के निम्न कारण हैं–

1. कृषि पर बढ़ती जनसंख्या का भार

2. उत्तराधिकार कानून

3. किसानों पर ऋण भार

4. किसानों की अज्ञानता आदि के करणों से बार-बार विभाजन से जोतों का आकार छोटा होता जा रहा है।

5. संयुक्त परिवारों का विभाजन

भारत में कृषि की स्थिति सुधारने के उपरान्त भूमि सुधार से जुड़े अनेक कानून लागू किये गये हैं, जिसमें जमींदारी प्रथा का उन्मूलन, भूमि अधिकार को आसान बनाना तथा काश्तकारों को भूस्वामित्व देना, जोत की उच्चतम सीमा निर्धारित करना, पट्टे या बटाई या शिकमी काश्तकारों पर नियन्त्रण, भूमि विभाजन पर प्रतिबन्ध तथा चकबन्दी एवं सहकारी कृषि आदि की व्यवस्था मुख्य हैं। किन्तु व्यावहारिक रूप से कृषक भूमि सुधार की विधियों विधिवत अनुपालन नहीं कर रहे हैं। मध्य गंगा-मैदान(जनपद देवरिया) के एक गाँव के विभिन्न सामाजिक-आर्थिक स्तरीय 200 परिवारों के अध्ययन के बाद निम्नांकित जोताकार प्राप्त हुए हैं–

परिवारों की संख्या	*जोताकार(हेक्टेयर में)*
66	< 0.4
49	0.4-0.8
45	0.8-2.0
30	2.0-4.0
10	> 4.0

जनपद देवरिया के इस जोताकार से यह निष्कर्ष निकलता है कि अधिकतर परिवारों के पास बहुत ही कम कृषि-भूमि है जिससे खेती जीविकोपार्जन तक ही

सीमित रह गई है। इसी प्रकार सामाजिक मूल्य, सामाजिक प्रथा, रीति-रिवाज एवं संस्थागतकारक खेती की अनेक विशेषताओं को बनाये हुये हैं व खेती को कई रूप से प्रभावित करते हैं।

आर्थिक कारक

नैसर्गिक कारकों की ही भांति वित्तीय कारक भी कृषि में निर्धारित करते हैं। किसी भी क्षेत्र में कृषि का स्वरूप वहाँ की कृषि व्यवस्थाओं व आर्थिक तन्त्र पर निर्भर करता है। साथ ही किसानों का आर्थिक विकास भी कृषि से उत्पादित वस्तुओं पर ही निर्भर होता है। इस प्रकार आर्थिक तन्त्र का प्रभाव कृषि पर व कृषि से आर्थिक सम्पन्नता अथवा समृद्धि की प्राप्ति होती है। आर्थिक समृद्धि के फलस्वरूप ही कृषक उन्नतशील सिंचाई, बीज साधनों की प्राप्ति, उर्वरक, कृषि से सम्बन्धित उपकरण आदि खरीदकर खेती को सुव्यवस्थित कर सकता है, वरना कृषि में भी अभावग्रस्तता बनी रहती है। इसलिए किसी भी समाज का आर्थिक दृष्टि से सम्पन्न होना कृषि के लिए लाभकारी सिद्ध होता है, क्योंकि विकास की दौड़ में कृषि में नई पद्धति के लिए अनेक प्रकार के बीजों, यन्त्रों, मशीनों, दवाइयों, उर्वरकों आदि की जरूरत पड़ती है जिसकी पूर्ति पर्याप्त पूँजी से होती है।

इसलिए कृषि विकास के लिए आर्थिक समृद्धि जरूरी है। जिन किसानों के पास पर्याप्त पूँजी नहीं होती है, वे मजबूर होकर परम्परागत जीविकोपार्जन कृषि पद्धति अपनाते हैं। इस प्रकार समाज में दो वर्ग उभरते हैं—जिन कृषकों के पास पूँजी होती है, वे आर्थिक धनवान होते हैं व जो अभावग्रस्त हैं, वे निर्धन बनते जाते हैं विश्व में आर्थिक दृष्टि से दो समूह बनते हैं। प्रथम वे हैं—जिन्हें पर्याप्त पूँजी सुलभ है यथा—सं.रा. अमेरिकाए कनाडा, आस्ट्रेलिया, रूस, ब्रिटेन आदि में कृषि का पूर्ण विकास हुआ है। इन्हें विकसित राष्ट्र (Developed world) की श्रेणी में रखते हैं। इन देशों में लगभग 11.5% जनसंख्या खेती में लगी हुई है। कृषि में पूर्णतया यंत्रीकरण हुआ है। वहीं दूसरे वे देश हैं जो पर्याप्त पूँजी के अभाव में जीविकोपार्जन हेतु कृषि को ही विवश होकर अपनाते हैं। जैसे—भारत, म्यांमार, मलेशिया और इन्डोनेशिया आदि। इन्हें विकासशील देशों (Developing countries) की श्रेणी में रखते है। इन देशों की कृषि में 70%से अधिक जनसंख्या कृषि कार्यों से सम्बन्धित है। इस प्रकार कृषि को प्रभावित करने वाले प्रमुख आर्थिक कारक निम्नांकित हैं—

1. कृषि कर्म और उद्यम—सामान्यतया कृषिक अपने खेतों में उन्हीं फसलों की उपजाना चाहते हैं जिससे उनहे अधिकतम लाभ होने की संभवना रहती है। किसान अपनी आवश्यकतानुसार खेती को सघन करता है। कृषि में यह सघनता उसी मात्रा तक होती है जब तक कि उसे लाभ की उम्मीद दिखाई देती है। कभी-कभी प्रशासनिक नीतियों के कारण किसान को घाटा भी उठाना पड़ता है। उदाहरणस्वरूप ब्रिटेन में 1930 की मन्दी के समय अधिकांश उत्तम खेती भूमि पर घास उगाई गई और भेड़-बकरी के पालन को काम प्रारम्भ किया गया। कई ब्रिटिश कृषक फार्मों को भेड़ों को चराने के हेतु ले लिया गयाा। इस प्रकार कृषित भूमि की अपेक्षाकृत चरागाहों के अन्तर्गत क्षेत्रफल बढ़ गया। बड़े फार्मों की तुलना में लघु फार्मों से अधिक आमदनी प्राप्त करने के लिए अधिक सघन कृषि की जरूरत पड़ती है। लघु फार्मों पर सघन कृषि के लिए अधिक श्रम की भी आवश्यकता पड़ती है।

ग्रेट ब्रिटेन के लघु फार्मों पर सघन कृषि के रूप में फलोद्यान के उपरान्त शूकर और कुक्कुट पालन उद्यम है, जिसमें अपेक्षाकृत अधिक श्रम की आवश्यकता पड़ती है। डेरी उद्योग में बहुत अधिक सघन उद्यम माना जाता है। डेरी उद्यम में एक गाय को वर्ष भर चराने के लिए कम से कम दो एकड़ भूमि की आवश्यकता पड़ती है। इस प्रकार इस उद्यम के लिए 8 हेक्टेयर का फार्म क्षेत्र आदर्श समझा जाता है जहाँ 4 अथवा 5 दुग्ध-पशु रखे जाते हैं। इसी प्रकार सब्जियों की कृषि सघन श्रम वाली फसल है, जो लघु फार्मों के लिए ज्यादा अनुकूल होती है।

सब्जियों में प्याज, लहसून, आलू आदि प्रमुख हैं जो छोटे क्षेत्रों पर तुलनात्मक दृष्टि से ज्यादा लाभकारी साबित होते है। इसके उत्पादन कार्य में मनुष्य श्रम का अधिकाधिक उपयोग होता है। इसलिए फार्म उद्यम की दृष्टि से छोटे फार्मों (12-20 हेक्टे.) पर प्रति हेक्टे. शूकर तथा मुर्गीपालन से आय मिश्रित उद्यम (पशु एवं अन्नोत्पादन) की अपेक्षा में दोगनी तथा डेयरी उद्यम की दृष्टि से चौगुनी प्राप्त होती है। इस प्रकार फार्म इकाई क्षेत्र उद्यम से प्राप्त अपेक्षात्मक लाभ द्वारा निर्धारित होता है।

2. क्षेत्रगत विशेषता—आमदनी और सीमान्त विश्लेषण के आधार पर किस फसल को किस समय, कितने क्षेत्र पर उगाया जाय, निश्चित करते हैं। क्षेत्र विशेष का निर्धारण फसलों की लागत (input) तथा लाभ के आधार पर किया जाता है। इसी आधार पर कृषि उद्यमों का निर्धारण भी होता है। किस क्षेत्र में कौन सा उद्यम उचित तथा उपयोगी होगा, प्रति हेक्टेयर शुद्ध लाभ से निर्धारित होता है। इस प्रकार इनमें से जो उद्यम उस क्षेत्र के लिए लाभकर सिद्ध होता है, उसे कृषक प्राथमिकता के आधार पर चुन लेते हैं और उसका प्रसार आस-पास के भू-भाग पर भी जाता है।

इस प्रकार जितने भू-भाग पर क्षेत्रीय विशिष्टता कृषिगत दृष्टि से मिलती है, वहाँ तक उस विशिष्ट क्षेत्र का परिसीमन आसानी से हो जाता है। इसी विशिष्टता के आधार पर हम कृषि प्रदेशों का निर्धारण करते हैं।

दो विशेषीकृत कृषि क्षेत्रों के मध्य का क्षेत्र ऐसा होता है, जहाँ दोनों ही क्षेत्रों की विशिष्टताएँ दृष्टिगोचर होती है। इस क्षेत्र में दोनों उद्यमों से बराबर लाभ लिया जा सकता है। उदाहरणार्थ, गेहूँ उत्पादक क्षेत्र तथा पशुपालन विशिष्ट प्रदेशों के बीच मिश्रित कृषि उद्यम क्षेत्र महत्त्वपूर्ण हैं। दूसरी ओर विशिष्टीकरण और एक धान्य कृषि (monosculture) में अन्तर समझना जरूरी है। एक धान्य कृषि में निश्चित रूप से विशिष्टीकरण किया जाता है किन्तु इससे व्यतिक्रम दशा नहीं पायी जाती है। आर.ओ. बुचानन इस तथ्य को डेनमार्क का संदर्भ देकर स्पष्ट करते हैं—'पृथ्वी पर कोई भी इतना विशिष्टीकृत क्षेत्र नहीं पाया जाता तथापि पैदावार की तुलना में पद्धति द्वारा ही किसी क्षेत्र के गुण-दोषों का विवेचन होता है।' विश्व के नये देशों में अत्यधिक वैशिष्ट कृषि अपनायी गयी है क्योंकि भूमि प्रचुर तथा सस्ती किन्तु श्रम कम होने के कारण बहुत महँगा था जिसके कारण विस्तृत कृषि प्रणाली का विकास हुआ। किसी क्षेत्र का विशिष्टीकरण एक असाधारण परिवर्तनशील प्रकिया है, जो मात्र आन्तरिक (श्रम, पूँजी, प्रबन्ध) से ही परिवर्तित नहीं होती अपितु बाह्य कारकों माँग, उत्पादन, परिवहन की मात्रा से भी प्रभावित तथा परिवर्तित होती है।

3. बाजार—जिन कार्यों से कृषि कर्म प्रभावित होता है। उन आर्थिक कारकों में बाजार का सर्वाधिक महत्व है। बाजार से दूरी बढ़ने के साथ-साथ कृषि के स्वरूप में अन्तर आने लगता है। इस संदर्भ में प्रसिद्ध जर्मन विद्वान 'वानथ्यूनेन' एवं 'डन' महोदयों के निष्कर्ष विचारणीय हैं। कृषि से उत्पादित पदार्थों के क्रय-विक्रय हेतु बाजार एक जरूरी पहलू है। बाजार एवं दूरी दोनों में सम्बन्ध है। दूरी बढ़ने पर किसानों को अपने उत्पादित पदार्थ का उचित लाभ नहीं मिल पाता है। कभी-कभी तो बाजार बहुत दूर होने से उत्पादन लागत भी नहीं मिल पाता है। इसलिए सरकार द्वारा ग्रामीण क्षेत्रों में उत्पादन का उचित लाभ देने के लिए सरकारी क्रय-विक्रय केन्द्र की स्थापना की गयी है। ब्रिटेन के आयरलैण्ड के ग्रामीण क्षेत्रों में किसानों की दुग्धविक्रय की समस्या के समाधान हेतु सहकारी दुग्ध समितियाँ स्थापित हैं। भारत जैसे कृषि प्रधान देश में ग्रामीण क्षेत्रों के उत्पादनों के क्रय-विक्रय के लिए खाद्य-व्यापार-निगम की स्थापना की गयी है। इसके अलावा सहकारी अथवा सरकारी समितियों तथा उत्पादक बोर्डों का विशेष महत्त्व है। बाजार के परिवर्तित होते मूल्यों का प्रभाव उत्पादकों पर पड़ता है। कृषि-मूल्यों में तेजी से वृद्धि या गिरावट से

अस्थिरता आती है जिसके कारण सुव्यवस्थित कृषि का सन्तुलन डगमगा जाता है। जैसे किसी मुद्रादायिनी फसल के विशेषीकरण वाले क्षेत्र में निरन्तर अनेक वर्षों तक में आय के फलस्वरूप कृषक निर्वाहक अथवा निर्वाहक सदृश्य अर्थव्यवस्था वाली कृषि करने को मजबूर होते हैं। क्रेताओं, कृषकों तथा सम्पूर्ण अर्थव्यवस्था के लिए ऐसा होना घातक सिद्ध होगा। इसलिए उत्तम बाजार व्यवस्था से क्षेत्रीय आर्थिक स्थिरता प्राप्त होती है व आर्थिक विकास भी तीव्रता से होता है। कृषक उन उत्पादकों को वरीयता प्रदान करते हैं जिनकी माँग तथा बाजार-मूल्य अधिक होते हैं। उत्पादों की माँग स्थानीय तथा अन्तर्राष्ट्रीय उपभोग के लिए हा सकती है। स्थानीय स्तर पर विक्रेता-विक्रता दोनों सीधे लेन-देन करते हैं, जबकि अन्तर्राष्ट्रीय स्तर पर यह सम्बन्ध कठिन होता है। माँग की आपूर्ति स्थानीय तथा दूरस्थ बाजारों से हो सकती है। कुछ उत्पाद का उत्पादन तुलनात्मक रूप में दूरस्थ देशों में होता है। इसलिए आवश्यकता की पूर्ति के लिए उस क्षेत्र से भी सम्पर्क स्थापित करना पड़ता है तथा उत्पादनों को माँगकर बाजार व्यवस्था को स्थिरता प्रदान किया जाता है जैसे 19,000 किमी. दूर स्थित न्यूजीलैण्ड के कई उत्पादनों (पदार्थों) के लिए ब्रिटेन महत्त्वपूर्ण बाजार है।

4. श्रम—आमदनी को प्रभावित करने वाले वित्तीय कारकों में श्रम एक मुख्य कथ्य है। विभिन्न फसलों तथा पशुओं के लिए श्रम की विभिन्न दरों की जरूरत होती है। उन फसलों का उत्पादन सम्भव नहीं होता है जिसमें अधिक मनुष्य श्रम की जरूरत पड़ती है। नवीन देशों में उन्हीं फसलों की प्रधानता है जिनमें अपेक्षाकृत बहुत ही कम मनुष्य श्रम की आवश्यकता पड़ती है। यहाँ मशीनों के अधिकतम इस्तेमाल से बड़े-बड़े फार्मों पर गेहूँ एवं पशुपालन उद्यम को प्रश्रय मिला है। इसके प्रतिकूल प्राच्य राष्ट्रों में श्रम की बहुलता के कारण जी विकोपार्जन हेतु गहन कृषि की जाती है। इस भाग में मुख्य शस्य चावल है जिसकी कृषि अधिक मानवीय श्रम के उपयोग से की जाती है। प्रति हेक्टेयर चावल उत्पादन में 4000 श्रमिक घण्टे की जरूरत पड़ती है। दूसरे शब्दों में एक व्यक्ति 363 दिन $6\frac{1}{2}$ घण्टे काम करके एक दर्जन लोगों को खिला सकता है। इसलिए मानसून एशियाई देशों में बिना किसी उचित लाभ के भी सस्ते श्रमिकों का भरपूर उपयोग किया जाता है , क्योंकि ये भाग औद्योगिक दृष्टि से बहुत ही पिछड़े हुए हैं व कृषि के अतिरिक्त मानवीय श्रम के उपयोग का और कोई माध्यम नहीं है जबकि जापान जैसे विकसित देश में प्रति हेक्टेयर उपज व मानवीय लागत श्रम की दर निश्चित होती है।

5. यंत्रीकरण और प्रौद्योगिकी विकास—दुनिया की 50 प्रतिशत से भी अधिक क्रियाशील आबादी खेती से जुड़ी है। पुरानी सभ्यता वाले देशों में 88.5% कृषक जनसंख्या यंत्रीकरण के कम प्रसार एवं तकनीकी अज्ञानता के कारण है तथा शेष 11.5% नवीन बसे देशों (विशेषकर अमेरिका तथा आस्टेलिया) में है जहाँ मशीनीकरण व वैज्ञानिक विधियाँ पूर्ण विकसित हैं तथा तकनीकी विकास भी भरपूर हो गया है। इन दोनों प्रकार के क्षेत्रों की खेती में पर्याप्त अन्तर पाया जाता है। एशिया, लैटिन, अमेरिका, अफ्रीका तथा अमेरिकी देशों में कृषि का प्रारूप तो जीवन पद्धति (way of life) का भाग है। यहाँ परम्परागत रूप से किसान खेती से जुड़ा हुआ है। वहीं दूसरी तरफ सं.रा. अमेरिका, अर्जेंटाइना, कनाडा आस्ट्रेलिया और न्यूजीलैण्ड में कृषि का आधार मशीनें एवं तकनीकी विकास है। यहाँ कृषि जीवन का अंग नहीं जीविका का साधन है। इसलिए पुरानी सभ्यता वाले देशों में भूखे लोगों को खाद्यान्न की जरूरत है तो दूसरी ओर नवीन देशों में अधिक उत्पादन को बेचने के लिए बाजार की जरूरत है। कृषि में यह अन्तर तकनीकी विकास तथा मशीनीकरण की ही देन है।

कृषि कार्यों में यंत्रीकरण का इस्तेमाल दो उद्देश्यों से किया जाता है—

(i) श्रम का विस्थापन,

(ii) कृषि विस्तार।

इस प्रकार कृषि में मशीनीकरण का प्रयोग श्रमिकों की कमी तथा कृषि क्षेत्र विस्तार के लिए स्पष्ट कर देना समीचीन होगा कि यंत्रीकरण से हमेशा ही श्रमिकों की माँग कम नहीं होती है क्योंकि इससे सघन क्रियाएँ अनिवार्य हो जाती हैं। अतिरिक्त श्रमिक अन्य व्यवसाय में लग जाते हैं। खेती के इतिहास में सबसे पहले हल्के लकड़ी के हल के इस्तेमाल से लेकर आधुनिक सुधरे हुए कृषि यंत्रों, उपकरणों, शक्ति, चालित मशीनों आदि का प्रयोग हो रहा है। ब्रिटिश शोधकर्ताओं द्वारा गणना की गई है कि इंग्लैण्ड में 17वीं शताब्दी में बैलों द्वारा एक दिन में 0.4 हेक्टेयर भूमि जोती जाती थी व घोड़ों द्वारा लगभग 0.6 हेक्टेयर एकड़ भूमि एक दिन में जोती जाती थी। किन्तु 20वीं शताब्दी में शक्ति चालित मशीनों से एक दिन में 5 हेक्टेयर भूमि जोतना सम्भव हुआ है। आधुनिक कृषि यंत्रों का इस्तेमाल करना उन क्षेत्रों के लिए आवश्यक एवं अपरिहार्य होता है।

जहाँ मृदा कठोर होती है अथवा कृषि कार्य के लिए सीमित होती है। कृषि से जुड़े ऐसे उदाहरण विश्व प्रसिद्ध पूर्वी एंगलिया के कृषि क्षेत्रों से लेकर कजाखिस्तान तक पाये जाते हैं। वर्तमान में कृषि में मशीनीकरण की दृष्टि से वायुयानों का प्रयोग

भी रासायनिक उर्वरक कीट नाशक दवाइयों के छिड़काव आदि में किया जा रहा है। इस प्रकार मशीनीकरण तथा तकनीकी योगदान के परिणमस्वरूप न सिर्फ कृषि उत्पादन में वृद्धि हुई है अपितु कृषि-पद्धति अधिक कुशल, विश्वसनीय तथा सरल हो गयी है। इस सुधार का मुख्य आधार पूँजी विनयोग है जिसके द्वारा कृषि मशीनों, उन्नतशील बीजों, रासायनिक, उर्वरकों तथा सिंचाई के साधनों का उपयोग संभव हुआ है। मशीनीकरण व तकनीकी योगदान कृषि के अनेक क्षेत्रों में देखने को मिलता है–

(i) यंत्रीकरण,

(ii) भूमि सुधार तथा संरक्षण,

(iii) कृषि उत्पादन व भण्डारण,

(iv) फसलों का सुधार व प्रादेशिक-भौगोलिक परिस्थितियों के अनुकूल बीजों व किस्मों का विकास एवं

(v) पशुओं की नस्लों में सुधार।

6. यातायात—परिवहन की सुविधा से यातायात में लगने वाला समय, लागत तथा नश्वरता कम हो जाती है तथा कृषि उत्पादों के आदान-प्रदान में तेजी आ जाती है। पशुपालन उद्यम, व्यापारिक अन्नोत्पादक कृषि तथा बागानी कृषि से प्राप्त उत्पादन पूर्णतया अन्तर्राष्ट्रीय विश्व बाजार पर ही निर्भर होता है। परिवहन में क्षमता, गति, आवृत्ति तथा व्यय आदि प्रमुख शर्ते हैं जिनका प्रभाव कृषि उत्पादों पर परोक्ष एवं अप्रत्यक्ष रूप से पड़ता है। शीघ्र समाप्त हाने वाले पदार्थो (फल, फूल, दूध एवं हरी सब्जी आदि) के परिवहन में गति एवं आवृत्ति का विशेष महत्त्व होता है जहाँ से इन्हें सुगमतापूर्वक कम व्यय में शीघ्र बाजार पहुँचाया जा सके। आस्ट्रेलिया एवं न्यूजीलैण्ड से डेरी तथा मांस का निर्यात सुगमतापूर्वक वायुयानों द्वारा ब्रिटेन को होता है। भारत के बड़े नगरों-मुम्बई, कलकता और दिल्ली को समीपवर्ती सीमान्त प्रदेशों से उपभोक्ता वस्तुओं की आपूर्ति परिवहन के माध्यम से होती है।

इस तरह उपज या उत्पादन को उपभोक्ताओं तक पहुंचाने हेतु रेल, सडक, जलयान और वायुयान जैसे यातायात के विशेष साधनों की जरूरत पड़ती है। जहाँ उपयुक्त साधन सुलभ नहीं हैं, वहाँ उत्पादन अपेक्षाकृत कम लाभकर सिद्ध होता है।

7. वित्तीय प्रशासकीय प्रतिविधियां—कृषि पर वित्तीय-प्रशासनिक नीतियों का स्पष्ट असर पड़ता है। कृषि उत्पादों की कीमतें सरकारी तन्त्र द्वारा समय-समय पर निर्धारित होती हैं। इन्हीं कीमतों पर कृषि उत्पादन प्रणाली आश्रित है। जिस उत्पादन की कीमत अधिक हो जाती है, कृषक उसी वस्तु का उत्पादन अधिक करता

है तथा जिसकी कीमत बाजार में कम होती है, कृषक उसकी निन्दा करता है। जैसे कुछ वर्षों पूर्व जब भारत सरकार द्वारा गन्ने का भाव बढ़ा दिया गया तो किसानों ने गन्ने की खेती अधिक करना प्रारम्भ कर दिया। परिणाम यह हुआ कि गन्ने के अन्तर्गत इतना अधिक क्षेत्र शामिल हो गया कि उसका सीधा प्रभाव चावल एवं गेहूँ के कृषि क्षेत्र पर पड़ने लगा। जिससे मजबूर होकर सरकार को पुनः गन्ने की कीमत को कम करना पड़ा ताकि शस्य सन्तुलन बना रहे। इसके साथ ही प्रशासन किसानों के हितों की सुरक्षा के लिए, कृषि-उत्पादों के आयात-निर्यात के नियंत्रण हेतु तथा उत्पादनों की उत्पादकता के आधार पर समता बनाये रखने हेतु शुल्क प्रणाली लागू करता है। पाश्चात्य राष्ट्रों में कम मात्रा में उत्पादित होने वाले वस्तुओं पर न्यूनतम कर लगाया जाता है और अधिक मात्रा में उत्पादित होने वाले वस्तुओं पर शुल्क-भार ज्यादा रखा जाता है।

शीतोष्ण कटिबन्धीय देश (जैसे न्यूजीलैण्ड) उत्पादित शीतोष्ण खाद्यान्न पदार्थों पर बहुत अधिक शुल्क लगाते हैं जिससे देश के अन्दर उत्पादित पदार्थों को प्रोत्साहन मिले। इसके विपरीत ऊष्ण पदार्थों के लिए न्यूनतम शुल्क निर्धारित है जिससे उन पदार्थों को सरलतापूर्व प्राप्त किया जा सके। प्रायः आयात पर नियन्त्रण के लिए कोटा-सीमा प्रणाली विकासशील एवं अविकसित देशों में अपनायी जाती है। यहाँ प्रशासन ने किसानों को आर्थिक दृष्टि से समृद्धिशाली एवं सशक्त बनाने के लिए उनके उत्पादों के उचित विक्रय मूल्य के लिए अनेक सहकारी समितियों, उत्पादक-बोर्डों व सरकारी संस्थाओं का गठन किया है। इस प्रकार कृषि के सर्वांगीण तथा समुन्नत विकास के लिए वे सभी पहलू महत्त्वपूर्ण हैं, चाहे वे सामाजिक हों या प्राकृतिक अथवा आर्थिक।

प्राकृतिक कारक

कृषि को प्रभावित करने वाले कारकों में भौतिक पर्यावरण का सबसे अधिक प्रभाव पड़ता है, क्योंकि कृषि-भूमि का वितरण, कृषि प्रकार, फसलों का क्षेत्रीय वितरण व उत्पादन आदि भौतिक दशाएं विभिन्न स्तर पर ही निर्धारित होते हैं। यद्यपि मनुष्य भौतिक कारकों से जुड़ी समस्याओं का समाधान निकाल चुका है किन्तु यह समाधान सीमित क्षेत्र पर ही प्रभावी हो सका है यथाः—अर्द्ध एवं शुष्क भागों में सिंचाई की सुविधा से कृषित क्षेत्र का विस्तार, प्राकृतिक रोगों तथा कीटाणुओं से बचाव, कीटनाशक दवाइयों एवं रसायनों आदि का प्रयोग। फिर भी भौतिक कारक किसी भी प्रदेश की कृषि को प्रत्यक्ष तथा अप्रत्यक्ष रूप से प्रभावित करते हैं। अतः

आज भी कृषि कार्य भौतिक दशाओं के समान ही निश्चित होते हैं। आदि मानव ने भी सबसे पहले इन्हीं भौतिक दशाओं की उपयुक्तता को ध्यान में रखते हुए अपना निवास नदी-घाटियों में बनाया और उसके बाद खेती की शुरुआत की। कृषि को प्रत्यक्ष रूप से प्रभावी बनाने वाले मुख्य भौतिक कारकों में उच्चावच, जलवायु एवं मिट्टी हैं। बीसवीं सदी के उत्तरार्द्ध में मानव पूर्णतया भौतिक दशओं के समान अपनी क्रियाएँ करता था। वह पूर्णतया प्रकृति का गुलाम था। लेकिन जब से मनुष्य ने कृषि की अत्याधुनिक तकनीक का विकास किया है, उसने अब तक परती पड़े भूत्तल के अलग-अलग हिस्सों पर खेती करना शुरू कर दिया। आज के मानव ने तकनीकी ज्ञान एवं विकास तथा अपने अनुभव के आधार पर विभिन्न प्रकार के धरातल पर कृषि कार्य, सबसे अधिक व प्रतिकूल जलवायु प्रदेशों में जल्दी ही तैयार होने वाले नये बीजों के आविष्कार के फलस्वरूप सघन कृषि प्रारम्भ कर दिया है। किन्तु इसके बावजूद ये भौतिक कारक कृषि को विशेष रूप से प्रभावित करते हैं, जो निम्नानुसार हैं—

(i) उच्चावच (Relief)

(ii) जलवायु (Climate)

(iii) मृदा (Soil)

उच्चावच

उच्चावच का सीधा सम्पर्क धरातल के पठार, पर्वत तथा मैदान जैसी भू-आकृतियों से है जिसमें पर्वत सर्वाधिक उच्च क्षेत्र हैं तो मैदान न्यूनतम उच्चता के। अर्थात् किसी प्रदेश के उच्चतम तथा न्यूनतम भागों की ऊँचाई के अन्तर को उच्चावच की संज्ञा प्रदान करते हैं। "Relief is the difference of height between the highest and the lowest points in the region" उच्चावच खेती को प्रत्यक्ष रूप से प्रभावित करता है, क्योंकि फसलों के वितरण तथा सम्बन्धित कार्य धरातलीय स्वरूप पर ही आधारित हैं। धरातलीय स्वरूप अर्थात पठार, पर्वत तथा मैदान कृषि के स्वरूप तथा प्रकार को परिवर्तित कर देते हैं। मैदान जहाँ सर्वाधिक कृषि पायी जाती है, स्थल का सबसे निम्न भाग है जो आदि काल से मानव सभ्यता का केन्द्र तथा हृदयस्थल बना हुआ है।

यह भाग नदियों द्वारा लायी गयी मिट्टी के जमाव से बना है तथा कृषि की दृष्टि से विशेष उपजाऊ है जहाँ 80 से 90 प्रतिशत भूमि कृषि के अन्तर्गत है। इसमें सिन्धु-गंगा का मैदान, ह्वांगहो-मैदान-यांगटिसीक्याँग का मैदान, मिसीसिपी

का मैदान कृषि की दृष्टि से विशेष उपयोग तथा महत्त्वपूर्ण हैं जहाँ विभिन्न फसलें उगाई जाती हैं जिनकी आपूर्ति खाद्य तथा उद्योग दोनों को ही होती है। यहाँ कृषि कार्य यथा-जोतना, सिंचाई करना, बोना, काटना आदि करना आसान होता है। उपरोक्त नदी घाटी, क्षेत्रों में आवास, संचार और यातायाद की सुविधा भी अन्य क्षेत्रों की अपेक्षा सस्ती, सरल और अधिक होती है। अतएव इस हिस्से में खेती और मानव का अधिकतम घनत्व मिलता है। पठारी प्रदेश में भी कृषि के लिए उपयोगी है, किन्तु पठारी धरातल ऊबड-खाबड़ होने से कृषि क्षेत्र की सम्भावनाएँ अपेक्षाकृत कम होती हैं।

पठारी प्रदेश निम्न है ब्राजील का पठार-दकन का पठार आदि। इस भाग में पथरीली मिट्टी, ढलुआ भूमि व मिट्टी की पतली परत के क्षेत्र होते हैं। ढाल के कारण मिट्टी जल्दी ही प्रवाहित हो जाती है तथा-उच्च पठारी भाग भी कृषि के लिए उपयोगी नहीं हैं, यथा—तिब्बत का पठार। समतल पठार कृषि के लिए आकर्षक हैं। भारत में दक्कन का पठार कृषि के लिए विशेष उपयोगी है, जहाँ सिंचाई के साधन सुलभ हैं, वहाँ गन्ना, गेहूँ, कपास चना आदि फसलें उगायी जाती हैं। पठारी भागों के भूमि उपयोग के अध्ययन से यह पता चलता है कि जहाँ पठार समतल है मिट्टी का जमाव समुचित है, और साथ ही सिंचाई की सुविधा है, वहाँ की भूमि कृषि के अन्तर्गत है और जहाँ पहाड़ियाँ अथवा ऊबड़-खाबड़ क्षेत्र हैं, कटीली झाड़ियाँ, वन और घास दिखाई पड़ती है, वे क्षेत्र पशुचारण के दृष्टिकोण से उपयोगी हैं। पर्वतीय क्षेत्र कृषि की दृष्टि से सीमित सम्भावनाओं का भू-भाग होता है। संसार के कृषि मानचित्र के अध्ययन से यह स्पष्ट होता है कि इस भाग में कृषि कार्य न होने के अनेक कारण हैं जिसमें मुख्य कारण उच्चावच है जो न सिर्फ कृषि कार्य में अवरोध पैदा करता है, बल्कि आवास, परिवहन की दृष्टि से भी समस्याप्रद है। इसके साथ ही ऊँचाई की अधिकता की वजह से तापमान में क्रमशः कमी से बीज रोपन सिर्फ गर्मियों में ही हो पाता है।

अक्षांशीय दृष्टिकोण से ऊँचाई में भिन्नता मिलती है। आस्ट्रेलिया के पहाड़ी क्षेत्र में भेड़ व मांस पशु, द. अफ्रीका के पहाड़ी भाग में भेड़पालन, सं. रा. अमेरिका की पहाड़ियों (अलेघनी एवं कम्बरलैण्ड) पर दुग्ध-पशु तथा मांस पशु के लिए चरागाह प्रदान करते हैं जबकि भारत तथा चीन के पहाड़ी क्षेत्र पशुपालन की दृष्टि से भी कम लोकप्रिय हैं।

उच्चावच की दृष्टि से कृषि भूमि का उपयोग दो रूपो में प्रभावित होता है–

(क) उच्चता (Altitude)

(ख) ढ़ाल प्रवणता (Gradient)

उच्चता–धरातलीय भू-भाग सागर तल से भिन्न-भिन्न ऊँचाइयाँ लिए हुए होता है जिसका प्रभाव कृषि पर भी पड़ता है। ऊँचाई की भिन्नता के साथ ही कृषि का स्वरूप भी परिवर्तित हो जाता है। धरातल से ऊपर जाने पर तापमान में क्रमशः कमी आती जाती है जिससे कम होता हुआ अत्यधिक वर्षा, दबाव, वायुगति आदि भूमि उपयोय को विशेष तौर से प्रभावित करते हैं। लगभग यही स्थिति उच्च उच्चता (high altitude) में पाई जाती है जो उच्च अक्षांशों (high latitudes) में होती है। अर्थात् साम्यता मिलती है, जैसे शीतोष्ण, शीत तथा ऊष्ण कटिबन्धीय जलवायु प्रदेशों के 4500 से 6000 मीटर की ऊँचाई पर शंकुधारी वृक्ष मिलते हैं व इनके निम्न भू-भागों पर क्रमशः खाद्यान्न तथा पशुपालन जैसी व्यवस्था मिलती है। अधिक ऊँचाई किन्तु उच्च अक्षांशीय भागों में कृषि का विकास सम्भव नहीं है। किन्तु दूनिया के भिन्न-भिन्न क्षेत्रों में कृषि क्षेत्र की ऊँचाइयां भी अलग-अलग है। जैसे हिमाचल प्रदेश में कृषि 3000 से 3600 मीटर की ऊँचाई तक एवं पशुपालन 3600 से 4500 मीटर तक मिलता है। किन्तु उच्च अक्षांशीय भागों (फ्रांस एवं स्वीटजरलैण्ड के आल्पस क्षेत्रों) में 900 से 1800 मीटर तक ऊँचाई पर पशुपालन जबकि न्यूजीलैण्ड में इसी ऊँचाई पर कृषि कार्य पैदा होता है।

भूमध्य सागरीय आल्पस भागों में ऋत्विक बदलाव के कारण पशुचारण व्यवस्था में एक विशेष प्रकार की गतिविधि मिलती है जिसे ट्रान्स-ह्यूमेन्स एक्टिविटी (Trans-humance Activity) कहते हैं। इस गतिविधि में चरवाहे सर्दी के मौसम में पशुओं को लेकर घाटी में आ जाते हैं और गर्मी के मौसम में लगभग 2400 मीटर की ऊँचाइयों तक पशुओं को लेकर पहुँचें जाते हैं। इस प्रकार ऊँचाई का प्रभाव मौसम परिवर्तन के साथ वनस्पतियों, फसलों, पशुओं आदि पर पड़ता है। ऊँचाई तथा भूमि उपयोग के सम्बन्धों का विश्लेषण उत्तरी आयरलैण्ड से प्राप्त तथ्यों के आधार पर किया गया है, जहाँ हर 90 मीटर की ऊँचाई पर 1°F (फारेनहाइट) तापमान कम हो जाता है, जिससे निम्नांकित निष्कर्ष प्राप्त हुए हैं–

1. खेती हेतु ऊँचाई के साथ घटते हुए तापमानों की तुलना में बढ़ती हुई वर्षा व हवा कम महत्त्वपूर्ण नहीं होती है।

2. खाद्यान्न फसलों के उत्पादन हेतु उन्नत समतल भूमि (improved land) 300 मीटर तक है।

3. परीक्षणात्मक वन क्षेत्र की ऊपरी सीमा 472 मीटर तक है।

4. वृक्षारोपण (forest planting) की ऊपरी सीमा 380 मीटर है।

5. 213 मीटर से 300 मीटर की ऊँचाई खाद्यान्न तथा आलू के लिए समुचित है।

ढ़ाल प्रवणता—खेती पर ढाल का असर परोक्ष और अपरोक्ष दोनों ही दृष्टि से पड़ता है। अप्रत्यक्ष रूप से ढाल के कारण खेती की दशाएँ नियन्त्रित होती हैं। जलवायु, मृदा, जल स्तर, मृदा अपरदन आदि ढाल से प्रभावित होते हैं। कृषि पर तापमान का प्रभाव सूर्य रोशनी, छाया तथा ढाल के कारण भी पड़ता है। इसके साथ ही ऊँचाई तथा प्रवणता का प्रभाव मृदा-तापमान पर भी पाया जाता है। जहाँ ढाल तीव्रता (steep slope) होती है, वहीं मृदा तापमान कम तथा जहाँ साधारण ढाल (gentle slope) होता है, वहाँ मृदा तापमान अधिक मिलता है। इस प्रकार जलवायु, जल स्तर, मृदा अपरदन, मृदा, मृदा तापमान आदि पर ढाल-प्रवणता का अप्रत्यक्ष प्रभाव पड़ता है जिससे विशेष रूप से कृषि पर प्रभाव पड़ता है।

ढालों का वर्गीकरण

बि. जी. आर. जी.,(1962) (° में) अंशांक-ढलान	*मैकग्रेगर, 1957 (° में) अंशांक-ढलान*
0- 1/2= समतल भूमि	
1-2 1/2=मन्द ढाल	3=मन्द ढाल
3-6=साधारण ढाल	6=साधारण ढाल
6 1/2 -13=प्रवण ढाल	11=नम्र ढाल
1.3 1/2 -19=साधारण खड़ा ढाल	18=तीव्र ढाल
19 1/2 -31=खड़ा ढाल	25=तीव्र खड़ा ढाल
31 1/2 एवं अधिक अति = ढाल उच्छ्रंखल ढाल	

ढालों का वर्गीकरण कोणीय इकाई (degree of slope) के आधार पर करते हैं। इस प्रकार के वर्गीकरण को मैकग्रेगर (Macgragor, 1957) तथा ब्रिटिश भू-आकृति विज्ञान सम्बन्धी शोध-समूह (Geomorphological Research Group, Report No. 5, Dec. 1962) के एक अध्ययन में स्थलरूपों के विश्लेषण करने के लिए निम्नांकित सुझाया है—मैकग्रेगर ने ब्रिटेश के ढाल व भूमि उपयोग के बीच के सम्बन्धों को निम्न रूपों में सुझाया है—

1-6 अंश प्रवणता 1/10—यह ढाल कृषि कार्य के लिए के लिए समुचित होता है। 10/2 ढाल पर जल-प्रवाह शनैः-शनैः होता है किन्तु यदि नलिकाएँ साफ-साफ रहें तो धीमी ढाल में पर्याप्त पानी का विकास होगा। ग्रेगर 3^0 को मन्द ढाल तथा 6^0 को साधारण ढाल बताते हैं।

2-11 अंश प्रवणता 1/5—मैकग्रेगर के अनुसार यह प्रवणता जुताई तथा फसलों को कटाई आदि कार्यों के लिए अन्तिम सीमा है।

3-8 अंश प्रवणता 1/3—ज्यादातर ब्रिटेश में 18^0 ढाल वाले भू-भाग पर कृषि की जाती है। किन्तु कुछ ऐसे भी क्षेत्र हैं जहाँ 25^0 पर भी खेती होती है। इससे अधिक प्रवणता वालें क्षेत्र में स्थाई घास के क्षेत्र हैं। मैकग्रेगर ने 20 से 25^0 प्रवणता को सामान्य खड़ा ढाल कहना ज्यादा उपयोगी बताया है।

4-25 अंश प्रवणता 1/2—यह तीव्र ढाल है जहां कृषि नहीं की जा सकती है। ऐसे तीव्र ढाल वाले क्षेत्रों में भूमि को जोतने से मृदा का क्षरण तीव्र गति से होता है। वृक्षारोपण के लिए यह भग अति उत्तम है। इससे मृदा अपरदन पर भी रोक लगती है। न्यूजीलैण्ड में 25^0 से 30^0 वाले ढालों पर डिस्कस से जुताई की जाती है।

अपवाह व अपरदन की मात्रा प्रवणता वृद्धि के साथ परिवर्तित होती है। जब ढाल का कोण दुगुना होता है तो क्षेत्र का प्रति इकाई अपरदन 2.5 गुना बढ़ जाता है। अपवाह के दौरान पानी जैसे ही ढाल के नीचे प्रवाहित होता है, वह एकत्रित होने लगता है। फलतः ढाल के नीचे वाले भागों में अधिक तीव्र गति से प्रवाहित होने लगता है। जब ढाल की लम्बाई दोगुनी हो जाती है तो मृदा-हानि (soil loss) इकाई क्षेत्र से 1.5 गुना बढ़ जाती है।

अपरदन को रोकने तथा ढाल पर खेती के लिए अनेक प्रकार की वेदिकाओं का उपयोग किया जाता है। उत्तरी ल्यूजों (फिलीपीन्स) में 1520 मीटर की ऊँचाई तक सीढ़ीदार खेत बनाकर फसलों को पैदा करते हैं। सिंचाई के लिए जल बांस के नलों द्वारा तीन या पाँच किमी. तक ले जाया जाता है। इस प्रकार विभिन्न ढालों के आधार पर कृषि के अनेक रूप मिलते हैं। अलग-अलग देशों में भिन्न-भिन्न प्रवणता पर कृषि की जाती है। आल्पस में $15\text{-}20^0$, न्यूजीलैण्ड में $25\text{-}30^0$ ढाल वाले भागों पर खेती की जाती है। इन क्षेत्रों में कतिपय फसलें सामान्य ढाल पर और कुछ फसलें तीव्र ढाल पर बोयी जाती हैं। चावल, जौ, गेहूँ, साधारण ढाल पर जबकि चाय, कहवा आदि तेज ढलुआ भागों में उगाई जाती हैं। इसप्रकार यह स्पष्ट है कि विभिन्न ढाल कृषि को विभिन्न रूप से प्रभाव ही नहीं करते हैं बल्कि फसलों के प्रकार को भी निर्धारित तथा सुनिश्चित करते हैं।

जलवायु

भूमि के इस्तेमाल पर असर डालने वाले नैसर्गिक कारकों में सतह के बाद जलवायु (Climate) का ही सबसे प्रमुख स्थान है। इसके माध्यम से कृषि के विभिन्न प्रकार एवं स्वरूप निर्धारित तथा नियन्त्रित होते हैं और उनका सह-सन्तुलन भी परिवर्तित हो जाता है। आज के वैज्ञानिक युग में भी कृषि पर जलवायु का विशेष प्रभाव परिलक्षित होता है, अतः इसे जलवायु पर आश्रित पेशा कहा जाता है। जलवायु के विभिन्न तत्त्व यथा-तापमान, आर्द्रता, वर्षा पवन प्रवाह, आदि प्रत्यक्ष एवं अप्रत्यक्ष रूप से कृषि कार्यों पर अपना प्रभाव डालते हैं। भारतीय मौसमीय विज्ञान के आहार कृषि कार्यों पर 50% से ज्यादा नियन्त्रण जलवायु का होता है।

1. पवन—वायु का फसलों पर पड़ने वाला अप्रत्यक्ष असर अधिक महत्वपूर्ण है। नमी तथा तापमान दोनों का ही परिवहन हवा के के जरिये होता है जिससे वाष्पीकरण तथा वाष्पोत्सर्जन (evzpo-transpiration) की प्रक्रियायें सम्पन्न होती हैं तथा फसल को पानी की आवश्यकता महसूस होती है। शीतल वायु शीतलता को और तीव्र कर सकती है और गर्म वायु शीतलता को रोक सकती है। हवा के द्वारा ही पौधों के बीजों व परागों का प्रसरण होता है। तीव्र हवा से फसलों एवं फलों को नुकसान पहुँचता है।

ब्रिटिश द्वीपों में फसलों के चुनाव के समय तने की शक्ति को ध्यान में रखा जाता है क्योंकि तीव्र हवा के झोंके से कभी-कभी तना खड़ा रह जाता है और बालें कट-कट कर उड़ जलवायु की अनुकूलता का महत्त्व उन क्षेत्रों में और भी ज्यादा है, जहाँ व्यावसायिक कृषि (commericial agriculture) की जाती है, क्योंकि वहाँ उत्पादन खर्च को ध्यान में रखा जाता हैं कृत्रिम साधनों से सम्पन्न काँच घरों (glass house) में फल (अंगूर) तथा फूल का उत्पादन किया जा सकता है और किया भी जा रहा है, विशेषकर यूरोपीय देशों तथा सं.रा. अमेरिका में। किन्तु इस प्रकार का उत्पादन बहुत ही कम है क्योंकि इसमें लागत अधिक आती हे, तथा व्यवसायिक महत्त्व कम है। उद्योग और कृषि में कई मूलभूत अंतर है। उद्योग जगत में मानव मशीन की चाल को बढ़ाकर अधिकतम उत्पादन प्राप्त कर सकता है। लेकिन कृषि में यह संभव नहीं है। पौधों में समय से ही अंकुरण, विकास तथा प्रकाश संश्लेषण (photo-synthesis) आदि प्रक्रियायें सम्पन्न होती हैं।

2. पाला—कृषि को सर्वाधिक खतरा असामयिक पाला से होता है। उत्तरी यूरोप, साइबेरिया, उत्तरी कनाडा, सं.रा. अमेरिका की खेती पर पाला का विशेष

प्रभाव दिखाई पड़ता है। इन पाला युक्त क्षेत्रों के लिए उन फसलों के उत्पादन के विषय में लगातार खोज की जा रही है जो कम से कम दिनों के अन्दर परिपक्व हो सकें। स्थाइ पाला ग्रस्त क्षेत्र, आर्थिक उपयोगिता की दृष्टि से एक चुनौती का क्षेत्र रहा है। क्योंकि वहाँ धरातल के कुछ ही नीचे मिट्टियाँ स्थायी रूप से जमी रहती हैं। साइबेरिया से सुदूर दक्षिण बाह्य मंगोलिया में भी स्थायी पाला क्षेत्र है। खेती की उच्चावचीय सीमा को प्रभावित करने वाला सबसे महत्त्वपूर्ण कारक पाला है। सागरतटीय भागों में समीपता से उत्तम जलवायु कटिबन्धीय प्रदेशों में कभी भी पाला नहीं गिरता है। भूमध्य रेखीय अथवा ऊष्ण कटिबन्धीय प्रदेशों भी पाला नहीं गिरता है। मलायावासियों को पाला अज्ञात है। इसके विपरीत दूसरी ओर निम्न तलीय भूमियों व पर्वतीय घाटियों में शीतल हवा के दबाव के कारण उच्च ढाल वाले क्षेत्र में भी पाला नहीं गिरता है। मलायावासियों को पाला अज्ञात है। इसके विपरीत दूसरी ओर निम्न तलीय भूमियों व पर्वतीय घाटियों में शीतल हवा के दबाव के कारण उच्च झाल रहित होते हैं। इसलिए ये ढाल स्थल फलोद्यान के लिए ज्यादा उपयोगी हें। फल, सब्जियों, दलहन व तिलहन आदि की खेती पर पाले का सबसे अधिक विनाशकारी प्रभाव पड़ता है।

3. वृष्टि—मृदा में मौजूद पोषक तत्त्वों की आपूर्ति के लिए पानी आवश्यक है। जल की आपूर्ति प्राकृतिक वर्षा (precipitation) व कृत्रिम साधनों द्वारा सिंचाई से होती है। इसलिए फसलों के लिए अनुकूल तापमान की ही तरह अनुकूलतम नमी की मात्रा भी जरूरी है। पौधे नमी अपनी जड़ों से ग्रहण करते हैं अतः मिट्टी में नमी की मात्रा बहुत ही महत्त्वपूर्ण है। जलधारण करने की क्षमता के आधार पर उसकी उर्वराशक्ति निर्धारित होती है। विश्व में कृषि का विकास वर्षा के वितरण व विशेषताओं के आधार पर हुआ है। धरातलीय वर्षा में भिन्नता मिलती है। कहीं वर्षा की मात्रा 25 सेमी. से कम तो कहीं 25-50 सेमी. तो कहीं पर 50-100 सेमी. से कम तो कुछ भागों में 200-250 सेमी. से भी इसी वर्षा की मात्रा पर ही आधारित है।

न्यून वर्षा प्राप्त करने वाले क्षेत्र (ऊष्ण मरुस्थलीय) व अतिवृष्टि के क्षेत्र (भूमध्यरेखीय क्षेत्र) कृषिविहीन हैं। इसी प्रकार अनियमित वर्षा के क्षेत्र या वर्ष में किसी एक विशेष काल में वर्षा के क्षेत्र या वर्ष के किसी एक विशेष काल में वर्षा के क्षेत्र (मानसूनी प्रदेश) कृषि की असिथरता के शिकार हैं। इस प्रकार विभिन्न जलवायु प्रदेशों में वर्षा के वितरण में काफी भिन्नता पाई जाती है—कहीं गर्मी में, कहीं जाड़े में, कहीं वर्षपर्यन्त वर्षा होती है और इसी भिन्नता के कारण फसलों का भौगोलिक वितरण भी असमान है। बहुत अधिक वर्षा वाले क्षेत्र में चावल,

चाय, जूट, और गन्ना, सामान्य वर्षा के क्षेत्र में गेहूँ मक्का और कपास तथा कम वर्षा वाले क्षत्रों में ज्वार-बाजरा, जौ, अरहर आदि फसलें अपनी विशिष्टता बनाये हुए हैं।

पादपों की ही भांति दुधारू पशुओं को भी अत्यधिक मात्रा में जल की जरूरत होती है। यही वजह है कि पशुपालन का व्यवसाय के रूप में विकास ग्रीष्म और शुष्क क्षेत्रों में कम और शीतोष्ण प्रदेशों में अधिक हुआ है। वर्षा व कृषि भूमि उपयोग से जुड़े अनेक अध्ययन हुए हैं। वर्षा की मात्रा व वितरण फसलों के प्रकार, प्रतिरूप, उत्पादकता गहनता आदि को प्रभावित करते हैं। देवरिया तहसील के कृषि भूमि उपयोग के सूक्ष्म अध्ययन से निम्न तथ्य स्पष्ट होते हैं–

1. वार्षिक वर्षा की मात्रा दो फसली तथा बहुफसली क्षेत्र को प्रभावित करती है।

2. वार्षिक वर्षा कुल फसल क्षेत्र को प्रभावित करती है।

3. जनवरी माह की कम वर्षा से रबी फसलों की उत्पादकता की मात्रा में वृद्धि हो जाती है।

4. खरीफ फसलों के उत्पादन काल में वर्षा रहित दिनों की अवधि लम्बी होने के कारण फसलें सूख जाती हैं, क्योंकि अध्ययन क्षेत्र में खरीफ की फसल पूर्णतया मानसून पर ही निर्भर है।

5. मई-जून की वर्षा से रबी फसलों की उत्पादकता की मात्रा में वृद्धि होती है।

6. अक्टूबर-नवम्बर की वर्षा शीतकालीन फसलों (रबी) के भूमि उपयोग को प्रभावित करती है।

4. तापमान—बीज के अंकुरण (germination), पौधों के वर्धन (growth) व पकाने हेतु उचित तापमान की जरूरत होती है। कोई भी बीज अथवा पौधा उपयुक्त तापमान की कमी में विकसित नहीं हो सकता है। तापक्रम की दशाओं तथा भिन्नता के साथ फसलों में भी भिन्नता के साथ फसलों के तैयार होने के लिए अनुकूलतम तापमान 65 से 85 डिग्री फारनेहाइट माना जाता है। साधारणतः पौधों की सहनशीलता अल्पतम से कम और उच्चतम से अधिक रहती है। शीतकालीन गेहूँ के लिए कम तापमान उपयुक्त होता है। परिवर्तित हो कभी-कभी इसके पौधे हिमांक के आस-पास का तापमान भी सहन करते हैं। चावल की कृषि के लिए सदैव उच्च तापमान की आवश्यकता होती है क्योंकि कम तापमान में इसका सही विकास नहीं हो पाता है। ऊष्मा (heat) का एक मात्र साधन सूर्य है जिसके प्रकाश से ऊष्णता वातावरण को प्राप्त होती है।

तापमान का वितरण अक्षांश ऊँचाई ॠत्विक परिर्वतन व जलीय भागों से स्थलीय दूरी पर निर्भर करता है। भूमध्यरेखीय क्षेत्रों में वर्ष-पर्यन्त ऊँचा तापमान रहता है व तापान्तर बहुत ही कम होता है। भूमध्य रेखा से उच्च अक्षांशों की ओर व सागर तल से ऊपर जाने पर भी तापमान कम होता जाता है। सागर तट से दूर जाने पर भी तापान्तर में अतिशयता प्राप्त होती है। इस प्रकार ताप के बदलाव का सीधा प्रभाव फसलों के वितरण पर पड़ता है। ऊष्ण कटिबन्धीय भागों में वे फसलें उगायी जाती हैं, जिन्हें लगातार अधिक तापमान की जरूरत होती है और बीजों के जमने में वृद्धि का काल वर्ष भर होता है। यहाँ रबर, चावल, चाय, गन्ना, कपास, कहवा, जूट, केला आदि फसलें उगायी जाती हैं। मानसूनी जलवायु के प्रदेश में ग्रीष्म काल की पर्याप्त आर्द्रता में ऊष्ण फसलें भी आसानी से हो जाती हैं यथा—भारत में ग्रीष्म कालीन वर्षा की सहायता से चावल तथा शीतकाल में गेहूँ उत्पन्न किया जाता है।

फसलों के लिए शुष्क ग्रीष्मकाल हानिप्रद होता है। इस काल में तापमान की अधिकता के कारण वाष्पोत्सर्जन (evaportion) ज्यादा होता है।

मृदा में नमी के अभाव में पौधों को जलापूर्ति कम मात्रा में हो पाती है। परिणामतः पत्तियाँ, टहनियाँ निर्जलीकरण (dehydration) के कारण सूखने लगती हैं। भारत में वर्षा न होने से पौधों को निर्जलीकरण का सामना करना पड़ता है। यह स्थिति प्रायः 4 या 5 वर्ष बाद उत्पन्न होती है। इसके साथ ही अतिशीलता (chilling) भी पौधों के लिए अत्यधिक हानिकारक होती है। अतिशीलता के कारण पौधे उस मात्रा में पानी नहीं ग्रहण कर पाते जितना की वाष्पीकृत करते हैं। इस प्रक्रिया को शारीरिक सूखा (physiological drought) कहते हैं। अतिशीलता से भी कुछ फसलें पूर्णतया नष्ट हो जाती हैं यथा—चाय, कपास। लेकिन कुछ को सामान्य नुकसान पहुँचता है जिसमें मक्का, आलू, इलायची, सूर्यमुखी, टमाटर मुख्य हैं तथा कुछ फसले ऐसी हैं जिन्हें अतिशीलता से हानि होती है किन्तु बाद में ये अपनी पूर्व स्थिति में आ जाती हैं जैसे—सोयाबीन, गेहूँ ,बकला आदि। इस प्रकार तापमान फसलों को पूर्णतया प्रभावित ही नहीं करता बल्कि उनकी किस्में तथा अनेक विशेषताओं को भी सुनिश्चित तथा नियंत्रित करता है। इसलिए फसलों के बीजों के अंकुरण, वृद्धि तथा विकास के लिए तापमान जरूरी तथा अपरिहार्य कारक हैं।

5. सूर्य प्रकाश—पौधों की विकास, वृद्धि तथा वितरण को प्रभावित करने में सूर्य के प्रकाश की महत्त्वपूर्ण भूमिका होती है। सूर्य पौधों के लिए ऊर्जा का प्रमुख साधन है। प्रकाश विकिरण ऊर्जा का अदृश्य भाग होता है। इसी विकिरण ऊर्जा से

पौधों की पर्णहरीतिमा (क्लोरोफिल) द्वारा कुछ तरंग दैर्ध्य (Wave lenght) का अवशोषण करके हरित लवकों (chloroplast) में भोजन बनाने की शक्ति पैदा होती है। पौधों पर पड़ने वाली विकिरण ऊर्जा की कम मात्रा (0.42-0.66%) की प्रकाश संश्लेषण में काम आती है। अवशोषण होने से उत्पन्न विविरण ऊर्जा प्रायः ऊष्मा ऊर्जा में बदल जाती है। पौधों की पत्तियों पर पड़ने वाली कुल विकिरण ऊर्जा का 50% भाग जलोत्सर्जन, 19% पुनर्विकिरण तथा भेष 30% पुरावर्तन में व्यय होता है। पौधों की प्रगति में प्रकाश की किस्म, दीप्तिकाल, तीव्रता का प्रभाव पड़ता है। यह प्रभाव हरे पौधों की वृद्धि, प्रोटोप्लाज्म संश्लेषण तथा उसकी पारगम्यता, जल का अवशोषण, जलोत्सर्जन, श्वसन, प्रोटीन संश्लेषण, प्रकाश संश्लेषण, एंजाइम क्रिया, फल-फूल लगन एवं परिपक्वता पर प्रत्यक्ष या परोक्ष रूप में देखा जाता है।

पारिस्थितिकीय दृष्टि से ऊर्जा तथा इसका उपयोग पौधों के जीवन के अस्तित्व के लिए आवश्यक एवं अपरिहार्य है।

सौर प्रकाश की गुणवत्ता बादलों तथा कुहरे द्वारा परिवर्तित हो जाती है। बादलयुक्त मौसम में प्रकाश सामान्य की तुलना में 4% कम हो जाता है। वायुमण्डल में कुहरायुक्त होने पर लम्बी दैर्ध्य तरंगों की ज्यादा मात्रा अवरक्त तरंगों का शोषण नमी द्वारा हो जाता है। तरंग दैर्ध्य के अनुसार प्रकाश लाल, पीला तथा बैंगनी आदि प्रकारों में विभाजित है। लाल किरणें पौधों के ऊतकों के विकास में सहायक होती हैं। पौधों की वृद्धि तथा विकास के लिए लाल किरणें विशेष महत्त्व की होती हैं। नीली तथा बैंगनी किस्म की प्रकाश की किरणें पौधों की उन्नति को कम कर देती हैं जिसके परिणातः पौधे छोटे हो जाते हैं।

सूर्य की पराबैंगनी किरणों का पादपों की बढ़ोतरी पर प्रतिकूल प्रभाव पड़ता है। लाल किरणें कुछ पौधों के बीजों के जमाव में मदद करती हैं। खोज से यह पता चला है कि लाल किरणों की विद्यमानता में प्रकाश संश्लेषण-क्रिया तेज बैंगनी किरणों की उपस्थिति में कम एवं नीली किरणों की उपस्थिति में सबसे कम होती है।

पृथ्वी पर पड़ने वाली प्रकाश की किरणों की मात्रा ऋतु, वायुमण्डल की स्थिति तथा अक्षांश तथा उच्चता (latitude and altitude) पर आधारित होती है। प्रकाश की तीव्रता पौधों में प्रकाश-संश्लेषण की क्रिया को नियंत्रित करती है। साधारणतया 15-40^{0}C तापक्रम में प्रकाश संश्लेषण की क्रिया अच्छी प्रकार संपन्न होती है। प्रकाश की तीव्रता-हर पौधे के लिए समान रूप से जरूरी नहीं होती है। यह पौधे के स्वभाव, जाति एवं आनुवंशिक गुणों के अनुरूप है। प्रकाश संश्लेषण की क्रिया CO_2 की कमी के कारण जहाँ मंद पड़ जाती है, वहीं दूसरी तरफ प्रकाश की अधिक तीव्रता के फलस्वरूप पौधों में O_2 का उत्पादन कम हो जाता है।

मृदा

मिट्‌टी कृषि की आधार शिला है जो प्रत्यक्ष और अप्रत्यक्ष रूप से कृषि में प्रमुख भूमिका निभाती है। सभी तरह की वनस्पतियों का जन्म मिट्‌टी से हीहाता है। चाहें वह नैसर्गिक वनस्पति हो या कृषि संबंधी। मानव की महत्त्वपूर्ण आर्थिक क्रियाएं–कृषि, पशुपालन तथा उद्योग आदि सभी मृदा पर ही आधारित हैं। विलकाक्स (Wilcox) ने कहा कि "मानव सभ्यता का इतिहास, मिट्टी से ही आरम्भ होती है।" (The history of civilization is the history of the soil and education of the individual begins from the soil.) मिट्टी मानव तथा राष्ट्र की जीवनदायी है इसके नष्ट होने से मानव सभ्यता तथा राष्ट्र दोनों ही समाप्त हो जायेंगे। दोनों ही समापत हो जायेंगे। (When the soil is lost, prosperity and culture of a coubtry are also lost. The nation dies.) जैवी सूची स्तम्भ में मृदा सबसे नीचे और मानव सबसे ऊपर है जिससे स्पष्ट होता है कि मृदा सबका प्रमुख आधार है। अतः कृषि-भूगोल में मृदा का विस्तृत अध्ययन जरूरी हो जाता है। इसलिए मृदा एक आधारभूत संसाधन है जिस पर कृषि तथा मनुष्य के आर्थिक क्रिया-कलापों आश्रित हैं। यह खनिजों तथा जैव पदार्थों (organic matters) के मिश्रण से बनती है। जोफे तथा मारबट के अनुसार, मिट्टी, प्राकृतिक पदार्थों पर प्राकृतिक शक्तियों द्वारा निर्मित प्राकृतिक पदार्थ है।" (Soil is a natural body developed by natural forces acting on natural meterials) मृदा के चार प्रमुख अवयव हैं–खनिज (minerals), जैव पदार्थ (organic matters), जल (water) एवं हवा (soil air)। इन अवयवों में सबसे अधिक मात्रा खनिज पदार्थों की लगभग (लगभग 90%) होती है। इन कारकों के अलावा यह जलवायु (climate) तथा वनस्पति (vegetation) पर भी निर्भर करती है। इस प्रकार किसी भी जगह की मृदा की प्रकृति को निर्धारित करने वाले प्रमुख कारक हैं–मूल पदार्थ (parent material) जलवायु, उच्चावच, वनस्पति, मृदा-प्राणी समूह या जीवजन्तु (soil fauna and bacteria) व मानव उपयोग। ये सभी कारक परस्पर कार्यरत व सम्बन्धित हैं तथा एक दूसरे के पूरक भी हैं। एच. जेनी (H. Jenny) ने Factors of Soil Formation(1941) में मृदा निर्माण प्रक्रिया को निम्न सूत्र से स्पष्ट किया है–

S = Fe C1 Or Pt

जहाँ S = quality of soil (मृदा का गुण)

F = Function of (प्रक्रिया)

C1 = Climate (जलवायु)

O = Organism (जीवजन्तु) r = Relief (उच्चावच)

P = Parent material (मूल पदार्थ)

t = time (समय)।

मृदा निर्माणकारी कारकों को दो श्रेणी में रखा जा सकता है—सक्रिय (active), एवं निष्क्रिय (passive)। सक्रिय कारक, वे हैं जो मृदा निर्माण के लिए ऊर्जा (energy) देते हैं यथाः—जल, वायु तथा जीवमण्डल आदि) इसके साथ ही निष्क्रिय कारक वे हैं जो मृदा निर्माण के लिए पदार्थ (mass) व अनुकूल दशायें प्रस्तुत करते हैं यथा :—मूल पदार्थ, उच्चावच तथा समय आदि। इस प्रकार उपर्युक्त विवेचन से यह स्पष्ट है कि मृदा के निर्माण तथा प्रकृति को निर्धारित करने वाले कारकों में-मूल पदार्थ, जलवायु, वनस्पति, धरातलीय बनावट व रचना काल शामिल हैं।

मृदा के प्राकृतिक संघटक—मृदा का निर्माण चट्टानों के विखण्डन के फलतः होता है। इन्हीं मुख्य चट्टानों के ही आधार पर एक निश्चित प्रकार की मृदा का निर्माण होता है। कुछ मृदा अपने निर्माण काल में वनस्पतियों व जीवाणुओं आदि के साथ मिलकर कार्बनिक तत्त्व आदि का निर्माण करती हैं, जिससे मृदा की उर्वरता में वृद्धि होती है। मृदा में कार्बनिक तत्त्वों की विद्यमानता आवश्यक है। कुछ मृदा का निर्माण भौतिक एवं रासायनिक क्रियाओं के फलतः होता है, जिसके कारण उस मृद्रा में एक विशिष्ट मृदा गुण मिलता है। इस प्रकार की मृदा को अपक्षयकारी मृदा कहते हैं, जो फसलों के लिए महत्त्वपूर्ण होती है। मिट्टी के गुण उपलब्ध कणों के आकार के आधार पर तय होते हैं। इनमें चीका, सिल्ट व बालू के परस्पर संयोजनों से मृदा का गठन (texture) निर्धारित होता है। मृदा की प्रकृति गठन के आधार पर परिवर्तित होती रहती है। इन कणों का वर्गीकरण निम्न प्रकार से पाया जाता है—

मृतिका (Clay) = 0-0.002 मिलीमीटर

सिल्ट (Silt) = 0.002-0.02 मिलीमीटर

महीन बालू = 0.02-0.2 मिलीमीटर

मोटा बालू = 0.2-2.0 मिलीमीटर

कंकड़, बजरी = 2 मिलीमीटर से अधिक

चीका, गाद, बालू के संचयन को मृदा नहीं कहा जाता है, अपितु लम्बी अवधि तक उसमें कुछ और कारकों के योगदान से मृदा का रूप विकसित होता है। इन सभी

कारकों के परिणामस्वरूप मृदा में विशेष बदलाव होता है। बलुई मृदा अनुपयोगी होती है, क्योंकि इसमें रासायनिक तत्त्वों की कमी पायी जाती है। अधिक चीका प्रधान बलुई दोमट मृदा कृषि के लिए महत्त्वपूर्ण होती है। मध्यम दोमट मृदा कृषि के लिए महत्त्वपूर्ण होती है। मध्यम दोमट मृदा फसलों के लिए आदर्श मृदा मानी जाती है क्योंकि इसमें जल धारिता क्षमता, फसलों के लिए आहार सम्पन्नता, उर्वरकों की संग्रहणशीलता और खेती से सामान्य कार्यावस्था में फसलों आदि के दृष्टिकोण गुण निहित होते हैं। यह मृदा फसलों के उत्पादन में विभिन्न विकल्प प्रस्तुत करती है।

मिट्टी का निम्नलिखित दो आधारों पर विभिक्तकरण किया जा सकता है।

(अ) बालू के कणों की मात्रा

(ब) उर्वरता की मात्रा

बालू के कणों के आधार पर मृदा को निम्नांकित तीन प्रकारों में बाँटा जा सकता है–

(i) बलुई मृदा

(ii) दोमट मृदा

(iii) मटियार मृदा

उर्वराशक्ति के आधार पर भारतीय राजस्व विभाग द्वारा मृदा को तीन प्रकारों में विभक्त किया जा सकता है–

(i) गोंयड़ मृदा

(ii) मझार मृदा

(iii) पालो मृदा

गोंयड़ मृदा– जनसंख्या के समीप की मृदा को गोंयड़ कहते हैं जो अधिक उपजाऊ हाने की वजह से कृषि की दृष्टि से लाभकारी होती है।

मझार–यह गोंयड़ मृदा की तुलना में कुछ दूरी वाले भागों में मिलती है। यह गोंयड की तुलना में कम उर्वर होती है।

पालो–यह गाँव से अधिक दूर के भागों में मिलती है। इसकी उर्वरता अन्य दोनों की तुलना में कम होती है।

भौतिक विशेषताओं अर्थात् गठन, संरचना, संरन्ध्रता व पानी की मात्रा के आधार पर विश्व की मृदाओं को निम्न बारह वर्गों में वर्गीकृत किया गया है–

1. दोमट
2. रेतीली दोमट
3. गाद
4. रेतीली-मृतिका दोमट

5. मृतिका-दोमट
6. गादी-मृतिका-दोमट
7. रेतीली-मृतिका
8. गादी मृतिका
9. मृतिका।
10. रेतीली मृदा (बलुई)
11. दोमट-रेत
12. रेतीली-दोमट

ये पृथक-पृथक तरह की मिट्टी नाना तरह के फसलों के उत्पादन में सहायक होती हैं। कुछ फसलें विशेष प्रकार की मृदा से ही निश्चित होती हैं तो कुछ दूसरे प्रकार की मृदा से। मृदा की विभिन्न विशेषताओं के आधार पर ही फसलों में विभिन्नता पाई जाती है। मृदा की इसी भिन्नता के कारण ही अनेक प्रकार की कृषि पद्धतियाँ तथा कृषि प्रकार मिलते हैं। मृदा की इन्हीं भौतिक विशेषताओं के आधार पर देवरिया तहसील की मृदा को तीन प्रधान तथा गौण उपविभागों में विभक्त किया गया है।

बाँगर—बाँगर शब्द पुरानी काँप मृदा के ऊँचे क्षेत्र का प्रकट करता है। इसमें कृषि कार्य करने के लिए सिंचाई की जरूरत होती है। आर्द्रता तथा कणों की मोटाई के आधार पर इस मृदा के निम्नांकित उपविभाग किये गये हैं—

(i) दोमट मृदा
(ii) मटियार-दोमट मृदा
(iii) मटियार (धनखर) मृदा
(iv) करैल मृदा
(v) बलुअर-दोमट मृदा

भाट मृदा—यद्यपि भाट व बाँगर मृदा की पैदाइश जलोढ़ से हुई है तथापि इसमें अन्तर है। संरचना में अधिक अन्तर होने के कारण इनको मृदा कहा जाता है। यह मृदा चूना प्रधान पदार्थों से निर्मित है। इस मिट्टी में पाये जाने वाले पदार्थों का बहुत सा अंश अभी भी निक्षेपण व निर्माण प्रक्रिया में है। इसकी संरचना में मौलिक अन्तर होने के कारण इनमें उत्पन्न वनस्पति तथा फसलों में भी भिन्नता पायी जाती है। संरचना तथा रेत के मिश्रण के आधार पर भाट मृदा को तीन वर्गों में विभक्त किया जाता है जो निम्न प्रकार हैं—

(i) ज्वर-भाट मृदा या कठभाट या चौरियार भाट

(ii) चँवर भाट

(iii) धूसी भाट

कछारी मृदा—कछार शब्द का प्रयोग नदी घाटी की निम्न भूमि हेतु किया जाता है। इस क्षेत्र की मृदा, जो नीची भूमि में निर्मित हुई है अथवा होती जा रही है, साधारणतः नवीन होती है। यह उर्वर बलुई मृदा है। इसमें यहाँ-वहाँ चिकनी मृदा के जमाव भी मिलते हैं। इस प्रकार गठन, संरचना के आधार पर बाँगर के पाँच, भाट मृदा के तीन व कछारी मृदा (नवीन कॉप) के एक उपविभाग किये गये हैं। इन सबकी अपनी विशेषता है। बाँगर मृदा-गेहूँ, चावल, गन्ना, चावल तथा कछारी मृदा में जौ, चना, मटर आदि फसलें पैदा की जाती हैं। इस प्रकार मृदा एक कठिन पदार्थ है। यह चट्टानों के विखण्डित छोटे-छोटे कणों, जीवांश, पदार्थो आदि से मिलकर बना है जिसमें पानी एवं वायु पर्याप्त मात्रा में उपस्थित रहते हैं। मृदा ही पौधों की बढ़ोतरी के लिए एक प्राकृतिक माध्यम है।

मृदा निर्माण के घटक—मिट्टी फसल उत्पादन की प्रक्रिया में प्रमुख भूमिका निभाती है। इसलिए मृदा के भौतिक एवं रासायनिक गुणों का पर्याप्त ज्ञान जरूरी है। इसमें मृदा की बनावट, मृदा-जल, मृदा-संरक्षण, मृदा ताप, मृदा की गहराई तथा पी एच.मान, मृदा जीवांश पदार्थ, मृदा क्षार, जीवाण, विनिमय इत्यादि का विशेष महत्त्व है। इन सभी कारकों का मृदा की उर्वरता के निर्माण में विशेष योगदान होता है। मृदा सम्बन्धी घटकों की जानकारी बहुत जरूरी है। इन्हें निम्न प्रकार वर्गीकृत किया जा सकता है—

मिट्टी की भौतिक अवस्था—इसके अन्तर्गत निम्न घटकों को समाहित करते हैं—

(i) मृदा-नमी (Soil-water)

(ii) मृदा-गठन व (Soil texture and structre) संरचना

(iii) मृदा-तापक्रम (Soil temperature)

(iv) मृदा-वायु (soil-air)

मिट्टी की रासायनिक अवस्था—इसके तहत निम्नलिखित घटकों को सम्मिलित करते हैं—

(i) मृदा उर्वरण (Soil fertility)

(ii) क्षार विनिमय तथा पी एच. मान

(iii) जैविक कारक (Biotic factors)

(iv) मृदा जीवाणु (Soil organism)

उपर्युक्त का सूक्ष्म वर्णन निम्नवत है—

मृदा की संरचना—भूमि का भौतिक गुण वातावरण का एक ऐसा घटक है जो फसलों की उन्नति को प्रत्यक्ष रूप से प्रभावित करता है। भौतिक अवस्था के विभिन्न घटक वातावरण से प्रभावित होकर फसलों की उन्नति एवं अनुकूलन को प्रभावित करते हैं। मृदा में सिल्ट, बालू और चिकनी मिट्टी के कण मिलते हैं। ये हर भूमि में विभिन्न अनुपात में मिले होते हैं। इस प्रकार बनने वाली मृदाओं के गुण भी भिन्न-भिन्न होते कहैं। उदाहरणार्थ—चिकनी मिट्टी में कणों के छोटे होने के कारण धरातलीय क्षेत्रफल (surface area) ज्यादा होता है। इनमें पानी सोखने की क्षमता कम किन्तु रोकने की शक्ति अधिक होती है। इस मृदा में पोषक तत्त्वों को धारण करने की शक्ति अधिक होती है। इसमें वायु तथा पानी का स्वतंत्र विचरण होता है। ऐसी मृदा में वायु संचार के अधिक होने के साथ ही जलधारण शक्ति कम हो जाती है।

बलुई भूमि में पोषक तत्त्वों का ह्रास निच्छालन द्वारा अधिक होता है इसमें वायुमण्डलीय ताप की बढ़ोतरी के फलस्वरूप अविलंब परिवर्तन होता है जो मृदा में जीवांश पदार्थ के विघटन तथा नाइट्रोजन गैस के रूप में उड़ने पर पड़ता है। इस प्रकार भूमि की उर्वरा शक्ति बहुत ही कम होती है, इसीलिए इसे 'भूखी मृदा' (hungry soil) के नाम से भी जाना जाता है। मृदा-संरक्षण पौधों की वृद्धि तथा विकास को विशेष रूप से प्रभावित करती है। ढीली संरचना वाली मिट्टी में सुसम्बद्ध संरचना युक्त मिट्टी की तुलना में जड़ों का विस्तार व्यवस्थित होता है। भारी मृदाओं में संघनित संरचना होने के कारण पौधों की जड़ों को भूमि में प्रवेश करने में मुश्किल होती है। जड़ों के भूमि में प्रवेश करने से ज्यादा ऊर्जा व्यय करनी पड़ती है जिससे जड़ें छोटी रहती हैं। उचित संरचना वाली भूमियों में पौधों की जड़ों के प्रवेश में सुगमता रहती है व भूमि से नयी और पोषक तत्त्वों का ग्रहण आसानी से हो जाता है। ठोस तथा सघन मृदा में पौधों की अच्छी बढ़ोतरी नहीं होती है।

मृदा में नमी की कमी—बीजों के प्रस्फुटन से लेकर पौधों के तैयार होने तक जमीन में मृदा आर्द्रता की आवयकता पड़ती है। भूमि में नमी की कमी या अधिकता दोनों ही पौधों को प्रभावित करती हैं। भूमि में नमी की कमी से अंकुरण कम होता हैं पौधों की वृद्धि रुक जाती है, और जलाभाव के कारण पौधे सूख जाते हैं। नमी की कमी से फसलों की उपज तुलनात्मक रूप में कम हो जाती है। मृदा-जल की

अधिकता से भूमि का वायु संचार कम हो जाने के कारण ऑक्सीजन की कमी हो जाती है व पोषक तत्त्वों के अवशोषक के लिए जरूरी ऊर्जा नहीं मिल पाती है। इस प्रकार पौधों की जड़ें उथली रह जाती हैं और पौधे पीले पड़ने लगते हैं अथवा सूख जाते हैं।

मृदा और वायु—मृदा कण के बीच खाली स्थान में वायु भरी होती है। मृदा में वायु की यह मात्रा मृदा-जल की व्युत्क्रम समानुपाती होती है। मृदा-वायु में वायुमण्डल के संघटन की तुलना में भिन्नता मिलती है। इसमें वायुमण्डल की तुलना में आक्सीजन कम व कार्बन डाई आक्साइड की मात्रा अधिक होती है। ऐसा इसलिए होता है क्योंकि भूमि में स्थित जड़ें श्वसन क्रिया में पर्याप्त मात्रा में कार्बन डाई आक्साइड छोड़ती है। इस प्रकार वायु संचार के बाधित होने से एक ओर जहाँ कार्बन डाई आक्साइड की ज्यादा मात्रा इकट्ठी हो जाती है, वहीं दूसरी ओर यह कार्बन डाई आक्साइड मृदा-जल को शोषित करके कार्बनिक अम्ल उत्पन्न करती है, जो पौधों के कोमल जड़ रोम (root hair) को अपने जहरीले प्रभाव से भर देती है। ऐसी भूमि में आक्सीजन के अभाव से लाभदायक जीवाणुओं की क्रियाशीलता भी प्रभावित होती है। भूमि में आक्सीजन की कमी के कारण श्वसन क्रिया उचित प्रकार से नहीं हो पाती है जिससे पौधों की शाखाओं की स्फीति (turgon) कम हो जाती है तथा पानी का अवशोषण भी घटने लगता है जिसके परिणामस्वरूप पौधे सूखकर मर जाते है।

मृदा का तापक्रम—मृदा-तापक्रम पौधों की उन्नति के लिए अधिक महत्त्वपूर्ण होता है। तापक्रम से न सिर्फ पौधों की जड़ों के विकास हेतु उचित वातावरण उत्पन्न होता है अपितु इससे मृदा-जीवाणुओं की क्रियाशीलता के जुड़े होने के कारण मृदा-उर्वरता से गहरा सम्बन्ध है। केनन (1925) ने बताया है कि वायु-संचार एवं मृदा-तापमान का पौधों की जड़ों की वृद्धि से सीधा सम्बन्ध होता है। तापक्रम प्रायः तीन प्रकार के होते हैं—

1. अधिकतम तापक्रम-अधिकतम तापक्रम पर पौधों की उन्नति बाधित होती है।

2. अनुकूलतम तापक्रम-इससे जड़ों की सबसे अधिक बढ़ोतरी होती है।

3. निम्नतम तापक्रम-कम तापक्रम पर भी जड़ों की वृद्धि बाधित हो जाती है।

समस्त प्रकार के पौधों की बढ़ोतरी के लिए अलग-अलग तापक्रम की जरूरत होती है, यथा—लौकी या लौकी जाति के पौधे की जड़ें भूमि की सतह पर फैली रहती हैं, जिससे तुलनात्मक दृष्टि से ऊँचे तापक्रम पर अच्छी वृद्धि करती हैं। हर जलवायु कटिबन्ध में पौधों के विकास के लिए भिन्न-भिन्न मृदा-तापक्रम उपयुक्त होती है

जैसे, शीतोष्ण कटिबन्ध में पौधों की जड़ों के विकास के लिए 15 से 25^{0}C मृदा-ताप उपयुक्त रहता है।

गहरी जड़ों वाली फसलें तुलनात्मक रूप में नीचे तापक्रम पर अच्छी वृद्धि करती हैं। मरुस्थलीय जलवायु के पौधों में उथली जड़ें होने का प्रधान कारण यह है कि भूमि की गहराई पर उन्हें उन्नति के लिए उपयुक्त तापक्रम नहीं मिल पाता है। बीजों के जमाव पर भी मृदा-तापक्रम का प्रभाव पड़ता है। मिट्टी के तापक्रम के ही आधार पर अलग-अलग फसलों की बुआई का समय निर्धारित किया जाता है। मृदा-तापक्रम का प्रभाव जमीन में निवास करने वाले जीवाणुओं की क्रियाशीलता पर भी पड़ता है। पी. एच. मान मृदा की सम्भावित क्षमता को दर्शाता है। मृदा घोल में स्वतन्त्र हाइड्रोजन आयनों का अनुपात पी. एच. मान के रूप में मापा या प्रकट किया जाता है। पी एच. उदासीन होता है। जब pH7 होता है तो उसे उदासीन (neutral) प्रक्रिया कहते हैं। इससे नीचे वाले मान अम्लता (acidity) को व ऊपर वाले मान क्षारता (alkalinity) को दर्शाते हैं।

सामान्यतः 6.5 से 7.5 पी. एच. मान पौधों के उचित विकास हेतु उपयुक्त माना जाता है जिसमें प्राथमिक पोषक पदार्थ (primary nutrient materials) फासफोरस, नाइट्रोजन तथा पोटास (N.P.K.) एवं द्वितीयक पदार्थ (secondary materials) कैल्शियम, सल्फर तथा मैग्नीशियम (S. Ca, Mgl) की मात्रा पर्याप्त होती है। लोहा, ताँबा, अभ्रक तथा जस्ता की मात्रा अम्लीय मृदा में क्षारीय मृदा की तुलानात्मक दृष्टि से अधिक होती है। इस तरह pH मान के आधार पर मृदा को अम्लीय तथा क्षारीय दो श्रेणियों में विभाजित किया जा सकता है। क्षारीय मृदा सामान्यतः अद्र्धशुष्क, शुष्क, क्षेत्रों में मिलती है। भारत में विशेषकर पश्चिमी उत्तर प्रदेश, पश्चिमी मध्य प्रदेश, पंजाब, महाराष्ट्र, राजस्थान तथा गुजरात में लगभग 5 मिलियन हेक्टेयर भू-भाग पर इस प्रकार की मृदा विस्तृत है।

अलग-अलग कृषि-भूगोल वेत्ताओं ने विभिन्न फसलों हेतु अलग-अलग pH मान निर्धारित किया है। प्रो. इग्नातीफ एवं पेज के अनुसार कुछ फसलों के लिए आवश्यक अम्लता निम्नांकित हैं—

फसल	*अम्लता की माप (pH में)*
धान	5.5-6.5
जौ.	6.5-8.0
जई	5.0-7.5
मक्का, ज्वार-बाजरा, तम्बाकू	5.5-7.5

अगर एक ही मूल चट्टान दो जलवायु प्रदेशों में विस्तृत है तो वहाँ की वर्षा, आर्द्रता, ताप आदि दशाओं तथा विशेषताओं के कारण वहाँ दो भिन्न-भिन्न-प्रकार की मृदा मिलेगी। इस प्रकार दो पृथक् प्रदेशों में अलग विशेषताओं वाली मृदा उस प्रदेश के नाम से जानी जाती है। जलवायु की तरह ही धरातलीय दशाएँ भी मृदा की प्रकृति को प्रभावित करती हैं, यथा-समतल या घाटी क्षेत्रों में मृदा की गहराई अथवा मोटाई अधिक मिलती है, जबकि ढालू क्षेत्रों में मृदा की मोटाई ऊँचाई के साथ कम होती जाती है।

मटर, कपास . . . . . . 6.0 . . . . .7.5

आलू . . . . 5.5 . . . . 7.0

चुकन्दर . . . . 7.5 . . . . .8.0

इस प्रकार स्पष्ट है कि मृदा का pH मान शस्य स्वरूप व कृषि पद्धति को निर्धारित करता है। कृषि पद्धति पर इस का बहुत अधिक प्रभाव पड़ता है।

मृदा की रासायनिक दशा—इस प्रकार क्षार विनिमय मृदा की बहुत ही महत्त्वपूर्ण रासायनिक प्रक्रिया है जिसका परोक्ष रूप से मृदा-उर्वरता पर असर पड़ता है। इस प्रक्रिया से मृदा-संरचना में सुधार होता है, वायु संचार व पानी निकास प्रभावित होते हैं एवं पोषक तत्त्वों की मौजूदगी बढ़ती है और मृदा से उनके ह्रास को रोका जा सकता है।

मृदा में पी. एच. का सिर्फ पौधों की वृद्धि पर ही सीधा असर नहीं पड़ता अपितु इसके कारण पोषक तत्त्वों की उपलब्धता भी प्रभावित होती है। ऐसी स्थिति में हानिप्रद लवणों के मृदा में एकत्रीकरण से जहाँ उनका प्रत्यक्ष प्रभाव फसलों की उन्नति पर पड़ता है, वहीं दूसरी ओर लवण भूमि में प्रयोग किए गये उर्वरकों की उपलब्धता को भी बाधित कर देते हैं। पोषक तत्त्वों की कमी के कारण उपज काफी घट जाती है। मृदा पी. एच. का प्रभाव मृदा-जीवाणुओं की क्रियाशीलता को भी बहुत कम कर देता है, जिसका भूमि की उर्वरता पर प्रतिकूल असर पड़ता है। अम्लीय भूमि में भी पौधों की जड़े छोटी मोटी और शाखायुक्त हो जाती हैं।

मिट्टी की उपजाऊ शक्ति—मिट्टी की उर्वरता का पौधों की प्रगति और विकास से काफी गहरा संबंध है। वस्तुतः मृदा उर्वरता भूमि सम्बन्धी सम्पूर्ण घटकों की मिश्रित प्रक्रिया का प्रतिफल है जिससे प्रभावित होकर पोषण तत्त्व पौधे को उपलब्ध होते हैं। उर्वर भूमि में पौधों की जड़ें छोटी अधिक शाखायुक्त और सघन होती हैं। बड़े वृक्षों में तथा कम उपजाऊ भूमि में अधिक उपजाऊ भूमि की तुलना में दोगुनी जड़ें पायी जाती हैं। भूमि में **नाइट्रेट** की पर्याप्त मात्रा रहने पर

पौधों की जड़ें अधिक गहराई पर न जाकर सतह पर क्षैतिज विस्तार करती हैं। **फास्फोरस** के इस्तेमाल का पौधों के विस्तार से सीधा सम्पर्क है। अर्थात् इसकी आपूर्ति बढ़ाने से जड़ों का विस्तार भी अधिक होता है। आलू, शकरकन्द प्रकृति जड़ों वाले पौधों में पोटाश की खादों के इस्तेमाल से छोटी और मोटी जड़ें बनती हैं, जबकि नाइट्रोजन के प्रयोग से लम्बी और पतली जड़ें पाई जाती हैं। कुछ पोषक तत्त्वों की कमी में पौधों में विभिन्न प्रकार के रोग, व्याधियाँ लग जाती हैं जिससे उपज में विशेष कमी आ जाती है। मैग्नीशियम तथा लोहे के अभाव के कारण तम्बाकू और पाइन एपल में **क्लोरोसिन** हो जाती है। नाइट्रोजन की कमी में गेहूँ में **एलोवेरी** रोग लगता है। जिंक के अभाव में धान की फसल में **खेरा** रोग लगता है। पौधों को उचित मात्रा में मृदा से विविध अवयवों की जरूरत पड़ती है। पोटाश के अभाव में आलू की पत्तियां पीली पड़कर जर्द हो जाती है और पौधे मुरझाने लगते हैं। अम्लीय मृदा में बन्द गोभी में **क्लबरूट** रोग लगता है।

मृदा-जीवांश पदार्थ—मृदा जीवांश पदार्थ का मृदा की भौतिक तथा रासायनिक व्यवस्था को सम्यक् बनाये रखने में विशेष महत्त्व है। भूमि का जीवांश पदार्थ-फसल अवशेष, जीवांशमय हरी खाद, खाद तथा मृत वनस्पतियों एवं पशुओं के अवशेष से प्राप्त होता है। जीवाणुओं के सहयोग से जीवांश पदार्थ भूमि पर उगने वाले पेड़-पौधों, फसलों आदि को पोषक तत्त्वों प्रदान करते हैं। साथ ही फसलों तथा पौधों की उन्नति में भी ये सभी प्रकार से सहायता करते हैं।

कृषि में मृदा-जीवांश की उपादेयता को निम्न बिन्दुओं के तहत स्पष्ट किया जा सकता है—

1. भूमि का तापमान बढ़ता है।

2. अप्रत्यक्ष रूप से भूमि के अघुलनशील पोषक तत्त्वों की घुलनशीलता में वृद्धि होती है।

3. जीवाणुओं की क्रियाशीलता में अभिवृद्धि होती है।

4. भूमि की जलधारण क्षमता में अभिवृद्धि होती है।

5. भूमि की संरचना में सुधार होता है।

6. बलुई मिट्टी के कणों को आपस में बांधकर व चिकनी मिट्टी को भुरभुरी बनाकर दानेदार संरचना प्रदान करने में मदद करता है।

मृदा में मौजूद रहने वाले जीवाणु—मिट्टी में मौजूद जीवाणु धरती की उर्वरता को प्रभावित कर पादपों की प्रगति हेतु समुचित वातावरण का निर्माण करते हैं। दलहन फसलों की जड़ों में निवास करके वायुमण्डल के नाइट्रोजन को भूमि में

इकट्ठा करता है। कृषि में सहजीवी नाइट्रोजन-यौगिकीकरण का विशेष महत्त्व है। विश्व में प्रतिवर्ष 5.5 मिलियन टन नाइट्रोज़न भूमि को इन जीवाणु द्वारा प्राप्त होता है। एजैंटी बैक्टर तथा क्लोस्ट्रीडियम ऐसे जीवाणु होते हैं जो नाइट्रोजन यौगिकीकरण के लिए कार्बोहाइड्रेट व जीवांश पदार्थ का उपयोग करते हैं। एजैंटो बैक्टर कार्बोहाइड्रेट की एक ग्राम मात्रा के उपयोग से 15 से 20 मिलीग्राम नाइट्रोजन का यौगिकीकरण करता है जबकि क्लोस्ट्रीडियम 1 ग्राम कार्बोहाइड्रेट के जरिये 2 से 3 मिलीग्राम नाइट्रोजन का यौगिकीकरण करता है।

जैविक कारक—पौधों के उन्नति तथा विकास पर जीवधारियों के असर को जैविक कारक कहते हैं। पादपों पर जैविक असर प्रत्यक्ष ओर परोक्ष दोनों ही रूपों का पड़ता है। यह लाभदायक और कतिपय परिस्थितियों में हानिकारक भी हो सकता है। पौधे समूह में उगते हैं। एक जगह पर उगने वाले पौधे एक दूसरे को प्रभावित करते हैं। वनों में एक ही साथ छोटे-बड़े सभी प्रकार के वृक्ष, झाड़ियाँ, घासें, मॉसेस एवं लिचेन (mosses and lichens) उगते हैं। वातावरण के समान इनमें आपस में प्रकाश, पोषक तत्त्वों तथा स्थान के लिए प्रतिस्पर्धा रहती है। वृक्ष अपने आस-पास तथा नीचे उगने वाले पौधों को छाया प्रदान करते हैं। कुछ सूक्ष्म जीवाणु यथा-बैक्टीरिया, एलगी, फंजाई तथा वाइरस पौधों की उन्नति को कई प्रकार से प्रभावित करते हैं। इसके अलावा पौधों तथा जीव जन्तुओं के अवशेष भूमि को जीवांश पदार्थ एवं ह्यूमस प्रदान करते हैं। मृदा निर्माण में जलवायु का विशेष महत्त्व है। इसी के प्रभाव सें मृदा की विशेषताएँ बदलती रहती हैं, क्योंकि तापमान, अपक्षय, वर्षा आदि का प्रभाव हर स्थान के मृदा पर स्पष्ट रूप से दृष्टिगोचर होता है। जलवायु प्रदेशों की ही तरह मृदा के वृहत् प्रदेश (macro regions) बन जाते हैं।

जलवायु कटिबन्धों के समान जो मृदा पाई जाती है, उन्हें कटिबन्धीय मृदा (zonal soils) कहते हैं। इस प्रकार जलवायुविक तत्त्व तथा प्रक्रियाओं के आधार पर मृदा को चौदह प्रकारों में बांटा जा सकता है। जलवायु तथा धरातलीय स्वरूप की ही भाँति वनस्पतियाँ भी मृदा को प्रभावित करती हैं। वनस्पति के सड़ने-गलने से मृदा की उर्वरा शक्ति बनी रहती है। ये वनस्पतियाँ व जीव जन्तु मरने तथा सड़ने के बाद मृदा में ह्यूमस (humus) का निर्माण करते हैं जिसके फलस्वरूप मृदा की उर्वरता एवं सम्पन्नता सुरक्षित रहती है। इस प्रकार के मृदा क्षेत्र, जो वनस्पतियों तथा जीवाणुओं के कारण अपना गुण तथा रंग परिवर्तित हो चुके हैं यथा-हिमालय, आल्पस, साइबेरिया तथा टैगा क्षेत्रों में अधिकाधिक रूप में पाये जाते हैं। मृदा पर मानवीय उपयोग तथा हस्तक्षेप का प्रभाव भी पड़ता है।

मानव, अपनी जरूरतों की पूर्ति हेतु मिट्टी का प्रयोग नैसर्गिक प्रक्रियाओं के विपरीत करता है। जिन भागों में जनसंख्या का घनत्व ज्यादा है अथवा जहाँ सघन कृषि होती है, वहाँ मृदा की उर्वरता शनैः-शनैः कम होती जाती है। निम्न उत्पादकता थोड़ी भी ढीली होने के कारण वापस लौट सकती है जो किसानों के लिए बहुत ही घातक साबित होती है। मानव उर्वराशक्ति को बनाये रखने के लिए अनेक प्रकार की खादों, उर्वरकों, रसायनों आदि का प्रयोग करता है। इन उर्वरकों के प्रयोग से मृदा की विशेषतायें परिवर्तित होती रहती हैं। इस प्रकार यह स्पष्ट है कि कृषि भौतिक दशाओं के विभिन्न कारकों द्वारा प्रभावित ही नहीं होती अपितु नियन्त्रित तथा सुनिश्चित भी होती है। इन सभी भौतिक कारकों के समन्वित योगदान से ही मृदा के विभिन्न प्रकारों तथा प्रारूपों का विकास होता है। उदाहरण के तौर पर–

शीत-शुष्क	*कैल्सीकरण पाड्जोल*	*निर्माण शीत-आर्द्र*
1. मरुक्षेत्रीय मृदा		
2. मरुक्षेत्रीय लाल मृदा		
3. चेस्टनट मृदा		
4. लाल-भूरी मृदा		
5. चेरनोजम मृदा		
6. लाल चेस्टनट मृदा		
7. प्रेयरी मृदा		
8. लाल-प्रेयरी मृदा		
9. पाड्सोल मृदा		
10. भूरी पाड्सोल मृदा		
11. धूसर-पिंगल पाड्सोल मृदा		
12. लाल-पीत पाड्सोल मृदा		
13. लाल-पीली लेटराइट मृदा		
14. लेटराइट मृदा		

अतएव ये सभी भौतिक कथ्य आपस में एक-दूसरे के पूरक होते हैं जो खेती पर अपना असर प्रत्यक्ष और अप्रत्यक्ष तौर पर डालते हैं। इसलिए यह कहना अतिशयोक्ति पूर्ण नहीं होगा कि किसी भी क्षेत्र की कृषि वहाँ की भौतिक दशाओं का प्रतिफल होती है।

कृषि भूगोल का वर्तमान स्वरूप

आन्त विज्ञान के आधुनिक युग में वैज्ञानिक अधिकारों के साथ-साथ कृषि के क्षेत्र में भी काफी परिवर्तन आया है। आज यह किसी क्षेत्र के सर्वांगीण विकास हेतु अपरिहार्य है। कृषि भूगोल की परिधि में आने वाले प्रमुख विषय फसलोत्पादन एवं पशुपालन हैं जिनके सम्यक् अध्ययन के प्रमुख उद्देश्य भूमि उपयोग का स्थानीयकरण, विभिन्न कृषि पद्धतियों का निर्धारण, कृषि पद्धतियों में स्थानिक एवं कालिक अन्तर एवं पर्यावरण से उनके पारस्परिक क्रियाओं का विवेचन है। सही मायने में कृषि पद्धति पारिस्थितिक तन्त्र का संशोधित रूप होता है जो अभीष्ट उपज पाने के लक्ष्य से सम्पादित होता है। कृषि पद्धति का वास्तविक स्वरूप तीन समूह के कारणों पर निर्भर करता है–

(ख) कृषि फार्म की सापेक्षिक स्थिति।

(क) कृषक की वैयक्तिक, सामाजिक, आर्थिक तथा राजनीतिक विशेषताएँ।

(ग) कृषि क्षेत्र की पारिस्थितिक तन्त्र जिसे कृषि भूमि या खेत की स्थानीय विशेषताएँ कहा जाता है।

इस प्रकार कृषि पद्धतियों के सृजन में प्राकृतिक एवं मानवीय वातावरण को शामिल किया है।

प्रकृत्ति का कृषि से बहुत गहरा सम्बन्ध है क्योंकि भारतीय कृषि मानसून पर निर्भर करती है। इन भौगोलिक कारकों में धरातलीय स्वरूप, जलवायु और मृदा मूल हैं। जलवायु फसलों के प्रादेशिक वितरण एवं उत्पादन की सभी प्रक्रियाओं पर प्रभाव डालती है। इसी प्रकार कृषि पर धरातल का स्वरूप, ढाल प्रवणता उच्चावच आदि का स्पष्ट प्रभाव पड़ता है। धरातल से अपवाह तन्त्र भी प्रभावित होता है। संसार में सामान्य ढाल के समतल मैदान प्रमुख कृषि क्षेत्र हैं। अनुकूल जलवायु के क्षेत्रों में धरातल का स्वरूप कृषि सम्भावनाओं को तय करता है।

कृषि उत्पादन में मृदा एक अन्य प्रमुख कारक है जो धरातल तथा जलवायु के साथ वानस्पतिक दशाओं से प्रभावित होती है। मृदा, अपनी भौतिक, रासायनिक तथा जीवीय विशेषताओं के आधार पर कृषि पर अनेक रूपों में प्रभाव डालती है। कृषि भूगोल के अध्ययन में कृषि की स्थानीय संरचना एवं प्रादेशिक विविधता को उत्पन्न करने वाले इन प्राकृतिक कारकों का अध्ययन एक प्रमुख अंग है। मानवीय दशाओं का अध्ययन भी कृषि भूगोल का एक महत्वपूर्ण अंग है क्योंकि वर्तमान काल में प्राकृतिक कारकों की तुलना में कृषि प्रतिरूप को निश्चित करने में सामाजिक एवं आर्थिक कारक महत्वपूर्ण हैं, जिनमें भू-स्वामित्व, खेती का आकार,

कृषि उपकरण सिंचन सुविधा, परिवहन के साधन, बाजार की स्थिति, क्षेत्रफल, वितरण, श्रमिकों का निवेश, रासायनिक उर्वरक, कीटाणुनाशक दवाओं का प्रयोग, उन्नत बीज, यन्त्रीकरण आदि कृषि के स्वरूप एवं प्राकृतिक वितरण पर प्रभाव डालते हैं। इनका अध्ययन कृषि भूगोल के अन्तर्गत किया जाता है। प्रकृति सदा एक जैसी नहीं रहती है जैसे-जैसे प्रकृति में बदलाव के फलस्वरूप कृषि में भी विविधता पायी जाती है। अतएव भूमि उपयोग, शस्य वितरण एवं कृषि पद्धतियों के प्रादेशिक अन्तर के आधार पर कृषि प्रदेशों को निर्धारण तथा उनका विवेचन कृषि भूगोल का महत्वपूर्ण विषय है।

कृषि अध्ययन का उद्देश्य कृषि तथा तथ्यों का भूतल पर क्षेत्रीय सन्दर्भ में विवेचन, वर्णन, विश्लेषण तथा संश्लेषण करना है। कृषि भूगोल के विषय क्षेत्र में कृषि की समस्याएँ एवं कृषि नियोजन आता है। कृषि नियोजन अनेक विषयों के सामूहिक प्रयास से सम्भव होता है। कृषि भूगोलवेत्ता भूमि उपयोग सर्वेक्षण, भूमि के वर्गीकरण तथा मानचित्रण, भूमि क्षमता सर्वेक्षण आदि के आधार पर कृषि समस्याओं का निरूपण तथा उसके नियोजन के पक्ष में अपना कार्य सम्पन्न करता है जो इसके विषय क्षेत्र के अन्तर्गत है।

क्षेत्रीय कृषि विकास नियोजन के आधार के रूप में गत्यात्मक एवं गतिहीन प्रदेशों का परिसीमन किया जा सकता है जिसके आधार पर क्षेत्रीय कृषि विकास के दूरगामी नियोजन हेतु प्रादेशिक सर्वेक्षण और पूर्वानुमान के आधार पर क्षेत्रीय कृषि नियोजन का निर्धारण एवं कार्यान्वयन सम्भव होता है। ये सभी कृषि भूगोल के विषय क्षेत्र में आते हैं। कृषि भूगोलवेत्ताओं के अतिरिक्त कृषि भूगोल के अध्ययन में अन्य विशेषज्ञों तथा नियोजकों की सहायता प्राप्त होती है जिसमें कृषि विशेषज्ञ, कृषि खाद्य अर्थशास्त्री, सिंचाई अभियन्ता, प्रादेशिक नियोजक, ग्रामीण विकास नियोजक आदि भी कृषि भूगोल के विषयवस्तु से फायदा उठाते हैं।

कृषि भूगोल सम्बन्धी सिद्धान्त

कृषि कार्य का फलक काफी विस्तृत है। कृषि कार्य में नैसर्गिक और आर्थिक परिस्थितियां के साथ-साथ सामाजिक और वैयक्तिक विशिष्टताओं को भी सम्मिलित किया जाता है। किये जाने वाले सभी कारकों हेतु सिद्धान्त नहीं बनाए जा सकते। किसी भी विषय के सिद्धान्त, संकल्पना एवं विषयवस्तु परस्पर सम्बन्धित होते हैं। किसी भी विषयवस्तु का केन्द्र बिन्दु संकल्पना होती है। संकल्पना की रूपरेखा सिद्धान्तों के माध्यम से निश्चित की स्पष्ट है कि किसी भी विषय के सिद्धान्तों पर ही संकल्पना आधारित होती है।

मॉर्गेन एवं मुण्टन (1971) ने अर्थशास्त्र के समान ही कृषि भूगोल के मौलिक सिद्धान्तों तथा संकल्पनाओं को चार वर्गों में विभाजित किया है–

(1) विकल्पों को नियन्त्रित करने वाले तुलनात्मक फायदा सिद्धान्त।

(2) संसाधनों के उपयोग सम्बन्धी सिद्धान्त।

(3) संसाधन का अनुकूलतम उपयोग।

(4) वस्तु विनिमय या लेन-देन।

कृषि भूगोल में अर्थशास्त्र की सभी शाखाओं में उपभोग, उत्पादन, विनिमय एवं वितरण के नियमों का प्रयोग किया जाता है। पूर्ति एवं मूल्य के नियम, सापेक्षिक फायदा के सिद्धान्त, ह्रासमान प्रतिफल का नियम आदि का इस्तेमाल कृषि भूगोल में व्यापक रूप से किया जाता है। विभिन्न कृषि सम्बन्धी वस्तु में की जरूरत अलग-अलग क्षेत्रों के अनुसार ही होती है। जबकि विकासशील देशों में मूल खाद्य वस्तुओं की माँग प्रत्यास्थता ज्यादा होती है। स्थानीयकरण में सापेक्षिक फायदा का नियम भी महत्वपूर्ण होता है। ह्रासमान प्रतिफल का नियम भी कृषि के स्थानीयकरण में लागू होता है। ह्रासमान प्रतिफल क्रमशः बढ़ती हुई लागत एवं घटती हुई उपज दर का प्रतिफल होता है। सीमान्त तथा ह्रासमान प्रतिफल का उपयोग स्थानीयकरण के अनेक सिद्धान्तों में किया जाता है।

कृषि भूगोल के विविध पहलुओं की विवेचन हेतु इसके मौलिक सिद्धान्तों को तीन भागों में विभाजित किया जा सकता है। वे हैं–(1) पारिस्थितिकी समंज्जन का सिद्धान्त एवं (2) कार्यिक सम्बन्ध का सिद्धान्त, (3) क्षेत्रीय भिन्नता तथा संगठन के सिद्धान्त कृषि अवस्थिति, कृषि भू–दृश्य, प्रतिरूप तथा उस पर प्रभाव डालने वाले विभिन्न कारकों एवं इसके गत्यात्मक पक्षों को समझने में ये सिद्धान्त उपयोगी हैं।

2

कृषि भूमि उपयोग

भौगेलिक अध्ययन का एक प्रधान पहलू भूमि का समुचित इस्तेमाल है। इसका संबंध मुख्यतया कृषि भूगोल से है। अनुपयुक्त विज्ञानों में भूमि उपयोग सर्वेक्षण भूगोल की वृद्धि का एक अग्रगण्य अंग हो गया है। भूमि उपयोग के मानचित्र प्रादेशिक आयोजना तथा विकास के जरूरी उपकरण माने जाने लगे हैं। विधितंत्र व अनुप्रयोग कर विचार करने के पहले एक बार दुबारा अपनी संकल्पनाओं को स्पष्ट कर लेना चाहिए। भूमि उपयोग शब्द वस्तुतः स्वतः ही स्पष्टीकारक है। किन्तु उपयोग व उनके विकल्प योजन के अर्थों की व्याख्या में अनेक गुत्थियाँ उठ खड़ी हुई हैं। कुछ लेखक शुरुआत से ही तथ्य पर जोर देते रहे हैं कि वह इस बात के समर्थन में नहीं हैं कि इन शब्दों का भिन्न अर्थ लगाया जाए। यद्यपि शब्दकोष की परिभाषाओं में इन दो शब्दों के अर्थों में एक मामूली सा अंतर हो सकता है, किन्तु आंग्ल भाषा में इन शब्दों का इस्तेमाल पारस्परिक आदान-प्रदान करने योग्य है। उपयोग शब्द छोटा होने के कारण उसे अत्यधिक श्रेष्ठ माना गया है। यहाँ इस बात को स्पष्ट करना जरूरी है क्योंकि यह प्रयोग अन्य लेखकों से अलग है। फाक्स के अनुसार–

भूमि उपयोग भूमि के स्वाभाविक अभिलक्षणों के अनुसार भू-धरातल का वास्तविक तथा विशिष्ट उपयोग है। भूमि उपयोग का अध्ययन मुख्यतः वनस्पति आच्छादन अथवा उसकी कमी से जुड़ा है। भूगोल के क्षेत्र में यह एक औपचारिक संकल्पना है।

भू-योजन—भूमि उपयोग के दोहन की प्रक्रिया है अर्थात् भूमि विशिष्ट ध्येय के लिए अनुप्रयुक्त होती है। मनुष्य के द्वारा अविकसित क्षेत्र भू-योजना के दृष्टिकोण से ऋणात्मक होते हैं। इस प्रकार सांस्कृतिक भूगोल के क्षेत्र में यह एक क्रियात्मक संकल्पना है। ये दोनों संकल्पनाएं अधिकतर भूमि उपयोग सर्वेक्षणों में शामिल होती हैं। उपयोग के दृष्टिकोण से वनस्पति आवरण द्वारा किये गये कार्यों को समन्वित किये बगैर ही उसका परीक्षण करना एक निस्सार व महत्त्वहीन अभ्यास माना गया है। चाहे वानस्पतिक आवरण हो अथवा निर्मित संरचनना शब्दों का अपना महत्त्व होता है। वे आवरण में और अधिक विभिन्नता को बंद रखते हैं। इस ध्येय हेतु आवरण शब्द रचना ही ध्वनित होती है। इस शब्द को आस्ट्रेलिया में अंटर वेली रिसर्च फाउन्डेशन ने भू-योजन के साथ निम्नांकित प्रकार से उपयोग किया।

भूमि आवरण—पृष्ठभूमि जिसमें उपयोग पर नियोजन क्रिया होती है। उदाहरणस्वरूप वनस्पति तथा कृत्रिम निर्माण (यदि कोई हो) भू-धरातल को ढांके रखता है (जो पूर्णतः शिला दृश्यांश और मृदाओं से बना होता है।)

भूमि उपयोग—यह एक क्रिया है। अर्थात् भूमि आवरण के माध्यम से भू-धरातल का उपयोग करना। इस ग्रंथ में 'भूमि आवरण' शब्द का उपयोग 'धरातलीय आवरण' के तत्त्वों के लिए किया गया है, चाहे वे प्राकृतिक हों या मनुष्य द्वारा निर्मित किये गये हों। भूमि उपयोग (भू-योजन) का विशद अर्थ होता है। इसमें भूमि आवरण समाविष्ट रहता है। भूमि उपयोग के व्यापक अध्ययन में उपयोग के समस्त रूपों को शामिल करना उचित होगा। चाहे वे औद्योगिक या कृषि वृक्षों की खेती नगरी क्यों न हों। अनेक अध्ययनों का सिर्फ एक रूप अथवा दूसरे रूप से सम्बन्ध होता है। यहाँ हमारा सम्बन्ध सिर्फ कृषि भूमि उपयोग से है जो पृथ्वी के अधिकतर प्रदेशों में फैला हुआ है।

प्रदेश बार विस्तार की दृष्टि से इसका सबसे अधिक इस्तेमाल होता है। कुछ क्षेत्रों में वन्य उपयोग इससे अधिक बढ़ गये हैं तथा नगरी उपयोग भी स्थानिक रूप से इससे अधिक बढ़ गये हैं। खेती के क्षेत्रीय उपयोगों में इसकी प्रधानता होने के कारण अनेक भूमि उपयोग सर्वेक्षण कृषि उपयोग से पूर्णरूपेण जुड़े हुए हैं तथापि इसका उल्लेख नहीं किया गया है। भूमि उपयोग सर्वेक्षण के परिणामस्वरूप क्षेत्रों को प्रदेशों में समूहीकृत किया गया है। यह कृषि प्रदेशों के सम्बन्ध में की गई विवेचना के अनुसार यिका गया है। इसके लिए एक अलग मानदण्ड का उपयोग किया गया है जैसे कि भूमि उपयोग विभिन्न वर्गों के भिन्न-भिन्न अनुपात। इसमें वन, परिवहन प्रतिष्ठान, नगरी क्षेत्र, उद्योग तथा अनुपयुक्त भूमि समाहित होती है। वास्तव में ये

कृषि क्षेत्रों से बहुत कुछ मिलते-जुलते हो सकते हैं। किन्तु उनकी परिभाषा तथा परिसीमांकन के मानदण्ड अलग हो सकते हैं। वे भूमि उपयोग मानदंड होते हैं। व्यावहारिक प्रयोजन हेतु भूमि उपयोग क्षेत्रों को मिलाना वांछनीय है। यह विशेष कर विभिन्न प्रावधिक पृष्ठभूमि तथा विभिन्न अभिरुचि वाले पाठकों के लिए किया जाता है। ऐसी मुश्किल पुनरावृत्ति तथा अनावश्यक पांडित्य प्रदर्शन को टालने हेतु किया जाता है। उत्तरी आयरलैंड के भू-योजन सर्वेक्षण की रपट में ऐसा जानबूझ कर किया गया है।

लोघ नेघ निम्न भूमियाँ (Lough Neagh Lowlands) एक ऐसा लघु मिश्रित फार्म प्रक्षेत्र है (इसका इस ग्रन्थ के पाँचवें अध्याय में वर्णन है)। भूमि उपयोग प्रदेशों के वृहद वर्णन से लिया गया है। इस प्रकार ऐसे भूमि उपयोग प्रदेश जिसमें वन तत्त्वों की प्रधानता समाहित हो, उसमें से वन विज्ञान से जुड़ी हुई सूचनाएँ निकाली जा सकती हैं। भूमि उपयोग सर्वेक्षणों को हमेशा ही विशेषज्ञों से लेकर अविज्ञजनों तक की जरूरतों को ध्यान में रखना चाहिए क्योंकि भूमि उपयोग सर्वेक्षण एक महँगा उपक्रम है व हर व्यक्ति आजकल भूमि उपयोग से किसी-न-किसी रूप से जुड़ा होता है। 1930 में ग्रेट ब्रिटेन ने अपने प्रथम आधुनिक भूमि उपयोग सर्वेक्षण में इस विशेषता को प्राप्त कर लिया था। युद्ध के दरम्यान कृषि विकास और युद्ध के पश्चात नुनर्निर्माण के आयोजन में इसकी विस्तृत व्याख्या का महत्व अनेक बार स्पष्ट हो गया है।

भूमि उपयोग सर्वेक्षण का विकास

जिन-जिन प्रयोगों के तहत भूमि को इस्तेमाल में लाया गया है उनसे हमारा संबंध उतना ही प्रचीन जितना कि कृषि का मानव से संबंध रहा है। भूमि उपयोग से जुड़ी ज्ञान की क्रमबद्धता उस समय से पाई जाती है जिस समय से भूमि उपयोग के अनुसार करों का अनुप्रयोग होना आरम्भ हुआ। एक ऐसा पुरातन उद्धरण इंग्लैण्ड का नारमन डोम्सडे सर्वेक्षण (Norman Domesday Survey of England) है। इसके अनेक शताब्दियों बाद कृषि क्रांति के कारण सर्वेक्षण आरम्भ किये गये। इन सर्वेक्षणों में कृषि प्रविधियों व भूमि उपयोग के सामान्य पहलुओं का काउन्टीवार परीक्षण किया गया।

नये देशों में उपनिवेश के कारण भूमि संसाधनों के प्राक्कलन में दिलचस्पी ली गई। 1919 में भूमि उपयोग को सबसे पहले व्यवस्थित रूप से अभिव्यक्त करने वाले मानचित्रों पर विचार किया गया। इसके एक सदी बाद ही राष्ट्रीय आधार पर ऐसा मानचित्रण आरम्भ किया गया। 1930 में सम्पूर्ण ग्रेट ब्रिटेन के लिए एक

आयोजना को सूत्रबद्ध करने हेतु कदम उठाये गये व 1931 में क्षेत्रकार्य आरम्भ किया गया। इस अग्रणी आयोजन को कम से कम परिव्ययों में ही पूरा करना था। इसे इतना आसान और ज्ञानबद्ध बनाना था कि कम प्रशिक्षण द्वारा ही स्वयंसेवक इसे ग्रहण कर सकें। पूरे देश में भूमि आवरण में विभिन्नता का स्पष्ट चित्रण करना संभव हो सका।

क्षेत्रीय मानचित्रण सैन्य सर्वेक्षण मानचित्रों (Ordnance Survey maps) पर किया गया। इनका मापक छह इंच बराबर एक मील था (1 : 10,560)। बाद में इनको एक इंच बराबर एक मील (1:63, 360) मापक पर घटाया गया। एक इंच वाले अधिकतर पत्रकों को मुद्रित तथा प्रकाशित किया गया। इसका एकमात्र अपवाद स्काटलैण्ड की उच्च भूमियों के पत्रक हैं, क्योंकि वहाँ भूमि का उपयोग ऊबड़-खाबड़ चराई व हरिण वनों के रूप में पाया जाता है। इसमें प्रयुक्त वर्गीकरण, क्षेत्रीय, पत्रकों पर प्रयुक्त अक्षर व प्रकाशित मानचित्रों में प्रयुक्त रंग निम्नांकित था—

1.	वन और वनस्थली	F (एफ)	गहरा हरा।
2.	शाद्वल भूमि तथा स्थायी घास	M (एम)	हल्का हरा।
3.	कृषि अथवा कृषित भूमि, पलिहर घासों का हेरफेर तथा सब्जी खेती	(L) (ए)	भूरा।
	(विपणि उद्यान, जहां ऐसा स्पष्ट हो)	(ए)	मध्यम हरा
4.	अजोत-भूमि झाबर भूमि, पंचायती भूमि व ऊबड़-खाबड़ पहाड़ी चरागाह	(एच)	पीला।
5.	उद्यान, फलोद्यान, आवंटन, रोपणियाँ इत्यादि।	G (जी)	बैंगनी।
6.	कृषि की दृष्टि से अनुत्पादक भूमि उदा, अहाते वाले खानें, बाड़े, कब्रिस्तान इत्यादि।	W (डब्लू)	लाल।
7.	सरोवर झीलें, खाइयाँ, जलाशय बाँध, नाले तथा कोई भी आकृति जिसमें पानी समाहित होता हो।	P (पी)	नीला।

वनों का उप-विभाजन गुल्मवनों, उच्च वनों तथा गुल्मों के रूप में किया गया

है। इसमें ऐसे वन शामिल होते हैं जिनमें कोई भी कटन पूर्वरोपित न होती हो, चाहे वे शंकुवृक्षी, पर्णपाती या मिश्रित वन क्यों न हों। भूमि प्रबन्ध के दृष्टिकोण से हेरफेर वाले चरागाहों का वर्गीकरण खेती की भूमि के रूप में करना उचित है, किन्तु इससे व्याख्या में कतिपय समस्याएं उत्पन्न हो गई हैं। 1938-39 में उत्तरी आयरलैण्ड में किये गये बाद के सर्वेक्षण में सभी घासस्थली को एक ही वर्ग में रखा गया है, उसमें चाहे हेरफेर होता हो या उत्तम प्रकार की चरागाह पाई जाती हो।

निम्न भूमि बाग के लिए एक श्रेणी आरम्भ की गई क्योंकि आयरलैण्ड में इसका पर्याप्त विस्तार पाया जाता था। ग्रेट ब्रिटेन में बाग का विस्तार यद्यपि महत्त्वपूर्ण नहीं है। ब्रिटेन की हर काउन्ट के भूमि उपयोग का वर्णन करने के लिए अनेक प्रतिवेदन लिखे गये। उन्हें 1936 तथा 1946 के बीच में 92 भागों में प्रकाशित किया गया। इस प्रकार क्षेत्रीय कार्य के आरम्भ तथा प्रतिवेदन के पूर्ण होने के मध्य का समय अधिक दिखाई देता हैं।

इसकी वजह यह थी कि युद्धकालीन और युद्धोतर समस्याओं को पार करना आवश्यक था। इसका ऐतिहासिक विवरण पढ़ने के लिए एक सारांश ग्रंथ 'दी लैंड आफ ब्रिटेन, इट्स यूज एण्ड मिसयूज' तैयार किया गया। इंग्लैंड व वेल्स के नये भूमि उपयोग की पुराने भूमि उपयोग से तुलना की गई है जो बड़ी शिक्षाप्रद है। मृदा तथा उच्चावचन मानचित्रों को सम्मिलित करके एक प्रतिदर्श-क्षेत्र की तुलना की गई है। नये भूमि उपयोग मानचित्र में अत्यधिक विवरण है। इसे उसी मापक 1/3, 000 पर प्रकाशित करके व्यावहारिक बनाया गया है। इसके लिए तेरह प्रमुख वर्गों का उपयोग किया गया है तथा हर का विशिष्ट रंगीन क्रमांक दिया गया है। यह भ्रम को दूर करने के लिए किया गया।

1. अधिवास (निवास तथा व्यावसायिक)	भूरा
2. उद्योग	लाल
3. परिवहन	नारंगी
4. परित्यक्त भूमि	
5. खुले स्थान	नींबू की तरह हरा
6. घास	हल्का हरा
7. कृषि	हल्का भूरा
8. विपणि उद्यान	बैंगनी
9. फलोद्यान	बैंगनी पट्टियाँ
10. वनस्थली	गहरा हरा

11. अजोत भूमि तथा ऊबड़-खाबड़ भूमि	पीला
12. जल एवं दलदल	हलका नीला
13. वनस्पतिहीन भूमि	श्वेत

तीसरी, चौथी, पाँचवीं तथा तेरहवीं श्रेणियों को छोड़कर शेष सभी को उपविभाजित किया गया है। किसान वर्ग को निम्न उपविभागों में विभक्त किया है 1. ले फल्लियाँ (Ley legumes) 2. खाद्यान्न 3. मूल वर्गीय घास, 4. हरी घास, 5. औद्योगिक फसलें, इन पाँचों को दुबारा एक फसलों में बाँटा गया है और उन्हें अक्षरों के चिन्ह दिये गये हैं, तथा 6. पलिहर। वितणि उद्यान को निम्नांकित प्रकारों में वितरित गया है। (अ) सामान्य प्रकार-इसे मिश्रित समस्याओं के अंतर्गत मानचित्रित किया गया है। जैसे ब्रैसिका फसलें (brassica crops) इत्यादि, (ब) रोपणियाँ, (स) आवंटन उद्यान, (ड) पुष्प, (इ) कोमलफल तथा (फ) हाप्स। उद्यानों को चरागाह तथा वृक्ष फसलों को साथ-साथ लिखा गया है।

चारा मैदानों में प्रबंध की समस्याओं के कारण सभी तरह के चारे को एक ही श्रेणी में सम्मिलित किया गया है। गुल्म घास स्थल अथवा रश पौधे युक्त घास भूमियों के लिए कुछ सुधार किया गया है। उपविभागों का चित्रण मुख्य रंग की अवस्था में बदलाव करके किया गया है। उन्हें अन्य मानचित्रण तरीकों द्वारा भी दिखाया जाता है। उपविभागों की पहचान मानचित्रों के सामान्य अनुवीक्षण द्वारा भी दिखाया जाता है। उपविभागों की पहचान मानचित्रों के सामान्य अनुवीक्षण द्वारा की जाती है, इनसे प्रमुख तेरह वर्गों की सुस्पष्टता में अवरोध नहीं पड़ता है। ये प्रमुख वर्ग मुख्य सर्वेक्षण के वर्गों से अधिकतर मिलते जुलते हैं किन्तु ये सूक्ष्म रूप में थोड़े अलग हैं। आधार मानचित्रों की भांति अधिवास के लिए भूरे रंग का उपयोग किया गया है। पुराने विश्वविभाजन के विश्व भूमि उपयोग सर्वेक्षण के लिए सुलाई गई योजना में (3) (4) (5) तथा (13) श्रेणियां और जोड़ी गई है।

वैश्विक भूमि प्रयोग सर्वेक्षण

विश्व भूमि उपयोग सर्वेक्षण एक आयोजना है जिसे अंतर्राष्ट्रीय भौगोलिक संघ ने तैयार किया है। इसका उद्‌देश्य सम्पूर्ण विश्व के लिए भूमि उपयोग प्रतिवेदन तथा अपेक्षात्मक तथा मानचित्र तैयार करना है। लिस्बन में 1949 में अ. भौ0 सं. (I.G.U.) ने अपने अधिवेशन में एक आयोग नियुक्त किया, जिसका ध्येय विश्व भर के लिए भूमि उपयोग सर्वेक्षण की संभावनाओं का पता लगाना था। इसके तीन

वर्ष बाद इस आयोग ने एक प्रतिवेदन प्रकाशित किया। इसमें विभिन्न देशों से प्राप्त प्रतिवेदनों के भूमि उपयोग मानचित्रण की अवस्थाओं का सारांश व सुझाव दिये गये थे। इसके बाद के प्रतिवेदन समय-समय पर अं. भौ. सं. के संवादपत्र में प्रकाशित होते हैं। विश्वभूमि उपयोग का एक ध्येय यह है कि 1 : 1, 000,000 मापक पर विश्व भूमि उपयोग के मानचित्रण को प्रोत्साहित किया जाए। इस योजना में प्रस्ताविक मूलभूत श्रेणियों की सीमित संख्या का ध्येय सर्वेक्षण में तुलनात्मकता की आवश्यक श्रेणी को प्राप्त करना थाव स्थानीय विवरणों के लिए कुछ वांछित उपविभागों की व्यवस्था करना था। यहाँ तक कि नौ श्रेणियों का मुख्य वर्गीकरण मानचित्रों के पुनर्निर्माण हेतु सर्वेक्षणों के साधारणीकरण में अनेक समस्याएं प्रस्तुत करता है। ब्रिटेन के मुख्य भूमि उपयोग मानचित्रों को 1 : 625,000 मापक पर घटाया गया और इनसे सामान्य निष्कर्ष निकाले गये।

इस मापक पर कम से कम 100 एकड़ का क्षेत्रफल दिखाया जा सकता था। इस वजह से इसके निकटवर्ती खेतों के टुकड़े लिए गये और उनका अनुपात यथावत रखा गया। 1 : 1,000,000 मापक पर सामान्य निष्कर्षों को निकालने हेतु कम से कम 200 एकड़ या 100 हेक्टेयर क्षेत्रफल होना जरूरी था। कई देशों ने अब तक विभिन्न मापकों पर भूमि उपयोग मानचित्र तैयार किये हैं। कतिपय राष्ट्रों में इन पर भी वर्तमान में काम चल रहा है। इनमें से कुछ सीधे विश्व भूमि सर्वेक्षण की प्रमुख श्रेणियों पर आधारित हैं। इनमें से कुछ सीधे विश्व भूमि सर्वेक्षण की प्रमुख श्रेणियों पर आधारित हैं।

एकैक राष्ट्रीय सर्वेक्षणों में कई अधिकारियों के संलग्न हो जाने तथा अलग-अलग उद्देश्य और विधियाँ अपनाई जाने के कारण प्रामाणिकता का अभाव हो जाता है। शासन राष्ट्रीय योजना कार्यों के कुछ सर्वेक्षण निजी कम्पनियों को ठेकों पर दे देता है। इन सर्वेक्षणों का ध्येय प्रकाशन नहीं होता। सर्वेक्षण की विधियों पर यहाँ विस्तार से विचार करना असंभव है किन्तु यहाँ यह बात ध्यान देने योग्य है कि समस्याओं के विस्तृत मानचित्रण तथा भूमि के बहुल-उपयोगों के मानचित्र के लिए भूमि पर खेती-बारी विस्तृत सर्वेक्षण की पर्याप्त गंजाइश है।

वर्तमान परिप्रेक्ष्य में विस्तृत क्षेत्रों का वायु फोटोग्राफी के द्वारा सर्वेक्षण किया जा सकता है। जो भूमि-सर्वेक्षण की पर्याप्त गुंजाइश है जो भूमि-सर्वेक्षण परिव्ययों का बहुत ही कम भाग ही होगा। व्यावहारिक कार्यों के लिए भूमि सर्वेक्षण के महत्त्व पर अब कोई भी ऊंगली नहीं उठाता है। भैतिक नियोजन में इसके अनुप्रयोग के कई उदाहरण हैं। आंग्ल-पोलिश भौगोलिक अध्ययन गोष्ठी (Anglo-Polish

Geographical Seminar) के कार्यविवरण से एक रोचक ग्रंथ तैयार हुआ है। इसमें एक नियोजित अर्थव्यवस्था में भूमि उपयोग मानचित्रण के विकास व उद्देश्यों को ब्रिटिश सर्वेक्षण से संभावित अपेक्षा की गई है। पोलिश उपगमन का सार निम्नांकित उद्धरण में प्रस्तुत किया गया है–

भूमि उपयोग से जुड़ी अन्वेषण के वैज्ञानिक व व्यावहारिक उद्देश्य हो सकते हैं। इसका अति सामान्य वैज्ञानिक उद्देश्य उन विधियों का अध्ययन करना है जिनके द्वारा मानवीय व्यवस्था प्राकृतिक पर्यावरण का प्रयोग करती है। अनिवार्यतः यह एक भौगोलिक अध्ययन है जिसे भूमि उपयोग सर्वेक्षण द्वारा ही पूरा किया जा सकता है। यह सर्वेक्षण भौगोलिक परिवेश का अधिक विवेकशील प्रयोग करने के लिए आधार प्रस्तुत करता है। इससे महत्त्वपूर्ण निष्कर्ष निकाले जाते हैं। यह इसका एक महान् व्यावहारिक महत्त्व है। अगर सही तरीकों का उपयोग किया जाये तो कृषि के जीववर्गों के भौगोलिक वितरण के (geographical typology of agriculture) अन्वेषण के लिए उत्तम आधार प्रस्तुत करते हैं। कृषि भूगोल अभी भी विकास की अवस्था में है। इसमें कुछ वर्ष पूर्व वनस्पति विज्ञान अथवा वस्तुतः पादप-समाज विज्ञान (Phytosocilogy) भी शामिल थे। असाधारण घटनाओं के वैज्ञानिक वर्गीकरण के युग में एक रूप आधार पर स्पंशीज अथवा साहचर्य को उच्चता के क्रम में सही इकाइयों में वर्गीकरण किया गया था। इसके पूर्व इनका केवल वर्णन होता था। यह इस प्रकार से पोलिश कृषि के जीव-वर्गों के वितरण विज्ञान (typology of PolishAgriculture) की सूक्ष्म व्याख्या है जो पोलिश भूमि उपयोग के अन्वेषण का एक प्रमुख ध्येय है–

पोलैंड के मानचित्रों की रचना इन चार पहलुओं को प्रदर्शित करने हेतु की गई है :

1. भूमि उपयोग के लिए जैसे, फार्म जोतें सम्पत्ति सीमाओं द्वारा दिखाई गई हैं।

2. जहाँ तक सम्भव हो विश्व भूमि उपयोग का अनुगमन करके भूमि उपयोग के रूप व भूमि के यथार्थ का पता लगाना।

3. श्रेणीबद्ध रंगों द्वारा मुख्य रूपों में भूमि उपयोग की दिशाएँ (directions) अथवा अभिविन्यास उत्पादन के लक्ष्य, जैसे पशुओं की प्रबलता वाली चारा-फसलों का अभिविन्यास, को दिखाना।

4. भूमि उपयोग के प्रकार यथा सस्यावर्तन की विधियां, उर्वरकों का उपयोग व कृषि के लिए यांत्रिक मदद इत्यादि को काले चिह्नों द्वारा प्रदर्शित किया गया है।

इस तरह पोलिश सर्वेक्षण भूमि उपयोग सर्वेक्षण के ध्येय व क्षेत्र को विशदता से देखता है। वह भूमि आवरण तथा भूमि उपयोग शब्दों का (जिन अर्थों में यहाँ

उपयोग किया गया है) अर्थ स्पष्ट करता है। वह पृष्ठभूमि के आंकड़े यथा फार्मों की आकृतियों को भी स्पष्ट करता है। साधारणतः इस प्रकार के आंकड़े अलग मानचित्रों में प्रस्तुत किये जाते हैं। ये शीशे के आवरणों की तरह होना चाहिए। अंतर्सम्बन्धों को सुविधापूर्वक समझाने के लिए भौतिक दशाओं, परिवहन क्षमता व परिव्यय के ऐसे ही ढंकनों के साथ इना प्रयोग किया जाना चाहिए।

आधारभूत भूमि उपयोग मानचित्रों पर ऐसे विवरणों को प्रस्तुत करना पोलैण्ड के मानचित्रों का पूर्वनिर्धारित प्रयोजन रहा है, जिससे कि व्यावहारिक नियोजन में सहायता हो सके। भूमि उपयोग मानचित्रों में इस गुण पर बल दिया जाना चाहिए कि उनमें प्रस्तुत की गई वस्तु वास्तविक चित्रण से जुड़ी हो। अर्थात् ये मानचित्र तथ्यों का आलेखन करें तथा सर्वेक्षणकर्ताओं और मानचित्र निर्माताओं का कार्य सिर्फ अत्यल्प व्याख्या करना रहे। यह गुण पोलैण्ड के विस्तृत मानचित्रों में पाया जाता है। चूंकि भूमि उपयोग मानचित्र किसी समय के भूमि उपयोग का लेखा करते हैं इसलिए वे भू-दृश्यों का सामान्य चित्र खींचने के अलावा और कुछ नहीं कर सकते हैं। चूंकि एक खेत में एक वर्ष घास उगाई जाती है तो दूसरे वर्ष उसमें खाद्यान्न फसलें उगाई जा सकती हैं, इसलिए प्रकाशित होने के पहले ही वह मानचित्र असामयिक हो जाता है। भूमि उपयोग की यह असफलता इस प्रकार के मानचित्रों को न समझने के कारण ही होती है।

इस तकनीक की इस आधार पर आलोचना की जाती है। कि विस्तृत प्रदेशों में जैसे कि एक फार्म इकाई या एक मील फैले विशिष्ट क्षेत्रफल में प्रतिरूपों की स्थिरता का लेखा रखने में वह असफल हो जाती है। किसी एक कृषण में फसलों का हेर-फेर होना सस्यावर्तन को अभिव्यक्त करता है तथा अन्य खेतों में तदनुसार हाने वाले बदलावों के कारण यह हेरफेर इस अभाव को पूरा कर देता है। ग्रेट ब्रिटेन सरीखे तेज प्राविधिक परिवर्तन वाले देशों में प्रतिरूपों की स्थिरता को भिन्न-भिन्न तिथियों के मानचित्रों की तुलना द्वारा स्पष्ट किया जा सकता है। इस प्रकार एक भूमि उपयोग मानचित्र को अनेक वर्षों तक एक प्रामाणिक दस्तावेज माना जा सकता है। इसकी प्रामाणिकता का समय प्रकृति तथा परिवर्तन की दर पर निर्भर होती है।

प्रतिबंधित प्रदेशों में भू प्रयोग के प्रतिदर्श सर्वेक्षण और जनगणना के आंकड़ों को स्पष्ट करना चाहिए। ताकि यह पता चल सके कि नवीन सर्वेक्ष्णों की आवश्यकता कब है। नगरी विकास वाले अंचलों में बहुत सर्वेक्षणों की दोबारा आवश्यकता हो सकती है, स्थिर कृषि प्रदेशों में ऐसे सर्वेक्षण लम्बे काल में ही होना चाहिए। वस्तुगत अभिलेखन खूबी का यह आशय है कि भूमि उपयोग मानचित्र पर

ऐसा कोई संकेत नहीं होता है जो यह सिद्ध करे कि भूमि का उपयोग उसकी उत्तमता के अनुकूल है अथवा नहीं। कुछ विशिष्ट प्रकरण इसके अपवाद हो सकते हैं, जैसे कि उच्चावचन सम्बन्ध।

स्काटलैण्ड की उच्च भूमियों में पर्वतों पर अजोतभूमि व ऊबड़-खाबड़ चरागाह को दिखाने हेतु पीले रंग का उपयोग करना इस बात को व करता है कि 3000 फुट की ऊँचाई पर संतोषप्रद भूमि का उपयोग पाया जाता है। किन्तु यह प्रश्न उठ सकता है कि पर्वतों के बीच में स्थित उपयोग पाया जाता है। किन्तु यह प्रश्न उठ सकता है कि पर्वतों के बीच में स्थित वाटियों में खेती के समान अनुकूल दशाएं न हों। पुनश्च, भूमि उपयोग मानचित्र पर ऐसी कोई बात दिखाई नहीं देती जो यह प्रदर्शित करे कि घास का क्षेत्र अधिक उपजाऊ है अथवा कम, जब तक कि वह इतना कम उपजाऊ न हो कि इसे ऊबड़-खाबड़ चरागाह के वर्ग में बांटा जा सके और न ऐसा कोई संकेत मिलता है कि प्राकृतिक दशाएँ ऐसी हैं जो यह बताएँ कि वहाँ भूमि में कुछ सुधार किया जा सकता।

भूमि सम्भाव्यता मानचित्र

यह सामान्य जानकारी की बाद है कि एक ही प्रयोग के तहत कुछ भूमि अन्य जमीन की तुलना में उत्तम मानी जाती है जमीन की तकरीबन निर्धारित भूमि की लगभग निश्चित पूर्ति व बढ़ते हुए जनंसख्या भार के कारण यह जरूरी हो गया है कि भूमि के प्रकारों का अध्ययन व उनका मानचित्रण किया जाए। यह अंशतः मृदा सर्वेक्षक का विशेषाधिकार है। भूमि के केवल की पूर्ण खोज केवल मृदा सर्वेक्षण द्वारा ही हो सकती है। किन्तु मृदा सर्वेक्षक उत्पादक उद्देश्यों की तुलना मृदा रचनात्मक लक्ष्यों की ओर अधिक प्रवृत्त होता है। योजना निर्माताओं की जरूरतों की पूर्ति के लिए इसकी पुनर्व्यवस्था करना जरूरी है। मृदा की उत्पादकता में मृदा एकमात्र भौतिक घटक नहीं है। भूमि का साधनों का अनुमान करने के लिए भूमि संभाव्यता के वर्गीकरण की अनेक योजनाएँ विकसित हुई हैं। भूमि संभाव्यत को वर्गीकृत करने का ध्येय यह है कि परीक्षित भूमि के हर भू-भाग को उत्पादकता या उत्पादकता की संभाव्यता को प्रस्थापित किया जाए। एक सर्वेक्षक इन प्रश्नों के उत्तर ढूँढने का प्रयत्न करता है।

(1) यह भूमि किस उपयोग के लिए ज्यादा उपयुक्त है?

(2) अन्य भूमि खंडों की तुलना में इस भूमि खंड की उत्पादकता की क्या संभाव्यताएं हैं?

कोई भी वर्गीकरण (अ) सामान्य प्रकृति अथवा (ब) विाशष्ट प्रकृति का हो सकता है। एक सामान्य वर्गीकरण के जरिये से आधारभूत सूचनाएँ मिलती हैं तो भिन्न-भिन्न प्रकार की योजनाओं में मदद होती हैं। उदाहरणार्थ भूमि उपयोग के प्रश्न जिनमें एक उपयोग और दूसरे उपयोग के मध्य में जब चुनाव का प्रश्न उठता है तो उन्हें हल करने में इन आधारभूत सूचनाओं से मदद मिलती है। इस प्रकार वर्गीकरण का उपयोग एक ओर यह निश्चित करने के लिए हो सकता है कि उस विशिष्ट भू-भाग को जो कम सघन चरागाह के लिए उपयोग में लाया गया है उसका उपयोग पुनर्वनरोपण योजनाओं में हो अथवा सुधरी हुई खेती में हुई हो, या फिर उसे अविकसित ही छोड़ दिया जाए।

दूसरी ओर पथप्रदर्शक के रूप में वह यह स्पष्ट कर सकता है कि उसी भू-भाग को क्या वर्तमान उपयोग के लिए संरक्षित कर दिया जाए अथवा वहां भवन निर्माण की अनुमति प्रदान कर दी जाए। इस तरह के विभक्तिकरण का प्रयोग एक तरफ यह निर्धारित करने हेतु हो सकता है कि उस विशिष्ट भू-भाग को जो कम सघन चरागाह के लिए उपयोग में लाया गया है उसका उपयोग पुनर्वनरोपण योजनाओं में हो अथवा सुधरी हुई खेती में या फिर उसे अविकसित ही छोड़ दिया जाए। दूसरी ओर पथ-प्रदर्शक के रूप में वह यह स्पष्ट कर सकता है कि उसी भू-भाग को क्या वर्तमान उपयोग के लिए संरक्षित कर दिया जाए अथवा वहाँ भवन निर्माण की अनुमति प्रदान कर दी जाए। इस प्रकार के वर्गीकरण का यह सार है कि वह न सिर्फ विचारणीय भू-भाग बल्कि अन्य क्षेत्र जो वैकल्पिक स्थिति प्रदत्त कर सकते हैं उनमें अन्तर्निहित भौतिक गुणों का सारांश प्रस्तुत करता है। ऐसे वर्गीकरण का यह फायदा होता है कि उसके पूर्ण होने पर वे कई योजनाओं की समस्याओं का निराकरण कर सकते हैं।

विश्व के किसी भी राष्ट्र को वास्तविक रूप में तब तक पूर्णरूपेण मानचिंत्रित नहीं माना जा सकता है जब तक कि संबंधित राष्ट्र में इस तरह के भूमि प्रयोग मानचित्र वृहद स्तर पर उपलब्ध न हों। ऐसे वर्गीकरण कुछ हद तक संदिग्ध व अस्पष्ट होते हैं क्योंकि उनमें अनेक ऐसे घटक शामिल होते हैं जिनके लिए अन्य वर्गीकरण की जरूरत होती है।

वर्ग (ब) वर्गीकरण विशिष्ट ध्येय से तैयार किया जाता है, जैसे उपयुक्तता के क्रम में भूमि का वर्गीकरण करना। यह पुनर्वनरोपण कृषि विकास अथवा वृक्ष या सस्य की एक जाति हेतु तैयार किया जाता है। इस प्रकार के वर्गीकरण सामान्य वर्गीकरण की अपेक्षा आसान होते हैं। इन्हें पहले तैयार किया जाता है। किन्तु एक

साधारण वर्गीकरण के लिए एक अतिरिक्त उद्देश्य माना जाना चाहिए। इस प्रकार, पशुओं की चराई हेतु भू-भाग इस उद्देश्य के लिए उपयुक्त है अथवा नहीं। उसके उपरान्त यदि एक साधारण वर्गीकरण वाला मानचित्र उपलबध हो तो वह यह बताएगा कि अन्य क्षेत्रों की अपेक्षा सामान्य उर्वरता ऊंची अथवा नीची कूती गई है।

कष्य समस्याओं की उपयोगिता के कारण पशु चराने के अनुपयुक्त भू-भाग को प्रथम श्रेणी का भू-भाग माना जा सकता है। इस प्रकार के एकल-विषय वस्तु संभाव्यता मानचित्र (Single subject potential map) का यहाँ पृथक् से वर्णन नहीं किया गया है। इसके द्वारा सामने रखी जाने वाली विशेष प्रकार की समस्याएं सीमित रूप में सामान्य मानचित्र की भांति होती हैं। यद्यपि यहाँ यह बात ध्यान देने योग्य है कि अनेक वर्गीकरण पूर्णरूपेण एकमात्र इन दोनों श्रेणियों में नहीं बैठते हैं। संयुक्त राज्य मृदा संरक्षण सेवा द्वारा प्रस्तुत भूमि सम्भाव्यता वर्गीकरण का उदाहरण है जो मुख्य रूप से अपरदन संकटों पर आधारित है। यह भूमि संभाव्यता के आश्रित पहलुओं को भी प्रस्तावित करना है। इसका ध्येय कृषि तथा विभाजक संरक्षण उद्देश्यों के लिए भूमि का गुणात्मक प्राक्कलन करना है। इसने आठ श्रेणियों को स्वीकार किया है। इसका प्राथमिक वर्गीकरण 'खेती के उपयुक्त भूमि' या 'अनुपयुक्त भूमि' है। इसे यहाँ सारांश रूप में प्रस्तुत किया गया है।

कृषि के उपयुक्त जमीन

प्रथम श्रेणी—अति उत्तम भूमि, इसे अक्षत रूप में साधारण कृषि तरीकों द्वारा जोता जाता है।

द्वितीय श्रेणी—ऐसी भूमि जिसे अक्षत रूप में सीमित पूर्वावधान के साथ जोता जा सकता है।

तृतीय श्रेणी—ऐसी भूमि जिसके उपयोग में विशेष सीमा बंधन होते हैं, किन्तु अपरदन संकटों के प्रति चौकसी रखने पर उसे नियमित रूप से जोता जा सकता है। इसके प्रमुख लक्षण सीमित अपरदन की उच्च प्रवृत्ति, खड़े ढाल, कठोर अधःस्तर (hard pan), या मृत्तिका कठोर तल (clay pan) और बहुत अधिक अपारगम्य अथवा बलुई मृदाएं हैं।

चतुर्थ श्रेणी—ऐसी भूमि जिसके उपयोग में बेहद कठोर सीमाबन्धन होते हैं। बहुत अधिक निगरानी रखकर खेतों को प्रासंगिक फसलों तक ही सीमित रखा जाता है। इसके पाँच अथवा छह वर्ष में सस्यावर्तन जरूरी है। इसके पश्चात् अनाज की फसल अथवा रिजका (ucerne) बोना बहुधा व्यावहारिक होता है।

कृषि के अनुपयुक्त जमीन

पंचम श्रेणी—ऐसी भूमि जो लगभग समतल हो किन्तु गीलेपन, पथरीलेपन अथवा अन्य कारकों के कारण उस पर कृषि करना संभव न हो। ऐसी भूमि में कुछ सीमाबंधनों के साथ वन व्यवस्था और चराई करना उपयुक्त उपयोग है।

षष्टम श्रेणी—ऐसी भूमि जो खड़े ढाल वाली, शुष्क, ऊबड़-खाबड़, शुष्क, तर या इसी प्रकार की हो वह खेती के लिए अनुपयुक्त होती है। इस श्रेणी के अंतर्गत आने वाली भूमि को चरागाह स्थापित करने के लिए ज्यादातर यथेष्ठ रूप से जोता जा सकता है। कुछ भूमि में वृक्ष फसलें बोई जा सकती हैं। चराई के लिए रखे जाने वाले मांसल पशुओं की संख्या सीमित होनी चाहिए व उन्हें यथेष्ठ अवधि तक ही रखा जाना चाहिए। इसके लिए अवनलिका नियंत्रण (gully control), समोच्च कूंड़ (Contour furrows), कटक (ridges) तथा जल पक्षान्तर (water diversions) तथा अन्य संरक्षण उपायों की जरूरत हो सकती है।

सप्तम श्रेणी—कठोर सीमाओं या कठोर अपरदन संकट के अन्तर्गत चराई अथवा वन व्यवस्था इस भूमि उपयोग का लक्षण है। इसमें चतुर्थ श्रेणी की तुलना में आवरण अपक्षय से अधिक तेज गति से अपरदन होता है। खड़े ढाल, उथली मृदाएं या अन्य प्रतिकूल घटकों के कारण इसमें सम्मोच्च कूंड़ व कटक सदृश्य रचनाओं का उपयोग नहीं किया जा सकता है। इसमें संरक्षण उद्देश्यों हेतु चराई की तुलना में वन व्यवस्था को पसंद किया जाता है।

अष्टम श्रेणी—यह भूमि वन-व्यवस्था चराई व खेती के लिए अनुपयुक्त मानी जाती है। इसमें दलदल, बेहड़ भूमि, मरुस्थल तथा उच्च पर्वत शामिल होते हैं। अगर उचित जलविभाजन संरक्षण उपायों को किया जाए तो यह भूमि केवल वन्य प्राणियों, मनोरंजन परिरक्षण तथा जलप्रवाह के उपयुक्त होती है। इस वर्गीकरण का महत्त्व ऐसे स्थलों पर मालूम होता है जहाँ मृदा अपरदन अथवा अन्य संकट खेती को सीमित करते हैं। किन्तु अन्य स्थलों अथवा ऐसे स्थलों में जहाँ उत्पादकता का प्राक्कलन किसी भी रूप में करना होता है, वहाँ ये श्रणियाँ कम प्रासंगिक होती हैं।

भूमि प्रयोग के व्यापक नियोजन हेतु यह आवश्यक है कि पर्यावरण के प्रमुख कारकों से निकाले एक विभक्तिकरण का इस्तेमाल किया जाए। एक भूमि वर्गीकरण योजना साधारणतः जमीन में निहित प्राकृतिक गुणों को अभिव्यक्त करने का प्रयत्न करती है। यद्यपि, यह वर्गीकरण उसी समय कार्यान्वित होता है जब भूतकालीन कृषि के प्रभावों से मृदा की नैसर्गिक उर्वरता में सुधार हुआ हो व ये सुधार जमीन के निहित ग़ुणों में सम्मिलित हो गये हों। भूमि की अपेक्षात्मक उत्तमता का प्राक्कलन

प्राकृतिक स्थिति में चालू स्तर पर होना चाहिए। प्रमुख भूमि उद्धार योजनाओं सरीखे असमान्य विनियोग द्वारा ही इसे उच्च क्रम में रखा जा सकता है। भूमि के प्राक्कलन में जिन प्राथमिक या भौतिक घटकों का लेखा रखा जाना चाहिए उनका सारांश नीचे दिया गया है :

	1-स्थिति
(अ) धरातलीय आंकड़े	(1) ऊँचाई (2) ढलान का कोण (3) अभिमुखता, सूर्याभिताप की दृष्टि से (4) जल निकासी (5) लघु उच्चावचन (6) अपरदन के प्रति बाध्यता
(ब) जलवायु-राम्बन्धी आंकड़े	(1) वर्षण (2) तापमान (3) अनावरण (4) पाला रहित अवधि, इत्यादि
	2-मृदा
(अ) भौतिक लक्षण	(1) गहराई (2) गठन (3) आश्मिकता (4) संरचना (5) जल निकासी (6) संगति (7) जैव पदार्थ
(ब) रासायनिक लक्षण	(1) अधिक या कम स्थायी कारक-कार्बोनेट (2) अस्थायी घटक फास्फेट तथा पोटाश प्रास्थिति

मृदा के सम्बन्ध में यह कल्पना की जा सकती है कि भूमि की संभाव्यता मूल्य का प्राक्कलन करने में मृदा के रासायनिक कारकों की तुलना में भौतिक कारक

अधिक प्रमुख होते है। मृदा की पोषक प्रास्थिति पूर्णतः कृत्रिम हो सकती है अर्थात् वह प्रबंध की प्रणाली तथा उर्वरकों के प्रयोग पर निर्भर होती है। अगर गहराई, जल, गठन, निकासी इत्यादि के अधिक स्थायी लक्षण संतोषप्रद हों तो जन्मजात घटिया मृदा की पोषक प्रास्थिति को निर्मित किया जा सकता है।

ब्रिटेन में जमीन का विभक्तिकरण वर्गीकरण

इंग्लैंड में युद्ध के समय की तत्क्षण आवश्यकताओं को पूरा करने के लिए भू संभाव्यता का पहला मानचित्र बनाया गया। इसके निर्माण में भूमि उपयोग सर्वेक्षण ने प्रमुख हाथ बंटाया। इसके लिए 1943 में अनेक सम्मेलन आयोजित किये गये। इस विषय पर कई विज्ञानों के विशेषज्ञों जैसे भूगोलवेत्ताओं, कृषि विशेषज्ञों तथा मृदा वैज्ञानिकों ने विचार विमर्श किया। मृदा सर्वेक्षण प्रतिनिधियों ने यह अनुमान लगाया कि सम्पूर्ण देश के सम्पूर्ण देश के मृदा सर्वेक्षण को पूरा करने में पचास से साठ वर्ष लगेंगे। उस समय की तत्काल मांग यह थी कि भूमि का एक ऐसा सहज वर्गीकरण तैयार किया जाए जिसे राष्ट्रीय योजना के लिए आधार बनाया जा सके। इसका ध्येय यह था कि जाँह तक संभव हो सके उत्तम कृषि भूमि-खंडों में भवन निर्माण के कार्य को टाला जाय। मृदा सर्वेक्षण की उत्तम, मध्यम तथा घटिया प्रकार की भूमि तदनुसार प्रमुख श्रणियों-प्रथम (I) द्वितीय (II) तथा तृतीय (III) को समस्त लोगों ने स्वीकार कर लिया। इन तीन मुख्य वर्गों की मूलभूत व्याख्याएं निम्नलिखित थीं–

प्रथम मुख्य संवर्ग-उत्तम गुणता वाली जमीन

उत्तम प्रबंध के तहत उच्च उत्पादक भूमि। इस संवर्ग में भूमि के निम्नांकित लक्षण होते हैं–

स्थिति (site)
(1) अति उत्थित न हो
(2) समतल, मंद बालू या तरंगित
(3) अनुकूल अभिमुखता

मृदा
(1) गहरी
(2) अनुकूल जल दशाएं
(3) अधिकतर दोमट, गठन, किन्तु इसमें कुछ पीट, रेतीली, नल (सिल्ट) तथा मृत्तिका सम्मिलित हैं।

द्वितीय मुख्य संवर्ग-मध्यम गुणता वाली जमीन

उत्तम प्रबंध के अंतर्गत होते हुए भी मध्यम गुणता वाली भूमि कि एक अथवा अधिक कारकों, जैसे स्थिति अथवा मृदा के लक्षणों के प्रतिकूल प्रभावों के कारण उत्पादकता सीमित होती है। अर्थात्–

स्थिति (1) उच्च उत्थापन (High elevation)
(2) ढालुवांपन (Steepness)
(3) प्रतिकूल अभिमुखता

मृदा (1) उथलापन
(2) दोषयुक्त जल दशाएँ

तृतीय मुख्य संवर्ग-घटिया गुणता वाली जमीन

स्थिति व मृदा के एक अथवा अधिक कारकों के काफी विपरीत असर के कारण भूमि में निम्न उत्पादकता उत्पन्न होती है। भूमि उपयोग सर्वेक्षण ने इंग्लैण्ड के कार्यनिर्वाहक मानचित्र तैयार करने के लिए भूमि के दस वर्गों को स्वीकार किया। उसने मृदा वैज्ञानिकों द्वारा स्वीकृत परिभाषाएँ बनाई। इन दस वर्गों को तीन प्रमुख संवर्गों में वर्गीकृत किया गया। इन मानचित्रों को 1/625,000 मापक पर प्रकाशित किया गया। वर्गों में विभेद करने हेतु भूमि उपयोग के कुछ वर्ग भूमि उपयोग लक्षणों पर आधारित थे। ये वर्ग अन्य वर्गों की अपेक्षा एक दूसरे से अलग थे तथापि वे एक दूसरे से अति उत्तम अथवा निकृष्ट नहीं थे। इस प्रकार उत्तम घासस्थली जो किसान की खेती के लिए समान रूप से उपयुक्त नहीं होती उसे सर्वोत्तम कृषि भूमि से अलग किया जा सकता है। संपूर्ण सर्वोत्तम कृष्य भूमि भी आवश्यक रूप से उच्च उत्पादकता वाली नहीं होती है। ब्रिटेन के भिन्न-भिन्न भागों के लिए विशाल पैमाने पर प्रादेशिक वर्गीकरण तैयार किये गये। ये विभक्तिकरण सामान्यतः तीन मुख्य संवर्गों पर आधारित थे।

उत्तरी आयरलैण्ड के भूमि उपयोग सर्वेक्षण ने आयरलैण्ड में तीन प्रमुख संवर्गों की तुलना में चार संवर्गों को साधारणतः माना। उसने एक योजना विकसित की जो स्काटलैण्ड के कृषि विभाग द्वारा उपयोग में लाई गई योजना की तरह थी। इस योजना का विकास स्वतन्त्र रूप से हुआ था। स्काटलैण्ड और अल्सटर में भौतिक दशाओं की समानता के कारण उसमें भी समानता थी जो आश्चर्यजनक नहीं है। दोनों क्षेत्रों में मध्यम गुणता वाली जमीन अधिक है जिसे ब्रिटिश वर्गों के अंतर्गत उपविभाजित

नहीं किया जा सकता था। वहां घटिया पहाड़ी भूमि व बहुत ही घटिया पर्वतीय भूमि में विभेद करना जरूरी था। अल्सटकर में प्रथम श्रेणी की कुछ भूमि के वर्गीकरण में मुख्य अंतर देखा गया। इस प्रकार की भूमि को स्काटलैण्ड में इस प्रकार वर्गीकृत नहीं किया जा सकता था। उत्तरी आयरलैण्ड में उत्तम क्षेत्रों को विभेद करने हेतु मानक को नहीं बढ़ाया गया, भले ही ऐसे क्षेत्रों की स्काटलैण्ड के क्षेत्रों से समानता न रह पाई हो। यहां यह बताना आवश्यक है कि स्काटलैंड की निम्न भूमि में इस विभक्तिकरण का खेतवार अनुसरण किया गया, वर्गीकरण का खेतवार अनुसरण किया गया, किन्तु उत्तरी आयरलैण्ड में ऐसा करना व्यावहारिक नहीं था। छोटे से क्षेत्र में विशाल संख्या में खेत होने व अल्सटर में प्रबंध में बदलाव होने के कारण यह जरूरी हो गया कि सामान्य लक्षणों की व्याख्या की जाए तथा प्रमुख वर्गों के अनुसार मानचित्रित किया जाए। यहाँ मानचित्रण 1/63,360 (एक इंच) मापक पर किया गया। कुछ प्रतिदर्श सर्वेक्षण विशाल मापक पर किये गये। प्रकाशित करने के लिए उन्हें 1/500,000 मापक पर घटाया गया।

उत्तरी आयरलैण्ड प्रणाली	*स्काटलैण्ड प्रणाली*
सवंर्ग अ-उच्च्च गुणता वाली भूमि	अ (A)
संवर्ग ब-मध्यम गुणता वाली भूमि	ब (B)
वर्ग ब-मध्यम गुणता, हलकी	ब + (B +)
वर्ग ब-2 मध्यम गुणता किन्तु अपेक्षाकृत भारी अथवा जलस्तर के साथ	ब/ब + (BèB +)
वर्ग ब 3-मध्यम परन्तु ढाल के प्रतिकूल कारकों सहित उथली मृदा आदि और गुणता का असमतापन	ब-/ब + (B-èB +)
वर्ग ब 4-मध्यम, ब 3 की तुलना में अधिक प्रतिकूल कारकों सहित तथा 1 अथवा गुणता का असमतापन अधिक स्पष्ट	ब-/स + (B-èB +)
संवर्ग स-घटिया गुणता वाली भूमि	स (C)
वर्ग स 1 घटिया-सीमान्त पहाड़ी भूमि, चट्टानी या खड़े ढाल वाली निम्न भूमियां	स (C)
वर्ग स 2-घटिया-पीटमय तथा कुंजी निकासवाली निम्न भूमि	स (C)
संवर्ग ड-बहुत ही घटिया गुणता वाली भूमि	ड (D)

वर्ग ड 1-अति घटिया, पर्वतीय ड (D)
वर्ग ड 2-अति घटिया, निम्न भूमि बॉग,
दलदल तथा बलुई-टिब्बा इत्यादि, ड (D)
ऊष्णकटिबंधीय प्रदेशों में भूमि का वर्गीकरण

ऊष्ण कटिबंधीय प्रदेशों में प्रयोग के लिए भूमि वर्गीकरण प्रणाली का निर्धारण करते समय इस बात पर ध्यान रखना चाहिए कि वहां शीतोष्ण कटिबंध की तुलना में बिल्कुल अलग दशाएं पाई जाती हैं। शीतोष्ण कटिबंध में भूमि का वर्गीकरण अब बहुत अधिक विकसित हो चुका है। शीतोष्ण भूमियों में उपयोग में लाई जाने वाली प्रणालियां ऊष्णकटिबंधीय भूमि में सर्वेक्षकों को साधारण सिद्धान्तों के रूप में मार्गदर्शन कर सकती हैं। वहां कुछ कारकों का बिलकुल अलग प्रभाव होता है। उदाहरणस्वरूप शीतोष्ण प्रदेशों में ऊँचाई में वृद्धि का साधारणतः हानिप्रद प्रभाव होता है। किन्तु ऊष्ण कटिबंध में इसका लाभदायक प्रभाव होता है। इस प्रकार ऊँचाई के प्रभावों को एक बार निश्चित कर लेना एक उत्तम श्रीगणेश होगा।

वनस्पति निश्चित रूप से जलवायु तथा मृदा का एक महत्त्वपूर्ण सूचक है। अगर वनस्पति जातियों के आवास कारकों व संलग्न साहचर्य का ज्ञान हो तो आसान विधि के रूप में इसका उपयोग किया जा सकता है। शीतोष्ण कटिबंध में मृदा की उत्पादक क्षमता के प्राक्कलन में रासायनिक स्थिति की तुलना में भौतिक लक्षण ज्यादा महत्त्वपूर्ण होते हैं। वहाँ नियमित रूप से वाणिज्य फासलों में नाइट्रोजन, फास्फेट, पोटाश व चूना विशाल मात्रा में दिया जा सकता है। वहाँ आर्थिक दृष्टिकोण से ऐसा करना सम्भव है क्योंकि वहां वाणिज्य खेती के लिए लाभदायक पण्य क्षेत्र उपस्थित है।

ऊष्ण कटिबंधीय दशाओं में लागू करने के पहले इस परिकल्पना का सावधानीपूर्वक परीक्षण किया जाना चाहिए। इसकी वजह यह है कि ऊपज कटिबंध में निक्षालन की दर अधिक ऊंची होती है तथा अधिकतर यह है कि उपज कटिबंधी अर्थव्यवस्थाओं में उर्वरकों का इस्तेमाल अतिसीमित रूप में व्यावहारिक होता है। यह अनेक स्रोतों से ज्ञात हुआ है कि कृषि के अंतर्गत आने वाली ऊष्णकटिबंधीय मृदाओं की उर्वरकता में तीव्रता का ह्रास हुआ है। आर्द्र वन क्षेत्रों में ह्रास विशेष रूप से तेज होता है।

घाना में मक्का व कसावा का नियमित द्विवर्षीय समस्यावर्तन 8 वर्षों तक किया गया। यह उर्वरकों के प्रभावों की अनुपस्थिति में किया गया। दोनों सस्यों की

पैदावार चौथे चक्र के बाद प्रौढ़ गौण वनों को साफ किया गया। यह अनुमान लगाया गया है कि मलाया में क्रमांगत वर्षों में चावल की भूमि 1500-200, 1200 तथा 820 पौण्ड धान पैदा करती है। यहां खेतों में प्रयुक्त खाद का लाभ सिर्फ कुछ महीनों तक ही मिलता है जबकि शीतोष्ण प्रदेशों में इसका लाभ तीन वर्षों तक मिलता रहता है। इसलिए ऊष्ण कटिबंधीय भूमियों के व्यावहारिक वर्गीकरण में भूमि के वर्गों में अंतर होना चाहिए। इन वर्गों में स्थानान्तरी कृषि अथवा भूमि के हेरफेर में अंतर करना भौतिक कारणों से जरूरी है। संभवतः मृदा गठन के महत्त्व को अभी तक उचित प्रकार से मूल्यांकित नहीं किया गया है। गोरू ने लिखा है कि यदि मृदाओं का गठन उपयुक्त हो तो ऊष्ण कटिबंधीय कृषि अपनी घटिया मृदाओं से ही जरूरतों की पूर्ति कर सकती है। उनके कहने का आशय यह है कि वहाँ मृदाओं का गठन पर्याप्त रूप से सुचूर्ण्य होता है। यह एक ऐसा सामान्य निष्कर्ष है जो समस्त ऊष्ण कटिबंधीय पौधों पर समान रूप से लागू नहीं हो सकता है किन्तु इसे वर्गीकरण का मानदण्ड मानना चाहिए। पुनश्च, मृदा में कृत्रिम रूप से लम्बे काल तक परिवर्तन लाना मुश्किल होता है। किन्तु उनका आयु और मृदाओं की प्रौढ़ता से सम्बन्ध होता है। इनसे वर्गीकरण में मदद मिल सकती है।

गौरू ने उद्धृत किया है कि अति-विशिष्ट उच्च श्रेणी मृदाएँ विशिष्ट नदीय जलोढ़क हैं। ये बहुत ही नवीन जमाव हैं। ये उन क्षेत्रों से बहकर आती हैं जहां ऊष्ण कटिबंधीय मौसमी क्षरण नहीं होता है। उदाहरणार्थ टॉकिन में रेड नदी के नये जमाव ऐसे ही बने हैं। इसके विपरीत ऊष्ण कटिबंधी भूमियों में आरम्भिक क्वार्टनरी युग की नदीय जलोढ़क मृदाएँ साधारणतः अनुत्पादक होती हैं। शीतोष्ण प्रदेशों की भांति इन प्रदेशों में भी निम्न-उर्वरकता वाली भूमि के प्रकारों के लिए वर्गों का बनाना मुश्किल नहीं होना चाहिए।

सुधार योग्य जमीन को ऐसी जमीन से अलग रखना चाहिए जिसमें सुधार की कोई भी संभावना न हो। लैटराइट और ऐसी मृदाएं जिनमें लैटराइट के प्रक्रम ज्यादा विकसित हों उन्हें सबसे निकृष्ट मानना चाहिए। गोरू ऐसे अनेक क्षेत्र उद्धृत करते हैं, जहां लेटराइट मिट्टियां लगभग अनुपयोगी हैं। वे सूचित करते हैं कि मेडागास्कर में जहां सापक्षतः सुचूर्ण्य लेटराइट प्राप्त होती है उन्हें सिंचाई द्वारा संहत लोष्ठवती मृत्तिकाओं (Compact puddled clays) में परिवर्तित कर दिया गया है।

पानी की उपलब्धता के कारण तटीय पट्टी की बंध्य बालुका राशि में फसलों की पैदावार होने लगी है। इन परिस्थितियों में मानचित्र की जरूरत होती है। इसे

व्यावहारिक योजना कार्यों के लिए तैयार किया जा सकता है। इस मानचित्र से यह पता चलता है कि कौन सा भू-भाग किस उपयोग के लिए ज्यादा उपयुक्त है। अनुसंधान की स्थिति में इसमें किसी भी प्रकार का अपेक्षात्मक लेबिल नहीं होता है। इस प्रकार का एक वर्गीकरण ब्रिटिश हांडुरस के लिए तैयार किया गया। इसमें भूमि संभाव्यता मानचित्र के साथ मृदा मानचित्र होता है। इसे एक विस्तृत प्रतिवेदन के साथ छापा गया है। इसके वर्गीकरण की समस्या का उपगमन निम्नांकिन संवर्गों में घोषित किया गया है।

वन उपयोग हेतु भूमि लगाना

संरक्षण वन, महोगनी वन, पाइन वन।

कृषि प्रयोग हेतु भूमि लगाना

फलोद्यान फसलें, चराई का, चराई का दीर्घ हेरफेर, लघु हेरफेर व लघु फसलें, दलदली चावल, सब्जी खेती, केले, गन्ना।

समस्यामूलक मृदा—पानी निकासी अथवा विलवणीकरण तीव्रता से पूरा होने पर ही उपयोगी मृदा।

विशिष्ट समस्याओं अथवा अनुशंसित सस्य संयोजन के अनुसार उप-विभाजन किया जाता है।

यह समझना काफी कठिन है कि दोनों तरह के भूमि विभक्तिकरण उत्पादन की तत्क्षण प्रगति हेतु लाभकारी हो सकते है। इसके लिए व्यावहारिक सीमाबंधनों यथाः—संस्थागत भू-धारिता, तत्त्व, सामाजिक आदतों, पण्यक्षेत्रीय अवसरों काध्यान रखना जरूरी है। किसी भी वर्गीकरण को बहुप्रयोजनीय होना चाहिए। उदाहरणस्वरूप किसी क्षेत्र का दीर्घकालीन उद्देश्य अनुकूलतम व अधिक प्रत्यक्ष होना चाहिए। ब्रिटिश हाणडुरस में भूमि उपयोग सर्वेक्षण दल के प्रतिवेदन में इसे उचित प्रकार से प्रस्तुत किया गया है। सर्वेक्षण का यह निष्कर्ष था कि वन-व्यवस्था को प्रोत्साहन देकर प्रति एकड़ उच्चतम उत्पादन मूल्य प्राप्त किये जा सकते हैं। इसके पश्चात् चतुत कृषि (grass farming) को प्रोत्साहन देकर उत्तम उपज प्राप्त की जा सकती है। जब उन्हें ऐसे क्षेत्रों पर प्रयुक्त किया जाता है और जहाँ वार्षिक वर्षा 170 इन्च व औसत तापमान ऊँचे होते हैं तब निष्कर्ष बड़े ही रोचक निकलते हैं। किन्तु यह स्वीकार किया गया है कि वन संसाधनों तथा चारा कृषि को विकसित करने में समय लगेगा। इस समयावधि में उत्पादन के अन्य रूपों को विकसित किया जाना चाहिए।

अर्थिक स्थिति की आवश्यकता को स्मरण में रखकर ऐसा करना आवश्यक है। यह सलाह दी गयी है कि एक अथवा अधिक दशकों के लिए चावल नींबू वंशीय फल, फलियाँ और कोको उत्पादन करने के लिए विशिष्ट प्रयत्न किया जाना चाहिए। इन्हें निर्यात पण्य क्षेत्रों में बेचकर लम्बे समय के विकास के लिए वित्तीय मदद प्राप्त होगी। इन समस्याओं के लिए आदर्श मृदाओं का इतना विस्तार नहीं पाया जाता कि उनसे उत्पादन की पर्याप्त मात्रा प्राप्त हो सके। अतएव यह परामर्श दिया गया कि कतिपय समय हेतु जानबूझकर जमीन का कुप्रयोग किया जाए। इन समस्याओं के लिए प्रयुक्त मृदाएँ व्यवस्थित चारे के अंतर्गत ज्यादा उत्पादक होंगी।

इस प्रकार की समस्या का एक उद्धरण दक्षिणी भाग में स्थित पुन्टा गोर्डा उप-प्रदेश है। इस क्षेत्र के विकास के लिए यह सुझाव दिया गया है कि यहाँ के लम्बे समय नियोजन के लिए पशुधन पालन पर ध्यान केन्द्रित किया जाए व इसे भूमि सम्भाव्यता मानचित्र (चित्र 19) के उदाहरण द्वारा स्पष्ट किया गया है। यद्यपि जब किसान चारा बोयेंगे उस समय उन्हें चारा बुआई सम्बन्धी निर्देशों की जरूरत होगी। इसके लिए यहाँ पण्य व्यवस्थाएँ भी आवश्यक होंगी तभी इस उद्योग के भविष्य के सम्बंध में किसानों में आत्मबल जाागृत हो सकेगा। किन्तु यहाँ की तात्कालिक जरूरत एक विश्वसनीय नगदी सस्य की है जिसे इस प्रदेश की अर्थव्यवस्था में निर्वाहक सस्य के अलावा अधिक महत्त्व न दिया जाए। इस लक्ष्य की पूर्ति के लिए इस प्रदेश में उच्च स्थलीय चावल बोने की अनुशंसा की गई है। दक्षिणी भाग में एक ऐसा क्षेत्र है जहाँ केला व अनन्नास के उत्पादन से पहले लाभ प्राप्त हुए हैं, किन्तु उन्हें नियमित पण्यक्षेत्र प्राप्त नहीं हो सका।

वरानको के निकट तटीय गर्त से दलदली चावल उगाया जाता है। इस क्षेत्र में भी पशुपालन के लिए चरागाह बनाने की संभावनाओं पर ध्यान दिया जाना चाहिए। जहाजों के लिए घाट के निर्माण से नट, पशुधन व चावल के निर्यात में सुविधा होगी। ऐसी फसलों के उत्पादन पर ध्यान दिया जाना चाहिए जिनके लाने व ले जाने में कम-से-कम नुकसान होता हो। वहाँ संभावित चावल भूमि अधिक उत्पादक हो सकती है। इसके लिए पोल्डरों और सिंचाई व इंजीनियरिंग सुझाव की जरूरत पर बल दिया गया।

एकांक क्षेत्र भूमि विभक्तिकरण

भूमि वर्गीकरण योजनाएँ पर्यवेक्षण से विशद क्षेत्रीय सर्वेक्षणों तक बदलती रहती हैं। पर्यवेक्षण में प्रयोगात्मकता के सम्बन्ध में कुछ सन्देह रह जाता है व

विशद क्षेत्रीय सर्वेक्षणों में समय तथा लागत सम्बन्धी समस्याएँ होती हैं। इस कमी को प्रभवोत्पादक रूप से दूर करने हेतु भूमि उपयोग की एकांक क्षेत्र विधि का विकास किया गया। इसे टेनेसी घाटी अभिकरण के लिए विकसित किया गया था। इस तरीके में भौतिक व मानवीय पर्यावरण से जुड़े कारकों को सूचीबद्ध किया जाता है। भूमि के प्रति इकाई क्षेत्र की संख्या को सांकेतिक भिन्न द्वारा स्पष्ट किया जाता है। प्रत्येक में शून्य होता है जो भौतिक दशाओं को स्पष्ट करता है तथा अंश में मानवीय आँकड़ों का प्रदर्शन किया जाता है। अभिलिखित एक अथवा दो मदों में जहाँ बदलाव आता है वहाँ एक नयी इकाई के क्षेत्र को परिसीमित किया जाता है।

भूमि की प्रति इकाई के लिए संपूर्ण संकेत को तीन वर्गों में विभाजित किया जाता है। पहला, रोमन संख्यांक, दूसरा लघु भिन्न, तीसरा दीर्घ भिन्न।

उदाहरण के लिए—III 3/4 = $\frac{2 \text{ ब } 233}{4122234}$

निम्मवत् वर्णित तथ्यों से यह स्पष्ट होता है कि— रोमन संख्यांक क्षेत्र में समस्याओं की तीव्रता अथवा अनुपस्थिति को बतलाते हैं। इन्हें 5 वर्गों में बाँटा जाता है (1) नगण्य समस्याएँ (2) काष्ठा हीन समस्याएँ(problems not critical) (3) मध्यम काष्ठा (moderately critical), (4) अति काष्ठा, (5) इतनी अधिक काष्ठी (moderately criticaly), (4) अति काष्ठा, (5) इतनी अधिक काष्ठा की भूमि उपयोग में आमूल परिवर्तन करना आवश्यक दिखाई देता है।

अंश (प्रदेशों के विभक्तिकरण का आधार)

अति उत्तम वर्ग 1—मध्यम से लेकर विशाल क्षेत्र, अनुद्योग भूमि कम अथवा बिल्कुल नहीं, भूमि के लिए विशिष्ट योग्य प्रचलित तरीके के अंतर्गत भूमि का पूर्णतया कृषि उपयोग।

उत्तम वर्ग 2—मध्यम से विशाल क्षेत्र, अनुद्योग भूमि अल्प या बिल्कुल नहीं, भूमि के लिए उचित विधि के अंतर्गत सक्षम कृषि उपयोग।

मध्यम वर्ग 3—लघु से मध्यम खेत, अनुद्योग भूमि सीमित, भमि के माध्यम रूप से योग्य प्रचलित विधि के अंतर्गत मध्यम रूप के सक्षम कृषि उपयोग।

घटिया वर्ग 4—लघु से मध्यम खेत, विभक्त अवस्था विनाशक में कई खेत, निम्न क्षेणी, अक्षम अथवा अनुद्योग भूमि पर्याप्त, कुयोग्य प्रचालित विधि के अंतर्गत। कृषि उपयोग।

अति घटिया वर्ग 5—अति लघु, विभक्त खेत, अनुद्योग भूमि, अत्यधिक, अति निम्न श्रेणी, अक्षम या पूर्णतः कुयोग्य प्रचलित विधि के अंतर्गत विघटनात्मक कृषि उपयोग।

हर

कृष्य खेती हेतु भूमि की गुणवता के आधार पर क्षेत्रों का वर्गीकरण—

अति उत्तम वर्ग 1—सघन कृषि खेती के लिए असाधारण रूप से अनुकूल भूमियाँ

उत्तम वर्ग 2—कृष्य खेती के लिए बहुत ही अनुकूल भूमि व उचित भूमि प्रबंध के अंतर्गत कृष्य खेती के सघन रूपों के लिए मध्यम प्रकार की अनुकूल भूमियाँ।

मध्यम वर्ग 3—सही भूमि प्रबंध के अंतर्गत कृष्य खेती के कम सघन रूपों के योग्य भूमि या सामान्य कृषि भूमि।

घटिया वर्ग 4—उचित भूमि प्रबंध के अंतर्गत भी अधिकतर इस प्रकार की भूमि कृष्य खेती में समस्त रूपों के लिए घटिया होती है।

अति घटिया वर्ग 5—कृष्य खेती अथवा चराई के लिए इस प्रकार की भूमि अनुकूल नहीं। अधिकतर भूमि मनोरंजन, वनोपज आदि के लिए अधिक अनुकूल, कुछ भूमियाँ आकृष्य।

सारणी
एकांक क्षेत्रीय भूमि वर्गीकरण समरूप
भूमि उपयोग मानदण्ड

प्रथम अंक प्रमुख भूमि उपयोग—	*द्वितीय अंक कृषि पर जोर*	*तृतीय अंक खेतों के आकार*	*चतुर्थ अंक अनुद्यम भूमि की मात्रा*	*पंचम अंक उपकरण*
1—साधारण कृषि	ए—मक्का	1—विशाल	1—अल्प	1—अति उत्तम
2—पशु उद्योग	जी—अनाज (लघु)	2—मध्यम	2—सीमित	2—उत्तम
3—नगद सस्य कृषि	बी—गोमांस पशु डी—डेरी उद्योग	3—विचारणीय	3—विचारणीय	3—मध्यम
4—अंशकालिक कृषि	एस—भेड़ एच—खस्सी सूअर	4—अतिलघु	4—अत्यधिक	4—घटिया

5—निर्वाहक कृषि	एम—खच्चर तथा/ अथवा घोड़े।	5—अतिघटिया
6—वन भूमि	पी—कुक्कुट पालन	
7—मनोरंजन क्षेत्र	टी—तम्बाकू	
	सी—कपास	
	डबल्यू—ट्रक	
8—ग्रामीण ग्राम्य क्षेत्र	ओ—फलोद्यान	
9—नगरीय क्षेत्र	एन—कोई दबाव नहीं	
10—वस्तु निर्माण	खनन क्षेत्र।	

इस विधि की उपयुक्तता विस्तृत क्षेत्रीय कार्य के लिए प्राप्त सुविधाओं, जैसे वायव फोटो, विस्तृत आधार मानचित्र तथा पर्याप्त कर्मचारियों पर अवलम्बित होती है। अंकों में कतिपय जरूरी सुधार करके न्यूजीलैन्ड के कुछ क्षेत्रों में इसे सफलतापूर्वक प्रयुक्त किया गया। वर्तमान उत्पादकता से संभाव्यता का भेद करने के लिए यह वर्गीकरण अधिक अनुकूल नहीं है, तथा विभिन्न उपयोगों के लिए विभिन्न आवश्यकताएँ पर्याप्त रूप से मान्य नहीं की गई।

परिमाणात्मक विभक्तिकरण

अब तक भूमि विभक्तिकरण हेतु विवेचित उदाहरणों में एक वर्ग का अन्य वर्ग से परिमाणात्मक संबंध कायम करने का प्रयास किया गया है। किन्तु भूमि वर्गीकरण के वस्तुगत व मात्रात्मक रूपों को आविष्कृत करने के कई प्रयास किए गए हैं। जैक्स का कथन है कि उपयोग में लाई गई विधियों को साधारणतः आगमनिक (inductive) विधि के रूप में वर्गीकृत किया जा सकता है, (उदाहरण के लिए उत्पादकता) को प्रभावित करने वाले भूमि अथवा मृदा के विशिष्ट लक्षणों को प्रदत्त अंकों से जोड़ना अथवा संपूर्ण करना अथवा निगमनात्मक (deductive) उदाहरण के लिए पैदावार आँकड़ों से निगमन करना, किन्तु वास्तव में उपयोग में आने वाले अनेक तरीकों में दोनों प्रकार का संयोग है।

उपगमन की श्रेणियों की स्पष्ट करने वाली अनेक विधियों को जैक्स ने कम्बलैन्ड (1944) व जैक्स (1946) ने संक्षेप में वर्णन किया है। सं. रा. मृदा सर्वेक्षण का उत्पादकता वर्ग क्रम वर्गीकरण के निगमनात्मक प्रकार को स्पष्ट करता है। इसका एक उदाहरण नीचे दिया गया है।

प्रमुख भौतिक दशाओं को दीर्घ भिन्न द्वारा प्रदर्शन

प्रथम अंक ढाल	*द्वितीय अंक* जल निकास	*तृतीय अंक* अपरदन	*चतुर्थ अंक* पथरीलापन	*पाँचवाँ अंक* चट्टानी अनावरण	*षष्टम अंक* मृदा गहराई	*सप्तम अंक* मृदा उत्पादकता
1—सापेक्षतः समतल	1—पूर्ण	1—अल्प या पर्यवेक्षण में अपरदन नहीं	1—पत्थरों से उन्मुक्त	1—अल्प या चट्टानी अनावरण बिलकुल नहीं।	1—गहरी (6 फुट या अधिक)	1—अत्यधिक उर्वरक
2—सापेक्षतः समतल से तरंगित	2—पर्याप्त	2—अपरदन के द्वारा	2—मध्यम रूप से पथरीली	2—सोमित चट्टानी अनावरण	2—मध्यम गहरी (3 से 6 फुट)	2—उर्वरक
3—तरंगित ने मध्यम पहाड़ी	3—घटिया	3—पृष्ठ अपरदन तथा अल्पकालिक अवतलिका	3—पथरीला	3—पर्याप्त चट्टानी अनावरण	3—उथली (1 से 3 फुट)	3—मध्यम रूप से उर्वरक
4—पहाड़ी	4—अतिघटिया	4—अत्यधिक पृष्ठ अपरदन तथा नालियों का निर्माण	4—अति पथरीला	4—अत्यधिक चट्टानी अनावरण	4—अति उथली (1 फुट से कम)	4—कम उर्वरता
5—खड़ा	5—अत्यधिक घटिया	5—अत्यधिक अवनलिका अपरदन		5—चट्टानी आवरण की प्रधानता		5—अति कम उर्वरकता।

स्रोत—जैक्स (1946) के पश्चात् सारांश, अधिक विवरण के लिए नेशनल रिसोरसेज, प्लानिंग बोर्ड, (1941), 121।

मृदा के प्रकारः मियामी दोमट

मक्का	*गेहूँ*	*राई*	*एल्फाल्फा*	*चुकन्दर*	*उत्पादकता वर्ग*
अ ब	अ ब	अ ब	अ ब	अ ब	अ ब
70 90	70 100	80 100	70 90	60 70	3 1

संक्षिप्त रूप में 'अ' पंक्ति क्षेत्र के प्रबंध की सामान्य रीतियों के साथ समस्याओं की पैदावार को बतलाती है तथा 'ब' पंक्ति क्षेत्र के प्रबंध की साधारण रीतियों को प्रामाणिक पैदावार के प्रतिशत के रूप में बतलाती है। संयुक्त राज्य के सुदूरवर्ती व सुविकसित मृदा क्षेत्रों में जहाँ सस्यें ही प्रधान पैदावार होती हैं वहाँ प्रामाणिक पैदावार औसत उपज को स्पष्ट करती है। इस प्रकार मक्के का मानक 50 बुशल प्रति एकड़ है। दिये गये उदहारण में औसत प्रबंध के अंतर्गत औसत पैदावार 35 बुशल है व उत्तम प्रबंध के अंतर्गत यही पैदावार 45 बुशल हो जाती है।

हर सस्य के स्थानीय महत्त्व के अनुसार उत्पादकता वर्ग सस्य वर्गक्रम के सामान्य भारित प्रतिशत (Simple percentage weighting) द्वारा निकाले जाते हैं। ऐसी मृदाएं जिनका भारित औसत 100 तथा 90 के बीच में है उसे 1 वर्ग में रखा जाता है तथा 90 और 80 के मध्य में 2 तथा यथाक्रम से। स्टोरी सूचनांक (the Storie Index) एक आगमनिक विधि है। इस विधि का उपयोग संयुक्त राज्य व अन्य देशों में किया गया है। यह विधि मृदा परिच्छेदिका पर अवलंबित है। परिच्छेदिका के प्रमुख लक्षण तीन कारकों में स्पष्ट होते हैं। उनमें से एक कारक धरातलीय गठन है। हर किसी को उस पौधे की उन्नति की अनुकूलतम दशाओं के अनुमानित प्रतिशत के रूप में उद्धरित किया जाता है। इसके बाद संभाव्य गुणंक प्रतिशत को हासिल करने के हेतु कारकों का गुणा किया जाता है। अंकों के अभिलक्षणों का जोड़ के बजाय गुणा किया जाता है। वह कोई भी हानिप्रद तत्त्वों को इस योग्य बनाता है कि मृदा के लिए सूचनांक पूर्ण रूप से नीचे आ सके। उदाहरणार्थ 100 . 100 . 10 = अनुपात 10, अर्थात (100,000/1,000,000) अतएव, 100 + 100 + 10 = अनुपात 10 अर्थात् (210/300) जोड़ द्वारा। यह स्पष्ट है कि परिमाणात्मक होते हुए भी ऐसी योजनाएँ अंकों के निर्धारण में ज्यादा विषयकता को नहीं टाल सकी है या वे सामान्य प्रबंध और अनुकूलतम दशाओं इत्यादि को निश्चित करने में असमर्थ रही है। पूर्व वर्णित वर्गीकरण के प्रकारों की तुलना तुलनात्मकता की उच्च मात्रा को प्राप्त करना संभव है। इसके लिए अतिरिक्त

सावधानी रखना जरूरी है क्योंकि सांख्यिकीय मूल्यांकन की विद्यमानता हमें उसकी प्रामाणिकता की अप्रतिरोधात्मक स्वीकृति की ओर ले जाती है।

भूमि प्रयोग का रूसी तरीका

सोवियत संघ में ऐसा अनुभव किया जाने लगा है कि राज्य व सामूहिक फार्मों से ज्यादा उत्पादन के लिए भूमि के विविध वर्गों की पैदावारों व परिव्ययों पर ध्यान देने की जरूरत होती है। भूमि के भिन्न-भिन्न क्षेत्रों की क्षमता का मौद्रिक शब्दावली में मूल्यांकन करने के लिए के. व्ही. ज्योरकिन (K.V. Zvorkin) ने आवश्यक उपयों की रूपरेखा तैयार की है। भूमि के भौतिक गुणों व वर्तमान खेतीबाड़ी की गुणता के अनुसार भूमि का मानचित्रण करना पड़ता है। इसे कार्य की प्रथम अवस्था माना गया है। प्रस्तावित संकेतांक निम्नांकित हैं—

1. मृदा विभेद (आधार सैल के चिन्ह तथा अपरदन की मात्रा)।
2. उच्चावचन तथा ढाल।
3. वनस्पति (जहाँ कृष्य फसलें संगत हों)।
4. भूमि उपयोग के प्रकार।
5. जल-स्तर की गहराई।
6. भूमि की जोत दशाएँ (विशेषकर सस्य भूमि में अपतृण की उपस्थिति)।

प्रस्थापित जमीन के उपयोग को पिछले कुछ वर्षों की कार्यप्रणाली के अनुसार मानचित्रित किया जाता है। इसमें अभिलेखन अंग, सस्यों को बोने के प्रकार, विगत पाँच से दस वर्षों का वार्षिक सस्यावर्तन व सिंचाई, जलनिकास व वेदिका-निर्माण इत्यादि का उपयोग होता है। तीसरे चरण में फसलों की उपज के आंकड़ों को जमा करना और उन्हें संसाधित करना है।

फसलों को समान प्राकृतिक लक्षणों वाली विविध प्रकार की जमीन पर उगाने के लिए आवश्यक श्रम तथा परिव्यय के आँकड़ों को भी संग्रह करना व उनको संसाधित करना। इससे विशिष्ट भूमि के लिए ज्यादा आर्थिक उपयोग की विधियों में मदद मिलती है। चतुर्थ अवस्था में अन्वेषण तथा भूमि के लक्षणों का वर्णन होता है। इससे उर्वरकता व कार्य की योग्यता के अन्तर स्पष्ट होते हैं।

जलवायु, मृदाजल तथा मृदा के रासायनिक लक्षण इस अवस्था के कुछ विशिष्ट विषय हैं। वसंत में किन तिथियों में भूमि कृषि कार्य के लिए तैयार होती हैं, ऐसी समयावधि जिसमें कृषि कार्य आसानी से किया जा सकता है बाढ़ के संकट

व कार्य करने की अन्य मुश्किलों पर भी इस अवस्था में विचार किया जाता है। पाँचवीं अवस्था में वास्तविक भूमि उपयोग का हिसाब लगाया जा सकता है।

प्रथम चरण में प्राप्त सभी भूमि की इकाइयों या संशोधनों को सूचनाओं के आधार पर कार्य के उपरान्त वाली अवस्थाओं से उच्चकोटि वर्गीकरण इकाइयों में मिलाया जाता है। समान पर्यवेक्षित लक्षणों तथा उर्वरकता (पैदावार तथा उत्पादन परिव्यय 5 प्रतिशत के भीतर) के परिष्करणों को भूमि श्रेणी में शामिल किया जाता है। भूमि के विभिन्न वर्गों की अनुकूलता, किन्तु उर्वरकता और कार्य की योग्यता में विभेद के आधार पर उन्हें विविध भूमि प्रकारों में एक साथ वर्गीकृत किया जाता है।

विभिन्न सस्य संयोजनों के अनुकूल भूमि श्रेणियों को भूमि प्रकारों में इस प्रकार बांटा जाता है। किसी फार्म के अन्दर यदि नाना 'प्रकार' तथा 'वर्गों' वाली भूमि मिलती है तो वहाँ इस प्रकार के 'भूमि के वर्गीकरण' के अध्ययन में कठिनाइयाँ पैदा होती हैं। ऐसे प्रकरणों में विशुद्ध वर्गों वाली योजनाओं को 'संग्रथित वर्गों व उपवर्गों द्वारा स्थानापन्न कर दिया जाता है। इन्हें कृषि-उत्पादन भूमि-वर्ग कहा जाता हैं। इन सभी भूमि संवर्गों का प्रधान लक्षण यह है कि वे दिये गये भूमि उपयोग व विविध सस्यों अथवा सस्यों के वर्गों के उत्पादन के अनुकूल होते हैं चाहे वे 'प्रकार' या 'वर्ग' या 'कृषि-उत्पादन-वर्ग' ही क्यों न हों।

इस प्रकार यह ब्रिटिश हांडुरस सर्वेक्षण मृदा प्रतिमानों की व्याख्या पर अधिकांशतः विश्वास करता है। जिन कार्य दशाओं में सर्वेक्षण चल रहा था, उसमें यह संभवतः आवश्यक था, किन्तु ज्योरियकिन का विचार है कि मृदा के प्रकारों पर बेकार का जोर देने से भूमि के वर्गीकरण व भूमि के मूल्यांकन की समस्याओं को हल करने में बाधा पड़ गयी है। उदाहरणार्थ वे तीन मृदा प्रकारों का उद्धरण देते हैं। मृदा विज्ञान के दृष्टिकोण से पॉडसोलिकृत चरनोजेम (podsolised chernozem) मृदाएँ एक ही वर्ग में आती है; किन्तु गहरी भूरी भिन्न वर्ग के अन्तर्गत आती हैं। उनका मत है कि गहरी भूरी मृदा तथा पॉडमोलीकृत मृदा न सिर्फ एक प्रकार की ही मृदाएँ हैं, बल्कि वे एक ही भूमि वर्ग के अन्तर्गत आती हैं।

तदनुसार वे न सिर्फ समान कृषि उत्पादन वर्ग बल्कि समान उप-वर्ग में भी आती है। हीन विक्षालित चरनोजेम उपरोक्त प्रकार के कृषि उत्पादन वर्ग की मृदाएँ हैं, किन्तु वे दूसरे वर्ग अथवा उप-समूह की मृदाएँ भी हैं। मिट्टी का सर्वेक्षण होने पर विवरण में समस्या उत्पन्न हो सकती है जो भूमि संभाव्यता के दृष्टिकोण से गैरजरूरी और संभवतः भ्रामक हो सकती है। किन्तु यदि मृदा वर्गीकरण की हर इकाई के साथ विश्वसनीय मान जोड़ दिये जाएँ तो निश्चय ही भूमि वर्गीकरण के लिए मृदा मानचित्र अत्यधिक मददगार हो सकता है। इसी प्रकार उच्चावचन तथा भू-रूप

आँकड़ों के साथ कुछ व्यावहारिक आँकड़ों, जैसे आनुवंशिक व्याख्या की तुलना, ढाल व लघु उच्चावचन लक्षणों की जरूरत होती है। अनेक कार्यकर्ताओं ने (स्थानीय तथा प्रादेशिक परीक्षणों) ज्योरिकिन द्वारा प्रस्तावित तालिका का सविस्तार अनुगमन किया है। समस्त दृष्टिकोणों से वर्णित भूमि संभाव्यता वर्गीकरण के 'रूप' तथा विषयसूची को अपनाने से मदद मिल सकती है। इसके साथ ही ज्योरिकिन की योजना का अध्ययन करना भी सहायक होगा। इसकी ब्रिटिश वर्गीकरण के साथ भूमि के भौतिक वर्गीकरण के कारकों के संदर्भ में व्याख्या की गई है। यह भूमि वर्गीकारण के क्षेत्र का व्यापक विवेचन प्रस्तुत करता है।

3

कृषि प्रकार

खेती को सुनिश्चित करने की कार्य पद्धति जिसके द्वारा क्षेत्र विशेष की पहचान कर परिसीमन किया जाता है कृषि प्रकार है। इसका निर्धारण भौतिक, आर्थिक, सामाजिक एवं राजनीतिक कारकों से होता है। इन कारकों के विचरकों (variables) में भूमि उत्पादकता, जलवायु, उच्चावच, कृषि में पशुशक्ति, भूमि सक्षमता, कृषि के लिए मशीनीकरण, कृषि में मानव श्रम, सिंचाई, उर्वरक, शस्य गहनता, शस्य वाणिज्यीकरण की मात्रा आदि आते हैं। इन्हीं विचरकों में अन्तर होने से कृषि-प्रकार में भिन्नता पाई जाती है। सामान्य तौर पर खेती लायक भूमि में उपलब्ध नमी, शस्य गहनता तथा वाणिज्यीकरण की मात्रा आदि के आधार पर कृषि का वर्गीकरण किया जाता हें यहाँ इनका विवरण प्रस्तुत किया जा रहा है।

(I) शस्य गहनता के आधार पर वर्गीकरण

शस्य गहनता के आधार पर कृषि-प्रकार को तीन श्रेणियों में विभक्त किया जा सकता है–

(क) एक फसली प्रदेश (Mono cropping system)

(ख) द्वि-फसली प्रदेश (Double cropping system)

(ग) बहु फसली प्रदेश (Multiple cropping system)

(क) एकल फसलीय कृषि प्रदेश

एक फसलीय कृषि का अभिप्राय भूमि से साल में एक ही उपज की पैदावार से है। यह कृषि बड़े बागानों में होती है। सिर्फ एक ही फसल की विशिष्टता होती है। क्षेत्र विशेष में एक ही फसल की कृषि के विकास में आर्थिक, भौगोलिक तथाा अन्य उपादानों का हाथ रहता है। यद्यपि उपयुक्त परिस्थितियाँ सिर्फ एक ही फसल के लिए महत्त्वपूर्ण नहीं हैं तथापि प्रबन्ध, मजदूरी एवं बाज़ारों आदि की दृष्टि से सिर्फ एक ही फसल के बागान बहुलता से पाये जाते हैं। जैसे—मलाया और हिन्देशिया में रबर के बागान, ब्राजील में कहवा, क्यूबा में गन्ना तथा भारत के असम एवं दार्जी लिंग में चाय के बागान।

(ख) दो फसलीय कृषि प्रदेश

एक ही क्षेत्र से वर्ष में दो बार प्राप्त की जाने वाली फसलों को दो फसली कृषि की संज्ञा देते हैं। अत्यधिक सघन आबाद क्षेत्रों में जहाँ भौगोलिक दशाएँ उपयुक्त हैं, वहाँ दो फसली क्षेत्र प्राप्त होते हैं। दक्षिणी पूर्वी एशिया में नदियों द्वारा निर्मित मैदानों में सर्दी तथा ग्रीष्मकालीन (रबी एवं खरीफ) फसलें प्राप्त की जाती है। चीन, जापान, भारत आदि देशों के सघन बसाव वाले क्षेत्रों में अधिकतर भू-भाग दो फसली कृषि से जुड़े हैं।

(ग) बहु फसलीय कृषि प्रदेश

बहुफसलीय खेती से अभिप्राय किसी भू-क्षेत्र से साल में दो से ज्यादा फसलों की उपाज प्राप्त करने से है। यह पद्धति उन भागों में सुलभ है जहाँ कृषि के लिए भौगोलिक दशाएँ बहुत ही उपयुक्त एवं अनुकूल हैं। बहुफसली कृषि बहुत ही उन्नत एवं गहन कृषि के क्षेत्रों में सम्भव है। इस प्रकार की कृषि के लिए उत्तम खाद, बीज और सिंचाई की उत्तम व्यवस्था, शस्यावर्तन, उपयुक्त जलवायु तथा यांत्रिक कृषि की जरूरत अपरिहार्य होती है। इससे किसानों की आर्थिक स्थिति सुदृढ़ होती है, एवं जीवन स्तर ऊँचा उठता है। कृषि का व्यावसयिक महत्त्व बढ़ता है। भारत, चीन तथा संयुक्त राज्य अमेरिका के कई भागों में ऐसी खेती का प्रचलन है।

(II) उत्पादन और वाणिज्यीकरण की मात्रा के आधार पर वर्गीकरण

इस दृष्टि से कृषि को तीन वर्गों में विभाजित किया गया है—

(क) परम्परागत कृषि प्रदेश (Primitive Farming)

(ख) रोपण कृषि (Plantation Farming)

(ग) व्यावसायिक कृषि (Commercial Farming)

(क) परंपरागत कृषि प्रदेश

इस प्रकार की कृषि विश्व में 5^0 से 10^0 अक्षांसों के बीच अफ्रीका के कांगो बेसिन, दक्षिणी अमेरिका के अमेजन बेसिन, दक्षिणी-पूर्वी एशिया एवं पूर्वी द्वीप समूह के विषम उच्च भू-भागों में विशेष रूप से प्रचलित है। इसे प्रवासी कृषि (migratory cultivation), स्थानान्तरणशील कृषि (shifting cultivation), व झूमिंग खेती (Jhooming cultivation) भी कहते हैं। इस प्रकार की कृषि को अलग-अलग देशों में भिन्न-भिन्न नामों से जाना जाता है यथाः—मलाया एवं हिन्देशिया में लंदांग (Landang), फिलीपीन्स में कैनजीन (Caigin), श्रीलंका में चेना (Chena), अमेरिका तथा रोडेशिया (अफ्रीका) में मिल्पा (Milpa) और सुडान में न्गासू (Ngasu) कहते हैं। इस प्रकार की कृषि ऊष्णाद्रं कटिबन्धीय प्रदेशों में प्रचलित है। उष्णाद्रं कटिबंधीय क्षेत्रों में तापक्रम सालों भर ऊँचा रहता है, साथ ही, वर्षा भी काफी मात्रा में होती है। इसी वजह से इस क्षेत्र में सदाबहार बन पाये जाते हैं।

सबसे पूर्व इस तरह की खेती हेतु जंगल के सीमान्तीय हिस्सों में क्षेत्र को चिन्हित कर आग द्वारा जलाकर खेत तैयार किया जाता है। खेत का औसत क्षेत्रफल एक एकड़ (0.4 हे०) का होता है। खेती में मनुष्य श्रम का अधिक उपयोग होता है। खाद तथा पूँजी का प्रयोग नहीं होता है। खेत व्यक्तिगत नहीं होते हैं। अपितु उनपर सामुदायिक स्वामित्व पाया जाता है। दो वर्ष तक ही कृषि कार्य हो पाते हैं, इसके बाद खेत छोड़कर दूसरे खेत बनाने पड़ते हैं क्योंकि अत्यधिक वर्षा के कारण मृदा अपक्षरण की गति में तीव्रता आती है जिससे मृदा की उर्वरता जल्दी ही क्षीण हो जाती है। इस कृषि में उत्पादन कम होता है, परिश्रम अधिक करना पड़ता है और उत्पादित फसलों का उपयोग स्थानीय होता है। केवल खाद्यान्न फसलों का ही उत्पादन होता है जिसमें मक्का, ज्वार, बाजरा, धान मुख्य है।

कृषि के अलावा मछली मारना, शिकार करना, वन खाद्यों का संग्रह करके जीवन निर्वाह करना मुख्य उद्यम हैं। आर्द्र-ऊष्ण कटिबन्धीय लोग स्वभावतः रूढ़िवादी होते हैं अतः वे अपनी परम्परागत कृषि को त्यागने के लिए तैयार नहीं हैं तथा सदियों से इस कृषि का प्रचलन होता आ रहा है। कुछ क्षेत्रों में अब इसके स्थान पर गहन कृषि पद्धति लोकप्रिय हो रही है।

(ख) रोपण कृषि प्रदेश

कृषि का यह विशिष्ट तरीका और अपेक्षाकृत नयी पद्धति है जिसकी शुरुआत दक्षिणी गोलादूर्ध के ऊष्ण तथा उपोष्ण प्रदेशों में हुई। दक्षिणी-पूर्वी एशिया इस कृषि में आगे है। इसके साथ ही मध्य और दक्षिणी अमेरिका (लैटिन अमेरिका) तथा पूर्वी तथा पश्चिम अफ्रीका में भी इसका विस्तार पाया जाता है। रोपण कृषि की विशेषताओं में बड़े पैमाने पर कृषि, एक फसल की प्रधानता, विशिष्ट कृषि पद्धति (रोपण एवं कुछ बीज बोना आदि) है। इस कृषि में प्रबन्ध, मशीनें, उर्वरकों, तंत्र, पूँजी, तकनीकी ज्ञान, दवाइयाँ आदि सभी समशीतोष्ण देशों से प्राप्त होता है। यहाँ तक कि इन क्षेत्रों के लिए खाद्यान्न व वस्त्रादि की व्यवस्था भी शीतोष्ण देश ही करते हैं। इसके अन्तर्गत चाय, नारियल, कहवा, गन्न, मसाले, केला, रबर, कोको आदि के बड़े-बड़े बागान लगाये जाते हैं। इस कृषि में सभी फसलें इस प्रकार की हैं कि उनका औद्योगिक संशोधन जरूरी है। आर्थिक लाभ के लिए बागानों के नजदीक ही औद्योगिक स्थान स्थापित हैं। ऐसे बागानों के समूचे उत्पादन को शीतोष्ण कटिबंधीय देशों को निर्यात कर दिया जाता है जहाँ इसकी बड़ी माँग है।

(ग) वाणिज्यिक कृषि प्रदेश

यह कृषि व्यवस्था वर्तमान की कृषि विकास की देन है। यातायात के साधनों के विकास, वैज्ञानिक व तकनीकी ज्ञान के विस्तार के परिणामस्वरूप व्यावसायिक कृषि में बहुत सी फसलों के उत्पादन के बदले किसी क्षेत्र में सिर्फ एक फसल का उत्पादन बड़े पैमाने पर किया जाता है, जिसके लिए वहां भौगोलिक परिस्थितियाँ सबसे अधिक अनुकूल हों। उत्पादित पदार्थ का अधिकांश भाग निर्यात करा दिया जाता है। व्यावसायिक कृषि विस्तृत (extensive), गहन (intensive) व मिश्रित (mixed) सभी का मिला जुला रूप है।

मिश्रित कृषि में फसलोत्पादन तथा पशुपालन दोनों ही साथ-साथ चलता है। मनुष्य श्रम के अभाव के कारण कृषि में मशीनों का सर्वाधिक उपयोग होता है। कृषि मशीनों के ट्रेक्टर, हारवेस्टर, बथ्रेसर तथा दवा छिड़कने की मशीन आदि का व्यापक इस्तेमाल होता है। उत्पादित सामग्री को बाजार तक पहुँचाने के लिए ट्रकों व अन्य साधनों की मदद ली जाती है। संसार में इस प्रकार की कृषि उत्तरी गोलादूर्ध में महाद्वीपों के आन्तरिक भागों व दक्षिणी गोलादूर्ध के तटीय भागों में प्रचलित है जिसमें संयुक्त राज्य अमेरिका तथा कनाडा का प्रेयरी प्रदेश, यूक्रेन तथा यूराल क्षेत्र

व्यावसायिक कृषि के लिए विश्व प्रसिद्ध है। इसके अतिरिक्त दक्षिणी अमेरिका में पराना-पराग्वे व आस्ट्रेलिया में मरे-डार्लिंग की घाटियों में भी ऐसी खेती की जाती है।

(III) खेती योग्य जमीन की आपूर्ति के आधार पर वर्गीकरण

खेती योग्य जमीन की आपूर्ति के आधार पर कृषि को मुख्यतः दो श्रेणियों में विभक्त किया जा सकता है–

(क) गहन कृषि (Intensive Cultivation)

(ख) विस्तृत कृषि (Extensive Cultivation)

(क) विस्तृत कृषि

इस प्रकार की कृषि का प्रचलन उन भागों में है जहाँ जमीन की आपूर्ति पर्याप्त है व जनसंख्या का घनत्व तुलनात्मक रूप में बहुत कम है। इन क्षेत्रों में किसानों का मूल उद्देश्य होता है, बड़े-बड़े फार्मों से अधिकाधिक उत्पादन प्राप्त करना। इन विस्तृत कृषि-प्रदेशों में फसलों का उत्पादन वे व्यापार के दृष्टिकोण से करते हैं। फार्मों पर फसलों का विशिष्टीकरण होता है। जहाँ विस्तृत कृषि-प्रदेश में एक फसल की प्रधानता होती है, वहीं गहन कृषि में वर्ष में दो अथवा तीन फसलें जीवन यापन के लिए उत्पन्न की जाती हैं। श्रम की कमी मशीनों से पूरी की जाती है। कृषि में अधिक पूंजी का निवेश होता है। रूस के भीतरी भागों (स्टेपीज), कनाडा के प्रेयरी, संयुक्त राज्य अमेरिका के दक्षिणी तथा मध्य क्षेत्र तथा अर्जेन्टाइना के पंपास में इस प्रकार की विस्तृत कृषि का प्रचलन है। गेहूँ मुख्य फसल है जो सर्दी के मौसम तथा बसंत काल में बोया जाता है। इसलिए विस्तृत कृषि गहन कृषि से अलग प्रकार की है।

(ख) सघन कृषि

सघन खेती का प्रचलन उन हिस्सों में ज्यादा पाया जाता है जहां खेती के लायक भूमि का विस्तार कम है और जनसंख्या का घनत्व अधिक है इन भागों में भूमि पर जनसंख्या का भार अधिक होने के कारण प्रति व्यक्ति कृषि योग्य भूमि की मात्रा बहुत कम मिलती है। गहन कृषि वाले प्रदेशों में गहरी जुताई, भरपूर सिंचाई के साधन, पूंजी, श्रम, उर्वरकों की अधिक आपूर्ति और वैज्ञानिक उपकरणों की मदद से वर्ष में एक से अधिक फसलें पैदा की जाती हैं और प्रति हेक्टेयर अधिकाधिक उत्पादन लेने के प्रसास किये जाते हैं। अत्यधिक उत्पादन प्राप्त करने हेतु शस्यावर्तन, उत्तम बीज, कीट संरक्षण आदि की व्यवस्था की जाती है। इन क्षेत्रों में

खेत छोटे-छोटे होते हैं व खाद्य-फसलों के उत्पादन पर जोर दिया जाता है जिससे अधिक से अधिक जनसंख्या का भरण-पोषण किया जा सके।

विश्व में ऐसे क्षेत्रों में उत्तरी-पश्चिमी यूरोप, दक्षिणी-पूर्वी एशिया-चीन, जापान, भारत, इण्डोचीन, म्यांमार, कोरिया, थाईलैण्ड तथा पाकिस्तान आते हैं। ताईवान, फिलीपीन्स, सुमात्रा तथा जावा के कुछ भाग इस प्रदेश में शामिल हैं। इन भागों में कृषि-भूमि पर जनसंख्या का घनत्व विश्व के अन्य क्षेत्रों की अपेक्षा अधिक मिलता है। गहन कृषि वाले ये प्रदेश बहुत प्राचीन काल से आबाद हैं और किसानों ने सदियों के प्रयोगों से इस गहन कृषि-पद्धति तथा भूमि उपयोग के प्रतिरूप का विकास किया है। ये क्षेत्र नदी-घाटियों व अत्यधिक सघन जनसंख्या वाले केन्द्र हैं। अधिक जनसंख्या के कारण सस्ते श्रमिकों की बहुतायत होती है। इसलिए किसानों ने गहन कृषि को अपनाया है। इस प्रकार की कृषि में चावल मुख्य फसल है जो वर्ष में दो अथवा तीन बार तक कुछ क्षेत्रों में पैदा किया जाता है।

(IV) वर्षा की मात्रा पर आधारित खेती का विभक्तिकरण

वर्षा की मात्रा के आधार पर खेती को निम्न तीन भागों में वर्गीकृत किया जा सकता है–

(क) कम वृष्टि वाला कृषि प्रदेश

(ख) सिंचित कृषि प्रदेश

(क) आर्द्र कृषि प्रदेश

(क) कम वृष्टि वाला कृषि प्रदेश

यह खेती करने का काफी प्राचीन तरीका है इसका तात्पर्य उस खेती से जहाँ वर्षा की मात्रा 50 सेमी. से कम है और सिंचाई के साधन मौजूद नहीं है। इस पद्धति का प्रचलन सबसे पहले संयुक्त राज्य अमेरिका के ग्रेट बेसिन, कोलम्बिया बेसिन और स्नेक नदी बेसिन में हुआ था। इस प्रविधि के अन्तर्गत खेतों की गहरी जुताई (20-25 सेमी.) की जाती है। जिससे प्राप्त होने वाली वर्षा मिट्टी में सम्मिलित हो जाये और वाष्पीकरण द्वारा नमी का ह्रास कम हो सके। इसलिए सूखी कृषि की फसलें मृदा में मौजूद नमी पर निर्भर करती हैं। नमी हेतु बड़ी-बड़ी क्यारियाँ निर्मित करके वर्षा का जलप्रवाह नियमित करते हैं। अतः जेटजोल (Jetzold, 1979) इसे जल सान्द्रण संस्कृति (water concentrating culture) कहते हैं। सूखे कृषि प्रदेशों

में विशिष्ट प्रकार के वातावरण में उगने वाले व कुछ विशेष सावधानी से चयनित पौधे, जो कम पानी पर अपना विकास कर सकते हैं, अपनाए जाते हैं।

इस क्षेत्र में मुख्यतया उन फसलों को उगाया जाता है जो सूखे को झेलने में सक्षम हो, जल्द ही पक कर तैयार हो सकें और हानिकारक कीटों से अपनी रक्षा कर पाने में समर्थवान हों। खादों एवं उर्वरकों के इस्तेमाल से मृदा को नम बनाया जाता है। वर्ष में सिर्फ एक ही फसल ली जाती है क्योंकि खेतों को परती छोड़कर गहरी जुताई की जाती है। इस प्रदेश के लिए गेहूँ सबसे उपयुक्त फसल है। गेहूँ के अलावा राई, जौ तथा ओट का भी उत्पादन होता है। भारत के शुष्क कृषि क्षेत्रों में बाजरा, ज्वार, जौ, चना आदि प्रमुख फसलें हैं। इस प्रकार की कृषि में पूँजी निवेश ज्यादा लगता है।

सरकारी कर तुलनात्मक रूप से कम होता है। विश्व में शुष्क कृषि के क्षेत्र संयुक्त राज्य अमेरिका के पश्चिमी भाग, कनाडा, आस्ट्रेलिया, इजराइल, पश्चिमी भारत तथा टर्की में पाये जाते हैं।

(ख) सिंचित कृषि प्रदेश

सिंचित कृषि का प्रचलन उन हिस्सों में है, जहाँ लम्बे समय तक सूखा रहता है, जैसे मानसूनी व उपोष्ण प्रदेश (sub-tropies)। मौसम तथा अविश्वसनीय बारिश के कारण इन प्रदेशों की कृषि में सिंचाई का महत्त्वपूर्ण स्थान है। जिन भागों में वर्षा की मात्रा कम है अथवा वर्षा किसी विशेष मौसम में ही होती है पूरे वर्ष तापमान सामान्यतः कृषि हेतु उपयुक्त होता है। जनसंख्या का घनत्व अधिक है। भरण-पोषण के लिए उत्पादन जरूरी है। इसलिए अधिक उत्पादन के लिए सिंचाई जरूरी एवं अपरिहार्य है। सिंचाई तालाबों, कुओं, नदियों तथा नहरों से भी की जाती है। सिंचाई के लिए नलकूपों का भी प्रयोग होता है। भारत एवं चीन में सिंचाई का सबसे अधिक विकास हुआ है। संयुक्त राज्य अमेरिका, टर्की, मिस्र तथा भूमध्य सागरीय प्रदेश व सोवियत रूस आदि देशों में सिंचित कृषि का प्रचलन है।

(ग) आर्द्र कृषि

आर्द्र कृषि क्षेत्र वे हैं जहाँ 200 सेमी. या अधिक वर्षा होती है। पौधों को नमी की आपूर्ति वर्षा से हो जाती है। आर्द्र कृषि में चावल की प्रमुखता है। इस पद्धति में कई महीने तक खेतों में पानी भरा रहता है। नमी की अधिकता से वर्ष में चावल की तीन फसलें (अमन, आस और बोरो) प्राप्त की जाती हैं। इस प्रकार के कृषि क्षेत्रों में मानसून एशिया के ज्यादा वर्षा वाले भागों को शामिल किया जाता है जिसमें पूर्वी

भारत, बंग्लादेश तथा श्रीलंका प्रमुख हैं। कृषि में पूँजी का निवेश कम होता है। फसलों के उत्पादन में अधिकाधिक विश्वसनीयता होती है। विश्व में यूरोप, अमेरिका व एशिया के अधिकतर क्षेत्र आर्द्र कृषि से सम्बन्धित है।

अन्य कृषि प्रकार

कृषि के अन्य प्रकारों में बागबानी तथा पशुपालन को शामिल करते हैं। इसके अन्तर्गत सब्जी उत्पादन, फूल-फल उत्पादन, मवेशी, भेड़, मुर्गी पालन, सूअर पालन, मधुमक्खी पालन आदि को रखते हैं जिसका विकास नगरीकरण तथा औद्योगिकीकरण के परिणामस्वरूप हुआ है। इस प्रकार की कृषि का प्रसार यूरोप तथा उत्तरी अमेरिका के औद्योगिक प्रदेशों में मिलता है जिसका विस्तार बाजार, शहर या कस्बा के चारों ओर कुछ दूरी तक पाया जाता है। इस प्रकार की कृषि को निम्न रूपों में प्रदर्शित किया जा सकता है–

बागबानी कृषि

बागबानी कृषि में फसलों को बाग में उगाया जाता है। उपयोगिता के आधार पर इसे कई श्रेणियों में विभाजित किया जा सकता है–

(i) सब्जी उत्पादन (Vegetable Gardening)–इसमें विभिन्न प्रकार की सब्जियों को बाग में बृहत पैमाने पर उगाया जाता है।

(ii) फल उत्पादन (Fruits Gardening)–इसमें फल का उत्पादन बृहत पैमाने पर किया जाता है।

(iii) पुष्प उत्पादन (Flori culture)–व्यापारित व व्यवसायीक दृष्टिकोण से पुष्प का बड़े पैमाने पर उत्पादन किया जाता है।

(iv) औषधि उत्पादन (Herbiculture)–इसमें औषधिय पैधों को उगाया जाता है।

पशुपालन कृषि

पशुपालन किसी देश की अर्थव्यवस्था में महत्वपूर्ण योग देने के साथ-साथ, उस राष्ट्र के आर्थिक विकास में भी प्रमुख भूमिका निभाते हैं। इससे देश के लाखों लोगों को सस्ता और पौष्टिक भोजन प्राप्त होता है। राष्ट्रीय नमूना सर्वेक्षण के अनुसार पशुपालन क्षेत्र में 98 लाख लोगों को रोजगार मिला हुआ है।

कृषि के साथ-साथ पशुपालन के कई रूप देखने को मिलते हैं, जैसे–

(i) मत्स्य पालन (Pisciculture)

(ii) मुर्गी पालन (Poultry Farming)

(iii) भेड़ पालन (Sheep Farming)

(iv) मधुमक्खी पालन (Bee Farming)

(v) रेशम उद्यम (Seri Farming)

(vi) सूअर पालन (Pig Farming)

(vii) मवेशी पालन (Cattle Farming) मांस के लिए।

भारत में विभिन्न प्रकार के पशु संसाधन मिलते हैं। भारतीय पशुओं की संख्या संसार के कुल पशु-संसाधन का 11% है। पशुओं की बढ़ती हुई आवश्यकता को पूरा करने के लिए भारत के पास व्यापक क्षमता है।

विश्व में भैंसों की कुल संख्या का 55%, बकरियों की संख्या का 20% तथा मवेशियों की संख्या का 16% भारत में मौजूद है। मवेशियों व भैंसों के संदर्भ में भारत का विश्व में प्रथम स्थान है। 1992 की पशुगणना के अनुसार देश में मवेशियों की कुल संख्या 47 करोड़ थी। 1951 में इनकी संख्या 27 करोड़ 30 लाख थी। इस प्रकार मवेशियों की कुल संख्या में तब से 60.4% की बढ़ोतरी हुई है। 1951 से 1992 के काल में भैंसों की संख्या में 92.2% बछड़ों की संख्या में 31.7% की वृद्धि हुई है। इसी अवधि में भेड़ों की संख्या में 30% की वृद्धि हुई है जबकि बकरियों व सूअरों की संख्या में क्रमशः 145% तथा 190% की बढ़ोतरी हुई है। 1951 से 1992 की अवधि में मुर्गियों की संख्या में चार गुनी वृद्धि हुई है। पशुपालन के क्षेत्र में तीव्र बढ़ोतरी 1970 के दशक के आरम्भिक वर्षों से प्रारम्भ हुई है। 1947 से 1970 की अवधि में दूध का उत्पादन लगभग स्थिर रहा। इसमें वार्षिक वृद्धि मात्र 1% की हुई।

सातवीं योजना के अन्तर्गत दूध के उत्पादन में 4.5% की दर से वृद्धि हुई है। 1980-81 से 1990-91 की अवधि में 5.1% की दर से बढ़ोतरी हुई है। 1950-51 में दूध का उत्पादन 5 करोड़ 39 लाख टन था जो 1990-91 में बढ़कर 7 करोड़ 48 लाख टन हो गया। 1950-51 में प्रतिव्यक्ति दूध की उपलब्धता 124 ग्राम प्रतिदिन थी जो 1997-98 में बढ़कर 203 ग्राम हो गयी। दूध के उत्पादन में यह उन्नति केन्द्र और राज्यों द्वारा लागू किये गये अनेक मवेशी विकास कार्यक्रमों के कारण हुई है।

दुग्ध उत्पादन में वृद्धि के लिए शुरू किये गए ऑपरेशन फ्लड कार्यक्रम को भारत में दुग्धोत्पादन में हुई वृद्धि का श्रेय जाता है। इन सभी प्रयत्नों के फलस्वरूप

भारत संयुक्त राज्य अमेरिका के स्थान पर विश्व के दुग्ध उत्पादक देशों में प्रथम स्थान पर आ गया। मुर्गीपालन के क्षेत्र में भी विगत वर्षों के दौरान सरकार तथा निजी क्षेत्र द्वारा किए गए शोध और विकास के कारण महत्त्वपूर्ण उन्नति हुई है। 1950-51 से 1955-56 की अवधि में मात्र दो अरब अण्डों का उत्पादन हुआ था। 1997-98 में उत्पादित कुल अण्डों की संख्या बढ़कर 28 अरब हो गयी है। भारतीय ग्रामीण अर्थव्यवस्था में भेड़-बकरियों की भूमिका महत्त्वपूर्ण है। इन दोनों का ग्रामीण अर्थव्यवस्था में उल्लेखनीय योगदान है। उदाहरणस्वरूप, 1950 के दशक में ऊन का उत्पादन 2 करोड़ 75 लाख किलो० तक सीमित था।

वर्ष 1997-98 के काल में यह बढ़कर 40 लाख किलोग्राम तक पहुँच गया। वर्ष 1998-99 की अवधि में इसकी मात्रा 4 करोड़ 50 लाख किलोग्राम के स्तर तक पहुंच गयी। पशुपालन क्षेत्र व इससे सम्बन्धित उत्पादों के निर्यात से होने वाली आय वर्ष 1996-97 में 1925 करोड़ रुपये की थी। इसमें से चमड़े और चर्म उत्पाद के निर्यात से 1063 करोड़ रुपये की आमदनी हुई। अगले दस वर्षों में भारत को भुखमरी से स्वतंत्र देश बनाने के लिए प्रधानमंत्री की घोषणा को देखते हुए पशुपालन और डेयरी विभाग ने 203 करोड़ रुपये की एक अतिरिक्त कार्य योजना लागू की है।

कृषि प्रकारिकी

दुनिया में खेती करने का इतिहास तकरीबन दस हजार वर्ष पुराना है। अत्यंत प्राचीन काल से ही मानव जीविकोपार्जन हेतु खेती पर निर्भर रहा है। औद्योगिक-नगरीय क्रान्ति के बावजूद आज भी विश्व की लगभग 50% जनसंख्या कृषि में संलग्न है। अधिकतर विकसित और विकासशील देशों में कृषि ही प्रमुख उद्यम है। भारत सहित विश्व के कई देशों में कृषि रोजगाार का एक प्रमुख साधन होने के साथ-साथ राष्ट्रीय आय में भी अपना प्रमुख योग देता है। कृषि से उद्योगों के लिए कच्चा माल मिलता है। साथ ही इसमें उत्पादित पदार्थों के निर्यात से विदेशी मुद्रा की प्राप्ति भी होती है।

कृषि, प्राकृतिक, सांस्कृतिक, सामाजिक, राजनीतिक, आर्थिक एवं तकनीकी आदि समस्त कारकों का योग है। ये सभी कारक कृषि को प्रभावित करते हैं। इन्हीं कारकों से कृषि सम्बन्धी विभिन्नताएँ देखी जा सकती हैं। कहीं-कहीं परिस्थितियों की समानता के कारण कृषि कार्यों में समानता पाई जाती है, जिसके कारण इन्हें एक विशिष्ट कृषि प्रदेश की संज्ञा दी जाती है, यथाः—भूमध्य सागरीय कृषि प्रदेश के क्षेत्र मध्य कैलीफोर्निया, मध्य-चिली, केप प्रान्त, आस्ट्रेलिया के दक्षिणी-पश्चिमी भाग एवं न्यूजीलैण्ड के उत्तरी भाग में पाये जाते हैं। विगत वर्षों में कृषि भूगोल के

अन्तर्गत कृषि-प्रकार, कृषि प्रतिरूप, कृषि समस्याएँ, कृषि-प्रदेशीकरण तथा कृषि नियोजन से जुड़े बहुत सारे अध्ययन किये गये हैं।

इन सभी अध्ययनों में भिन्न-भिन्न कारकों/चरों को प्रयुक्त किया गया है। इन अध्ययनों में भिन्न-भिन्न प्रकार की कार्य पद्धति (Methodology) तथा तकनीक (technique) अपनायी गयी है। इसलिए कृषि प्रकारों को निश्चित करने की कार्य पद्धति है जिसके द्वारा किसी भी क्षेत्र या प्रदेश या देश में कृषि के प्रकारों को निश्चित पहचान कर सीमांकित किया जाता है।

अंग्रेजी शब्द 'agriculture typology' का अगर विश्लेषण किया जाय तो स्पष्ट होता है कि यह चार शब्दों के योग-Agri+culture, Type+logy से बना है। Agriculture लैटिन भाषा के Agricultura (एगरी कल्चुरा) शब्द से उद्धृत है। Ager (एगर) शब्द का अर्थ land (खेत) है जबकि cultura (कल्चुरा) शब्द का अर्थ खेती क्रिया या खेती संस्कृति से है। इस प्रकार संक्षेप रूप में एग्रीकल्चर का शाब्दिक अर्थ खेती संस्कृति अथवा खेती कला से है। टाइप (type) का हिन्दी पर्याय 'प्रकार' और logy का अभिप्राय व्याख्या करना या विश्लेषण करना है। इसलिए एग्रीकल्चर टाइपोलोजी का हिन्दी में शाब्दिक अर्थ "कृषि प्रकारात्मक विश्लेषण" है। सामान्यतया कृषि प्रकार से अभिप्राय किसी विशिष्ट क्षेत्र या देश में विकसित कृषिगत स्वरूप के प्रकारात्मक प्रतिरूप अथवा प्रारूप की व्याख्या अथवा विश्लेषण से है जो प्रकृत्या पदानुक्रमिक होते हैं।

संक्षिप्त रूप में विभिन्न क्षेत्रों/प्रदेशों/देशों में पायी जाने वाली कृषि सम्बन्धी विभिन्न चरों की मुख्य विशेषताओं की भिन्नता ही, जो एक विशेष क्षेत्रीय इकाई को स्पष्ट करती है, को कृषि प्रकारिकी कहते हैं। यह इकाई क्षेत्र किसी भी स्तर (लघु या वृहद) का हो सकता है। इसलिए कृषि प्रकारिकी विशिष्ट विशेषताओं से युक्त एक प्रादेशिक इकाई वाला क्षेत्र है। प्रो० कासोवस्की महोदय के अनुसार 'कृषि प्रकारिकी' एक विशिष्ट प्रदेश में विकसित कृषि संदर्भित गुणों की समरूपता है और विशिष्ट प्रकार के कृषि प्रतिरूप सम्बन्धी विशेषताएँ एक ही समय में विभिन्न क्षेत्रों में देखने को मिलती हैं। अर्थात् एक कृषि प्रकारिकी के अन्तर्गत धरातल पर अनेक क्षेत्र पाये जा सकते हैं। इसलिए कृषि प्रकारिकी की संकल्पना में कृषि भूमि उपयोग विषयक अध्ययन के अन्तर्गत सामाजिक (social), संगठनात्मक (Organization), तकनीकी तथा उत्पादन सम्बन्धी कारकों को विशेष महत्त्व प्रदान किया जाता है।

कृषि भूगोल के तहत इस विधि का विकास आधुनिक दशक की एक विशिष्ट उपलब्धि है। प्रो० कास्रोवस्की (1972) की अध्यक्षता में अन्तर्राष्ट्रीय भूगोल संघ के

तत्वावधान में गठित कृषि प्रकारिकी आयोग (Commission on Agriculture Typology) ने कृषि भूगोल में एक नयी प्रविधि का सुझाव दिया जिसमें स्थान, मापक एवं अवधि को गौण स्थान दिया गया है। इस आयोग का कार्यकाल 1964 से 1976 (12 वर्षों) तक रहा। इस अवधि में विश्व के विविध क्षेत्रों से आये भूगोलवेत्ताओं के सतत प्रयत्नों के परिणामस्वरूप एक ऐसी कार्य पद्धति का सूत्रपात हुआ जिसके द्वारा किसी भी क्षेत्र के कृषि प्रकार ज्ञात किये जा सकते हैं। इससे प्राप्त परिणाम विश्व के समस्त भागों के लिए उपयोगी होते हैं तथा साथ ही स्थान तथा समय के परिप्रेक्ष्य में तुलनात्मक निष्कर्ष भी प्राप्त होते हैं। इस प्रकार यह पद्धति स्वयं में मात्र नवीन ही नहीं अपितु व्यावहारिक, वैज्ञानिक तथा सामाजिक भी है।

आज विश्व स्तर पर कृषि-प्रकार सम्बन्धीय अध्ययन के लिए इस पद्धति का इस्तेमाल किया जा रहा है। प्रकारिकी के आधारभूत तत्त्व क्षेत्रीय प्रतिरूप तथा वितरण के रूप में ऐसी विशिष्ट इकाई क्षेत्र को सीमांकित करते हैं जो अपनी विशिष्ट प्रकृति तथा अन्तर्सम्मिश्रण के कारण अलग होते हैं इसलिए कृषिगत विशेषताओं की प्रधानता तथा सहअस्तित्त्व के आधार पर कृषि-प्रकारिकी का निर्धारण होता है। प्रदेश एवं प्रकारिकी की संकल्पना में मौलिक अन्तर है। प्रदेश एक क्षेत्रीय संकल्पना है जिसकी निश्चित सीमाएँ होती हैं। प्रदेश में स्थानिक विविधताएँ वातावरण के भिन्न-भिन्न कारकों द्वारा नियन्त्रित होती हैं जबकि प्रकारिकी एक पदानुक्रमिक संकल्पना है जिसका प्रसार लम्बवत निम्न से उच्च क्रम तक होता है। इस प्रकार प्रदेश (region) एवं प्रकारिकी (typology) की संकल्पना में मौलिक अन्तर है।

लघु स्तर पर कृषि-प्रकारिकी के निर्धारण के लिए कृषि भूमि का एक टुकड़ा या कार्यिक जोत क्षेत्र को शामिल करते हैं। पदानुक्रमिक स्तर पर गाँव, विकास खण्ड, पंचायत-खण्ड, तहसील, प्रमण्डल, जनपद एवं राज्य स्तर के आँकड़ों को कृषि प्रकारिकी के निर्धारण के लिए प्रयोग किया जाता है। वर्तमान परिप्रेक्ष्य में कृषि से जुड़े अध्ययन हेतु हर स्तर पर आंकड़ों की अनुपलब्धता अध्ययन में सबसे बड़ी समस्या और रूकावट है। इस समस्या के समाधान हेतु प्रतिदर्शी अध्ययनों द्वारा एकत्रित आँकड़ों के आधार पर निष्कर्ष प्राप्त किये जाते हैं और इन्हीं निष्कर्षों के आधार पर नियमों तथा सिद्धान्तों का प्रतिपादन किया जाता है। कृषि प्रकारिकी का वर्गीकरण कृषि की आन्तरिक तथा अन्तर्निहित विशेषताओं के आधार पर किया जाता है।

कृषि बाह्य कारकों का अध्ययन क्यों (why), कैसे (how), कब (when) एवं कहां (where) के सन्दर्भ में किया जाता है। कृषि प्रकारिकी के वर्गीकरण में बाह्य कारकों का इस्तेमाल नहीं किया जाना चाहिए। क्योंकि बाह्य कारक (अवस्थिति, यातायात, माँग-पूर्ति एवं मूल्य) व्यावहारिक दशाओं, समय (time) एवं स्थान

(space) के सन्दर्भ में परिवर्तनशील हैं। यद्यपि इन बाह्य कारकों के बदलाव के फलस्वरूप कृषि प्रतिरूप में अन्तर आता है। इसके साथ ही कृषि प्रकारिकी की प्रकृति, खाद्य विशेषताओं, सिंचाई, संगठनात्मक एवं तकनीकी विशेषताओं के परिणामस्वरूप सस्य उत्पादन के आधार पर सुनिश्चित होती है। भू-सक्षमता, भू-उत्पादकता, कृषि में कार्यरत श्रम, कृषि उपकरणों, उर्वरकों एवं कीटनाशक दवाइयों, बीजों आदि से कृषि की गहनता नियन्त्रित होती है। इस तरह कृषि प्रकारिकी के निर्धारण हेतु उपरोक्त समस्त कारकों का सूक्ष्म ज्ञान आवश्यक और अपरिवहार्य है। इन कारकों को निम्न समूहों में रखा जा सकता है–

1. सामाजिक एवं स्वामित्व संबंधी विशेषतायें
2. संगठनात्मक एवं प्राविधिकीय विशेषताएं
3. उत्पादन सम्बन्धी विशेषताएं
4. संरचनात्मक विशेषताएं कृषि-प्रकारिकी की गणना के लिए मात्रात्मक विचरकों का चुनाव किया जाना चाहिए, क्योंकि इन विधियों से परिणाम जल्दी एवं सही प्राप्त होते हैं। इस प्रक्रिया हेतु वास्तविक आँकड़ों की जरूरत पड़ती है, जिनके बिना परिणाम परिमेय नहीं होते।

कृषि प्रकारिकी आयोग ने इनकी व्याख्या के लिए सूत्र एवं कोड नम्बर प्रस्तावित किये हैं जो निम्न प्रकार हैं–

$T = S \times O/P \times C$

इसमें, T = कृषि प्रकार

S = सामाजिक विचरक

O =संगठनात्मक विचरक

P = उत्पादनात्मक विचरक

C = संरचनात्मक विचरक

अन्तर्राष्ट्रीय भूगोल परिषद् ने कृषि प्रकारिकी के निर्धारण के लिए 27 विचरकों (variables) के साथ कुछ अन्य महत्त्वपूर्ण कारकों को भी चुना है जो निम्न हैं–

'S'सामाजिक विचरक

1. काश्तकारी प्रथा
2. वह भूमि जो किसी धर्म, मन्दिर या सामूहिक सम्प्रदाय या जनजाति की हो
3. वह भूमि जो राज्य अथवा सहकारी संस्था की हो

4. भू स्वामित्व
5. जोत का आकार–प्रति जोत सम्पूर्ण उत्पादन के रूप में
6. जोत का आकार–प्रति व्यक्ति किसान के रूप में
7. जोत का आकार–कृषि भूमि के रूप में

'O' संगठनात्मक विचरक

8. कृषि भूमि में प्रयुक्त रासायनिक उर्वरक की मात्रा
9. कृषि में मनुष्य श्रम-कृषि में कार्यरत प्रति व्यक्ति के रूप में
10. कृषि में पशु बल–कृषि प्रति जोत के पशु के रूप में
11. कृषि भूमि पर प्रयुकत मशीनी शक्ति
12. पशुपालन सघनता
13. सकल कृषि भूमि में सिंचित भूमि का अनुपात
14. सस्य भूमि उपयोग गहनता

'P'उत्पादक विचरक

15. जोत भूमि की उत्पादकता–यथार्थ कृषि भूमि के प्रति हेक्टेयर में कुल कृषि उपज की इकाई

16. कृषि भूमि की कुल उत्पादकता

17. वाणिज्यीकरण श्रम उत्पादकता–प्रति कृषक कुल वाणिज्यिक फार्म उत्पादन-यूनिट में

18. श्रम उत्पादकता–कृषि में कार्यरत प्रति कृषक का कुल उत्पादन–इकाई में

19. प्रति हेक्टेयर कृषि क्षेत्र में वाणिज्यिक उत्पादन का स्तर

20. फसल प्रतिरूप में विशेषीकरण का स्तर

21. कृषि में वाणिज्यीकरण का स्तर–कुल उत्पादन में वाणिज्यिक फसलों का उत्पादन

'C'संरचनात्मक विचरक

22. स्थायी चरागाह–कुल कृषि भूमि में स्थायी चरागाह का प्रतिशत
23. सदाबहार फसलें
24. कुल उत्पादन की ओर झुकाव

25. मुख्य खाद्य फसलें–खाद्य फसलों का कृषि भूमि में प्रतिशत

26. औद्योगिक फसलें

27. वाणिज्यीकरण की ओर झुकाव।

उपर्युक्त 27 विचरकों के अतिरिक्त कृषि प्रकारिकी के निर्धारण के लिए निम्न कथ्यों को भी सम्मिलित करते हैं जो काफी विभिन्नता वाले क्षेत्रों में पाये जाते हैं। इसका विवरण निम्नलिखित है–

(1) भूमि उपयोग प्रारूप

(2) कम्पोस्ट खााद की मात्रा का प्रयोग

(3) चारा उत्पादक भूमि का प्रतिशत

(4) कृषि सघनता की सम्भाव्यता

(5) फसल चक्र

(6) क्षेत्र में पानी प्रबन्ध क्रम

(7) जुताई तथा कटाई के लिए प्रयुक्त उपकरण

(8) कुल कृषिगत जोतों के आकार का प्रतिशत

(9) फसल एवं पशुपालन का क्रम

(10) कृषिगत जोतों के विखण्डन का स्तर

(11) कृषि में किराये के श्रमिकों का कुल लगे कृषिगत श्रम में प्रतिशत

उपरोक्त विचरक के आधार पर कृषि के प्रकारों को जानने के लिए विचरकों से प्राप्त परिणाम को आयोग द्वारा सुझायी गयी सारणियों से मापा जाता है। समस्त विचरकों को अपने समान मूल्य में बदला जाना जरूरी है। बिना इसके परिणाम सही नहीं होगा। वैश्विक स्तर पर कृषि प्रकारिकी को दर्शाने हेतु इसे पांच वर्गों में श्रेणीबद्ध किया जाता है।

सारणी

क्र.सं.	*वर्ग*	
1.	अति उच्च	5
2.	उच्च	4
3.	मध्यम	3
4.	निम्न	2
5.	अति निम्न	1

विचरकों से प्राप्त उन मूल्यों को, जो उपर्युक्त किसी भी श्रेणी में आते हैं, उन्हें अंकों के माध्यम से 1, 2, 3, 4 एवं 5 के रूप में प्रकट किया जाता है। कृषि प्रकारिकी आयोग द्वारा विश्व के चयनित विभिन्न क्षेत्रों से लगभग 1000 प्रतिदर्श क्षेत्रों के आधार पर प्रथम वरीयता क्रम (first order) के 5 वृहद् (macro) कृषि प्रकार बनाये गये हैं और दोबारा इन्हें प्रतिरूपों की भिन्नता के आधार पर द्वितीय वरीयता (second order) के 20 लघु (meso) कृषि प्रकार तथा दोबारा तृतीय क्रम (third order) के 63 सूक्ष्म (micro) कृषि प्रकारों में निर्धारित किया गया है। आयोग द्वारा प्रतिपादित कृषि प्रकारिकी पदानुक्रम वरीयता के क्रम में निम्न प्रकार हैं–

प्रथम वरीयता क्रम

1. परम्परागत विस्तृत कृषि (E)
2. परम्परागत गहन कृषि (T)
3. बाजारोन्मुख कृषि (M)
4. सामाजीकृत कृषि (S)
5. उच्च विशेषीकृत पशुपालन कृषि (A)

परम्परागत वृहद् कृषि

इस प्रणाली में पुरानी परम्परागत गुणों के साथ ही विस्तृत क्षेत्रों पर जीवन यापन के लिए कृषि की जाती है। कृषि क्षेत्र काश्तकारी रूप में होता है। भिन्न-भिन्न श्रमिक लागत के साथ कृषि लघु स्तरीय क्षेत्र पर की जाती है। इसमें भूमि का विस्तृत उपयोग, प्रति श्रमिक कम उत्पादन, न्यून वाणिज्यीकरण व विशेषीकरण, खाद्यान्नों के अलावा कोई उपज नहीं आदि विशेषताएं पाई जाती हैं। इस प्रकार की कृषि को सामान्य विशेषताओं के कुछ लक्षणों के आधार पर वर्गीकृत किया जाता है, जो निम्न हैं–

(क) स्थानान्तरित कृषि

(ख) घुमक्कड़ पशुचारण

(ग) फसल उत्पादन प्रधान कृषि के साथ नवीन परती

(घ) जीवन निर्वाहन से अर्द्धजीवन निर्वाहन कृषि के साथ नयी परती भूमि

(ङ) भ्रमणशील पशुचारण कृषि के साथ नवीन परती भूमि

परम्परागत गहन खेती

इस प्रणाली में परम्परागत गहन रूप से खेती की जाती है। ज्यादातर दक्षिणी, दक्षिणी-पूर्वी एवं पूर्वी एशिया में इस प्रकार की कृषि कम लागत से की जाती है। इस कृषि में मानवीय श्रम के आधार पर स्वयं भू-स्वामित्व पाया जाता है। लघु से अतिलघु स्तरीय भू-भाग पर न्यून मशीनीकरण और कम रासायनिक उर्वरकों का उपयोग किया जाता है। इस कृषि में कम लागत एवं अपेक्षाकृत कम सिंचाई का ब्योरा होता है। इसमें उच्च भूमि उत्पादकता के साथ ही खाद्यान्न फसलों तथा कुछ पशुओं के रूप में मिश्रित व्यवस्था का प्रचलन है। इस कृषि में कुछ विशेषताओं के आधार पर निम्न कृषि प्रकार देखने को मिलते हैं–

(क) परम्परागत लघुस्तरीय गहन कृषि

(ख) परम्परागत लघु स्तरीय अद्र्ध व्यापारिक विशेषीकृत शस्य कृषि

(ग) परम्परागत वृहद स्तरीय कृषि

(घ) परम्परागत लघुस्तरीय मिश्रित कृषि

उपरोक्त कृषि प्रकारों को भी क्षेत्रीय कृषि विशिष्टताओं (सिंचाई अंध सिंचाई) के आधार पर विभाजित किया जाता सकता है।

बाजारोन्मुख खेती

इस प्रणाली में मानवीय श्रम के साथ उच्च पूँजी लागत (सिंचाई, उर्वरक, मशीनों आदि का प्रयोग) के साथ अत्यधिक कृषि उत्पाद प्राप्त किया जाता है। इसकी मुख्य विशेषता वाणिज्यीकरण है। इस प्रकार की कृषि विशेषकर ताईवान, जापान, मलेशिया, यूरोप के नगरीय क्षेत्रों में पायी जाती है। सामान्य विशेषताओं के आधार पर इस कृषि के निम्न भेद किये जाते हैं–

(क) लघु स्तर पर औद्योगिक फसलों का विशिष्टीकरण

(ख) लघु स्तर पर अत्यधिक गहन फसलों की कृषि

(ग) मिश्रित (फसल कृषि + पशु) कृषि

(घ) वृहद स्तर पर गहन कृषि

(ङ) वृहद स्तर पर विस्तृत विशेषीकृत खाद्यान्न फसलों की कृषि

अन्य सूक्ष्म विशेषताओं के आधार पर उपर्युक्त कृषि प्रकारों को पुनः विभाजित किया जा सकता है।

सामाजीकृत खेती

साम्यवादी राष्ट्रों में इस तरह की खेती का चलन अधिक है। इसमें सामूहिक, सामाजिक, राज्य नियन्त्रित अथवा स्वामित्व पद्धति मिलती है। बड़े पैमाने पर आवश्यकतानुसार व्यापारिक फसलों को पैदा किया जाता है। विभिन्न विशेषताओं के आधार पर कृषि के प्रभेद किये जाते हैं–

(क) प्रारम्भिक विशेषीकृत कृषि

(ख) सामाजिक मिश्रित कृषि

(ग) सामाजिक श्रम प्रधान गहन फसलों की कृषि

(घ) सामाजिक विशेषीकृत औद्योगिक प्रधान फसलों की कृषि

(ङ) सामाजिक विस्तृत विशेषीकृत खाद्यान्न कृषि

उच्च विशेषीकृत पशुपालन खेती

पशुपालन विशिष्टीकरण में माँस, दूध, ऊन, हड्डी, चमड़ा आदि पदार्थों को प्राथमिकता दी जाती है। बड़े-बड़े शहरों के उपनगरीय इलाकों में नगरीय आवश्यकताओं की पूत्रि हेतु यह कृषि प्रकारिकी प्रमुख हो गयी है। इस उद्यम में पूर्णतः नये उपकरणों की मदद से विशिष्टीकरण व्यापारिक महत्त्व को ध्यान में रखते हुये किया जाता है। इस प्रकार की कृषि में मत्स्यपालन, मुर्गीपालन को भी विकसित किया जाता है। विश्व में इस प्रकार की कृषि डेनमार्क, न्यूजीलैंड, हालैंड आदि देशों में पायी जाती है।

इस प्रकार अभिलक्षणों की संख्या जितनी ही ज्यादा होगी, प्रकारात्मक वर्ग भी उतने ही ज्यादा होंगे। कृषि प्रकार के विश्लेषण से यह स्पष्ट है कि किसी भी विशेष परिवेश, परिस्थिति तथा क्षेत्रीय प्रचलनों (attributes) के द्वारा कृषि प्रकारिकी ज्ञात किया जा सकता है। प्रो. कोस्रास्की महोदय के अनुसार कृषि प्रकारिकी की संकल्पना गतिशील है। पर्यावरणीय परिस्थितियों में परिवर्तन के परिणामतः कृषि प्रकारिकी में भी बदलाव होता है।

आयोग द्वारा प्रथम वरीयता (first order), द्वितीय वरीयता (second order) तथा तृतीय वरीयता (third order) श्रेणी के प्रकार निम्न प्रकार से प्रदर्शित किये जा सकते हैं–

भारत में कृषि प्रकारिकी के संदर्भ में डॉ. बी. एल. शर्मा का राजस्थान प्रदेश का अध्ययन उल्लेखनीय है। इस अध्ययन के लिए अन्तर्राष्ट्रीय आयोग द्वारा मौलिक चिन्हों को परिमार्जित कर परिष्कृत रूप में अपनाया गया है। चिन्हों को अंग्रेजी

वर्णमाला के शब्दों द्वारा प्रकट किया है जो निम्नांकित हैं:–

E = विस्तृत
I = गहन
L = वृहद
M = बाजारोन्मुख
T = परम्परागत
S = सामाजीकृत
a =पशु
c = फसल
m = मिश्रित
s = विशेषीकृत

सारणी

कृषि प्रकारों के पदानुक्रम स्तर

S. No.	*I order*	*II order*	*III order*
	5	20	63
1	E	En, Et, Em	Enn, Etb, Etc, Emm, Eth
2	T	Ti, Ts, Tm	Tir, Tiu, Tiur, Tis, Tise, Tip, Tij, Tmk, Tmo,
		Tj	Tmi, Tji, Tjr, Tmm, Tmn, Tsc, Tse, Tsv,. TjM
3	M	Ms, Mi, Mm	Mii, Mit, Mig, Mmt, Mm, Mmb, Mmc
4	S	Sc, Si, Ss	Smi, Smm
5	A or L	lc, Li, Lp etc	Loc, Lii, Lpp, etc.

डॉ. शर्मा ने राजस्थान प्रदेश को छः कृषि प्रकारों तथा तीन क्रमों में स्पष्टतः वर्गीकृत किया है। यह विभाजन संकेतांक (code) के माध्यम से बताया गया है। इसके द्वारा कृषि प्रकार का विश्लेषण निम्नवत् है–

1. Enn = घुमक्कड़ पशुचारण (Nomadic herding)

2. Eth = स्थानान्तरित पशुचारण के साथ नवीन परती भूमि (Current fallow agriculture with migratory herding)

3. Tir = अर्द्ध सिंचित, निम्न उत्पादक, अर्द्धजीवन-निर्वाहन कृषि (semi-irrigated low productive, semi-subsistence to semi-commercial crop agriculture)

4. Tiu = सिंचित, मध्यम उत्पादक, अर्द्धजीवन निर्वाहन से अर्द्ध वाणिज्यिक फसल कृषि (Irrigated, medium productive, semi subsistence to semi commercial crop agriculture)

5. Tmh = अर्द्धसिंचित, पशुपालन चरागाह के साथ मध्यम उत्पादन जीवन निर्वाहन कृषि (semi-irrigated, medium productive subsistence agriculture with livestock, grazing develop)

6. Mmc= फसल उत्पादन प्रधानता के साथ लघुस्तरीय मिश्रित कृषि (Small scale mixed agriculture with crop growing precalent)

उपरोक्त कृषि प्रकार को प्रो. शर्मा ने राजस्थान के परिप्रेक्ष्य में प्रस्तुत किया है। इनके द्वारा कृषि प्रकारिकी का प्रदर्शित भूस्थलाकृति विशेषताओं के जलवायुविक विशेषताओं का भी अनुसरण करता है। कृषि प्रकारिकी की दृष्टि से श्रीगंगानगर की खेती सम्पूर्ण प्रदेश की कृषि की तुलना में विकसित एवं वाणिज्यिक स्वरूप की है। उनकी कृषि-प्रकारिकी से यह स्पष्ट होता है कि पश्चिम से पूरब की ओर कृषि का स्वरूप अथवा प्रतिरूप बदलता है। पश्चिमी भाग में मरुभूमि क्षेत्र में 'ई' (E) प्रकार की कृषि पायी जाती है। यहाँ En से Enn के रूप में कृषि देखी जा सकती है। इसके पूरब में 'T' प्रकार की कृषि है जो द्वितीय तथा तृतीय वरीयता में Ti व Tir हो जाती है। इस प्रकार की कृषि के अन्तर्गत वे समस्त जिले आते हैं जो पानी की कमी में सूखे रहते हैं या अद्र्धमरुस्थलीय हैं, यथा—अजमेर, कोटा, पाली, सवाई माधोपुर, टोंक, सीकर व झुँझुनू आदि।

इसी क्षेत्र में जहां जब की सुविधा उपलब्ध है, खेती अन्य क्षेत्रों की अपेक्षा विकसित अवस्था में है। यहाँ वाणिज्यिक कृषि का विकास पाया जाता है, इन्हें Tiu से प्रदर्शित किया गया है, इसके अन्तर्गत उदयपुर, बाँसवाड़ा, चितौड़गढ़, भीलवाड़ा, झालावाड़ और बूँदी आदि को शामिल करते हैं। प्रदेश के पूर्वी मैदानी भाग में कृषि प्रकार Tmh प्रकार का है। यहां पशुपालन प्रमुख उद्यम तथा खाद्यान्न उत्पादन गौण है। इस भाग में मिश्रित कृषि (mixed farming) होती है। इस प्रकार की कृषि अलवर, जयपुर और भरतपुर जिलों में है। इस कृषि प्रकारिकी से हम इस निष्कर्ष पर पहुँच सकते हैं कि क्षेत्र विशेष में कृषि का झुकाव वाणिज्य अथवा जीविकोपार्जन की ओर है।

इसका निर्धारण सम्पूर्ण उत्पादन (Gross Production) के आधार पर करते हैं कि कौन-कौन वाणिज्यिक हैं और कौन-कौन उपजें जीविकोपार्जन अर्थात क्षुधापूर्ति के लिए प्रयोग में लायी जाती हैं। इस दृष्टि से इस संरचनात्मक विचरक का कोड 24 है जो मुख्य खाद्य फसलों के उत्पादन को प्रदर्शित करता है तथा कोड 25 एवं 26 मुख्यतया सामान्य कुल उत्पादन तथा सामान्य वाणिज्यीकरण की ओर झुकाव (orientation) को अभिव्यक्त करते हैं। डॉ. शर्मा ने इस तथ्य का स्पष्टीकरण बीकानेर जनपद के विचरकों के आधार पर किया है। कुल उत्पादन (gross out put) में वाणिज्य पदार्थों का उत्पादन कुल उत्पादन का 66.5% है व कुल वाणिज्य उत्पादन में पशुओं से उत्पादित पदार्थों का उत्पादन 99.6% है। इस तथ्य से यह सिद्ध है कि कृषि झुकाव विशेषकर वाणिज्यिक कृषि की ओर है। पशुओं से जुड़े पदार्थों का प्रयोग करके कृषि विकास के लिए अगर किसी चर को अपनाया जाय तो वह कार्य बेकार एवं दिशाहीन साबित होगा।

कृषि प्रकारिकी का निर्धारण कम से कम 20 वर्षों तक के आँकड़ों के आधार पर प्रकट किया जाता है। इसलिए इसके परिणाम में शीघ्र कोई आधारभूत परिवर्तन नहीं आता है। अतः कम से कम 20 वर्षों तक उस अध्ययन की उपादेयता रहती है क्योंकि इसके निर्धारण के लिए अधिक व्यापक वर्ग अन्तराल होता है जो अपने में अधिकांश मूल्यों को सम्मिलित किए हुए होता है। साथ ही कुल उत्पादन में अन्तर सभी तत्त्वों के बदलाव से आता है। इस प्रकार कृषि-प्रकारिकी में परिवर्तन सम्पूर्ण संरचना में परिवर्तन के कारण ही होता है और यह संरचनात्मक परिवर्तन अनेक वर्षों के अन्तराल में भी नहीं बदलता है। उदाहरणस्वरूप भारतीय कृषि की आधारभूत विशेषताएँ आज भी वही देखने को मिलती हैं जो अपने प्रारम्भिक काल में थीं। सामाजिक परिवर्तन की गति बहुत ही धीमी होती है एवं कृषि पर भी इन बदलावों का प्रभाव पड़ता है। इसलिए यह कहा जा सकता है कि कृषि में व्याप्त परम्पराएं, दशाए और प्रथाए बहुत ही स्थायी होती हैं, अतः किसान भी इसमें जल्दी ही परिवर्तन हेतु साहसिक कदम नहीं उठाता।

कृषि-प्रकारिकी एवं नियोजन

कृषि प्रकारिकी का कृषि नियोजन में बहुत अधिक महत्व है। सफल कृषि नियोजन के लिए कृषि प्रकारिकी का सम्यक अध्ययन जरूरी है। बिना इसके समग्र अध्ययन के लिए तैयार की गयी कृषि आयोजना एकदम व्यावहारिक होगी। कृषि-प्रकारिकी के अध्ययन के बिना की गयी कृषि आयोजना पूर्णतया अव्यावहारिक तथा दिशाहीन होती है और इस प्रकार की आयोजना समाज को आर्थिक विपन्नताओं

की ओर अग्रसारित करती है। इसलिए कृषि प्रकारिकी कृषि समस्याओं के निराकरण से जुड़ी नहीं अपितु देश को आर्थिक दृष्टि से समृद्धिशाली बनाने की दिशा में एक आवश्यक एवं अपरिहार्य कदम है। इस प्रविधि के आधार पर कृषि आयोजना का प्रारूप सरलता से तैयार किया जा सकता है और इस योजना का अनुप्रयोग (application) भी सहजता के साथ किया जा सकता है।

प्रो. शर्मा राजस्थान के उदयपुर जिले का कृषि-प्रकारिकी और आयोजना को विधिवत स्पष्ट किया है। उनके स्पष्टीकरण को निम्न सारणी स्पष्ट करती है।

सारणी
प्रो. बी. एल. शर्मा का कृषि प्रकारिकी प्रतिरूप (राजस्थान)

Districts	*Type*	*Principal Groups of Attributes*			
		S	*O*	*P*	*C*
Jaisalmer	Enn	0120141	1511011	1111110	151451
Bikaner	Enn	0120231	2411122	1111110	142451
Churu	Eth	0150221	2411043	1111110	213351
Barmer	Eth	0150231	2411132	1111110	223151
Jodhpur	Eth	0150121	2411133	1111110	113251
Jalore	Eth	o150221	3411143	1111110	313131
Nagpur	Eth	o150221	3411143	1111110	213241
Sikar	Eth	0150121	3511144	1211110	214351
Jhunjhunu	Eth	0150121	3511145	2211110	215351
Pali	Tir	0140121	3511233	2211220	312232
Ajmer	Tir	0140211	4512244	2211320	223223
Dungarpur	Tir	0140111	4511145	2311320	124113
Sirohi	Tir	0140221	3512234	2211220	224123
Sawai Madhopur	Tir	0140111	4511244	2211320	224123
Tonk	Tir	0150121	3611244	2211320	242123
Kota	Tir	0140121	3521244	2211210	123122
Bhilwara	Tiu	0140111	4511334	2311420	232114
Banswara	Tiu	0140111	4511144	3322430	214114
Chittorgarh	Tiu	0140111	4512334	2322430	233114
Bundi	Tiu	0140122	3512344	3322430	114114
Jhalawar	Tiu	0150111	3511244	2322430	224114

Udaipur	Tiu	0140111	4511335	3422430	133114
Alwar	Tmh	0150111	4521245	2211110	315241
Bharatpur	Tmh	0150111	4521344	2211220	315222
Jaipur	Tmh	0150111	4521344	2211110	214241
Shri Ganganagar	Mmc	0140122	3512433	3333530	323115

Source : Agriculture Typology of Rajasthan, By B.L. Sharma.

उदयपुर जनपद की कृषि-प्रकारिकी (T) = S × O/P × C के अनुसार

= 0140111 × (4511335 ÷ 3422430) × 133114

स्पष्ट है कि जो अंक 1, 2, 3, 4 और 5 से दर्शाए गये हैं, वह चर क्रमानुसार अति निम्न, निम्न, मध्यम, उच्च, अति उच्च और वर्ग में आते हैं। उदाहरणस्वरूप सामाजिक व्यवस्था में चरों की संख्या 7 है जिसमें प्रथम चर शून्य(0) है अर्थात् इसे गणना के लिए सम्मिलित नहीं किया गया है। इसके बाद द्वितीय चर (अर्थात् भूमि काश्तकारी Land Tenure System) एक (1) के वर्ग में है। काश्तकारी प्रथम के रूप में कृषि भूमि उपयोग अभी भी कुछ मात्रा में प्रचलित है। इस विचार का प्रभाव अब इतना नहीं है। अतएव इसे ज्यादा महत्व देने की आवश्यकता नहीं है। चर 5, 6, 7 जो 1 से अभिव्यक्त किये गये हैं, क्रमानुसार जोत का आकार के प्रति कृषक, कृषि भूमि, सम्पूर्ण कृषि उत्पादन की पुष्टि करते हैं। इसके आयोजना की दृष्टि से जरूरत यह है कि कृषि क्षेत्रों का आकार बढ़ाया जाय, इस परिवर्तन से कृषि उत्पादन में अन्तर आयेगा और इसका प्रभाव सम्पूर्ण उत्पादन पर पड़ेगा। दूसरे शब्दों में इस आकार को वर्ग 3 में परिवर्तन की जरूरत है। यह परिवर्तन सम्भव है जबकि कृषि व्यवस्था (organizational variables) और उत्पादन विचरकों (productional variables) को समुन्नत किया जाय।

सारणी

Items	*In,000 units*	*Percentage*
Gross Agriculture Production	1627	....
Commercial Agriculture Production (Farm	1986	66.55% (to gross)
+Animals)Animal Production	1082	99.6 (to tal) commercial)
Commercial Farm Production	4	Negative

इस जनपद के व्यवस्थापक विचरकों में 10 एवं 11 को अर्थात् कृषि में मशीनीकरण और रासायनिक उर्वरक की मात्रा को 1 (एक) से प्रदर्शित किया गया है। इसका आशय यह हुआ कि इस क्षेत्र में ये दोनों ही चर 12 अर्थात् सिंचाई को 3 से प्रकट किया गया है अर्थात् यह मध्यम वर्ग में है। यदि इस जनपद की उत्पादकता में वृद्धि करनी है तो जरूरत है यंत्रों, खादों आदि का ज्यादा से ज्यादा उपयोग किया जाना।

साथ ही मध्यम श्रेणी की सिंचाई व्यवस्था को उच्च कोटि से अति उच्च कोटि में परिवर्तित किया जाय तभी इसका सम्यक प्रभाव उत्पादन पर पड़ेगा। इसी प्रकार उत्पादन चर के अन्तर्गत चर 17 एवं 18 अर्थात् श्रमिक उत्पादकता एवं वाणिज्य श्रम उत्पादकता (labour productivity and commercial labour productivity) की अभिव्यक्ति 2 से किया गया है अर्थात् प्रति व्यक्ति कृषक के पीछे कृषि में कुल उत्पादन की इकाई निम्न प्रकार की है। इन उपर्युक्त चरों के कारण भूमि की सक्षमता को शून्य से स्पष्ट किया गया है। इसी प्रकार संरचनात्मक चरों (structural variables) के विश्लेषण से यह ज्ञात होता है कि चर 25 एवं 26 क्रमशः एक (1) से व्यक्त किया गया है अर्थात् वाणिज्य तथा वाणिज्य में पशुओं द्वारा उत्पादित पदार्थों का हिस्सा बहुत ही निम्न है।

इस कथ्य से यह ज्ञात होता है। कि इस प्रदेश में खेती का झुकाव किसी उत्पादन विशेष की तरफ न होकर मिश्रित व्यवस्था के स्वरूप की ओर है। इस प्रकार उदयपुर जनपद के सम्पूर्ण विचरकों के अध्ययन तथा विश्लेषण के बाद हम इस निष्कर्ष पर पहुँचते हैं कि कृषि में विकास किसी एक चर-सिंचाई, मशीनीकरण, उर्वरक अथवा अधिक श्रम-से न होकर चरों पर आधारित है। उदयपुर के सभी महत्त्वपूर्ण चरों को लेकर निष्कर्ष निकाला जाय तो हम इस निर्णय पर पहुँचते हैं कि यहाँ भूमि जोत का आकार प्रति व्यक्ति बहुत ही निम्न तथा का श्तकारी-प्रथा भी अति निम्न है।

कृषि में पशु शक्ति का प्रयोग अधिक किया जाता है। साथ ही इस क्षेत्र में पशुओं की सघनता अधिक उच्च कोटि की है। भूमि की उत्पादकता निम्न प्रकार की है। साथ ही उत्पादन भी इस भाग में निम्न वर्ग में अभिव्यक्त किया गया है। इन उपर्युक्त सभी तथ्यों के आधार पर हम इस निष्कर्ष पर पहुँचते हैं कि कृषि अपनी पिछड़ी अवस्था अर्थात् जीवन निर्वाहन प्रकार की है। इन उपर्युक्त समस्त कमियों में सुधार कर कृषि को विकसित किया जा सकता। साथ ही विकास के लिए आयोजन भी प्रस्तुत की जा सकती है। कृषि अध्ययन के क्षेत्र में प्रकारिकी का

महत्त्वपूर्ण योगदान है। कृषि आयोजन में भी कृषि-प्रकारिकी का विशेष महत्त्व है। इसका क्षेत्र विस्तृत है। विषय का स्वरूप व्यापक होने के कारण कृषि के विभिन्न तथ्यों का अध्ययन सम्भव है।

दोष—इन विशिष्टताओं के साथ ही इस तकनीक में निम्नलिखित दोष भी दृष्टिगोचर होते हैं—

1. इस पद्धति में कुछ आधारभूत भौतिक तथ्यों यथा—मिट्टी, जलवायु, वनस्पति आदि को चर के रूप में शामिल नहीं किया गया है, जबकि ये घटक कृषि को बहुत हद तक प्रभावित तथा नियन्त्रित करते हैं।

2. इस पद्धति में वर्ग अन्तराल (class interval) का मध्यान्तर ज्यादा होने के कारण सूक्ष्म प्रदेशों का अध्ययन असम्भव होगा। कहने का आशय यह है कि वृहत प्रदेशों (macro regions) और लघु प्रदेशों (meso regions) तक ही अंकन हो पाता है। इस पद्धति को विकास-खण्ड या न्याय पंचायत स्तर पर जारी नहीं किया जा सकता है।

3. इस पद्धति में संख्याओं की गणना अधिक करनी पड़ती है। इसका उपयोग सिर्फ कृषि भूगोल का छात्र ही कर सकता है। इस प्रकार यह सर्वसाधारण के लिए उपयोगी नहीं है।

इन दोषों के बाद भी यह प्रविधि कृषि अध्ययन के लिए वैज्ञानिक एवं व्यवस्थित मापी जा सकती है। कृषि के क्षेत्र में कृषि प्रदेशीकरण के लिए अब तक विकसित सभी विधियों में यह प्रविधि व्यावहारिक है। प्रादेशीकरण, कृषि प्रतिरूप, कृषि समस्याओं में सुधार तथा आयोजना आदि अध्ययनों में यह पद्धति अधिक उपयोगी एवं सार्थक सिद्ध होगी। इसकी इसी विशिष्टता के कारण इसका प्रयोग विश्व के समस्त राष्ट्रों में होने वाले कृषि अध्ययनों में बेधड़क होकर किया जा रहा है क्योंकि इसके द्वारा हासिल परिणाम सटीक, विश्वसनीय और वास्तविक होते हैं।

वैश्विक कृषि अर्थव्यवस्थाएँ

कृषि अर्थव्यवस्थाएँ उच्चावच, जलवायु, मृदा, भू स्वामित्व, जोत का आकार तथा अन्य तत्त्वों से नियन्त्रित होती हैं। इन सभी घटकों के सम्मिलित स्वरूप से पैदा प्रणाली अथवा अर्थव्यवस्था का अध्ययन बहुत ही कठिन कार्य है। कृषि प्रणाली या अर्थव्यवस्था का ज्ञान प्रभावी कारकों के विश्लेषण एवं संश्लेषण की प्रक्रिया द्वारा आगे बढ़ता है व विश्व में अनेक प्रकार की कृषि को पहचानने में भी मदद करता है। प्रभावी कारकों तथा शक्तियों के विश्लेषण तथा संश्लेषण के बाद ही कृषक अपने

उत्पादन और उद्यम को सुनिश्चित करता है। इस प्रकार वह एक क्षेत्र में अनेक कृषि स्वरूप व उद्यमों को विकसित करता है।

कृषि अर्थव्यवस्था में इन्हीं फसलों तथा फसल क्षेत्र में कृषि पर आधारित उद्यमों को शामिल किया जाता है जो कृषि प्रत्यक्ष व अप्रत्यक्ष रूप से सम्बन्धित हैं। एक ही क्षेत्र में एक से अधिक 'कृषि प्रकारों' के समावेश से क्षेत्रीय कठिनाइयों का स्वरूप दृष्टिगोचर होता है।

कृषि प्रकारों के इसी सम्मिलित रूप का वृहद क्षेत्र पर विस्तार होने से इस प्रणाली का जन्म होता है। इसलिए कृषि की ये प्रणालियाँ अनेक कृषि पद्धतियों अथवा प्रकारों के कारण विकसित होती हैं। इस प्रकार एक ही प्रणाली के अन्तर्गत कई कृषि प्रकार हो सकते हैं और साथ ही वृहद कृषि प्रकार में बहुत सी प्रणालियाँ भी मिल सकती हैं। इसलिए एक व्यवस्था के अनेक प्रकार हो सकते हैं यथा—भूमध्य सागरीय कृषि व्यवस्था के अन्तर्गत गर्मी के समय सिंचाई पर आधारित फसलों का उत्पादन, फल, जाड़े की वर्षा पर आधारित फसलोत्पादन, सब्जी तथा खाद्यान्न का उत्पादन (निर्वाहन, व्यापारिक तथा पशुपालन) आदि अनेक पद्धतियाँ अपनाई जाती हैं। इस प्रकार विभिन्न क्षेत्रों में अलग-अलग प्रणालियों के आधार पर कृषि के वृहद क्षेत्र निर्मित होते हैं। इसके समान गुणों वाले प्रकारों को शामिल कर देने पर कृषि-प्रदेशों का निर्माण हो जाता है। संसार की कृषि अर्थव्यवस्था विभाजन में डा. ह्वीटलसी ने कृषि अधिभोग (Agriculture occupance) के आधार पर तेरह प्रकार बतलाये हैं—

1. चलवासी पशुचारण
2. व्यावसायिक पशुचालन
3. स्थानान्तरणशील कृषि
4. प्रारंभिक स्थायी कृषि
5. गहन जीवनदायी कृषि
6. चावल प्रधान जीवनदायी कृषि
7. चावल विहीन जीवनदायी कृषि
8. रोपण कृषि
9. बागानी कृषि
10. भूमध्यसागरीय कृषि
11. व्यावसायिक खाद्यान्न उत्पादन कृषि
12. व्यापारिक और मिश्रित कृषि व्यवस्था
13. जीवनदायी फसल एवं पशु-उत्पादक कृषि

14. व्यावसायिक दृग्ध पशुपालन कृषि
15. विशिष्टि उद्यान खेती

संक्षेप में इन उपर्युक्त प्रणालियों का विश्लेषण निम्न प्रकार है–

1. चलवासी पशुचारण

इसे घुमक्कड़ या खानाबदोश अर्थतन्त्र की भी संज्ञा दी जाती है। यह अर्थतन्त्र उन क्षेत्रों में प्राप्त है जहां भौगोलिक परिस्थिति फसलों हेतु उपयुक्त नहीं है। पशुओं के चारे के लिए प्राकृतिक घास मौजूद हो जाती है। मुख्य रूप से इसके क्षेत्र शुष्क प्रदेशों में मिलते हैं। सहारा से अरब तक के शुष्क प्रदेश, तिब्बत, मध्य-एशियाई देश, मंगोलिया एवं टुण्ड्रा हैं जहाँ इस प्रकार की अर्थव्यवस्था पाई जाती है। पशु ही जीवन-निर्वाहन के साधन हैं। पशुओं को एक स्थान से दूसरे स्थान पर ले जाकर चराना प्रमुख व्यवसाय है। यह भेड़ों, बकरों, ढ़ोरों, रेण्डियरों, ऊँट पर आधारित है।

यहाँ की भौगोलिक परिस्थितियों के लिए भेड़ बहुत ही उपयुक्त है जिनसे ऊन, मांस, दूध तथा चमड़ा सभी प्राप्त हो जाता है। इसलिए इस क्षेत्र के पशु ही आर्थिक तन्त्र की मुख्य धुरी हैं। स्थानान्तरणशीलता, इस अर्थव्यवस्था का मुख्य अंग है। चारे की प्राप्ति हेतु पशुओं के साथ यह आवश्यक प्रक्रिया है। एक स्थल पर ठहरने की अवधि प्राकृतिक चारे तथा पानी द्वारा निर्धारित होती है। इस अर्थव्यवस्था में कबीले, खिरगीज, कज्जाक, कालमैक्स, खैप तथा मंगोल आदि खानाबदोश जातियाँ मिलती हैं। इनका निवास तम्बू, गुफा अथवा हिम-झोपड़ी होती है जिसे सुगमतापूर्वक एक स्थान से दूसरे स्थाप पर ले जाया जा सकता है अथवा हटाया जा सकता है। वर्तमान समय में इस प्रकार की आर्थिक व्यवस्था में क्रमशः ह्रास हो रहा है।

साम्यवादी सरकार खानाबदोश जीवन को नियन्त्रित करने व उन्हें स्थायित्व प्रदान करने का प्रयास कर ही है। अमेरिका एवं आस्ट्रेलिया की ऐसी अर्थव्यवस्था वाले क्षेत्रों में व्यापारिक पशुपालन विकसित हो गया है जबकि इन्हीं भागों में जहाँ वर्षा की मात्रा कम है वहाँ सीमित संसाधनों के कारण स्थानान्तरण जरूर हो जाता है। चलवासी कृषि व्यवस्था की अभिनव प्रवृत्तिया (recent tends) निम्नवत् हैं–

(i) चलवासी कृषि तथा जनसंख्या में क्रमशः ह्रास हो रहा है।

(ii) वर्तमान समय में समशीतोष्ण घास के चलवासी पशुचारण वाले देश (अमेरिका, आस्ट्रेलिया एवं दक्षिण अफ्रीका) व्यापारिक पशुचारण अर्थव्यवस्था में बदल गये हैं।

(iii) चलवासी पशुचारण वाले कुछ भागों (उ. अमेरिका के तटीय भाग, दक्षिण-पूर्वी यूरोप के मैदानी भाग तथा मंचूरिया-मंगोलिया के सीमान्तीय प्रदेशों) में

किसानों ने कृषि आरम्भ कर दिया है। कृषि से स्थानीय जनजीवन को स्थायित्व मिला है।

(iv) तकनीकी तथा बाह्य जगत से सम्पर्क के कारण सऊदी अरब, पश्चिमी साइबेरिया, ईरान, संयुक्त अरब गणराज्य, टर्की, उत्तरी अफ्रीका व टुण्ड्रा क्षेत्रों के खानाबदोशों की अर्थव्यवस्था प्रारम्भिक स्थायी प्रकार की हो गयी है।

2. व्यावसायिक पशुपालन

संसार के अदूर्धशुष्क प्रदेश में, जहाँ फसलों की तुलना प्राकृतिक घास पशुओं हेतु विशेष उपयुक्त है, वहाँ व्यापारिक दृष्टि से पशुपालन आरम्भ किया गया है। व्यापारिक पशुपालन का श्रेय अप्रवासियों (immigrants) को है। ये नयी दुनिया के प्राकृतिक घास प्रदेशों में भू-स्वामित्व प्राप्त करके स्थायी रूप से बस गये। चारों ओर से घिरे निजी चरागाह रेंच कहलाते हैं। इस प्रकार का व्यापारिक पशुपालन न केवल संयुक्त राज्य अमेरिका के पश्चिमी भाग में विकसित हुआ है, अपितु अर्जेन्टाइना, ब्राजील, यूरुग्वे, आस्ट्रेलिया, न्यूजीलैण्ड व दक्षिणी अफ्रीका में भी कृषि का महत्त्वपूर्ण अंग है। इस प्रकार भौगोलिक दृष्टि से व्यापारिक पशुपालन प्रदेशों को दो वर्गों में विभक्त किया जा सकता है:–

(i) समशीतोष्ण घास क्षेत्र,

(ii) ऊष्ण सवाना विस्तृत क्षेत्र

समशीतोष्ण घास क्षेत्र के अन्तर्गत उत्तरी अमेरिका का मध्य उत्तरी मैदान तथा पठार, दक्षिणी अमेरिका का दक्षिणी पूर्वी भाग, न्यूजीलैण्ड का दक्षिणी पूर्वी भाग, दक्षिणी मध्य आस्ट्रेलिया व दक्षिणी अफ्रीका के पठारी भाग में सम्मिलित करते हैं। दूसरा घास क्षेत्र ऊष्ण सवाना का है जो अफ्रीका के 10^0 से 20^0 दक्षिणी गोलार्द्ध में विस्तृत है।

उत्तरी अमेरिका का व्यावसायिक पशुपालन—इसके अन्तर्गत कनाडा, पश्चिमी संयुक्त राज्य अमेरिका का प्रेयरी प्रदेश व उत्तरी मैक्सिको प्रमुख है। संयुक्त राज्य अमेरिका में व्यापारिक पशुपालन हेतु भौगोलिक वातावरण की अनुकूलता, तकनीकी विकास तथा स्थानीय वृहत् बाजार के कारण मांस के व्यवसाय को विशेष महत्त्व प्राप्त है। यूरोपीय अप्रवासियों के इस प्रदेश में जंगली भैंसे स्वच्छन्द रूप से विचरण किया करते थे, जो मूल निवासियों (रेड इण्डियन्स) के लिए जीवन निर्वाहन के मुख्य संसाधन थे। सर्वप्रथम 16वीं सदी के प्रारम्भिक काल में स्पेनिश लोगों ने अपने साथ बैल, गाय व घोड़ों और मैक्सिको, टेक्सास तथा कैलीफोर्निया में पशुपालन कार्य को विकसित किया, क्योंकि इन क्षेत्रों में साल भर उगने वाली घास उपलब्ध थी।

1868-80 की अवधि में लगभग 50 लाख से भी अधिक पशु टैक्सास के उत्तर में चरागाहों में फैल गये। परिपक्व होने के बाद ये पशु अमेरिका के पूर्वी बाजार-क्षेत्र में लाये जाते थे। इसके बाद थोड़े ही समय में पश्चिमी रॉकी श्रेणियों तथा कनाडा के पर्वतीय चरागाही प्रदेशों में पशुपालन का कार्य आरम्भ हो गया। व्यापारिक पशुपालन के विकास के लिए संयुक्त राज्य अमेरिका में सांस्कृतिक तथा सामाजिक कारक भी उत्तरदायी हैं जिनमें मक्का प्रदेश में मक्का उत्पादन में तीव्रता, विस्तृत बाजार क्षेत्र, पूरब से पश्चिम तक रेल यातायात की सुविधा का प्रसार, उच्च श्रेणी के मांस की मांग में उन्नति, रेफ्रीजरेटर की खोज से अधिक समय तक मांस संरक्षण तथा लम्बी दूरी तक भेजने के लिए सुविधा तथा विस्तृत क्षेत्र पर रेंचेज की वैज्ञानिक सुव्यवस्था के फलतः विशेष प्रोत्साहन मिला। वर्तमान समय में रेंच संयुक्त राज्य के ग्रेट प्लेन्स, रॉकीज की घाटियों व पश्चिमी शुष्क प्रदेशों की सिंचित घाटियों में होता है।

पूर्वी हिस्सें में मक्के की पेटी में भी पशुपालन मिश्रित कृषि होती है। यहाँ मांस पशुओं की प्रधानता है। ऊन के लिए भेड़ पालन दूसरा महत्त्वपूर्ण उद्यम है, जो सूखे पठारी तथा पहाड़ी भागों पर मिलता है। यहाँ देश का लगभग 40% मांस-पशु तथा 65% भेड़ें पायी जाती है। मांस पशुओं एवं भेड़ों के अतिरिक्त अंगोरा बकरियों का भी पालन किया जाता है। दूध के लिए गायें सिंचित घाटियों में पाली जाती हैं।

दक्षिणी-पूर्वी दक्षिण अमेरिका—इसके अन्तर्गत यूरुग्वे, अर्जेन्टाइना व दक्षिणी ब्राजीत के घास क्षेत्रों को शामिल किया जाता है, जो व्यापारिक पशुपालन के लिए विश्वविख्यात तथा महत्त्वपूर्ण प्रदेशों में से है। यह क्षेत्र भी पशुपालन की दृष्टि से संयुक्त राज्य की ही तरह विकसित है।

अर्जेन्टाइना—अर्जेंटीना में पंपास का मैदान उत्तम कोटि के प्राकृतिक चरागाह के लिए विख्यात है जहां राष्ट्र का सबसे ज्यादा मांस, पशु और एक तिहाइ भेड़े पाली जाती हैं। यह व्यापारिक पशुपालक देश है जो निम्नांकित तथ्यों से स्पष्ट है—

(i) यह विश्व का लगभग 9% ऊन निर्यातक देश है।

(ii) यह विश्व का एक-तिहाई (प्रथम) गोमांस निर्यातक देश है।

(iii) अर्जेन्टाइना में भी विस्तृत बाजार सुलभ होने के फलतः अधिकांश मांस(85%) की खपत हो जाती है। पंपास के अतिरिक्त अन्य चरागाही क्षेत्र पराना, पश्चिमी पर्वतीय तथा शुष्क मैदानी भाग, यूरुग्वे नदियों के मध्यवर्ती भाग तथा दक्षिणी पेटागोनिया तथा टेरा डेल फ्यूगो तक विस्तृत है। भेड़पालन के लिए

अर्जेन्टाइना का दक्षिणी भाग विशेष महत्त्वपूर्ण है जो देश का 1/2 ऊन निर्यात करना है।

(iv) यह भेड़ों तथा मेमनों की दृष्टि से भी चौथा महत्त्वपूर्ण देश है।

यूरुग्वे और दक्षिणी ब्राजील—इन दोनों ही क्षेत्रों की अर्थव्यवस्था का प्रमुख आधार पशुपालन है। यूरुग्वे की 60% भूमि तथा 60% निर्यात इन्हीं पदार्थों से सम्बद्ध है। यहाँ की अर्थव्यवस्था विभिन्न रूपों में अर्जेन्टाइना के पंपास से मिलती-जुलती है। यद्यपि यूरुग्वे तथा ब्राजील दोनों ही क्षेत्रों में यह उद्यम पंपास की तुलना में कम विकसित तथा लाभप्रद है। उपयुक्त जलवायु होने के कारण वर्ष भर प्राकृतिक चारा मिलता रहता है। दक्षिणी ब्राजील में पूरे देश के लगभग 12. 5% पशु व 75% भेड़ पाये जाते हैं। अर्जेन्टाइना की तुलना में इन क्षेत्रों की प्रति इकाई पर पशुओं की पोषण क्षमता सीमित है।

आस्ट्रेलिया और न्यूजीलैंड—अठारहवीं और उन्नीसवीं शताब्दी में आस्ट्रेलिया पहुंचे यूरोपीय अप्रवासी अपने साथ पशुओं को भी ले आये। यही कारण है कि आस्ट्रेलिया में भेड़ों की संख्या आस्ट्रेलिया की आबादी की तुलना में कई गुना अधिक है। इसीलिए यह आस्ट्रेलिया का मुख्य आर्थिक साधन है। यहाँ प्रति व्यक्ति लगभग 16 भेड़ें तथा 2 पशु मिलते हैं। इस व्यवस्था से सम्पूर्ण निर्यात का 60% प्राप्त होता है। जिसमें 40% ऊन तथा 12% मांस से जुड़े हैं। आस्ट्रेलिया को विश्व का लगभग 46% ऊन तथा 29% मांस निर्यात करने का श्रेय प्राप्त है। यहाँ के रेंच बड़े आकार के हैं। यहाँ पशुपालन व्यवस्थित व वैज्ञानिक प्रकार का है। चरागाहों को बाड़ों में विभक्त किया गया है। प्रत्येक प्रकार के जानवरों को आयु के अनुसार अलग-अलग बाड़ों में रखा जाता है। रेंचों को सुव्यवस्थित प्रकार से रखने के लिए पूँजी का समुचित विनियोग होता है। इस उद्योग का विकास दक्षिणी वेल्स, दक्षिणी विक्टोरिया तथा क्वीन्सलैंड में है। भेड़ों का प्रादेशिक वितरण वर्षा तथा तापमान से निर्धारित होता है। 50 से 75 सेमी. वर्षा वाले क्षेत्र पशुपालन के लिए विशेष उपयुक्त हैं। 21^{0}C तापमान भेड़ों के लिए अनुकूल होता हैं। न्यूजीलैंड संसार का सबसे बड़ा मांस निर्यातक देश है। यहाँ के 90% भू-भाग पर घास के मैदान हैं जिस पर 4 करोड़ 60 लाख भेड़ें तथा 60 लाख गाय-बैल हैं। 90% आय पुशपालन पदार्थों के निर्यात से प्राप्त होती है।

3. स्थानान्तरणशील कृषि

इस प्रकार की कृषि दक्षिणी अमेरिका में अमेजन बेसिन, द.पू. एशिया, अफ्रीका के काँगो बेसिन तथा पूर्वी द्वीप समूह के विषम उच्च भू-भागों में विशेष रूप

से प्रचलित है। इस प्रकार की कृषि को अलग-अलग नामों से जाना जाता है यथाः—मलाया एवं हिन्देशिया में लंदांग (Landang), फिलीपीन्स में कैनजियन (Caingian), श्रीलंका में चेना (Chena), अमेरिका एवं अफ्रीका में मिलपा (Milpa), सूडान में न्गासू (Ngasu)। यह कृषि व्यवस्था ऊष्णार्द्र में कटिबन्धीय प्रदेशों में, जहाँ वर्ष भर ऊँचा तापमान सबसे पहले इस प्रकार की कृषि के लिए वन के सीमान्तीय भागों में क्षेत्र का चुनाव करके, आग द्वारा जलाकर खेत तैयार किया जाता है। खेत का औसत क्षेत्रफल 2 हेक्टयेर तक होता है। कृषि में मानव श्रम का प्रयोग होता है। खाद एवं पूँजी का निवेश मिलता है। खेत व्यक्तिगत नहीं होते अपितु सार्वजनिक होते हैं। दो वर्ष तक कृषि की जाती है, उसके बाद उसे छोड़कर दूसरा खेत बनाते हैं क्योंकि अत्यधिक वर्षा के कारण मृदा का अपरदन तेज गति से होता है जिससे मृदा की उर्वरता शीघ्र ही समाप्त हो जाती है। उत्पादन कम होता है, परिश्रम अधिक करना पड़ता है और उत्पादित फसलों का उपयोग स्थानीय स्तर पर होता है। सिर्फ खाद्यान्न फसलों का ही उत्पादन होता है जिसमें ज्वार-बाजरा, मक्का, धान मुख्य हैं। मौनियाख, गन्ना, मूँगफली, आम, सेम, टमाटर तथा केला गौण फसलें है। पशुओं में मुर्गी मुख्य है। कृषि के अलावा मछली मारना, वन खाद्य का संग्रह करके जीवन यापन करना, शिकार करना मुख्य उद्यम है। जलवायु विषम होने के कारण पशुओं की कमी है। जनसंख्या का घनत्व बहुत ही कम है। ये लोग स्वभावतः रूढ़िवादी होते हैं अतः अपनी परम्परागत कृषि पद्धति को छोड़ने के लिए तैयार नहीं होते हैं।

4. प्रारंभिक स्थायी कृषि

यह व्यवस्था अनुकूल स्थलों पर चलवासी अथवा स्थानान्तरणशील समुदाय के लोगों के बस जाने से आरम्भ होती है अथवा इसे स्थानान्तरणीय या चलवासी कृषि व्यवस्थाओं का विकसित रूप कहा जा सकता है। विश्व में इस प्रकार की अर्थव्यवस्था मध्य अमेरिका के पठारी तथा पहाड़ी भागों में, पश्चिमी द्वीप समूह के कुछ द्वीपों पर, एण्डीज श्रेणी के ऊष्ण कटिबन्धीय भागों, नाइजीरिया, घाना, केन्या व पूर्वी अफ्रीका के पठारों तथा हिन्दचीन एवं पूर्वी द्वीप समूह के बिखरे हुये द्वीपीय भागों में जनजातियाँ स्थायी रूप से बस गयी हैं। कृषि आदिम प्रकार की है। उर्वरकों की कमी के कारण भूमि को परती छोड़ना पड़ता है। ऊष्ण कटिबन्धीय ऊँचे पठार, ऊष्ण कटिबन्धीय आर्द्र व पहाड़ी भागों, ऊष्ण कटिबन्धीय मौसमी जलवायु वाले मैदानों जहाँ जनसंख्या का घनत्व तुलनात्मक अधिक है, वहां यह कृषि व्यवस्था

अधिक पायी जाती है। उन भागों में, जहाँ वर्षा कम व शुष्कता ज्यादा होती है, आरम्भिक स्थायी कृषि होती है।

ऊष्ण कटिबन्धीय इन पठारों हिस्सों में उद्यान कृषि (रबर, नारियल, ताड़, खजूर, कोका) का इस्तेमाल और उत्पादन दोनों बढ़ा है। जिससे स्थानीय किसानों के खेती पद्धति में भी विकास हुआ है। यह व्यवस्था स्थानान्तरीय कृषि की तुलना में अधिक गहन होती है। पशुओं में खच्चर, भेड़, घोड़ा, बकरी, गाय को भी पाला जाता है। इस प्रकार की कृषि बागानी कृषि क्षेत्रों, खादानों के आस-पास वाले क्षेत्रों में विकसित हुई है।

5. गहन जीवनदायी कृषि

यह कृषि व्यवस्था विशेषकर मानसून एशिया के उन भागों में मिलती है जहाँ भौगोलिक दशाएँ कृषि हेतु विशेष अनुकूल हैं। स्थानीय उपयोग के निमित्त खाद्यान्न फसलों का उत्पादन किया जाता है। विश्व की 1/3 जनसंख्या इस प्रकार की कृषि में लगी है। ज्यादा जनसंख्या के भरण पोषण हेतु गहन कृषि तकनीक को अपनाना आवश्यक और अपरिहायं हो जाता है इस व्यवस्था की निम्नलिखित विशेषताएँ हैं–

(i) फसलोत्पादन प्रमुख व पशुपालन का गौण स्थान है।

(ii) खाद्यान्न फसलों में 'विशेषकर चावल' की प्रधानता है।

(iii) कृषि क्षेत्र बिखरे तथा छोटे-छोटे होते हैं। किसान गाँवों में निवास करते हैं।

(iv) जनसंख्या की अधिकता से सभी प्रकार के कृषि कार्यों में मानवीय श्रम का उपयोग मिलता है।

(v) जनसंख्या अधिक होने के कारण उत्पादन की खपत घरेलू क्षेत्र में ही ये जाती है। बाह्य बाजार में आपूर्ति हेतु अतिरेक उत्पादन नहीं हो सकता। बाजार या बड़ी-बड़ी मण्डियों का भी अभाव मिलता है। गहन जीविकोपार्जन कृषि व्यवस्था को फसलों की प्रधानतां के आधार पर दो वर्गों में विभक्त किया जा सकता है–

(क) चावल प्रधान गहन जीविकोपार्जन कृषि व्यवस्था।

(ख) चावल विहीन गहन जीविकोपार्जन कृषि व्यवस्था।

(vi) इस कृषि व्यवस्था में प्रति व्यक्ति उत्पादन कम होने से किसानों की आर्थिक स्थिति बहुत ही निर्बल होती है। बहुत ही मुश्किल से आवश्यकता की आपूर्ति उत्पादन से हो पाती है। जो उत्पन्न करते हैं, वही खाते भी हैं। भोजन में सब्जी आदि का प्रयोग बहुत ही कम होता है।

(vii) इस कृषि में आधुनिक कृषि उपकरणों का उपयोग कम होता है। साथ ही रासायनिक दवाइयों, उर्वरकों आदि का भी उपयोग कम होता है।

6. चावल प्रधान्य जीवनदायी कृषि

संसार के गहन चावल उत्पादक भागों में वर्ष पर्यन्त ऊँचा तापमान तथा वार्षिक वर्षा 200 सेमी. से अधिक मिलती है। भौगोलिक दशाओं की उपयुक्तता के कारण ही वर्ष में तीन बार तक चावल की कृषि व्यवस्था को 'सावाह' (Sawah) कृषि के नाम से जाना जाता है। मानसून एशियाई देश विश्व का लगभग 90% चावल उत्पन्न करते हैं। मुख्य चावल उत्पादक देश चीन (30%), भारत (21%), इण्डोनेशिया (8.5%), बांग्लादेश (5.6%), थाईलैण्ड (3.8%), वियतनाम (3.7%), म्यांमार (2. 5%) एवं जापान (2.3%) हैं। इन उपर्युक्त समस्त देशों में चावल की कृषि डेल्टाई भागों, सीढ़ीदार, बाढ़ के मैदानों तथा निम्नवर्ती भागों में की जाती है। मुख्य चावल उत्पादित भागों में-गंगा, ब्रह्मपुत्र, इरावदी, मीनांग, सीक्यांग, यांगटिसिक्याँग के निचले मैदानी तथा डेल्टाई भाग है।

कृषि भूमि उपयोग की दृष्टि से भी दक्षिणी पूर्वी एशियाई देशों में चावल के तहत अधिकतम क्षेत्र मिलता है जिसमें लाओस (95%), थाईलैण्ड (65%), म्यांमार (60%), जापान (42%), भारत एवं चीन (25%) आदि प्रमुख हैं। इस भाग में जनसंख्या घनत्व अधिक है। इसलिए चावल के उत्पादन का अधिकांश भाग स्थानीय उपयोग में ही खप जाता है। इसके बावजूद दक्षिणी-पूर्वी एशिया के ही देश जिसमें म्यांमार, कम्बोडिया, थाईलैंड, ताइवान तथा दक्षिणी वियतनाम मुख्य हैं जो चावल का निर्यात करते हैं। दक्षिणी-पूर्वी एशिया के वही देश जहाँ जनसंख्या का घनत्व अधिक है, चावल उत्पादक हैं। इस प्रकार चावल उत्पादक क्षेत्र तथा सर्वाधिक जनसंख्या घनत्व का गहरा सम्बन्ध पाया जाता है।

7. चावल विहीन गहन जीवनदायी कृषि

मानसून एशिया के ऐसे भाग जहाँ 100 सेमी. से कम वर्षा तथा निम्न तापमान होता है, वहाँ चावल के अलावा अन्य फसलें भी पैदा की जाती हैं। ऐसे भागों में शुष्क कृषि की प्रधानता होती है जिसमें ज्वार, मक्का, बाजरा, अरहर आदि फसलें उगायी जाती हैं। जहाँ सिंचाई की सुविधा है, वहाँ कपास एवं गेहूँ का भी उत्पादन होता है। इस प्रकार तापमान एवं वर्षा की मात्रा के अनुसार, गेहूँ, बाजरा, ज्वार आदि फसलों में से किसी एक ही फसल की प्रधानता रहती है। दक्षिणी पूर्वी

एशिया विश्व का लगभग 60% पीनट, 57% ज्वार-बाजरा, 40% सोयाबीन, 20% गेहूँ तथा 16% जौ उत्पन्न करता है। मौसमी बदलाव के परिणामस्वरूप जीवनदायी खेती को तीन श्रेणियों में बांटा जा सकता है–

(i) ग्रीष्म कालीन मौसम की फसलें

(ii) वर्षा कालीन मौसम की फसलें तथा

(iii) शीत या शुष्क मौसम की फसलें।

इस प्रकार की कृषि पद्धति वाले क्षेत्र में जनसंख्या का अत्याधिक घनत्व पाया जाता हैं। किसान वर्ष में दो या तीन फसलें पैदा करते हैं। वर्षाकाल में ज्वार-बाजरा, मक्का, गन्ना, चावल; शीतकाल में गेहूँ, जौ, चना, मटर तथा ग्रीष्मकाल में सब्जियों ,हरे चारे, मूँग आदि की खेती उन भागों में की जाती है, जहाँ सिंचाई की विशेष सुविधा उपलब्ध होती है। इस व्यवस्था में दुग्ध पशु, मांस-पशु आदि का पालन कार्य कम होता है। जनसंख्या की अधिकता के कारण कृषक खाद्यान्न फसलों को ही पैदा करना आवश्यक समझता है। चरागाहों के अन्तर्गत क्षेत्रफल नगण्य है। निम्नवर्गीय परिवारों के लोग भेड़, बकरी, मुर्गी, सूअर आदि पालते हैं। इस भाग के लोग शाकाहारी हैं। किसान हल जोतने के लिए पशुओं (बैल) को पालते हैं। दुग्ध हेतु किसान भैंस पालन करते हैं। हाल के वर्षों में भारत सरकार द्वारा दुग्ध पशुपालन, भेड़ पालन, सूअर पालन, मुर्गीपालन, मत्स्यपालन, रेशम के कीड़ों आदि के पालन के लिए विशेष प्रोत्साहन दिया जा रहा है।

8. रोपण कृषि

रोपण (बागानी) कृषि की एक प्रमुख विशेषता विशिष्ट कृषि पद्धति है। यहां फसलों की भांति बीज को बोकर नहीं उगाया जाता है। बल्कि उसका रोपण किया जाता है। इसमें दो प्रकार की फसलें उत्पन्न होती हैं–

(i) वृक्ष युक्त फसलें यथाः–कहवा, चाय, रबर, कोको आदि।

(ii) बार-बार रोपण वाली फसलें–यथाः–गन्ना, कपास आदि।

व्यावसायिक पौधा रोपण कृषि–यह प्राणाली विदेशी है जिसका इतिहास तकरीबन 100 साल पुराना है। इस व्यवस्था में कई फसलें पैदा की जाती हैं, जैसे–चाय, नारियल, कहवा, गन्ना, मसाले, केला, कोको, रबर आदि। बागानों में व्यापारिक दृष्टि से सं पैदा की जाती हैं। इस कृषि का विकास तथा प्रात्साहन समशीतोष्ण कटिबन्धीय देशों को निर्यात करने के उद्देश्य से अनेक ऊष्ण कटिबंधीय देशों में उपनिवेशवाद के दौरान किया गया था। कपास, चाय एवं तम्बाकू जैसी कुछ फसलें

उपोष्ण कटिबन्धीय देशों में भी उपजायी जाती हैं। खाद्यान्न फसलों का उत्पादन स्थानीय श्रमिकों एवं पशुओं के लिए किया जाता है। यहाँ के आरंभिक कृषि विकास में पूंजी यूरोप तथा उत्तरी अमेरिका द्वारा लगायी गयी थी। सिर्फ श्रमिक स्थानीय थे। प्रशासनिक एवं कुशल तकनीकी श्रमिक, रासायनिक उर्वरक, कृषि यन्त्र, कीट नाशक दवा, श्रमिकों की आवश्यक सामग्री (भोजन, वस्त्रादि), औद्योगिक कल-कारखाने एवं यातायात के साधन, मशीनों के पुर्जे आदि समशीतोष्ण देशों से ही मंगाया जाता है। विश्व में बागानी कृषि के प्रमुख तीन क्षेत्र अफ्रीका, लैटिन अमेरिका एवं दक्षिणी-पूर्वी एशिया हैं। बागानी कृषि व्यवस्था की विशेषताएँ (बुचानन, 1938) निम्न प्रकार हैं–

विस्तृत कृषि–बागानी कृषि फार्मों में होती हैं, इसलिए सामान्य जोत की अपेक्षा इसका क्षेत्र ज्यादा होता है। अधिकतर ये बगान 16 से 20 हेक्टेयर से लेकर सैकड़ों हेक्टेयर तक के आकार के मिलते हैं। यद्यपि आवश्यकता की दृष्टि से यह क्षेत्रफल कम होता है क्योंकि किसान बागानों के लिए 1200 हेक्टेयर तक के क्षेत्र पसन्द करते हैं। बागानी क्षेत्र 8 हजार हेक्टेयर से 40,000 हेक्टेयर तक क्षेत्रफल पर विस्तृत हैं जबकि भारत में बागानों का क्षेत्रफल अपेक्षात्मक अधिक नहीं है। भारत की प्रमुख उद्यान पैदावार चाय है जिसके तहत बागानों का औसत क्षेत्रफल 120 से 240 हेक्टेयर तक मिलते हैं।

एक फसलीय खेती–बागानी खेती में फसलों का विशिष्टीकरण मिलता है। एक क्षेत्र में सिर्फ एक ही वस्तु का उत्पादन होता है, यथाः–मलाया में रबर, असम (भारत) में चाय तथा ब्राजील में कहवा। इस व्यवस्था में भौतिक, राजनीतिक, आर्थिक तथा अन्य उपादानों का भी हाथ रहता है। यद्यपि उपर्युक्त परिस्थितियाँ सिर्फ एक ही फसल के लिए महत्त्वपूर्ण नहीं है फिर भी प्रबन्ध तन्त्र, श्रमिक तथा बाजार आदि की दृष्टि से एक ही उत्पाद (फसल) बागान पाये जाते हैं। इस व्यवस्था में उपजने वाली फसलों में रबर, गन्ना, चाय, नारियल, कहवा, मसाला, केला, कोको आदि उल्लेखनीय हैं। इन फसलों का क्षेत्रीय वितरण निम्न प्रकार का है–

केला–पश्चिमी द्वीप समूह व मध्य अमेरिका
गन्ना–क्यूबा, पेरु, ब्राजील, वेनेजुएला, पूर्वी अफ्रीका तथा मेडागास्कर
कहवा–कोलम्बिया, ब्राजील, दक्षिणी भारत
कपास–पेरू
कोको–पश्चिमी अफ्रीका, ब्राजील
रबर–हिन्देशिया, मलेशिया

नारियल—दक्षिणी भारत, फिलीपीन्स

चाय—श्रीलंका, चीन की पहाड़ियाँ, भारत में असम तथा नीलगिरि की पहाड़ियाँ।

रोपण कृषि एवं श्रमिक—विविध राष्ट्रों में बागानी कृषि के वर्तमान क्षेत्रों में, कृषि भूमि की कोई कठिनाई नहीं थी। मुख्य विरोध श्रमिकों की ओर से था। इसलिए विश्व के अपेक्षाकृत सघन आबाद देशों से रोपण कृषि वाले क्षेत्रों में श्रमिकों को आयात करना पड़ा था। श्रमिकों के प्रमुख निर्यातक देश अफ्रीका, भारत रहे हैं और वर्तमान में भी हैं। मॉरीशस, फिजी, नेटाल, क्यूबा, ब्रिटिश गियाना, श्रीलंका एवं मलाया में श्रमिक मुख्यतः भारतीय थे। श्रीलंका तथा मलेशिया में चाय और रबर के बगानों में श्रमिक मुख्यतः भारतीय (तमिल) हैं। हिन्देशिया (सुमात्रा एवं बोर्नियो) में चीनी और हवाई द्वीप समूह में फिलीपीन्स, जापान के श्रमिकों का आधिपत्य मिलता है। उद्यान कृषि में मजदूरों की आवश्यकता ज्यादा होती है। यहाँ खेतों को तैयार करना, रोपण, पौधों का निरीक्षण, उर्वरकों का प्रयोग, फसलों की चुनाई तथा उत्पादित वस्तुओं के परिवहन के लिए श्रमिकों की महती जरूरत पड़ती है। साथ ही अभी तक ऐसी मशीनों का आविष्कार नहीं हुआ है, जिसमें पौधों का शोषण करने, कहवा को इकट्ठा करने, कपास एवं चाय को चुनने, गन्ना छिलने, कटाने, लादने तथा रबर के वृक्षों से दूध निकालने आदि जैसा काम किया जा सके। इसलिए बागानी खेती में श्रमिकों का महत्त्व आज भी वैसा का वैसा बना हुआ है।

9. बागानी कृषि

इस कृषि का विकास यूरोपीय लोगों द्वारा ऊष्ण तथा उपोष्ण कटिबन्धों में किया गया था और इसका मुख्य ध्येय शासक देशों को कृषि उत्पादन का निर्यात था। जैसे-जैसे विदेशी बाजार का विस्तार होता गया वैसे-वैसे बागानी कृषि को प्रोत्साहन मिला और उसका विस्तार होता गया। वर्तमान परिस्थितियों में वे समस्त देश स्वतन्त्र हो गये जहाँ से बागानी कृषि उत्पादन का शासक देशों को निर्यात होता था। स्वतन्त्रता के बावजूद भी इन देशों में बागानी कृषि के उत्पादन का निर्यात अन्तर्राष्ट्रीय व्यापार के लिए महत्त्वपूर्ण है क्योंकि विदेशी आमदनी से आर्थिक सुदृढ़ता आती है।

बगानी कृषि में यातायात के साधनों का महत्व—बागानों की स्थिति निर्धारित करते समय इस बात का ध्यान रखना पड़ता है कि उन क्षेत्रों से विश्व के अन्य भागों के लिए यातायात के साधन उपयुक्त, सुविधाजनक व सस्ते हों।

यातायात के साधन बागानों के अन्दर भी जरूर होते हैं क्योंकि बागानी कृषि में बागानों का फैलाव हजारों हेक्टेयर क्षेत्र में होता है और उस क्षेत्र के उत्पादन को संगृहीत करने की समस्या होती है। ज्यादातर बड़े-बड़े बागानों के बीच सड़कें होती हैं जिनके द्वारा उत्पादित सामग्री को एक स्थान पर इकट्ठा किया जाता है। इन बागानों से बाजार एवं बन्दरगाह तक उत्पादन भेजने के लिए सड़क तथा रेलवे लाइनों का होना जरूरी है। इसी को दृष्टिगत रखते हुए विश्व के लगभग सभी बागानी क्षेत्र महाद्वीपों, प्रायद्वीपों एवं द्वीपों के तटीय हिस्सों में ही स्थित होते हैं जिससे यातायात सुविधाजनक तथा सस्ता हो सके।

कृषि में विदेशी प्रबंध एवं पूंजी—ऊष्ण तथा उपोष्ण कटिबन्धों में बागानी कृषि का विकास यूरोपीय राष्ट्रों द्वारा आरम्भ किया गया था, यथा—डच लोगों के बागान पूर्वी द्वीप समूह, अंग्रेजों के बागान श्रीलंका, भारत, घाना, नाइजीरिया इत्यादि में स्पेनिश बागान पश्चिमी द्वीप समूह में पाये जाते हैं। विदेशियों की कृषि व्यवस्था और प्रबन्ध स्थानीय किसानों की तुलना में अधिक कुशल था। उत्पादन की अधिकता के लिए कृषि सम्बन्धी वैज्ञानिक ज्ञान का उपयोग भी करते थे। बागानों के प्रबन्ध में विदेशी पूँजी भी लगी हुई थी। एशिया महाद्वीप के अधिकतर देशों में स्वतन्त्रता के बाद बागानी कृषि अर्थव्यवस्था प्रादेशिक विकास संस्थाओं ने ले ली है किन्तु नाइजीरिया में स्वतन्त्रता के उपरान्त भी बागानों में विदेशी पूँजी लगायी जा रही है।

बागानी खेती और औद्योगिक प्रक्रिया—बागानी कृषि की समस्त फसलें इस प्रकार की हैं कि इनका संशोधन जरूरी है क्योंकि जिस रूप में ये उत्पादन बागानों से प्राप्त किये जाते हैं, वैसे ही बाजारों को नहीं भेजे जा सकते हैं। परिवहन के दौरान समाप्त होने की भी सम्भावना रहती है, यथाः—रबर का दूध, हरी चाय, गन्ना इत्यादि। साथ ही औद्योगिक प्रक्रिया के बाद इनकी मात्रा भी कम हो जाती है और अतिरिक्त पदार्थ बाहर हो जाता है। इस प्रकार आर्थिक लाभ के दृष्टिकोण से बागानों के सन्निकट औद्योगिक संशोधन संयंत्रों को लगाना उपयोगी रहता है। वर्तमान में विश्व के हरेक देश में बागानी कृषि के प्रति विशेष झुकाव हो गया है क्योंकि कृषि में मशीनों के उपयोग से यह ऊष्ण तथा उपोष्ण के साथ-साथ उच्च स्थानों में भी प्रारम्भ हो रही है।

खेती को तैयार करने, रोपण और फसल के पकने पर काटने का काम यंत्रों द्वारा करने से उगने के समय में काफी बचत हो जाती है। ठण्डे प्रदेशों में जहाँ उगने का समय बहुत कम है, बागानी कृषि का विस्तार सम्भव नहीं हो सका है। खाद का

उपयोग, अच्छे प्रकार के तुरन्त होने वाले उन्नतशील बीज तथा उत्तम कृषि पद्धति के कारण इन फसलों के अन्तर्गत क्षेत्रों का विस्तार दिन-प्रतिदिन बढ़ता ही जा रहा है।

10. भूमध्य सागरीय कृषि व्यवस्था

इस प्रदेश का नामकरण किसी विशेष फसल पर आधारित न होकर प्राकृतिक तथा भौगोलिक विशेषताओं पर आधारित है। यह कृषि व्यवस्था 300 से 450 उत्तरी-दक्षिणी अक्षांशों के बीच महाद्वीपों के पश्चिमी किनारे पर पाई जाती है। इसका सबसे अधिक विस्तार भूमध्य सागर के तट पर है जिसमें स्पेन, दक्षिणी फ्रांस, इटली, टर्की, ग्रीक, सीरिया, इजराइल, लेबनान, मोरक्को, अल्जीरिया तथा टयूनिशिया के तटीय क्षेत्र शामिल हैं। मध्य एवं दक्षिणी कैलिफोर्निया, दक्षिणी-पश्चिमी अफ्रीका, मध्य चिली, दक्षिणी आस्ट्रेलिया के मर्रे-डार्लिंग में भी यह व्यवस्था प्रचलित है। इस कृषि-व्यवस्था के अन्तर्गत निर्वाहन, व्यापारिक, पशुपालन, गर्मी में सिंचाई पर आधारित फसलों का उत्पादन, सर्दी के समय वर्षा पर आधारित फसलोत्पादन, सब्जी, फल, खाद्यान्न का उत्पादन आदि अनेक पद्धतियाँ अपनाई जाती हैं।

कृषि में कई पद्धतियाँ भौगोलिक कारकों की देन हैं, क्योंकि विश्व का यही एक ऐसा प्रदेश है जहाँ सागर तटीय मैदान, उच्च पर्वतीय भू-भाग, सँकरी घाटियों व छोटे-छोटे मैदानी क्षेत्र एक ही साथ मिलते हैं। क्षेत्रीय भिन्नता के कारण कृषि से जुड़े अनेक प्रकार के उद्यम—खाद्यान्न, फलोत्पादन व भेड़-बकरी पालन आदि-इन क्षेत्रों में अपनाये जाते हैं। इस कृषि प्रदेश में सर्दी के मौसम में वर्षा होती है तथा गर्मी का मौसम शुष्क रहता है।

निचले भागों में 25 सेमी. तथा पर्वतीय ढालों पर 100 सेमी. वर्षा होती है। इस भाग में वर्षा की मात्रा तथा समय में क्षेत्रीय भिन्नता के कारण फसलोत्पादन एवं पशुपालन में विभिन्नता मिलती है। जबकि कृषि-व्यवस्था में विविधता अर्थात जीविकोपार्जन तथा व्यापारिक कृषि अनेक सांस्कृतिक तत्त्व—जनसंख्या के अधिक घनत्व, यातायात साधनों की सुलभता, सरकारी प्रोत्साहन, नगरीय सामीप्य, विपणन व्यवस्था आदि पर निर्भर है। साथ ही यह भाग विश्व की अधिकतम जनसंख्या तथा प्राचीन सभ्यता का केन्द्र है।

अधिकतर भूमध्य सागरीय कृषि व्यवस्था के प्रत्येक क्षेत्र में व्यावसायिक और जीवन निर्वहन दोनों की तरह ही कृषि पद्धति का नमूना मिलता है। ये दोनों ही पारस्परिक तथा क्षेत्रीय महत्त्व की व्यवस्थाएं वर्षा की माात्रा, बाजारों का सामीप्य, कृषि कुशलता एवं सरकारी सहयोग से निर्धारित एवं नियन्त्रित होती हैं। अल्जीरिया,

मोरक्को, टयूनीशिया में वर्षा कम होती है। इसलिए गेहूँ, जौ, शराब एवं जैतून का तेल प्रमुख उत्पादन है। सेन-जैक्वीन में भी कम वर्षा के कारण गोंद, कपास तथा सब्जी पैदा किये जाते हैं। ग्रीक में गोंद एवं शराब, स्पेन में सन्तरे तथा जैतून एवं शराब, दक्षिणी कैलीफोर्निया में सन्तरे व सर्दी के मौसम की सब्जियों के उत्पादन में प्रमुखता मिलती है। ऊष्ण-शुष्क ग्रीष्मकाल, मृदुल-नम शीतकाल, पर्वतीय निकटता, पर्वत-तटीय मैदान एवं छोटी अलग घाटियाँ आदि परिस्थितियों के कारण इस क्षेत्र में चार तरह की कृषि व्यवस्थाएँ दृष्टिगोचर होती हैं–

शीतकालीन वर्षा से भोज्य फसलों और सब्जियों का उत्पादन

यह भूमध्य सागरीय कृषि व्यवस्था की मुख्य विशेषता है। समस्त भूमध्य सागरीय कृषि क्षेत्रों (कैलीफोर्निया को छोड़कर) में गेहूँ मुख्य फसल है। यह गेहूँ का उद्भव क्षेत्र है। कैलीफोर्निया में इस समय सब्जी का उत्पादन किया जाता है। यहाँ से सब्जी पश्चिमी यूरोप तथा पूर्वी संयुक्त राज्य के बड़े जनसंख्या वाले शहरी केन्द्रों को भेजी जाती है।

सिंचाई के बिना फलों का उत्पादन

इस व्यवस्था में जैतून, खजूर, अंजीर व अंगूर को शामिल किया जाता है। इन वृक्षों तथा लताओं वाली फसलों का उत्पादन विशेष महत्त्वपूर्ण है। इसकी कृषि ऊबड़-खाबड़ भू-भागों पर, जहाँ 25 से 75 सेमी. वर्षा होती है, की जाती है। इसमें जैतून सबसे महत्त्वपूर्ण है। यहाँ जैतून उत्पादन के लिए समस्त भौगोलिक दशाएं सुलभ हैं। विश्व का 90% जैतून का उत्पादन भूमध्य सागरीय प्रदेशों में होता है। मुख्य जैतून उत्पादक देश इटली, ग्रीक, स्पेन, टयूनीशिया, मोरक्को, पुर्तगाल व अल्जीरिया हैं। दूसरी प्रमुख फसल अंगूर है। अंगूर की कृषि उन क्षेत्रों में की जाती है जहाँ वार्षिक वर्षा 35 सेमी. से ज्यादा होती है। भूमध्यसागरीय बेसिन, दक्षिणी अफ्रीका, आस्ट्रेलिया व चिली के कुछ भागों में अधिकाधिक मात्रा में अंगूर की कृषि सूखी खेती (dry farming) के रूप में की जाती है।

ग्रीष्म काल में सिंचाई से पैदा होने वाले फल, सब्जी एवं चारा की फसलें

ग्रीष्मकालीन मौसम मे हिम पिघलकर सरिताओं से प्रवाहित होकर पर्वत-नदियों, मैदानों और निम्न हिस्सों तक आ जाती है। इस पानी से ग्रीष्मकाल में सिंचाई करके सब्जी, फल तथा चारा की फसलों का गहन उत्पादन प्राप्त किया जाता है। साथ

ही फल तथा सब्जियों के उत्पादन के लिए सूखी ग्रीष्मकाल बहुत ही उपयुक्त होता है। यहाँ पर सभी समशीतोष्ण कटिबन्धीय जलवायु की सब्जियाँ उगाई जाती हैं। फलों तथा सब्जियों के साथ-साथ चारा फसलों अल्फाफा, क्लोवर, कूपाइन, वर्च आदि की भी खेती की जाती है। यह दुधारू पशुओं हेतु विशेष रूप से लाभकारी है।

पशुपालन और चारा खेती

चारा उत्पादन पूर्ण रूप से जलवायु से निर्धारित होता है। यहाँ चरागाह कुछ ही समय के लिए प्रयुक्त होते हैं। क्योंकि निम्न भागों में तेज गर्मी व पर्वतीय भागों पर शीतकालीन वृष्टि के कारण इसके लिए कम समय ही मिल पाता है। मौसमी वनस्पतियाँ, ऊबड़-खाबड़ धरातल तथा जलवायु की कठिन परिस्थितियों के कारण यहाँ दो प्रकार की पशुपालन व्यवस्था प्रचलित है जो निम्नांकित है:–

(क) भेड़, बकरी तथा छोटे पशुओं का पालन–इस व्यवस्था में छोटे पशुओं का महत्त्वपूर्ण स्थान है। विश्व में बकरी, भेड़, सूअर व अन्य छोटे पशुओं की अधिकाधिक संख्या का प्रतिशत भूमध्य सागर के निकटवर्ती देशों में मिलता है। यहाँ मुर्गीपालन उद्योग का भी उच्च स्तर पर विकास किया गया है। साथ ही इन प्रदेशों में मधुमक्खी पालन कार्य भी ज्यादा प्रचलित है। इसका सम्बन्ध फलों के उपयोग से है।

(ख) बड़े पशुओं का पालन–इस व्यवस्था में मिश्रित कृषि विशिष्टता में मिलती है। उपरोक्त भौगोलिक दशाएं पशुपालान उद्योग में सहायक हैं। ग्रीष्मकाल में सिंचित चारा फसलें अल्फाफा, ब्लूपाइन, वर्च आदि की मदद से पशुओं को पाला जाता है। नगर के निकटवर्ती भागों में दूध पशुपालन महत्त्वपूर्ण व्यापारिक कार्य है। यहाँ कुछ भागों में मक्खन एवं पनीर की प्रमुखता है जबकि ताजे दूध की आपूर्ति स्थानीय हिस्सों के लिए की जाती है।

11. व्यावसायिक खाद्यान्न उत्पादन कृषि

यह कृषि व्यवस्था तकनीकी विकास की देन है। इस प्रकार की कृषि मध्य अक्षांशीय नमी तथा शुष्क प्रदेशों के बीच विस्तृत घास मैदानों में मिलती है। यहाँ की मिट्टी वनस्पति तथा हिमयुग से निक्षेपण के ज्यादा उर्वर है। अन्य कृषि व्यवस्थाओं की अपेक्षा कृषि में सीमित क्षेत्र शामिल हैं। विश्व में इस प्रकार के कृषि-क्षेत्र संयुक्त राज्य अमेरिका एवं कनाडा के प्रेयरी प्रदेश, आस्ट्रेलिया, अर्जेन्टाइना

के पम्पास एवं रूस के स्टैपी भागों में पाये जाते हैं। इस कृषि व्यवस्था में निम्न विशेषताएँ पाई जाती हैं–

(i) कृषि में यन्त्रीकरण का सबसे अधिक उपयोग,

(ii) विस्तृत क्षेत्र पर कृषि,

(iii) पूँजी का अधिकतम निवेश।

(iv) अत्यधिक बड़े-बड़े कृषि फार्मों पर खेती,

(v) एक फसल का विशिष्टीकरण,

इस कृषि प्रणाली की मुख्य फसल गेहूँ है। इसकी कृषि विस्तृत कृषि प्रणाली के तहद विस्तृत आकार के फामों पर की जाती है। गेहूँ के अधिकांश फार्म 200 से 400 हेक्टेयर तक के आकार के होते हैं। कुछ फार्म 800 हेक्टेयर तक के आकार के होते हैं। इस भाग में कृषि मनुष्यों पर नहीं मशीनों पर आधारित है। इनमें ट्रेक्टर, डिस्क, हल, हैरो, ड्रिल, कम्बाइन, रीपर, ट्रक, मालगाड़ी आवश्यक एवं अपरिहार्य हैं। मशीनों के आविष्कार तथा उपयोग के परिणामस्वरूप इस कृषि का विकास हुआ है, वरना इतने बड़े पैमाने पर कृषि करना असंभव होता। जनसंख्या के अभाव में प्रति मनुष्य उत्पादन बहुत अधिक होता है। स्थानीय खपत बहुत ही सीमित है। इसलिए बहुत बड़ी मात्रा में खाद्यान्न व्यापार के लिए बच जाता है। चावल व व्यापारिक खाद्यान्न, उत्पादन का कृषि व्यवस्थाओं में वैषम्य मिलता है।

चावल की पैदावार ज्यादा जनसंख्या वाले क्षेत्रों में होता है जहाँ जमीन महँगी व श्रम सस्ता है जबकि गेहूँ का उत्पादन कम घनत्व वाले प्रदेशों में होता है, जहाँ सस्ती भूमि और अपेक्षाकृत महँगा श्रम मिलता है। चावल का उत्पादन खेती मशीनों से बड़े-बड़े फार्मों पर होता है। साथ ही, चावल का सबसे अधिक उपयोग स्थानीय क्षेत्रों में किया जाता है। जबकि गेहूँ अर्न्तराष्ट्रीय बाजार का मुख्य निर्यातक खाद्यान्न है। विश्व के मुख्य व्यापारिक खाद्यान्नोत्पादक क्षेत्र निम्नांकित हैं–

(i) मध्य संयुक्त राज्य तथा कोलम्बिया पठार का अत्यधिक शीतकालीन गेहूँ प्रदेश।

(ii) उत्तरी तथा मध्य संयुक्त राज्य अमेरिका तथा कनाडा का वसन्तकालीन गेहूँ प्रदेश।

(iii) यूक्रेन और रूस का गेहूँ प्रदेश।

(iv) अर्जेंटाइना का अद्र्धचन्द्राकार पम्पास गेहूँ क्षेत्र।

(v) आस्ट्रेलिया में मर्रे-डार्लिंग नदी की घाटी तथा दक्षिणी-पश्चिमी भूमध्य सागरीय जलवायु का गेहूँ प्रदेश।

इन उपरोक्त सभी क्षेत्रों में विस्तृत पैमाने पर अनाज के पैदावार के लिए की जाने वाली खेती के विकास में भौतिक और सामाजिक दोनों की परिस्थिति उत्तरदायी है।

12. व्यापारिक और मिश्रित कृषि व्यवस्था

इस व्यवस्था में शस्योत्पादन व पशुपालन कार्य साथ-साथ व्यापारिक दृष्टि से किया जाता है। इसे मिश्रित कृषि भी कहते हैं। इस कृषि का उद्भव यूरोप में ही हुआ। यह व्यवस्था पश्चिमी यूरोप से एक लम्बी पेटी के रूप में साइबेरिया तक फैली है। इस पेटी में जैसे-जैसे पूरब जाते हैं यह पेटी क्रमशः पतली होती जाती हैं। सबसे अधिक चौड़ाई 1200 किमी. यूक्रेन एवं फिनलैण्ड के बीच पायी जाती है। संयुक्त राज्य में ओहियो, इण्डियाना, इयीवा, इलिनायस, नेब्रास्का, टेनिसी, वर्जीनिया, जार्जिया तथा अल्कोहामा का कुछ भाग इस प्रकार की कृषि के अन्तर्गत आता है। उपर्युक्त के अतिरिक्त मैक्सिको के बीच दक्षिणी अमेरिका के दक्षिणी ब्राजील और अर्जेंटाइना के कुछ भाग तथा दक्षिणी अफ्रीका के पूर्वी भाग आते हैं। इस कृषि व्यवस्था में निम्नांकित विशेषतायें मिलती हैं:—

(क) सफल उत्पादन पशुपालन दोनों ही साथ-साथ होता है। फसलें पशुओं को खिलाने के लिए पैदा की जाती हैं। फसलों का उत्पादन तीन दृष्टिकोण से किया जाता है—

(i) पशुओं के हरे चारे के रूप में,

(ii) अन्न खिलाने की दृष्टि से और

(iii) व्यापार के लिए।

संयुक्त राज्य अमेरिका में मिश्रित खेती का आधार अनाजों (मक्का, गेहूँ) का उत्पादन है, हेतु प्रयुक्त होता है। इसमें कृषि उत्पादन इतना ज्यादा है कि खपत बाजार में नहीं हो पाता है, जबकि पशु उत्पादन के लिए पर्याप्त बाजार आसान है, साथ ही पूर्वी प्रदेशों को भी भेजा जाता है। यहाँ फार्मों की अधिकांश पशुओं का व्यापार होता है। प्रमुख पशु सूअर, भेड़, गाय, मुर्गी, घोड़ा इत्यादि हैं। मुख्य उत्पादन गोश्त का होता है। इसके अलावा चमड़ा, ऊन तथा अण्डे अन्य उत्पादन हैं। यहां गायें दूध तथा मांस दोनों के लिए पाली जाती हैं। इस प्रकार की मिश्रित सघन खेती के कारण यहाँ किसानों को नुकसान का सामना नहीं करना पड़ता क्योंकि एक फसल के समाप्त होने पर भी अन्य फसलों का पर्याप्त उत्पादन प्राप्त हो जाता है।

(ख) मिश्रित कृषि में फार्म तुलनात्मक रूप में बड़े-बड़े होते हैं। औसत फार्मों का क्षेत्रफल 60 हेक्टेयर है। पूर्वी संयुक्त राज्य के फार्म 450 से 800 हेक्टेयर तक के क्षेत्र में पाये जाते हैं। यूरोप में इन फार्मों का औसत क्षेत्रफल 30 हेक्टेयर है। यूरोप तथा संयुक्त राज्य में जनसंख्या फार्मों पर बिखरी हुई है। फार्म की ही कुछ भूमि पर किसान मजदूरों के मकान, पशुओं के शेड, चारे इत्यादि के स्टोर व जानवरों के बाड़े पाये जाते हैं।

(ग) कृषि उपयोग में फसल चक्र की पद्धति यहाँ की कृषि की प्रमुख विशेषता है। यह बदलाव मिट्टी की उर्वर शक्ति को बनाये रखने में सहायता करती है। उदाहरणार्थ, एक फार्म में छः वर्ष के आवर्तन की पद्धति है जिसमें पहले वर्ष ओट्स, दूसरे वर्ष टरनिप या आलू, तीसरे वर्ष में पुनः ओट्स तथा अन्य तीन वर्षों में घास की खेती होती है। चार अथवा पाँच वर्ष के आवर्तन पद्धति में पहले वर्ष क्लोवर, हे अथवा चरागाह, दूसरे वर्ष में गेहूँ, तीसरे वर्ष कन्द (root crop) अथवा चौथे वर्ष में ओट्स अथवा अनाज तथा पाँचवें वर्ष में जौ बोया जाता है।

(घ) मिश्रित कृषि व्यवस्था में पूँजी का सर्वाधिक विनियोग होता है। इस कृषि में पूँजी एवं श्रम दोनों की जरूरत पड़ती है। इस व्यवस्था में 80% या इससे भी अधिक खेती कार्य मशीनों से होता है। सघन कृषि वाले प्रदेशों में अब मशीनों का बहुतायत रूप में उपयोग होने लगा है। फार्मों को तैयार करने, काटने तथा बोने का काम मशीनों से ही होता है। रासायनिक खादों का उपयोग भी भरपूर मात्रा में होता है। इस प्रकार मशीनों, रासायनिक दवाइयों, उर्वरकों आदि के लिए पर्याप्त पूँजी की जरूरत पड़ती है। इस प्रकार संयुक्त राज्य अमेरिका, उत्तरी-पश्चिमी यूरोप तथा सोवियत रूस में मिश्रित कृषि का स्वरूप स्पष्ट रूप से परिलक्षित होता है। इन क्षेत्रों में फसलों तथा पशुओं दोनों के लिए ही भौगोलिक दशाएं अनुकूल हैं। सामान्य तापमान तथा वर्षा इस प्रदेश की मुख्य विशेषता है। मिट्टी हिमोढ़ प्रकार की है। चक्रवातीय वर्षा बहुत हल्की बौछारों में वर्ष भर प्राप्त होती रहती है जो खेती के लिए अत्यन्त ही उपयुक्त है।

13. जीवनदायी फसल एवं पशु उत्पादक खेती

जीवनदायी फसल तथा पशु उत्पादक कृषि का जन्म उत्तरी यूरोप में हुआ है। यह व्यवस्था कतिपय सीमा तक उपरोक्त कृषि व्यवस्था के समरूप है, क्योंकि

उसमें कुछ ही फसलें फार्मों पर उत्पन्न की जाती हैं। इतना है कि उत्पादन बहुत अल्प विक्रय के लिए बचता है जबकि उपर्युक्त व्यवस्था में विक्रय सम्भव नहीं हो पाता है। विश्व में इस प्रकार की कृषि के अन्तर्गत बहुत ही कम क्षेत्र पाया जाता है जब डी. ह्वीटलसी महोदय विश्व के कृषि-प्रकारों की व्याख्या कर रहे थे, उस समय रूस में खेती सुधारों के कारण खेती में अवनति हो रही थी। साथ ही अन्य क्षेत्रों में यह बहुत अल्प मात्रा में होती थी। वर्तमान विकासात्मक युग में इतनी प्रगति हो गयी है विश्व में इस प्रकार की कृषि व्यवस्था व्यापारिक शस्य तथा पशु उत्पादन कृषि के रूप में परिवर्तित हो गयी है। इस प्रकार की कृषि पश्चिमी एशियाई अर्थात टर्की, उत्तरी ईरान, उत्तरी साइबेरिया तथा मध्यवर्ती एशिया में जहाँ भौगोलिक दशाएं विशेष अनुकूल नहीं हैं, विकसित हुई है। इन भागों में जीवनयापन के लिए अन्नोत्पादन तथा पशुपालन दोनों का सहयोग लेना पड़ता है। अधिक सर्दी तथा शुष्क मौसमी दशाएं होने के कारण वर्ष में सिर्फ एक ही फसल पैदा हो पाती है। वर्ष में एक फसल के कारण मजबूर होकर पशुपालन को अपनाना पड़ता है।

14. व्यावसायिक दुग्ध पशुपालन खेती

दूध, पशुपालन खेती का प्रधान उद्देश्य दूध एवं दूध से उत्पन्न पदार्थों के व्यापारिक उत्पादन के लिए खेती करना है। यह सबसे उत्तम कृषि व्यवस्था है। फसलोत्पादन की तुलना में इस व्यवस्था में अधिक श्रम, कृषि, पूँजी एवं मशीनों तथा सामयिक सक्रियता और सजगता की आवश्यकता पड़ती है। यह उद्योग उन्हीं भागों में सफल है, जहाँ शहरी बाजारों की निकटता, दूध, मक्खन, क्रीम, मांस तथा पनीर बेचने की सुविधाएँ सुलभ हैं। साथ ही परिवहन के साधन विशेष रूप से सुलभ हों। इस प्रकार की कृषि का प्रसार विशेषकर बड़े पैमाने पर समशीतोष्ण जलवायु प्रदेश में ही है। ऊष्ण प्रदेशों में विशेषकर शहरी केन्द्रों के निकटवर्ती क्षेत्रों में भी दूध पशुपालन कार्य सम्पन्न किया जाता है। विश्व में यह व्यवस्था तीन क्षेत्रों में विशेष तौर पर विकसित हुई है–

(क) पश्चिमी यूरोप के उत्तरी भाग में अन्ध महासागर तट से लेकर मास्को तक,

(ख) उत्तरी अमेरिका में बड़ी झीलों के पश्चिमी प्रेयरी प्रदेश में अन्ध महासागर तट तक,

(ग) आस्ट्रेलिया के दक्षिण-पूर्वी भाग, न्यूजीलैण्ड व तस्मानिया में।

इन क्षेत्रों के अलावा अर्जेन्टाइना, दक्षिणी अफ्रीका, मध्य चिली, पश्चिमी संयुक्त राज्य तथा पूर्वी जापान में भी यह प्रणाली मिलती है। विश्व स्तर पर दूध उत्पादन आंकड़ों का विवरण निम्न सारणी में व्यक्त किया गया है।

सारणी
विश्व में दुग्ध उत्पादन, 1974

देश	उत्पादन (करोड़ टन में)
पूर्व सोवियत संघ	100921
संयुक्त राज्य अमेरिका	68700
भारत	59840
जर्मनी	28191
फ्रांस	25315
ग्रेट ब्रिटेन	18199
नीदरलैण्ड	10909
पाकिस्तान	19334
पोलैण्ड	13153
इटली	10773
जापान	8576
चीन	6317
कनाडा	7045
आस्ट्रेलिया	7554
अर्जेन्टाइना	6880
न्यूजीलैण्ड	9360
डेनमार्क	4605
ब्राजील	1545
कुल	**453733**

स्रोत—एफ.ए. ओ. प्रोडक्सन या बुक, 1975

प्रति गाय प्रति वर्ष दुग्ध उत्पादन में भी बहुत ही विभिन्नता मिलती है। जहाँ जापान, डेनमार्क, हालैण्ड, ग्रेट ब्रिटेन तथा अमेरिकी गाय 3000 किग्रा. से अधिक दूध देती हैं, वहीं भारत आदि देशों में यह मात्रा बहुत कम है। कुछ राष्ट्रों में प्रति गाय दूध का उत्पादन तुलनात्मक दृष्टि से सारणी में दिया गया है–

सारणी

प्रति गाय दुग्ध उत्पादन, 1956 (किग्रा. में)

देश	उत्पपदन (किग्रा में)
जापान	4284
हालैण्ड	4207
डेनमार्क	3946
ग्रेट ब्रिटेन	3797
संयुक्त राज्य अमेरिका	3767
कनाडा	2896

स्रोत–एफ. ए. ओ. प्रोडक्शन इअर बुक, 1968।

इसी प्रकार दूध से बने पदार्थों, यथा–मक्खन, पाउडर मिल्क, पनीर, कण्डेन्स मिल्क आदि के उत्पादन में प्रादेशिक भिन्नता मिलती है। कतिपय राष्ट्र तो दूध से निर्मित विशिष्ट खाद्य पदार्थों के निर्माण हेतु जगत प्रसिद्ध हैं, यथा–मक्खन एवं पनीर के लिए डेनमार्क, हालैण्ड एवं न्यूजीलैण्ड, जबकि सूखा दूध (कण्डेन्स मिल्क) या पाउडर दूध के लिए संयुक्त राज्य अमेरिका। सारणी में दुनियां के कतिपय प्रमुख राष्ट्रों में पनीर एवं मक्खन के उत्पादन को दर्शाया गया है। दूध तथा दूध से उत्पादित पदार्थों की प्रति व्यक्ति उपभोग की मात्रा में भी प्रादेशिक विभिन्नता मिलती है।

पश्चिमी यूरोपीय देशों, जैसे–आयरलैण्ड, स्वीडन एवं फिनलैण्ड में 1200 से 1500 पौण्ड, आस्ट्रेलिया में 950 पौण्ड, न्यूजीलैण्ड में 1300 पौण्ड से अधिक, संयुक्त राज्य अमेरिका में 700 पौण्ड प्रति व्यक्ति वार्षिक उपभोग किया जाता है। इसके प्रतिकूल अर्जेन्टाइना व चिली में 50 से 200 पौण्ड तथा चीन, जापान, भारत में 50 पौण्ड तक प्रति व्यक्ति उपभोग का औसत मिलता है। दूध उत्पादित पदार्थों–मक्खन, पाउडर, पनीर तथा कण्डेन्स मिल्क के निर्यात का देश की आर्थिक व्यवस्था में महत्त्वपूर्ण योगदान है।

विश्व के मक्खन निर्यातक देशों में न्यूजीलैण्ड (29%), आस्ट्रेलिया (10%) तथा डेनमार्क (20%) महत्त्वपूर्ण हैं जबकि आयातक देशों में ब्रिटेन (68%) तथा रूस (14%) मुख्य हैं। पनीर के निर्यातक देशों में नीदरलैण्ड (19%), न्यूजीलैण्ड (-17%), डेनमार्क (15%), स्वीटजरलैण्ड (9%) तथा फ्रांस (5%) मुख्य हैं, जबकि आयातक देशों में ब्रिटेन (30%), जर्मनी तथा बेल्जियम प्रमुख हैं।

सारणी
विश्व में डेयरी वस्तुओं का उत्पादन, 1993

देश	*पनीर (हजार टन में)*	*मक्खन एवं घी (हजार टन में)*
संयुक्त राज्य अमेरिका	3269	627
फ्रांस	1529	403
जर्मनी	1283	486
इटली	885	98
नीदरलैण्ड	632	148
ब्रिटेन	324	109
डेनमार्क	323	59
अर्जेन्टाइना	315	48
पोलैण्ड	293	165
कनाडा	291	84
पू. सोवियत संघ (1991)	280	2512
आस्ट्रेलिया	210	126
चीन	156	-
भारत	-	1110
न्यूजीलैण्ड	146	265
चेकोस्लोवाकिया	116	118
जापान	100	108
ब्राजील	60	68
विश्व	**13532**	**6956**

स्रोत–एफ. ए. ओ. प्रोडक्सन इयर बुक, 1993

वर्तमान परिप्रेक्ष्य में विश्व के राष्ट्रों में जीवन स्तर उत्तम होने के साथ ही डेयरी उत्पादन की मांग असामान्य रूप से बढ़ी है। अर्थात् पशुओं की नस्लों में सुधार, माँस एवं डेयरी पशुओं की नस्लों को अलग-अलग विकसित किया गया है। वर्तमान पशुओं की नस्लों का सुधार, दूध निकालने तथा अन्य वस्तुओं को बनाने की मशीनों व रेफ्रीजरेटर के विकास के फलस्वरूप डेरी उद्योग वैज्ञानिक स्तर पर आ गया है। साथ ही इस व्यवस्था में द्रुतगामी परिवहनों के साधनों का आविष्कार तथा विकास भी वरदान साबित हुआ है।

15. विशिष्टीकृत उद्यान खेती

इस खेती के तहत फल, सब्जी और फूल का उत्पादन सम्मिलित है जो तकरीबन सभी राष्ट्रों के औद्योगिक और शहरी विकास की देन है। अधिकतर ज्यादातर शहरी मकानों के पीछे एवं ग्रामीण क्षेत्रों में गांव के चारों तरफ फूल-फल, साग-सब्जी उगाया जाना सामान्य बात है। बड़े-बड़े नगरों के सीमान्तीय क्षेत्रों पर साग-सब्जी, फूल-फल की कृषि सघन रूप से व्यापारिक दृष्टि से की जाती है। संसार में इस प्रकार की कृषि विशेषकर संयुक्त राज्य अमेरिका, ग्रेट ब्रिटेन, उत्तरी-पश्चिमी यूरोप, डेनमार्क, बेल्जियम, फ्रांस, हालैण्ड, जर्मनी आदि देशों की घनी बस्ती वाले भागों में सम्पन्न होती है। इस पद्धति के अन्तर्गत फसलों (साग-सब्जा, फल-फूल आदि) को उगाया जाता है। इसमें खेत का आकार छोटा होता है। इस कृषि में श्रम तथा पूँजी का सर्वाधिक विनियोग होता है। उत्पादन भी तुलनात्मक रूप से अधिक होता है। इस पद्धति में कृषि गहनता से अधिकाधिक मिलती है। संयुक्त राज्य अमेरिका में इसे 'ट्रक फार्मिंग' कहा गया है। यहां फार्मों का आकार बड़ा मिलता है।

साल में कतिपय विशिष्ट प्रदेशों में दो फसल उत्पादित की जाती है। इसके द्वारा उपादित साग, सब्जी, फल-फूल तेज वाहन तथा रेफ्रीजरेटर की व्यवस्था से जलयानों, ट्रकों, रेल के डिब्बों में भर कर दूर तक पहुँचाये जाते हैं। इस अवस्था में फार्मों से पर्याप्त उत्पादन प्राप्त करने के लिए उपयुक्त समय पर सही मात्रा में पानी, खाद दवाइयां तथा अन्य उपकरणों की जरूरत पड़ती है।

इस प्रकार कुशल श्रमिक ही, जिन्हें सब्जियों तथा फलों के उत्पादन में निपुणता एवं विशिष्टता प्राप्त रहती है, रखे जाते हैं। भारत में भी इस व्यवस्था के लिए अनुकूल भौगोलिक दशाएँ (पर्याप्त तापमान, सौर प्रकाश, उचित वर्धन काल, नम जलवायु एवं मिट्टी की उपयुक्तता आदि) मिलती है। इसी उपयुक्तता के फलतः

फूल-फल छोटे-छोटे खेतों, साग-सब्जियों तथा बाग-बगीचों में पैदा किये जाते हैं। सब्जियों में आलू, प्याज, गोभी, टमाटर, शलजम, बैगन, भिण्डी आदि महत्त्वपूर्ण हैं। यह कृषि लगभग समस्त गांवों में कुछ न कुछ अवश्य ही मिलती है।

विगत वर्षों में साग-सब्जियों, नगरीकरण, फल-फूलों की कृषि में भी बीजों के सुधार एवं औद्योगीकरण की बढ़ती माँग के कारण क्रान्तिकारी विकास हुआ है। दिल्ली, मुम्बई, चेन्नई, कलकत्ता आदि बड़े नगरों के निकटवर्ती क्षेत्रों में इस प्रकार की कृषि देखी जाती है। विगत कुछ सालों में किटाणु नाशक दवाओं और रसायनों के प्रयोग के परिणामस्वरूप कई तरह की बीमारियों का उपचार संभव हुआ है एवं प्रति हेक्टेयर पैदावार में भी बढ़ोतरी हुई है। इस उत्पादन बढ़ोतरी के फलस्वरूप भारत से प्याज, आलू आदि सब्जियों का निर्यात पश्चिमी एशियाई देशों को होने लगा है। उपरोक्त विवेचन के आधार पर विश्व के कृषि प्रकारों को सरलीकृत रूप से निम्न 10 प्रमुख वर्गों में रखा जा सकता है। कृषि के इन प्रमुख प्रकारों के निर्धारण में प्राकृतिक पर्यावरण के तत्त्वों के साथ-साथ सांस्कृतिक पर्यावरण के तत्त्वों को भी शामिल किया गया है जिनका कृषि के उद्भव, विकास, ह्रास एवं परिवर्तन में कम महत्त्व नहीं है। होवार्थ (Howarth) एवं स्पेन्सर (Spencer) ने एतदर्थ 6 प्रकार की सांस्कृतिक प्रक्रियाओं (culture processes) का उल्लेख किया है जिनमें ऐतिहासिक, मनोवैज्ञानिक, आर्थिक, राजनीतिक, तकनीकी तथा कृषि आर्थिकी (agronomic) महत्त्वपूर्ण है।

कृषि प्रदेश

प्राचीन कृषि प्रदेश में कृषि तत्वों का सम्मिलित प्रारूप दिखाई पड़ता है। जिससे उस प्रदेश का एक स्वरूप विकसित होता जाता है जिसमें एक सम्बद्धता रहती है। ये तत्व प्राकृतिक और सांस्कृतिक दो प्रकार के होते हैं। जिस तत्व की प्रधानता रहती है, प्रवेश पर उसकी गहरी छाप दिखाई लगती है और अन्य तत्वा उन्हीं पर केन्द्रित हो जाते हैं।

कृषि के विकास पर प्रभाव डालने वाले मुख्य कारक निम्न हैं–

कृषि प्रदेशों के उद्विकास के प्राकृतिक कारक–कृषि की दशाओं पर प्राकृतिक वातावरण का अपेक्षाकृत अधिक प्रभाव पड़ता है। किसी भी फसल और उनकी उत्पादन विधि, जलवायु, धरातल तथा मिट्टी का विशेष प्रभाव पड़ता है। विभिन्न फसलों के लिए भिन्न-भिन्न प्रकार की जलवायु अपेक्षित है। प्रत्येक

फसल के लिए उसके बोने, पकने-बढ़ने और काटने के समय विशेष तापमान आवश्यक होता है। विभिन्न अक्षांशों, फसल की अवधि तापमान पर निर्भर करती है। तापमान के साथ ही वर्षा की मात्रा और समय का भी फसल पर प्रभाव पड़ता है। इसी प्रकार मिट्टी में उपलब्ध आर्द्रता, पाला, ओला आदि तत्व भी प्रभावशाली रहते हैं। धरातल का भी फसलों पर व्यापक प्रभाव पड़ता है। भौम्याकार ढाल की मात्रा तथा दिशा, समतलता, बीहड़ता आदि के आधार पर भी फसलों का निर्धारण किया जा सकता है। मिट्टी का प्रभव भी जलवायु तथा धरातल से कम नहीं है। मिट्टी की संरचना, उर्वरता आदि किसी फसल के उत्पादन के प्रभावशाली कारक है।

मानवीय कारक—मानवीय वातावरण के विभिन्न तत्वों का किसी कृषि प्रदेश के उदविकास और अन्य विशेषताओं पर गहरा प्रभाव पड़ता है। श्रम तथा पूँजी के सापेक्षिक विनियोग उपकरणों तथा खपत संबंधी दशाओं की विभिन्नता से भी कृषि प्रभावित होती है।

प्राकृतिक एवं मानवीय वातावरण के विभिन्न तत्व किसी कृषि प्रदेश में विशेष एंग से अंर्तसम्बधित होकर विशिष्ट संशक्तता उत्पन्न करते हैं, इसे अंर्तसम्बध के अनुसार ही कृषिगत दशाओं तथा में समरूपता अथवा विभिन्नता मिलती है। यदि किसी क्षेत्र में नहरों का विकास होता है और उसका जाल बिछ जाता है तब मनुष्य की सम्पूर्ण क्रियाएँ उन्हीं से प्रेरित होने लगती है। यह प्रदेश नहर का प्रदेश कहलाने लगता है। इस प्रकार की क्रिया को समाान्यीकरण की क्रिया कहते हैं।, वैसे संशक्तता की प्राप्ति में अनेक तत्वों का योग रहता है। उनसे एक अंर्तसम्बध होता है जो वहाँ की प्राकृतिक एवं मानसिक परिस्थितियों पर आधारित रहता है। उदाहरण के लिये यदि किसी प्रदेश में वर्षा कम होती है। और जनसंख्या भी कम है तथा जलवायु की समस्त दशा में जनसंख्या की दृष्टि से उपयुक्त नहीं है तो वहाँ खानाबदोशी पशुचरण का विकास हो जाता है और सभी स्थानों पर एक-सा वातावरण बन जाता है। वहाँ पूँजी का संगठन या विधि यों कोई विशेष काम नहीं करती।, परन्तु इसमें संदेह नहीं किसी प्रदेश की कृषि वहाँ के मानवीय वातावरण से भी प्रभावित होती है। प्र 9ति और मानसिक वातवारण दोनों ही कृषि प्रदेश की रचना करते हैं। और उन्हीं के अनुकूल विकास भी होता है। अतएव एक ओर प्राकृतिक वातावरण के अंदर धरातल और मिट्टियाँ तथा जलवायु विशेष रूप से प्रभावशाली रहती है। औरदूसरी ओर मानव की सांस्कृतिक परम्परा उनकी आवश्यकताओं पर नियंत्रण करती है।

कृषि प्रदेशों का सीमांकन

हंटिगटन ने विश्व की प्राकृतिक और मानसिक तत्वों के आधार पर चार परिमंडलों में विभक्त किया है।

1. अति गर्म और अति सर्द प्रदेश।

2. वन प्रदेश, भूमध्यरेखीय सदाबहार वन और टैगावन।

3. अनिश्चित कृषि प्रदेश अथवा अयोग्य कृषि प्रदेश आर्द एवं शुष्क निम्न आवासीय क्षेत्र।

4. कृषिजन्य प्रदेश।

हंटिगटन ने प्रथम को सर्वथा अनुपयुक्त समझा, दूसरे को मरुस्थल और टुन्ड्रा आदि उपयुक्त किन्तु अनुपलब्ध कहा, तीसरे को अनिश्चित रूप से कृषि का प्रदेश कहा और चौथे को कृषि के पूर्णतः अनुरूप प्रदेश कहा है।

1. उष्ण कटिबंधीय 'जीवन' कटिबंध।

2. उष्ण या उपोष्ण कटिबंधीय 'मृत्यु' कटिबंधीय' या मरुस्थल।

3. उपोष्ण कटिबंधीय 'जीव प्रदेश' भूमध्य सागरीय।

4. शीतोष्ण कटिबंधीय 'जीवन' प्रदेश।

इस प्रकार जानसन न तीन 'जीवन' कटिबंध और दो 'मृत्यु' कटिबंधों का प्रतिपादन किया। जीवन तथा मृत्यं से उसका आशय पौधों के लिए अनुकूतल तथा प्रतिकूल प्राकृतिक दशा है। इनहोनें प्रत्येक प्रदेशों के बीच संक्रमण कटिबंध ा की स्थिति भी बतायी है। जीवन के प्रदेशों के अंतर्गत उन्होंने फसलों के प्रदेशों को रखा। इनके अनुसार विश्व में अनेक प्रकार की फसलों के प्रदेश है। यथा उष्ण कटिबंधीय तथा भूमध्यरेखीय फसलों का प्रदेश, उपोष्ण कटिबंधीय अथवा भूमध यसागरीय फसलों का प्रदेश शीतोष्ण कटिबंधीय या छोटे-छोटे दानों वाल फसलों का प्रदेश। मानसून प्रदेश उसके अनुसार एक उप प्रदेश है। इन्होंने प्रत्येक प्रदेश की फसलों के सह-संबंध के आधार पर लघु प्रदेशों में भी विभक्त किया है।

प्राकृतिक दृष्टि से जानसन का यह वर्गीकरण बहुत अशों तक सही है, परन्तु फसलें मानव संस्कृति से भी प्रभावित होती है। फसलों की खेती को विभिन्न प्रचलित विधियों तथा उत्पादन का लक्ष्य आदि कृषि के स्वरूप को पूर्णतः बदल देते हैं और जलवायु की अनुपुयक्ता रहने पर विविध प्रकार की खेती विकसित हो जाती है।

कृषि प्रदेशों के सीमांकन के आधार पर—कृषि उद्योग के उद्‌विकास, उसकी कार्यशीलता, समरूपता और सम्बद्धता और इसके साथ ही इनसे संबंधित प्रादेशिक विभिन्नता का निर्धारण करने वाले तत्व ही किसी कृषि प्रदेश के सीमांकन के आधार हो सकते हैं। सीमांकन का कार्य सर्वप्रथम 1936 में ह्विटसी ने किया। उसने सीमांकन के लिए निम्नलिखित तत्वों को आधार बताया।

1. पूँजी, श्रम और संगठनात्मक तत्व— विश्व के विभिन्न प्रदेशों में पूँजी की उपलब्धता एक-सी नहीं होती। कहीं पूँजी अधिक लगती है तो कहीं कम। कहीं पूँजी अधिक लगाई जाती है तो कहीं कम। इस प्रकार कहीं मशीनों की सहायता से खेती का विकास हुआ है यह पाश्चात्य जगत की विस्तृत खेती है। और कहीं पुराने तरीकों से अधिक खर्चा किये प्राचीन खेती या श्रम प्रधान खेती की जाती है।

2. कृषि पदार्थों का उपभोग—कृषि के द्वारा अनेक प्रकार की वस्तुएँ प्राप्त होती है।ख यथा भरण-पोषण के लिए खाद्यान और व्यापारिक हित के पदार्थ। वस्तुतः कृषि के दो मुख्य लख्य है—1. भोजन का उत्पादन और 2. व्यवसास के लिए विभिन्न प्रकार की वस्तुओं की प्राप्ति। इस प्रकार कहीं निर्वाहक खेती और कहीं विस्तृत खेती विकसित हो गई है। विस्तृत खेती के अंतर्गत कपास, मक्का, गन्ना, चुकन्दर आदि और पशु फार्मिंग की जाती है।

3. यंत्रों और उपकरणों का प्रयोग—विश्व में इस दृष्टि से अनेक प्रकार के कृषि प्रदेश मिलते हैं। जिन प्रदेशों में विभिन्न प्रकार के यंत्रों आदि का प्रयोग होता है, वहाँ मानव जीवन की दशायें यंत्रों पर ही आधारित होती है।

मानवीय कारक— कृषि का स्वरूप प्रकृतिजन्य विशेषताओं पर ही आधारित नहीं होता बलिक वे अनेक मानसिक तत्वों के सम्मिलित प्रभावों का परिणाम होता है। यथा, जनसंख्या का घनत्व, कृषि की तकनीकी अवस्था और परम्परायें आदि। इनके अतिरिक्त आर्थिक, सामाजिक और राजनैतिक परिस्थितियाँ भी उन्हें प्रभावित करती है।

कृषि प्रदेशों की उत्पत्ति, विकास एवं परिवर्तनों में मानव प्रक्रियाओं का कितना अधिक प्रभाव पड़ता है।, इसका अध्ययन स्पेन्सर और होवार्थ ने सुन्दर ढ्रंग से किया है। इन्होंने यह स्पष्ट कर दिया है कि इसमें निम्नांकित सांस्कृतिक प्रक्रियाएँ कार्य करती है—(1) आर्थिक (2) प्राविधिक (3) कृषि अथवा शस्य वैज्ञानिक (4) राजनैतिक, (5) ऐतिहासिक।

ह्विटलसी के विभाजन की कटु आलोचना हुई। इसमें वस्तुगत विश्लेषण और सांख्यिकीय आधार की कमी बताई गई। इस संबंध में एलबर्न ने अपना विचार प्रस्तुत करके कृषि प्रदेशों के विभाजन के लिए निम्नलिखित 11 तत्वों को प्रस्तुत किया है—

(1) श्रम और पूँजी का सापेक्षिक परिणाम और भूमि से संबंधित उनका अनुमान। (2) व्यापार का स्तर (3) स्थायित्व तथा स्थानांतरण (1) भू-स्वामित्व (4) कृषि प्रदेशों का स्तर, (6) निवासियों के जीवन का स्तर, (7) भूमि की कीमत, (8) उत्पादन और उसका मूल्य, (9) फसलों और पशुओं में संतुलन और (10) विशिष्टीकरण।

उपर्युक्त विभाजन अपने आप में बहुत महत्त्सवपूर्ण है। क्योंकि इसमें आर्थिक विकास कृषि प्रदेश की सम्बन्धता मिलती है। इस विषय पर अध्ययन करने से ज्ञात होता है कि 'निर्वाहक फसल' और 'पशु उत्पादक' कृषिको अलग नहीं रखा जा सकता। इसी प्रकार 'बगाती कृषि' को भी अलग स्थान नहीं दिया जा सकता क्योंकि इसका विकास नगरों के पास होता है और उसमें कोई कोई सम्बद्धता नहीं दिखाई पड़ती।

वान थुनेन का कृषि अवस्थापन के सिद्धांत

उन्नीसवीं सदी के पूर्वार्द्ध में जान वान थुनेन (Johann von Thunen) ने आर्थिक सिद्धान्तों के आधार पर कृषि के विभिन्न प्रकारों के अवस्थापन को स्पष्ट करने के लिए एक सिद्धान्त प्रस्तुत करने का प्रयत्न किया। वान थुनेन सेस्टक नगर के नजदीक मेकलेनबर्ग में एक कृषि सम्पदा का प्रबंध करते थे। उन्होंने अपने क्षेत्र में विविध कृषि कार्यकलापों की वस्तुस्थिति का अवलोकन किया और स्वयं द्वारा प्रबंधित फार्म लेखा का उससे सम्बन्ध स्थापित किया। उनके द्वारा रचित सिद्धांत ने अर्थशास्त्रियों तथा भूगोलविदों को प्रादेशिक अवस्थापन के कई विवादों के लिए विशेष सामग्री प्रस्तुत की।

यों तो वान थुनेन का सिद्धान्त और पर्यवेक्षित तथ्यों के बीच में स्पष्ट असंगतियाँ हैं, किन्तु इसका कारण अन्य सिद्धान्तों की तरह ही इस सिद्धान्त की अनिवार्य उपधारणायें थीं कि एकलित अवस्था में एक प्रधान नगर के चारों ओर कर्षण योग्य समान भौतिक दशाओं वाला क्षेत्र था। उस क्षेत्र की सारी अतिरिक्त पैदावार एक केन्द्रीय नगर में विक्रय होने लगी थी। इसके आगे यह कल्पना की गई थी कि सम्पूर्ण परिवहन का एक ही स्त्रोत था। वहाँ परिवहन परिव्यय दूरी के अनुपात

में थे। परिवहन का खर्च किसानों द्वारा उठाया जाता था। फलस्वरूप नगर के चारों तरफ संकेंद्रवलय मालाएँ अथवा विभिन्न उत्पादन क्षेत्र बनेंगे। हर वलय की सीमाओं का निर्धारण अधिकतम उप-शुल्क के सिद्धांत द्वारा प्रतिपादित होगा।

यह वस्तुतः परिवहन परिव्ययों को ध्यान में रखकर 'प्रति एकड़' अधिकतम लाभ प्राप्ति द्वारा प्रेरित होता है। वान थुनेन के युग में शहर में ईंधन के लिए लकड़ी की भारी मांग थी। यदि लकड़ी को एक स्थान से अन्यत्र स्थानांतरित करने का यातायात खर्च अल्प हुआ तो राई की अपेक्षा लकड़ियों से प्रति एकड़ ज्यादा लाभ प्राप्त होगा। अगर लकड़ियों को ढोने में कम परिवहन खर्च लगे तो उससे राई की तुलना में प्रति एकड़ अधिक लाभ प्राप्त होता था। किन्तु क्रय-विक्रय परिव्ययों ने परिधि को सीमित कर दिया, जिसके अंतर्गत यह शर्त प्रयुक्त होती थी। वास्तव में वान थुनेन के नमूने में सब्जी खेती व दुग्ध उत्पादन के क्षेत्रों को छोड़कर लकड़ी उत्पादक क्षेत्र नगर के समीप ही था। इनकी सीमाओं का निर्धारण मंद परिवहन व इसके परिणामतः नाशवान मालों के उच्च परिव्ययों द्वारा होता था। लकड़ी उत्पादन करने वाले मंडल के आगे कम सघनता वाले कृष्य उत्पादन मंडल थे।

उच्च परिवहन परिव्ययों की कमी की पूर्ति निम्न उत्पादन परिव्ययों द्वारा होती थी। तीसरे मंडल के आगे अत्यल्प सघन प्रणाली वाला पशुधन कर्षण क्षेत्र था। व्यावहारिक जीवन में एकलित अवस्था की नियत दशाएँ व परिवहन का एक रूप नहीं पाया जाता है। यदि भिन्न-भिन्न मृदाओं के विषय में कुछ भी न कहा जाए तो भी प्रतिस्पर्धात्मक क्रय विक्रय व अस्थिर परिवहन खर्च प्रत्येक क्षेत्र में स्थिति को और भी अधिक उलझनपूर्ण बना देते हैं। वान थुनेन द्वारा प्रस्तुत किये गये वितरण के प्रकारों के चिन्ह आज भी पाये जाते हैं। इनका एक व्यावहारिक कारण यह है कि दूरवर्ती खेतों से उपज प्राप्त करने में अधिक परिव्यय लगता है या वासभूमि या अधिवास के पास की भूमि की तुलना में दूर की भूमि को जोतने में अधिक परिव्यय उठाना पड़ता है। ऐसी स्थिति उस सीमा तक पाई जाती है जब तक कि परिवहन परिव्यय मृदा-उत्पादकता के अंतरों, भूमि-मूल्यों, जलवायु या अन्य भिन्न रूपों द्वारा महत्त्व में नहीं बढ़ जाते।

ऐसे जगह जिनमें यंत्रीकृत परिवहन के साधन मौजूद होते हैं उन्हें छोड़ अन्य स्थानों में थोड़ी दूरी पार करने पर ही उत्पादक कार्य करने में समय व शक्ति कम हो जाती है। अतएव इन प्रदेशों में कृषि के ज्यादा सघन रूप मिलते हैं। नजदीकी राष्ट्रों में खेती वाले गांवों के चारों तरफ प्रभावी मंडल पाये जाते हैं। चिशोल्म ने ऐसे अनेक उदाहण दिये हैं। उन्होंने इसके साथ ही परिव्ययों की पृष्ठभूमि तथा समय

के खर्च पर भी विचार किया है। चिशोल्स ने साक्ष्यों का सारांश तैयार किया है। समान परिमाण वाली दूरियों की आवृत्ति पर ध्यान दिया। उन्हें विभिन्न तकनीकी उपलब्धियों वाले लोगों व स्पष्ट रूप से विविधता लिए हुए भौतिक लक्षणों से युक्त आबाद क्षेत्रों में इनकी स्थिति आलोचनात्मक दिखाई पड़ी। किसी भी विशिष्ट सिंचाई प्रणाली व उद्यान कृषि के लिए निकास से लगभग एक किलोमीटर की दूरी कुछ ही क्षणों में तय होती है। इसके लिए अधिवास के प्रतिरूप अथवा भूमि उपयोग में समन्जन की कम जरूरत होती है।

तीन अथवा चार किलोमीटर की दूरी होने पर खेती की लागत में वृद्धि के कारण खेती की प्रणाली अथवा अधिवास में हेरफेर करने को बाध्य होना पड़ता है। उदाहरणार्थ, गौण अधिवासों की स्थापना करनी पड़ती है, यद्यपि इस बिन्दु पर पहुंचने के पहले सामंजस्य स्पष्ट हो जाते हैं। अधिकतर विश्व में वर्तमान प्रवृत्ति यह है कि अगर फार्म पर किसान का मकान न हो तो ग्रामीण अधिवास के प्रतिरूप व भूमिजोत को इस तरह सुधारा जाए कि जोती गई भूमि से किसान के मकान की दूरी एक अथवा दो किलोमीटर तक ही सीमित हो। जब कोई व्यक्ति किसी गाँव की भूमि से है तो उसे देहात के संकेन्द्र-क्षेत्र के अनेक तत्त्वों के मुश्किल विन्यास का पता चलता है।

ग्रामीण अधिवास के चारों तरफ प्रथम क्षेत्र होता है। इस क्षेत्र से गाँव का दृश्य नियंत्रित होता है। इसमें खेतों के लघु खंड होते हैं, जो कांटेदार नाशपाती के पेड़ों की बाड़ से घिरे होते हैं। उनमें जैतून, सागभाजी, बादाम तथा अंगूर की बेलें लगाई जाती हैं। ग्राम में टेढ़े मेढ़े रास्तों वाला क्षेत्र (लेबिरिंथ) सिर्फ एक संकरी पट्टी के रूप में होता है। इस पट्टी की दृश्यभूमि चौरस, बिना बाड़ या दीवाल वाली तथा वृक्षविहीन होती है। ये कृषित भूमियाँ होती हैं।

गाँव के क्षेत्र में समस्त भूमि की जुताई की जाती है, इसकी दूरी बढ़ने पर यह क्षेत्र क्रमशः अनुपजाऊ होता जाता है और परती भूमि की मात्रा बढ़ती जाती है। दूसरा उदाहरण भारत से लिया गया है। यह उदाहरण यह स्पष्ट करता है कि निकटवर्ती भूमियाँ अधिक उपजाऊ क्यों होती हैं? इसके दो कारण बतलाये गये हैं।

प्रथम कारण यह है कि सुविधाजनक देखभाल हेतु वासभूमि का चयन किया गया है तथा दूसरा कारण यह है कि वहाँ खाद आसानी से प्राप्त हो जाती है। गाँव के चारों ओर अधिक उपजाऊ, भारी खाद से परिपूर्ण व सिंचित भूमि होती है। इनके आगे दूसरा मंडल स्थित होता है जो प्रमुख रूप से खाद्यान्न फसलों के उत्पादन में लगा रहता है। इस मंडल में कुओं व नहरों से सिंचाई की जाती है। सबसे बाहरी मंडल

उर्वरकता की दृष्टि से तुलनात्मक रूप में कम उपजाऊ होता है। इसमें ज्यादातर बाजरा, ज्वार इत्यादि व चारा फसलें बोई जाती हैं। यद्यपि मार्गों द्वारा यह प्रतिरूप नष्ट हो जाता है इसे वान थुनेन ने भी स्वीकार किया है। एक जलमार्ग के विद्यमान होने के परिणामस्वरूप उन्होंने अपनी सकेन्द्रीय शृंखलाओं में सुधार किया है।

जमीन का दोहन सड़क और रेलमार्गों के विकास के कारण बढ़ने के साथ-साथ सुविधाजनक हो जाता है। इसके दोनों तरफ की संकरी पट्टियों से विकास रूक जाता है। इनका विकास सड़क मार्गों और रेलमार्गों के विकास होने के फलस्वरूप ही होता है। स्वीडन के भूगोल-वेत्ता ओलोफ जोनासन (Olof Jonasson) ने वान थुनेन के नमूने को यूरोप के कृषि वितरण से सम्बन्ध स्थापित करके उसे विकसित किया है।

उन्होंने एक आरेख तैयार किया गया है, जो 1925 में यूरोप की कृषि पर वान थुनेन के नमूने का रूपान्तर है। उनके द्वारा अभिगृहीत उत्पादन के क्षेत्र निम्नांकित थे–

1. उद्यान कृषि

   क्षेत्र 1. नगर व उसके उपनगरीय भाग।
   सब्जीघर तथा पुष्पोत्पादन

   क्षेत्र 2. सागभाजी उपजें आलू, फल और तम्बाकू।

2. सघन डेरी उद्योग सहित सघन कृषि।

   क्षेत्र 3. डेरी उपजें, गोमांस वाले पशु, मांस के लिए भेड़ें, बछड़े का मांस (Veal), चारा फसलें, जई, रेशा उत्पादन के लिए फ्लेक्स।

   क्षेत्र 4. साधारण कृषि, सूखी घास, अनाज पशुधन।

3. विस्तृत कृषि

   क्षेत्र 5. रोटी वाले खाद्यान्न तथा तेल प्राप्ति हेतु फ्लेक्स।

4. विस्तृत चरागाह

   क्षेत्र 6. पशु मांस (नमक, धुआं लगाया हुआ, वातानुकूलित तथा डिब्बों में भरा हुआ मांस) हड्डियाँ, चर्बी तथा चमड़े।

5. वन्य कृषि

   क्षेत्र 7. बाह्य परिधीय क्षेत्र, वन।

जोनासन ने यह स्वीकार किया कि पण्यक्षेत्र में भूमि उपयोग के क्रमों पर दूरी के प्रभावों का एक भी ऐसा उदाहरण देखने को नहीं मिला है। यद्यपि उन्होंने ऐसे

कई समानान्तर उदाहरण प्रस्तुत किये हैं। इस संदर्भ में उन्होंने मास्को, इंडियानापोलिस तथा ब्युनसआयर्स के उदाहरण प्रस्तुत किये हैं। उन्होंने टेक्सास के एडवर्डस पठार पर इस आदर्शक्रम से मिलती-जुलती दशाएँ पाकर प्रसन्नता अभिव्यक्त की। उन्होंने इन दशाओं को नया रूप देकर दोबारा प्रस्तुत किया है। संकेन्द्र-कृषि प्रदेशों के इस प्रारूप में लगातार पाये जाने वाले तत्त्व सब्जी की कृषि के क्षेत्र हैं जो कई शहरों के समीप पाये जाते हैं।

लोग ताजी सागभाजी के लिए ज्यादा मूल्य देने को तत्पर रहते हैं, इसलिए सागभाजी उत्पादकों को ज्यादा प्रतिफल मिल जाता है। इस कारण से ये क्षेत्र अभी भी जीवित हैं। साग भाजियों को थोड़ी दूर ले जाना पड़ता है अतः यातायात लागतें कम पड़ती हैं। इसलिए इनको शीतल करके अथवा डिब्बों में भरकर बेचने की तुलना में ताजा बेचने में ज्यादा पैसा मिल जाता है। इन कारणों से उत्पादकों को नगरीय पण्यक्षेत्र के पास ही साग भाजी उगाने की प्रेरणा मिलती है। पुनश्च, जैसा कि तीसरे अध्याय में लिखा गया है कि साग भाजी उत्पादन करने से इतना लाभ प्राप्त हो जाता है कि किसान भूमि के क्रय करने या उपशुल्क देने में ज्यादा मूल्य चुका सकता है। वह कृषि के अन्य रूपों से इतना उच्च मूल्य नहीं चुका सकता है।

साग सब्जी उतपादक प्रदेश से जुड़े क्षेत्र अथवा उसके चारों तरफ स्थित क्षेत्र सामान्यतः नगरीय प्रदेशों हेतु ताजे दूध के उत्पादन में वैशिष्ट्य प्राप्त कर लेते हैं। यद्यपि, आजकल नगरों को दूध सुदूरवर्ती क्षेत्रों से तेज परिवहन साधनों के द्वारा सुलभ होने लगा है। सघन डेरी उद्योग अपेक्षाकृत कम सघन डेयरी उद्योगों की तुलना में अधिक आमदनी प्राप्त करते हैं, इसलिए वे भूमि के उच्च मूल्यों को वहन कर सकते हैं। सब्जी कृषि या डेयरी उद्योग की आर्थिक विशेषताओं के सम्बन्ध में बखान करते समय प्रत्येक व्यक्ति को सावधानी रखनी चाहिए। चिशोल्स ने इंग्लैण्ड व वेल्स की सब्जी, फल और पुष्प की उन्नतीस फसलों के काउन्टी बार वितरण का परीक्षण किया है। इसके लिए उन्होंने स्थानीयकरण गुणांक का प्रयोग किया। यह औद्योगिक स्थिति के विश्लेषण के लिए उपयोग में लाया जाता है। इसमें हर सस्य के तहत क्षेत्र को काम में लगे हुये लोगों की संख्या से प्रति स्थापना करना पड़ता है। अगर काउंटियों में सभी निर्दिष्ट फसलों के अनुपात में एक विशिष्ट फसल वितरित की जाती है तो स्थानीयकरण गुणांक शून्य होगा। दूसरी तरफ अगर यदि मान एक के पास पहुँचे तो इससे बहुत ही उच्च स्थानीयकरण प्रदर्शित होता है।

परीक्षण की कई सस्यों में निम्नतम स्थानीयकरण प्याज, चुकन्दर, बाकला, शलजम, स्वीडन के रनर से, शलजम तथा फ्रेंच सेम में पाया गया है। यह 0.27 से

0.36 तक स्थानीयकरण के आरोहीक्रम में था। ये सभी फसलें सस्यावर्तन के भाग हैं। ये विभिन्न भौतिक दशाओं को सहन कर सकती हैं व अधिक नाशवान नहीं हैं। इसके प्रतिकूल सेलरी का गुणांक 0.61 है। इसके लिए उत्तम पानी निकास वाली गहरी मृदाओं की जरूरत होती है। यह नोरफोक, इली द्वीप तथा निकटवर्ती क्षेत्रों में उगाई जाती है।

स्थानीयकरण के विचार को स्मरण में रखते हुए लंदन प्रदेश में टमाटर खुले वातावरण में उगाये जाते हैं। अधिक क्षेत्रफल (10,000 हेक्टेयर से अधिक) में बोई जाने वाली फसलों में ब्रुसेल्स स्प्राऊट्स अधिक स्थानीकृत (गुणांक 0.48) है। इनके अंतर्गत देश का एक चौथाई क्षेत्रफल बेडफोर्डशायर में है। तृतीय अध्याय में यह लिखा गया है कि लंदन क्षेत्र से खाद पूर्ति की समाप्ति से बेडफोर्ड शायर में विपणित उद्यान कृषि के लक्षणों में बदलाव हो गया है ऐसा संचार सुविधाओं में सुधार हो जाने के कारण सुदूर स्थित क्षेत्रों में ब्रुसेल्स स्प्राउट्स तथा अन्य फसलों की पूर्ति के कारण संभव हो सका।

इसके अलावा दूसरे कारकों ने भी इस बदलाव को बढ़ावा दिया। क्राइस्टचर्च एक बहुत ही लघु शहर है। न्यूजीलैन्ड के 'साऊथ आयरलैन्ड' के प्रधान नगरों में इसका स्थान नहीं आता है। यह अन्य बड़े शहरों से एकलित स्थिति में पाया जाता है। इस नगर में विपणित उद्यान भूमि का क्षेत्र उसकी सीमाओं तक फैला हुआ है। यह जलवायु की दृष्टि से अधिक अनुकूल क्षेत्र है। नेल्सन जिला इसका एक उत्तम उदाहरण है। उत्पादकों को इस कमी की पूर्ति शहर के पास अन्य परिवहन परिव्ययों द्वारा हो जाती है। क्राइस्टचर्च के चारों ओर का क्षेत्र मांसल मेमनों के उत्पादन की दृष्टि से पूर्णतः उपयुक्त नहीं है तो भी शहर के पश्चिम में हल्की व शुष्क मृदाओं वाले क्षेत्र में इनका उत्पादन किया जाता है। यह निकटवर्ती केंटरबरी मैदानों का प्रधान उद्योग है। विभिन्न प्रकार के डेयरी उद्योगों में भी प्रत्यक्षतः भेद पाया जाता है।

नगर दुग्ध प्रदाय को मक्खन व पनीर उद्योगशाला द्वारा प्रदत्त वैकल्पिक पदार्थों की तुलना में प्रति गैलन दूध से अधिक मूल्य प्राप्त होते हैं। इस कारण से नगरों के निकट डेरी उत्पादन करने वाले कृषक दुग्ध उत्पादन उद्यम नगर में दुग्धपूर्ति के लिए करते हैं। इस दृष्टि से सुदूरवर्ती किसान उनसे होड़ नहीं कर पाते तथा उन्हें मक्खन-स्नेक मूल्य स्वीकार करने पड़ते हैं। इन कृषकों को दुग्ध उत्पादन की अपेक्षा मेमना-स्नेह उत्पादन करना अधिक आकर्षक दिखाई देता है। इस प्रकार वह नगर दुग्ध प्रदाय से सम्बद्ध रहता है, और वह बाहरी क्षेत्रों पर छाया रहता है।

सुदूरवर्ती पहाड़ी प्रदेशों में भेड़ को मांसल बनाने वाले फार्म हैं। वहाँ कम भेड़ों को इसलिए नहीं रखा जाता कि वे उच्च परिवहन खर्च को सहन कर सकते हैं बल्कि वहाँ भूमि की नैसर्गिक उर्वरता कम होती है। इसके कारण वहाँ विस्तृत चराई नहीं की जाती है। इस तरह इस क्षेत्र में कृषि भूमि प्रयोग में कतिपय वलय पाये जाते हैं। ये वान थुनेन द्वारा अभिगृहीत सिद्धान्त की याद दिलाते हैं। किन्तु प्रकरण में मृदा और जलवायु के कारण परिवहन परिव्ययों के कार्यों को सीमित कर देते हैं। वान थुनेन के युग से बहुत से अर्थशास्त्री उद्योग के अवस्थापन के सामान्य सिद्धान्त की खोज करने में व्यस्त रहे हैं। किन्तु उनका सम्बन्ध कृषि की तुलना में वस्तु निर्माण उद्योग के वितरण से ही रहा है।

वेबर (Weber), लोश (Losch), हूबर (Hoover), तथा अन्य विद्वानों ने एक स्थान पर उद्योगों के स्थानीयकरण से किसी वस्तु निर्माण फर्म को प्राप्त होने वाले लाभों की खोजबीन की है। उन्होंने यह पता लगाया कि सबसे कम परिव्यय कहाँ बैठता है और सबसे अधिक आमदनी कहाँ होती है। ये समस्त सिद्धान्त कृषि उद्यमों के स्थानीयकरण के उत्तम सैद्धांतिक अध्ययन से जुड़े हैं। इसार्ड (Isard) ने भूमि उपयोग द्वारा स्थानीयकरण के औद्योगिक व कृषि रूपों को मिलाने का प्रयत्न किया है। डून (Dunn) ने अवस्थापन के सिद्धान्त को विशेष रूप से कृषि पर प्रयुक्त किया है। किसी अवस्थापना के सिद्धान्त को कई समस्याओं का निराकरण करने में समर्थ होना चाहिए। किसी किसान को यह निर्देशन प्राप्त होना चाहिए कि दी गई समस्याओं को उत्पादित करने के लिए उसे कितनी सघन जुताई करनी चाहिए।

प्रांतीय और राष्ट्रीय स्तर पर नीति नियंताओं को आर्थिक एवं क्षेत्रीय योजनागत कठिनाइयों का हल ढूंढने में समर्थ होना चाहिए। अभी तक इन उद्देश्यों की पूर्ति नहीं हो सकी है। आर्थिक विश्लेषण में प्रयुक्त विधियों में बढ़ती हुई पेचीदगियों को पूर्णतः समझने के लिए अब गणित का पर्याप्त ज्ञान होना चाहिए। अभी अवस्थापना का कोई भी सिद्धान्त पृष्ठभूमि की पेचीदगियों, मानवीय तर्क शक्ति की कठिनाइयों तथा सभी अर्थव्यवस्थाओं को लगातार प्रभावित करने वाले परिवर्तनों का सामना नहीं कर सका है। डन विश्लेषण की एक ऐसी सामान्य रूपरेखा तैयार करना चाहते हैं जो कृषि अर्थशास्त्र के क्षेत्र में वर्तमान प्रविधि का मूल्यांकन कर सकने में मदद कर सके तथा कृषि-क्रियाओं के अध्ययन में नये उपगमनों का सुझाव दे सके।

उत्पादन के अभिविन्यास को समझना तथा इस तथ्य को पहले की तुलना में आगे बढ़ाना ही स्थानिक अभिविन्यास तथा सम्पूर्ण आर्थिक समस्याओं का एक

अविभाज्य अंग है किन्तु इसमें यह सुझाव नहीं है कि अवस्थापन समस्याओं का समाधान करने के लिए यह सक्षम सिद्धान्त है। कोई व्यक्ति यंत्र में आंकड़े डालकर ऐसा उत्तर प्राप्त नहीं कर सकता है जो कृषि उत्पादनों के अनुकूलतम भौगोलिक वितरण को स्पष्ट कर सके। वास्तविक प्रकरण में बहुत अधिक असांतत्य के स्रोत व अनिधार्यता के तत्त्व उपस्थित होते हैं। इस ग्रंथ में स्थान के अभाव के कारण इस नवीन उपगमन पर विचार नहीं किया गया है।

इसका लाभदायी मूल्यांकन करने हेतु सबसे पूर्व विश्लेषणातमक प्रक्रियाएं सीखने की आवश्यकता होती है। उनके व्यावहारिक अनुप्रयोग की कमी के कारण उन पर विचार करना उपयुक्त नहीं है। किन्तु हमें यह ध्यान रखना चाहिए कि इस प्रकार के सिद्धान्तों के विकास के अंतिम में यह नतीजा होता है कि वे प्रयोग में लाने योग्य बन जाते हैं। वे ज्यादा समालोचनात्मक आनुभविक अन्वेषण में मदद पहुँचा सकते हैं। इसलिए वे स्वतः ही एक स्थानीयकरण के सामान्य सिद्धान्त में योगदान कर सकते हैं। हमें यह ध्यान में रखना चाहिए कि वान थुनेन तथा बाद के अवस्थापन सैद्धान्तिकों का प्रमुख उद्देश्य आदर्श अवस्थापना का निर्धारण करना था। विशेषकर वान थुनेन कुछ विशिष्ट परिकल्पनाएँ प्रस्तुत करके प्रेक्षित वितरणों को समझाना चाहते थे।

वास्तव में कृषि क्षेत्रों को व्याख्यायित करने के कार्य इससे सर्वथा पृथक् है। इस सम्बन्ध में इस अध्याय के आरम्भ में विवेचन किया गया है तथा इससे ही भूगोलवेत्ता विशेषरूप से सम्बन्धित हैं। इस समस्या का अनिवार्य पहलू कहाँ क्या अवस्थित है, उसे पहचानना व सुस्पष्ट क्षेत्रों की सीमाओं का निर्धारण करना है। अवस्थापन सिद्धान्त इन प्रतिरूपों को समझाने में मददगार हो सकता है। वह यह बता सकता है कि उन प्रतिरूपों को कैसे रूपान्तरित किया जा सकता है व यह बतलाया जा सकता है कि अधिकतम आर्थिक लाभ के लिए विभिन्न प्रतिरूपों को क्यों निर्मित करना चाहिए। यद्यपि उनके अन्य विचारों का विरोध हो सकता है। क्षेत्रों को परिभाषित करने का प्रमुख कार्य आनुभविक अध्ययनों पर है।

ग्रोटवाल्ड का आनुभविक विश्लेषण

ग्रोटवाल्ड (Grotewald) ने बताया है कि तथ्यों का वास्तविक पर्यवेक्षण किया जाता है तथा उनसे व्यापक निष्कर्ष निकाले जाते हैं। ये पिछले सिद्धान्तों की तुलना में अधिक प्रामाणिक होते हैं। वे साध्यों पर अवलम्बित नहीं होते हैं। अतः उनकी

यथार्थता पर संदेह व्यक्त नहीं किया जा सकता है। आनुभविक विश्लेषण की अनेक विधियाँ हो सकती हैं। इन विधियों पर विद्यार्थियों को ध्यान देना चाहिए तभी वे कृषि प्रदेश का अर्थ समझ सकेंगे। सबसे पहले ओ. ई. बैकर (O. E. Baker) तथा उनके सहयोगियों के अग्रगामी अध्ययन की टीका करना जरूरी है। ओ. ई. बेकर संयुक्त राज्य के कृषि अर्थशास्त्र के ब्यूरो में अर्थशास्त्री थे। उन्होंने आर्थिक भूगोल पत्रिका (Economic Geography) के प्रथम अंक में भौतिक व आर्थिक सिद्धान्तों का वर्णन किया है। ये सिद्धान्त सस्य-विवरण को स्पष्ट करते हैं –

(1) मूल्य की प्रति इकाई के पीछे कम बोझ अथवा वजन वाले सस्य या अन्य कृषि उपजें परिवहन खर्चों को ठीक से वहन कर लेते हैं, इसलिए उन्हें उगाया जाता है। इसका परिणाम यह होता है कि जिन क्षेत्रों में अधिक अनुकूल भौगोलिक दशाएँ होती हैं वहाँ उन्हें बोया जायेगा। भारी फसलें जो परिवहन खर्चे वहन नहीं कर सकती हैं उन्हें स्थानीय माँग की पूर्ति के लिए स्थानीय रूप से बोया जायेगा।

(2) सस्य या अन्य कृषि उपजों की पर्याप्त माँग होने पर उन्हें भूमि पर बोने के लिए सबसे पहले विकल्प के रूप में चुना जाता है। इनका उत्पादन पानी हवा तथा अन्य भौतिक दशाओं द्वारा सीमित होता है। इस प्रकार इसे स्वाभाविक एकाधिकार प्राप्त होता है। इसका नतीजा यह होता है कि अन्य सस्यों या उत्पादनों की अपेक्षा उन्हें अधिक मूल्य प्राप्त होता है। अतएव दूसरे फसलों की तुलना में वह ज्यादा मात्रा में बोया जाता हैं।

(3) सस्य संयोजन करना मजदूरों की मौसमिक जरूरतों को एक समान बनाने के लिए जरूरी है। सस्य संयोजन इस प्रकार किया जाए जिससे कि मृदा की उर्वरता बनाई रखी जा सके व कीड़ों और अन्य बीमारियों से उन्हें आजाद रखा जा सके।

(4) कई व्यय और कृषि पैदावारों की यह प्रवत्ति होती है कि उन्हें मौसमी जरूरतों के अनुसार मजदूरों की आवश्यकता होती है। कि उन्हें मौसमी आवश्यकताओं के अनुसार मजदूरों की जरूरत होती है। इस परिवर्तनशील श्रमिक मांग के कारण वहां की कृषि विविधपक्षी हो जाती है।

(5) फार्म जनसंख्या का चरित्र व समुदाय में निपुणता तथा अनुभव बढ़ता रहना चाहिए। यह कारक कम महत्त्वपूर्ण नहीं है।

(6) विविध सस्य उत्पादन की प्रवृत्ति के विपरीत अत्यधिक मूल्यवान भूमि पर ज्यादा उत्पादक सस्यों (मूल्य प्रति एकड़) को उगाना चाहिए। जनसंख्या की वृद्धि और भूमि के सापेक्ष अभाव के कारण यह प्रवृत्ति प्रबल होती जा रही है क्योंकि अधिक

व्यय साध्य भूमि और बहुत अधिक मजदूरों को लाभप्रद रूप में काम में लगा हुआ होना चाहिए।

ओ. ई. बेकर का कृषि प्रदेश विश्लेषण

1926 और 1934 के बीच में ओ. ई. बेकर के बारह निबन्ध 'आर्थिक भूगोल पत्रिका' में प्रकाशित हुए। इन निबन्धों में उन्होंने उत्तरी अमरीका के कृषि प्रदेशों का विश्लेषण किया है। दूसरे लेखकों ने अन्य महाद्वीपों को अलग-अलग कृषि प्रदेशों में विभाजित किया है। बेकर ने सिद्धान्तों के आधार पर कृषि क्षेत्रों को ढूंढ़ने का प्रयास नहीं किया अपितु उन्होंने पूर्व से ही स्वीकृत क्षेत्रों को स्वीकार किया और अन्य क्षेत्रों का पता लगाने के लिए उन्होंने व्यावहारिक ज्ञान व सांख्यिकी का सहारा लिया। बेकर का प्रमुख कार्य क्षेत्रों की स्थिति का निर्धारण व वर्णन करना था। उनका उद्देश्य क्षेत्र के आन्तरिक अथवा बाह्य सम्बन्धों का वर्णन करना नहीं था। उनके कार्यक्षेत्र का वर्णनात्मक अध्ययन अनूठा था। उनका यह योगदान आर्थिक भूगोल की तुलना में प्रादेशिक भूगोल में था।

परिवर्तित कृषि प्रतिरूपों का ध्यान रखने के लिए 'कार्न क्षेत्र' का दोबारा नामकरण किया गया है। यह सीमा निर्धारण की समस्याओं के दृष्टांत का एक उत्तम उदाहरण है। कुछ प्रकरणों में बेंकर ने उन सीमाओं का उपयोग किया है जिनके आगे फसलों की खेती बिलकुल ही नहीं की जा सकती है। उदाहरणार्थ कपास की उत्तरी सीमा। इस महाद्वीप में मक्का बहुत दूर-दूर तक बोई जाती है इसलिए श्रेष्ठ मक्का उगाने वाले क्षेत्र को प्रकट करने के लिए अखण्डनीय विधि को ढूँढ़ना जरूरी था। उन्होंने मक्का क्षेत्र की सीमाओं में पूर्वी मध्य संयुक्त राज्य के ऐसे भागों को अपेक्षाकृत तौर पर शामिल किया जिनमें मक्का विशाल मात्रा में पैदा होती है तथा उनमें अन्य फसलों की अपेक्षा मक्का की फसल अत्यधिक महत्त्वपूर्ण होती है।

इस सीमा में मक्का और शरद्‌कालीन गेंहू का ज्यादातार क्षेत्र आ जाता है : उनका क्षेत्र निर्धारण का अर्थ यह था कि वहाँ कौन-सा सस्य प्रधान है। इस अर्थ में सम्पूर्ण फार्म संगठन का केन्द्र मक्का है जिसमें सस्यावर्तन भी शामिल है। किन्तु उनका यह कथन नहीं है। मक्का के सापेक्षिक महत्त्व के परिमाणात्मक माप को मानचित्रित किया जा सकता है।

इस सम्बन्ध में उनका कथन है कि 'दक्षिणी सीमा के किनारे-किनारे वार्षिक औसत उत्पादन 3000 बुशल प्रति वर्ग मील है। इतना ही उत्पादन उत्तरी व पूर्वी सीमाओं के किनारे-किनारे पाया जाता है। उन्होंने यह नहीं बताया है कि किस विधि

के द्वारा वे 3000 बुशल के अंक पर पहुँचे व उन्होंने इसको दृढ़ता से प्रयुक्त किया है, अथवा नहीं। इस प्रकार के प्रकरणों में सही प्रक्रिया यह है कि एक-एक फार्म की जाँच की जाए और सस्य क्रमों के साथ-साथ लगभग बाहरी सीमा से आन्तरिक सीमा तक भली-प्रकार सर्वेक्षण किया जाए।

क्षेत्र की सीमा निश्चित करने के उपरान्त यह ऐसे बिन्दु जहाँ पर मक्का प्रधान फसल नहीं है उन्हें जोड़ने वाली रेखा व अन्य भौतिक अथवा आर्थिक सीमाओं के बीच सादृश्यता देखी गई है। यह उनके दृढ़ अन्योन्य सम्बन्ध को पुष्ट करती है। किसी भी अन्योन्य सम्बन्ध का उस समय तक कोई महत्त्व नहीं होगा जब तक कि इसके द्वारा जुड़े चर पूर्णतः स्वतन्त्र नहीं होते। बेंकर की विधियाँ ठीक हो सकती हैं, किन्तु उनके परीक्षण का मार्ग नहीं बताया गया है। इस असफलता के होते हुए भी उनका कार्य सांख्यिकी के उपयोग को बढ़ाने में महत्त्वपूर्ण था। डॉ. बेकर द्वारा किये गये कार्य के महत्त्व को समझकर संयुक्त राज्य में कृषि के प्रकारों का ज्यादा विस्तृत अध्ययन प्रारम्भ किया गया।

1930 की कृषि जनगणना के आँकड़ों के आधार पर सभी फार्मों को बारह प्रकारों तथा पाँच उप प्रकारों में आमदनी के आधार पर वर्गीकृत किया गया। इनका दोबारा संसाधन करके सीमाओं का निर्धारण किया गया तथा 812 कृषि-प्रक्षेत्र-प्रकार बनाये गये। बाद में इन्हें क्षेत्रों तथा प्रदेशों में बाँटा गया। उसी समय हार्टशोर्न तथा डिकेन के सीमांकन करने के लिए उसकी अमरीका निष्कर्ष यूरोप के कृषि क्षेत्रों का वर्गीकरण किया।

सारणी
कृषि के प्रकारों की रूप रेखा

कृषि प्रदेश	*मुख्य सस्य*	*अन्य सस्य*	*सीमाएँ*
1. भूमध्यसागरीय	गेहूँ	जौ, अंगूर, फल	अंगूर और उप-उष्ण कटिबंधी वृक्ष फसलें > 15% सस्य भूमि
2. मक्का-गेहूँ-पशुधन	मक्का	गेहूँ, जई, सूखी घास	कपास < 1/2 मक्का का क्षेत्र-फल एकड़ों में तम्बाकू 20% सस्य भूमि। मक्का तथा गेहूँ 30% मक्का मात्र कम से कम 20% सस्य भूमि।

3. लघु दाना-पशुधन	गेहूं, राई	जई, जौ, आलू सूखी घास	जोती गई फसलें > सूखा चारा तथा चरागाह। गेहूँ और राई > 10% सस्य और चरागाह भूमि।
4. सूखी घास चरागाह पशुधन	सूखी घास	जई, जौ, आलू, साइलेस मक्का	सूखी घास तथा चरागाह जीती गई फसलें, गेहूँ तथा राई > 10% सस्य तथा चारा-गाह भूमि।
5. विस्तृत व्याव-सायिक अनाज	गेहूँ	राई, मक्का, जौ, जई	पशुधन < 20 इकाइयाँ प्रति 100 एकड़ सस्य भूमि। विशाल फार्म, निम्न पैदावार। सस्य भूमि > 20% संपूर्ण क्षेत्र।
6. व्यावसायिक फलो-द्यान तथा सागभाजी	–	–	फलोद्यान तथा सागभाजी > 20% सस्य भूमि।

तथ्यों तथा डाटाओं के मापन पर आधारित दोनों महादेशों की खेती को विश्लेषित करने का यह पहला प्रयास है। सीमाकारी निष्कर्ष एक समसमान रेखा माला से चुने गये थे जो डब्ल्यू. डी. जोन्स द्वारा सुझाई गई विधि पर आधारित थे। किसी एक विशिष्ट सीमा के लिए, उस समान रेखा को चुना गया था जो एक निश्चित प्रकार के दूसरे प्रकार में परिवर्तित हो ठीक से अभिव्यक्त करती हुई उपज के मूल्यों के आधार पर सीमाओं का निर्धारण ठीक से करती थी। मूल्य पर आधारित अनुपात की तुलना में क्षेत्रफल पर आधारित अनुपात भौगोलिक दृष्टिकोण से अधिक महत्त्वपूर्ण माना गया। इसकी वजह यह है कि वह वास्तव में क्षेत्र का मापन है व उसमें प्रत्येक दूसरे वर्ष कम उतार चढ़ाव आते हैं। इस वर्गीकरण हेतु प्रयुक्त की गयी निष्कर्ष की सारणी निम्नवत् दी गयी है। क्षेत्रों की सीमाओं के निर्धारण के आधार का अध्ययन तथा कृषि के प्रकारों की तुलना में ह्विटिलसे द्वारा निर्धारित कृषि के प्रकारों से करना, बड़ा ही उपदेशक है। इनका विवेचन चौथे अध्याय में किया गया है।

इस आलेख में आंकड़ों का प्रयोग करके एक प्रगतिशील कदम उठाया गया। कृषि भूगोल में आँकड़ों का उपयोग वर्गीकरण करने के लिए किया गया। इससे एक वैज्ञानिक मापन का आधार मिला, जिसका उपयोग विभिन्न क्षेत्रों में हो सकता है। किन्तु यह लेख सस्य और पशुधन आँकड़ों को मिलाने में निहित मुश्किलों को

स्वीकार नहीं कर सका। इसी प्रकार सस्य उत्पादन के उद्देश्यों में महत्त्व के अनुसार अंतर करने में वह विफल रहा। उदाहरणस्वरूप विक्रय के सस्य उत्पादन या उपभोग के लिए चारा फसलों का उत्पादन। ब्रिटिश भूगोल वेत्ताओं ने कृषि के प्रकारों का सीमांकन करने के लिए प्रथम विश्वयुद्ध के दौरान सांख्यिकीय आँकड़ों का प्रयोग किया। उनकी भौतिक अथवा प्राकृतिक प्रदेशों के संदर्भ में व्याख्या की गई है।

इंग्लैण्ड तथा वेल्स के प्रथम कृषि एटलस में पेरिश के आँकड़ों का उपयोग किया गया। बिन्दु वितरण मानचित्र के रूप में इनका चित्रण किया गया। आगामी दशाब्दी में इस आधार पर अनेकों अध्ययन किये गए। ब्रिटेन के भूमि उपयोग सर्वेक्षण के प्रतिवेदन में पेरिश के आँकड़ों के आधार पर बिन्दु व सघनता छाया मानचित्रों को प्रामाणिक विधि माना गया। इन प्रतिवेदनों में सांख्यिकीय विधियों द्वारा 1930 की दशाब्दी के आरम्भ में तैयार किये गये भूमि उपयोग के मानचित्रों की व्याख्या में क्षेत्रीय पूछताछ विधि की कमी की पूर्ति हो गई। दुर्भाग्यवश, पेरिशों की **सीमाएँ महत्त्वपूर्ण** उत्सेध आकृतियों से ज्यादातर मेल नहीं खाती हैं, बल्कि यह नदी **घाटियों, निकटवर्ती** उच्च भूमियों या पर्वतीय क्षेत्रों पर से जाता है।

इंग्लैण्ड यद्यपि एक लघु देश है, उसमें अनेक पेरिशों के कारण सूक्ष्म भौगोलिक कार्य के **सम्पादन करने** हेतु उसके उपखंड करना संतोषजनक नहीं होगा। पेरिश के आँकड़े विस्तृत क्षेत्र में वितरण को सुस्पष्ट करते हैं। कुछ काल पश्चात इन क्षेत्रों में बदलाव हो जाता है। उन क्षेत्रों में जहाँ विशद भौतिक व सांस्कृतिक विधिताएँ पाई जाती है वहाँ कृषि क्षेत्रों के विस्तार में अध्ययन के लिए सांख्यिकीय इकाइयों का एक सुन्दर जाल बनाना चाहिए। एक ऐसा सुन्दर जाल तैयार हो गया है व उत्तरी आयरलैण्ड में इसे उपयोग में भी लाया जाने लगा है। वहाँ कृषि आँकड़ों का एकत्रीकरण प्रथम बार पुलिस ने किया था व उन्हें गणना प्रदेशों द्वारा प्रस्तुत किया गया था।

उत्तरी आयरलैण्ड की छः काउन्टियों में उनकी संख्या 550 थी। उनका औसत आकार 6048 एकड़ था। आँकड़ों का कम विवरण प्रकाशित होता है। किन्तु कई वर्षों तक उनके विस्तृत आँकड़े शोधकर्त्ताओं के लिए मौजूद थे। इनकी मदद से अधिक विस्तृत जानकारी वाले वितरण मानचित्रों की रचना की जा सकती है। इसी आधार पर उत्तरी आयरलैण्ड के भूमि उपयोग सर्वेक्षण के प्रतिवेदन में निहित मानचित्रों को संकलित किया गया था। इतने अधिक विवरण के होते हुए भी कुछ जटिलताऐं थीं, जैसे ब्रिटिश पेरिश के समान गणना प्रदेश, अ-1953 में विशेष गणना प्रदेशों में सस्य और चरागाह के लिए जोती गई भूमि का प्रतिशत। जिसमें निम्न भूमियाँ व पहाड़ी क्षेत्र दोनों शामिल हैं।

इस गणना प्रदेश के आधार पर तैयार किये गये मानचित्रों में पेरिश के आँकड़ों के आधार पर तैयार किये गये मानचित्रों की तुलना में कम अशुद्धियाँ थीं। दुर्भाग्यवश संकलन की यह विधि तथा आँकड़ों का संसाधन अब उपयोग में नहीं लाया जा सकता है। परन्तु ऐसा विवरण अब शोध कार्यों के लिए मौजूद नहीं होता है। वर्तमान ग्रामीण प्रदेशों के आधार की अपेक्षा गणना प्रदेशों के आधार पर प्राप्त होने वाले विवरण की मात्रा मानचित्रों द्वारा अभिव्यक्त होती है। इंग्लैंड में कृषि हेतु उत्तरादायी प्रशासकीय प्रभाग हर वर्ष सर्वेक्षण करके आकड़ों का संग्रह करते हैं।

कृषकों के लिए यह कानूनी बंधन होता है कि वे फसलों, पशुधन व काम में लगे हुए श्रमिकों के आँकड़े व अन्य जानकारी दें। वहाँ कानून को यह मान्यता है कि इस प्रकार के आँकड़े पूर्णरूप से गोपनीय माने जायेंगे और उन्हें विश्वसनीय शोधकर्ताओं को भी नहीं बताया जायेगा। यह विधि दुर्भाग्यपूर्ण है क्योंकि वे विश्लेषण हेतु सर्वोत्तम पद्धति का प्रयोग करें। डाक द्वारा भेजी गई प्रश्नावली ज्यादा महत्त्वपूर्ण नहीं मानी गई, किन्तु कुछ काउंटियों से जुड़े शोधकर्ताओं ने इसका भी उपयोग किया। दो काउंटियों में 441 प्रश्नावलियाँ भेजी गई थीं किन्तु इसमें से सिर्फ 87 वापस लौटकर आई। इसलिए व्यक्तिगत क्षेत्रीय पूछताछ पर ही विश्वास किया गया।

यद्यपि फार्म इकाइयों के अनुमाप पर आँकड़ों के संग्रह का कार्य अब पीछे रह गया है, तथापि सस्य क्षेत्रफल के राष्ट्रीय व अंतर्राष्ट्रीय आँकड़े पशुधन की संख्या व कृषि भूमि के अधिकार के अन्य विवरणों के ढेर अब क्रमशः बढ़ते जाते हैं। अतः यह सौभाग्य की बात है कि इतनी विशाल मात्रा में आँकड़ों का संचालन अंगुली संगणक द्वारा किया जाने लगा है। इन कंप्यूटरों की सहायता के बगैर इन आंकड़ों को सहेज पाना अंसभव हो जाता इसकी सहायता से अलग-अलग चरों (different variables) से जुड़े आँकड़े का मिश्रण कठिन वितरणों के प्रतिरूपों को हल करने के लिए किया जाता है। इस प्रकार के कार्य में प्रगति वेवर (Weaver) के कारण सम्भव हुई। उन्होंने संयुक्त राज्य के मध्य-पश्चिमी भाग में उत्पादित विविध साहचर्य वाली सस्यों के आँकड़ों को संग्रह करने हेतु इन कंप्यूटरों का प्रयोग किया। वेवर ने अपना कार्य क्षेत्रफल के आँकड़ों के आधार पर किया। उन्होंने हर सस्य द्वारा अधिकृत कुल काटी हुई सस्य भूमि के प्रतिशत की गणना की। उन्होंने 1081 काउन्टियों का अध्ययन किया। हर सस्य के अंतर्गत किसी भी काउन्टी का एक प्रतिशत क्षेत्र लिया गया। हर काउन्टी के भीतर आकृति क्रम स्थिति के अनुसार अनेक सूक्ष्म सस्य संयोजन स्पष्ट थे। यथा मिनेसोटा की हाउस्टन काउन्टी में मक्का (सी) 33 प्रतिशत, सूखी घास (एच) 33 प्रतिशत, जई (ओ) 30 प्रतिशत,

मिश्रित लघु अनाज 1 प्रतिशत, जैसी कि आशा थी, अन्य काउंटियों में विशिष्ट सस्य संयोजन के समस्त वर्ग पाये जाते हैं। एक ऐसे दृढ़ उपगमन को सोच विचार कर निकालना जरूर था, जो उद्देश्य व निरन्तर सूक्ष्म रूप से दुहराने योग्य प्रक्रियाएं प्रस्तुत करे, और वह विभिन्न वर्षों व स्थानों के लिए तुलनीय निर्णय दे सके। एक प्रामाणिक अनुमाप को जुटाने हेतु एक सैद्धान्तिक वक्र निम्नांकित तरह से प्रयोग में लाया गया।

एक धान्य कृषि-	एक समस्या के अन्तर्गत सम्पूर्ण काटी हुई सस्य भूमि का 100 प्रतिशत।
दो सस्य संयोजन-	दो सस्यों में से हर के अन्तर्गत 50 प्रतिशत।
तीन सस्य संयोजन-	तीन सस्यों में से हर के अंतर्गत 33.33 प्रतिशत तथा यह प्रतिशत व्यवस्थित रूप से समस्त सस्यों में होना चाहिए।
नौ सस्य संयोजन-	नौ सस्यों में से प्रत्येक के अंतर्गत 11.11 प्रतिशत
दस सस्य संयोजन-	दस सस्यों में से प्रत्येक के अन्तर्गत 10 प्रतिशत।

सैद्धान्तिक वक्र के स्थान पर प्रतिशत में वास्तविक मौजूदगी को मापने हेतु मानक विचलन (standard deviation) का इस्तेमाल किया गया है।

जहाँ 'ड' एक दी हुई काउन्टी में वास्तविक सस्य प्रतिशत व सैद्धान्तिक वक्र में आनुमानित प्रतिशत के बीच का अंतर हो तथा 'न' एक दिये गये संयोजन में सस्यों की संख्या हो।

चूंकि निरपेक्ष (absolute) की तुलना में सापेक्ष (relative) मान महत्त्वपूर्ण होते हैं, इसलिए वर्गमूल नहीं निकाले गये थे। इसलिए उपयोग में लाया गया वास्तविक सूत्र निम्नांकित था :

इस तकनीक का निरूपण करने के लिए बेवर द्वारा दिया गया उद्धरण नीचे दिया गया है। 1949 में आओवा की क्योकुक काउन्टी में सस्य प्रतिशत का वास्तविक वितरण सी 54, ओ. 24,एच. 13, एस. (सोयाबीन) 5, डब्ल्यू (गेहूं) 2 था। सैद्धान्तिक आधार वक्र के बदले में नापा गया यह प्रारूप सारणी 10 में दिये गये परिणामों को अभिव्यक्त करता है। सैद्धान्तिक वक्र से वास्तविक प्रतिशत का विचलन तीन सस्य संयोजन के लिए निम्नतम देखा गया है।

इस परिणाम में सर्वसमिका व सदस्यों की संख्या को प्रस्थापित किया। यह काउन्टी के लिए मूल संयोजन सी. ओ. एच. (COH) अर्थात् मक्का-जई तथा सूखी घास है। इस प्रकार 1949 व 1939 के निकाले गये दो वर्षों के अंकों को मानचित्र

पर चित्रित किया गया। काउन्टियों के अनुभागों के चारों ओर समान अंकों व समान सस्यों के आधार पर सीमाएँ खींची गई। दिये गये वर्ग में सस्यों के प्रतिशत की श्रेणी पर विचार नहीं किया गया। उदाहरणस्वरूप मक्का, सूखी-घास, जई (C O H) संयोजनों को एक ही सस्य संयोजन क्षेत्र में इक्ट्ठा कर दिया गया है।

लघु-क्षेत्र-विशेषता वाली सस्य की समस्याओं से छुटकारा पाने के लिए एक प्रतीक का उपयोग किया गया है। जैसे पापकार्न के लिए पी. सी. प्रतीक माना गया है। इस प्रतीक का उपयोग ऐसी विशिष्ट फसल के लिए किया गया है जो कुल काटी हुई सस्यभूमि के 3 प्रतिशत को प्राप्त करें या उससे बढ़ जाये। ये निष्कर्ष किसी प्रदेश के सुदीर्घकाल से स्वीकृत कृषि क्षेत्रों में निहित महत्त्वपूर्ण विविधता को व्यक्ति करते हैं। ओ. ई. बेंकर के अध्ययन के सम्बन्ध में इसका संदर्भ दिया गया है। जहाँ तक प्रमुख सस्यों की सर्वसमिका व उनके तहत सस्यभूमि की सापेक्ष मात्रा का सम्बन्ध है 1949 में दक्षिण पूर्वी विसकॉसिन में डेरी कटिदेश कहे जाने वाले कृषकों की पृथा, दक्षिणी मिशीगन के डेरी किसानों की तुलना दक्षिणी पूर्वी आओव के 'कार्न कटि देश' की खस्सी शूकर तथा गोमाँस फीडर के अधिक समान है।

दक्षिण मिशीगन की एक औसत काउन्टी में उस वर्ष की कृषित भूमि में सस्य-संयोजन उपयोग बहुत ही स्पष्ट थे। इन्हीं की तरह समान लक्षणों से युक्त प्रतिरूप उत्तरी पश्चिमी मिसौरी, उत्तरी पूर्वी इंडियाना व दक्षिण-पूर्वी नेब्रास्का के मक्का कटिदेश वाली भूमियों में पाये जाते हैं। ये बहुत उपयोगी खोजें हैं। ये इस वजह से कम वांछनीय नहीं हो सकती कि वे आर्थिक दृश्यों के दूसरे घटकों के समान स्थिर न होकर बदलावकारी हैं। वेबर हमें यह याद कराते हैं कि इस प्रकार के प्रदेशों का संबंध सस्यों से रहता है वे मात्र सस्य-भूमि-उपयोग साहचर्य को प्रकट करते हैं। वे स्थानापन्न कृषि प्रदेश नहीं बन सकते हैं। वेबर की सस्य संयोजन विधियों को स्काट ने अपनाया। उन्होंने इन तरीकों का उपयोग तसमनियाँ में सस्य व पशुधन संयोजन का सर्वेक्षण करने में किया। उन्होंने प्रक्रिया को अधिक वस्तुनिष्ठ, स्थिर व सूक्ष्म रूप से पुनरावृत्ति योग्य बनाने हेतु कई सुधार किए। उनमें से एक सुधार यह था कि सांख्यिकीय परिभाषा में विशिष्ट सस्यों को मिलाया गया।

तस्मानियाँ में सस्य तथा पशुधन के प्रतिरूपों का अध्ययन यह स्पष्ट करता है कि समूहित संयोजन और कोटिकृत संयोजन दोनों संगत है। इसका कारण यह है कि प्रमुख सस्य प्रदेशों का निर्धारण एवं सामूहिक संयोजन की तुलना कोटिकृत संयोजन ही करता है। पशुधन क्षेत्रों का निर्धारण संयोजन की तुलना में सामूहिक संयोजन ही

करता है। इस बात का पता इस कथ्य से लगता है कि तस्मानियाँ में सस्य संयोजन उतने प्रबल नहीं हैं जितने कि पशुधन संयोजन। कोपॉक ने प्रदेशों को पहचानने के लिए असमान आँकड़ों को जोड़ा। उनका यह काम काफी महत्वपूर्ण था।

उन्होंने वेबर की संशोधित पद्धति का प्रयोग न केवल सस्य तथा पशुधन संयोजनों को प्रस्तुत करने के लिए किया। बल्कि उसने पेरिश को अपने अध्ययन का आधार नहीं बनाया। इसका कारण यह है कि इंग्लैण्ड में पेरिश की संख्या 10,000 से अधिक है और अगर संगणक का उपयोग ही किया जाए तो भी आँकड़ों को सम्हालने की एक सीमा होती है क्योंकि अभिलेखों से सूचनाओं को निकालना, कार्डों को छिद्रित करके रखना अथवा उनके टेप का अभिलेखन करने में समय का दूरुप्रयोग होता है। इस कार्य के लिए उसने राष्ट्रीय कृषि सलाहकार प्रदेशों का उपयोग किया।

स्कॉट का यह ध्येय था कि इन निष्कर्षों को कृषि क्षेत्रों को व्याख्यायित करने में लगाया जाय। उनके लेखानुसार–

इन प्रदेशों की कुल संख्या 350 थी। इस प्रकार का प्रदेश 30 या 40 पेरिशों व कई सौ फार्मों से मिलकर बना हुआ था। जैसा कि पहले कहा गया है प्रादेशिक अध्ययन हेतु पेरिश स्वतः भी अत्यधिक बड़ी इकाई हो जाते हैं। कोपॉक ने कुछ बड़ी क्षेत्रीय इकाइयों का प्रयोग करके इसकी क्षतिपूर्ति की। सलाहकार जिलों के आकार समांगी थे। तकरीबन 90 फीसदी सलाहकार जिले 80 से 280 वर्गमील क्षेत्रफल की कोटी में आ गये। पेरिशों की अपेक्षा उनकी भौतिक दशाओं में ज्यादा विविधता नहीं थी। कोपॉक ने सस्य और पशुधन के अनेक संयोजनों की प्राप्ति के लिए डी. थामस द्वारा विकसित वेबर की विधि का प्रयोग किया।

इस तरह परीक्षण के तहत सस्यों की सम्पूर्ण श्रेणियों के आँकड़ों को आदर्श मानों में पूरा उतारा गया और अंतरों के वर्गों का योगफल निकाला गया। उसने कोटि पर ध्यान न देकर सस्य संयोजनों को मानचित्रित किया। मिडिल वेस्ट में प्रदेशों को अलग सस्यों द्वारा पहचाना जा सकता था। इंग्लैन्ड तथा वेल्स में कुछ सस्यों के भिन्न क्रमों द्वारा ये अन्तर स्पष्ट होते हैं। उदाहरणस्वरूप दक्षिणी चाक-भूमि पर गेहूँ, जौ तथा जई का यह क्रम है। पूर्व में मिडलैन्ड मृत्तिकाओं पर गेहूँ, जई और जौ का क्रम है। सभी परीक्षित सस्यों की श्रेणी का विवरण अत्यधिक कठिन हो गया होता किन्तु कोपॉक प्रमुख सस्यों की सच को स्वीकार करने में कोटि पर विचार नहीं करते हैं। मानचित्र के निर्माण में महत्त्वहीन सस्यों की निन्दा कर दी गई है। कृषि के प्रादेशिक प्रकारों को पहचानने में एक महत्त्वपूर्ण आधार

प्रस्तुत करता है। इंग्लैण्ड व वेल्स के कृषि एटलस में संयोजनों के विशद विवरण दृष्टिगोचर होते हैं। कोपॉक का उद्देश्य न सिर्फ सस्य और पशुधन संयोजन का अलग से चित्रण करना है अपितु इनका वर्गीकरण भी करना है, ताकि फार्म उद्योग के प्रकारों का वितरण स्पष्ट हो सके।

ब्रिटिश कृषि में सस्य और पशुधन दोनों ही एक फार्म पर पाये जाते हैं। इसमें असमान इकाइयों यथा—सस्यों के साथ पशुधन तथा अलग-अलग फसलों की वास्तविक तुलना की जाती है। इनका सापेक्षिक महत्त्व एकड़ों में क्षेत्रफल द्वारा प्रदर्शित नहीं होता यथा आलू और अनाज। पशुधन संयोजन के मानचित्र के लिए जरूरी पशुधन भिन्न-भिन्न श्रेणियों का समीकरण करना सामान्य हो गया है। खाद्य पदार्थों की आवश्यकताएँ इस प्रकार की अपेक्षा के लिए सामान्य आधार प्रस्तुत करती हैं। यह किसी चरागाह के योग्य भेड़ अथवा पशु के अनुपात के प्रबंध का आधुनिक तुल्य मान है, जो शताब्दियों से पर्वतीय नगरों के साथ सार्वजनिक चरागाहों में काम आता रहा है। वर्तमान में पशु खाद्य आवश्यकताओं तथा कृषि प्रतिशत की गणना में बहुत ही कम बदले हुए तुल्यों सहित पशुधन इकाइयों का इस्तेमाल अधिक होता है।

कोपॉक द्वारा उपयोग में लाये गये घटक निम्नांकित थे—घोड़े, बैल, गायें तथा दो वर्ष और उससे भी अधिक पुराने अन्य पशु, 1 इकाई, दो तथा तीन वर्ष की उम्र के अन्य पशु 2/3, एक वर्ष से कम के अन्य पशु 1/3, प्रजनन वाली भेड़ें 1/5, मेढ़ा (भेड़ा) 1/10, अन्य भेड़े 1/15, शूकरी 1/2, शूकर 14, अन्य सूअर 1/7, कुक्कुट 6 महीने या इससे भी अधिक उम्र वाले 1/50, 6 महीने की आयु से कम आयु वाले कुक्कुट 1/200। अन्य उद्योगों का संयोजन करने के लिए दूसरे रूपान्तरण घटकों की जरूरत होती है, जिससे सस्यों तथा पशुधन की तुल्यता दिखाई जा सके। इसके लिए मौद्रिक मान स्पष्ट संभाव्यता प्रस्तुत करते हैं किन्तु वे प्राप्त वित्तीय सूचनाओं पर निर्भर होते हैं। कोपॉक दो विकल्पों पर विचार करते हैं—(अ) प्रामाणिक उत्पादन; इनमें हर सस्य और पशुधन वर्ग के साथ मौद्रिक मूल्यों का आरोपण होता है तथा (ब) प्रामाणिक श्रमिक आवश्यकताएं; इनमें हर सस्य और पशु के लिए जरूरी वार्षिक श्रमिक दिवस सामान्य अनुपात प्रस्तुत करते हैं। दोनों अनुपातों को मानकों पर आधारित कल्पनाएं करनी पड़ती हैं। ये समस्त फार्मों तथा जिलों पर प्रयुक्त नहीं हो सकती हैं।

छोटे कृषकों को सहायता करने हेतु हिस्सा लेने वालों पकी पात्रता के निर्धारित पैमाने के लिए मानक श्रमिक अनिवार्यताओं का प्रयोग किया गयाा। उसके अनेक

उपयोग हैं। उदाहरणस्वरूप, किसी क्षेत्र के उत्पादन की वहाँ के कृषि श्रमिक बल की संख्या से तुलना करना। कोपॉक ने कुछ संशोधनों के साथ इन घटकों का प्रयोग करने का निश्चय किया जो सारणी में दिये गये हैं।

सारणी
कृषि मजदूरों की प्रामाणिक आवश्यकताएँ

फसल	*प्रति एकड़ आवश्यक श्रम दिवस*
गेहूँ, जौ, जई	3.5
जई, मिश्रित मक्का	4.5
पशुओं को मोटा करने के लिए दालें	4
आलू	20
चुकन्दर	17
शलजम तथा स्वीडन वाला शलजम	12
पशुओं को खिलाने के लिए एक प्रकार का चुकन्दर (मेनगोल्डस), तथा चारा वाला चुकन्दर (फाडर बीट)	21
अन्य फसलें	7
साग-भाजियाँ, ब्रैसिका	20
साग-भाजियाँ (मूल वर्गीय)	21
साग-भाजियाँ, दालें	12.5
अन्य साग-भाजियाँ	40
हाप्स	100
छोटे फल	45
लघु फल वाली फल वाटिकाएँ	55
अन्य फल वाटिकाएँ	25
पुष्प तथा नर्सरी भंडार	50
घास	1320
वनस्पतिहीन पलिहर	0.5

हँसिये से काटा जाने वाला घास	2
चराई का घास	0.25
डेयरी गायें	15
डेयरी कलोरें	9
मांस वाली गायें	4.5
सांड़	7
अन्य पशु	3
सूकरी तथा शूकर	4
अन्य सूअर	1.2
एक वर्ष तथा इससे अधिक उम्र वाली भेड़	0.25
एक वर्ष तथा इससे अधिक उम्र की निम्न भूमि भेड़	1
अन्य भेड़ें	0.25
छह माह तथा इससे अधिक उम्र वाले कुक्कुट	0.3
छह माह से कम उम्र वाले कुक्कुट	0.1

एक बार एक-एक सस्य व पशुधन वर्ग के लिए श्रमिक दिवस की गणना कर चुकने के पश्चात यह आवश्यक था कि उद्योग संयोजन अभिज्ञान के पहले उन्हें उपयुक्त कृषि उद्योगों को वितरित कर दिया जाए। इसके लिए इन सात उद्योगों को प्रामाणिक किया गया। डेरी पशु, गोमांस भेड़ पशु, नगदी फसल, साग भाजी, फल तथा सूअर और कुक्कुट। अंतिम दो व्यवसायों पर विचार किया गया है क्योंकि वे खरीदे गए खाद्य पदार्थों पर निर्भर हैं।

जनगणना में विवरण की कमी से यह आवश्यक हो गया कि पशुओं का कुछ विभाजन गोमांस तथा डेयरी उद्यमों में कर दिया जाए। नगदी फसल किसे समझा जाए। इसके लिए गेहूँ, जौ, चुकन्दर, आलू पर विचार किया गया। इसके बाद चारा (अन्य सस्य) तथा घास के लिए श्रमिक दिवस निश्चित किये गये। इन्हें पशुधन उद्योगों के अलग-अलग श्रेंणियों में विभाजित किया गया। ये मांसल बनाये जाने वाले पशुओं के वर्गों की पोषण जरूरतों के अनुसार बाँटे जाते हैं जो पशुधन इकाइयों के रूप में प्रकट किये जाते हैं। मानचित्रों की एक श्रृंखला कई तरह से आँके गये प्रमुख उद्योगों तथा उद्यमों के संयोजनों के वितरण को स्पष्ट करती है।

किन्तु तीन अथवा ज्यादा उद्यमों के संयोजन में प्रथम दो के नाम दिए ग हैं। इन प्रमुख उद्यम वाले जिलों को समान छाया विधि तथा भारी घिरान वाली रे द्वारा पहचाना जा सकता है। उदाहरणार्थ लेक डिस्ट्रिक्ट का वर्गीकरण डेरी उद्यं तथा पशुधन के रूप में बड़े जिलों के निर्माण खाकों को स्पष्ट करता है। हर में उ भूमि के विषय चरागाह व निम्न भूमि मैदान पाये जाते हैं। इन मानचित्रों की व् सीमाएँ हैं। ये जिलों के घटिया जालों से प्रादुर्भूत होती हैं। अन्य सीमाएँ उपयं (मर्यादाएँ) में लाई गई विधियों से उद्भूत होती हैं।

कोपॉक ने इनके सुधार के लिए तीन उपाय बतलाते हैं। प्रथम उपाय यह है विभिन्न उद्योगों में सस्यों तथा पशुधन का बटवारा किया जाए। द्वितीय उपाय यह कि संयोजनों को निर्धारित करने के लिए प्रविधियों में सुधार किया जाए। तृतीय उप यह है कि संयोजनों का कार्टोग्राफिक विधि द्वारा मानचित्रण किया जाए। कोपॉक कथन है कि उनके मानचित्रों को भू-परिमाप रेखाचित्र के रूप में ही लिया जाए। उन लेख कृषि वितरणों के विश्लेषण में सुधारों हेतु उपस्थित महान क्षेत्र को प्रदर्शित करता है। उनका यह प्रयास आशाजनक दिशा में पहला चरण है।

कोपॉक के कथनानुसार 'उद्यम मानचित्र' कृषि के प्रकारों का मानचित्र नहीं होता है। इसका कारण यह है कि वह किसी फार्म के अभिलेख पर आधारित न होकर जिलों के उद्योगों पर आधारित होता है। अगर वह फार्म के अभिलेखों पर आधारित हो तथा क्षेत्रों को पहचानने के लिए सीमा रेखाएँ खींची जायें तो क्या वह एक कृषि प्रदेश का मानचित्र होगा? दूसरे शब्दों में क्या कृषि प्रदेश, कृषि प्रदेश के प्रकारों के समान कोई चीज होती हैं? ह्विटिलसे ने अपने गौरवपूर्ण लेख[1] में पृथ्वी के प्रमुख कृषि प्रदेशों को प्रदर्शित करने की व्यवस्था की। कृषि प्रकारों को परिबद्ध करने वाली सीमाओं को इस कार्य के लिए चुना गया। इसका सारांश चतुर्थ अध्याय में दिया गया है।

ह्विटिलसे का मत है कि कृषि के प्रकारों के क्रियात्मक रूपों में न सिर्फ सस्य पशुधन साहचर्य शामिल होते हैं बल्कि इनमें विधियाँ, सस्य प्रतिशतता, उपजों की निकासी (निर्वाह या व्यावसायिक) व कृषि क्रियाओं को सुविधाजनक बनाने के लिए संरचनाओं का बनाना भी शामिल है। कोपॉक के सस्य तथा पशुधन साहचर्य के समान ही (परन्तु इसका प्रयोग एक फार्म पर ही होता है) इसके विश्लेषण में जितने मापदण्ड शामिल होते हैं उनकी तुलना इसमें भी अधिक मापदण्ड सम्मिलित होते हैं। इसके लिए उन्हें सूक्ष्म कृषि प्रदेशों के प्रकार की जरूरत होगी। प्रदेशों के भिन्न-भिन्न प्रकार होते हैं।

प्रदेश में अन्य प्रदेशों की अपेक्षा जयादा मानदण्ड शामिल हो सकते हैं। इस प्रकार अलग-अलग लेखकों ने अलग-अलग शब्दों का उपयोग किया है। प्रक्षेपण के प्रकार तथा कृषि की भिन्न-भिन्न परिभाषाएँ हो सकती हैं, जो सम्भवतः एक दूसरे को ज्यादातर मान्य न हो। इस प्रकार यह स्पष्ट होता है कि शब्दावली पर ध्यान दिया जाए। इससे दो ध्येय होते हैं प्रथम उद्देश्य में भ्रम को दूर करना और दूसरे उद्देश्य में योजनाओं व उनकी सीमाओं के यथार्थ उद्देश्यों पर ध्यान देना। कृषि पर्यावरण के विविध रूपों के सन्दर्भ में कृषि प्रदेशों को निश्चित करने हेतु भूगोलवेत्ताओं के अलावा दूसरे विषयों के विशेषज्ञों ने ऐसे अध्ययन किये हैं। अगर उनमें शब्दावली का सामान्य आधार पाया जाए तो उसे बनाये रखना चाहिए। ऐसा एक आधुनिक उदाहरण यूरोपीय आर्थिक समुदाय में कृषि प्रदेशों का अध्ययन है। इस सर्वेक्षण में समय एक महत्त्वपूर्ण तत्त्व था।

इसका ध्येय यूरोपीय आर्थिक समुदाय के देशों के प्रमुख कृषि प्रदेशों को सामान्य आधार पर मानचित्रित करना था। इसलिए अध्ययन दल ने कृषि प्रदेशों को श्रेणियों में बाँटने से पूर्व विद्यमान दशाओं का विश्लेषण करने हेतु ज्यादा भौगोलिक दल नहीं बनाये। प्राप्त होने वाले आँकड़ों में अनेक अन्तराल थे इनके कारण मानदण्डों की सीमायें नियन्त्रित हो गई। इनकी पूर्ति विशेषज्ञों के स्वतः के अनुभवों के विषयगत तत्त्वों द्वारा की गई। यह दावा किया गया कि अगर कृषि दशाओं को किसी आकृति के रूप में मानचित्रित किया गया तो उनके द्वारा बनने वाले क्षेत्र सांख्यिकीय आधार पर बनने वाले प्रदेशों की तुलना में वास्तविकता के ज्यादा समीप होंगे। इस दावे से अनेक भूगोलवेत्ता राजी होंगे। इसका कारण यह है कि विभिन्न देशों के आँकड़ों की विविधता तुलनीय नहीं होती है।

कुछ प्रकरणों में कुछ कम भी प्राप्त नहीं होते हैं। यह भी हो सकता है कि जितनी कल्पना की गई हो आँकड़े उतने शुद्ध न हो। इसलिए वर्गीकरण में किसी भी विश्लेषण के नमूनों को विषयगत होना चाहिए। किन्तु यह बात भी सही है कि सांख्यिकीय प्रक्रियाएँ वर्गीकरण के उत्तम साधन होती हैं इनका उपयोग कई कार्यकर्ताओं द्वारा अपेक्षा के लिए किया जा सकता है। ये सांख्यिकीय प्रक्रियाएँ जाँच पड़ताल के क्षेत्र का विस्तार भी करती हैं।

क्षेत्रीय सीमांकन कार्य में प्रगति—इस अध्याय में जिन विधियों की समालोचना प्रस्तुत की गई है वे विधियाँ क्षेत्रीय विभाजन की जरूरतों को किसी-न-किसी प्रकार से संतुष्ट करती हैं। अध्याय चार में दी गई परिकल्पनाएँ भी कृषि के प्रकार व प्रणालियों को स्थानिक रूप से क्षेत्रों में विभक्त कर सकती हैं। उपर्युक्त विधियाँ इस

मुश्किल कार्य की पर्याप्त रूप से विवेचना नहीं करती हैं। अभी भी हम क्षेत्रों के सीमांकन की समस्याओं का समाधान नहीं कर सके हैं। इस कार्य के लिए कुछ कार्यकर्ताओं ने अधिक उन्नत विधियों का परीक्षण किया है जो इस विषय की आरम्भिक भूमिका के क्षेत्र से परे हैं। इसका एक उदाहरण उत्पादन प्रतिरूपों का रैखिक आयोजन तैयार करना है; जैसे ही प्रतिरूपों में सुधार कर लिया जाय इन योजनाओं में सीमांकन करने वाली कल्पनाओं में ढोल दे दी जाती है।

प्रदेशीय सीमाओं का परीक्षण करने के लिए काई वर्ग विश्लेषण (Chi-square analysis) का उपयोग व समरूपता का परीक्षण करने के लिए क्वान्टीकरण (quantification) का उपयोग किया जाता है। इनका बहुकारक प्रादेशीकरण (multifactor regionalism) के लिए आधार रूप में उपयोग किया जाता है। जैसे ही गणितीय प्रतिकृतियाँ सुधार की अवस्था में पहुँचती हैं वे कार्य पूर्ण करने की कठिनाइयों व गतिशील आर्थिक सम्बन्धों को शामिल कर सकती हैं। इनका उपयोग हमारे स्थानिक विश्लेषण में उत्तरोत्तर किया जाना चाहिए। जब हम प्रदेश शब्द का प्रयोग करें तो हमें प्रविधियों की मर्यादाओं का भी ध्यान रखना चाहिए जिनका उपयोग हमने ऐसे क्षेत्रफल (area) के निर्धारण करने में किया है, जो सुविधाजनक किन्तु बहुत ज्यादा प्रयोगा में आने वाली शब्दावाली है।

निष्कर्ष

विभिन्न विद्वानों ने विश्व को विभिन्न दृष्टिकोण से कृषि प्रदेशों में विभक्त किया है। सही मायने में कृषि का मुख्य लक्षण मानव तथा पशु को भोजन है। कुछ देशों में भोजन के पदार्थों का उत्पादन अपनी जीवीका के लिए ही किया जाता है और कुछ में भोजन के अतिरिक्त निर्यात के लिए भी किया जाता है। वैसे विश्व का प्रत्येक प्रदेश कोई न कोई वस्तु अपनी आवश्यकता से अधिक उत्पन्न करता है और वह उसका निर्यात करता है। यदि सम्पूर्ण रूप में देखा जाए तो विश्व में दो ही प्रकार की कृषि होती है। पाश्चात्य देशों में विज्ञान की इतनी अधिक उन्नति हुई है कि कृषि पर भी उसका बहुत अधिक प्रभाव पड़ा है और यह श्रम की अपेक्षा मशीनों पर अधिक आश्रित हो गयी है। नये बीज, नई खाद, नई प्राविधि और व्यापारिक दृष्टिकोण से वह अधिक प्रभावित है। औद्योगीकरण के उच्चतम विकास के कारण वहाँ व्यापारिक फसलों और पशु पदार्थों के उत्पादन की ओर अधिक झुकाव है। दूसरी ओर पूर्वी कृषि में भोजन के लिए अन्न उत्पादन पर अधिक झुकाव है। यह कृषि पूर्णतः श्रम प्रधान और निर्वाहक है। ये दृष्टिकोण जनसंख्या से उत्पन्न

है। पूर्वी जगत में भोजन की कमी के कारण अनेक समस्यायें उत्पन्न हो गई है और देशों का मुख्य ध्येय अधिक अन्न उपजाना है।

संसार में 560 लाख वर्ग मील भूमि में 230 लाख वर्ग मील कृषि के योग्य नहीं है। दूसरे शब्दों में सिर्फ 55 प्रतिशत भूमि ही कृषि के योग्य है। इतनी भूमिक पर भी समुचित रूप में कृषि नहीं की जाती। इसके अतिरिक्त काफी भूमि में वैसी फसलें होती है। जिनका भोजन की दृष्टि से बहुत कम मूल्य है। यह बात विभिन्न कृषि प्रदेशों के विश्लेषण से प्रकट हो जाती है। यदि जीवन की मूलभूत आवश्यकताओं की पूर्ति के लिये ही फसलों का चुनाव किया जाय और 75 प्रतिशत में खाद्यान्न, 90 प्रतिशत में चीनी और पेय पदार्थ, 5 प्रतिशत में रेशेदार फसलें और 10 प्रतिशत में अन्य पदार्थों की सम्यक कृषि की जाय तो भोजन की समस्या हल हो सकती है। वैसी दशा में कृषि प्रदेशों का स्वरूप पूर्णरूप से बदलाव हो जाएगा।

4

नवीन कृषि पद्धतियाँ

कृषि के इतिहास पर नजर डालने से ज्ञान होता है कि इसका प्रारम्भ मनुष्य की भोजन की जरूरत को पूरा करने के लिए हुई। यह एक मात्र संयोग रहा होगा की मानव ने फसल उगाना सीख लिया। प्रारंभ में इसकी भूमिका वन्य फल-फूल संग्रहण तथा आखेट से प्राप्त भोज्य पदार्थ के सम्पूरक के रूप में थी तथा इसमें खाद्यान्नों की खेती को महत्त्व दिया जाता था। शायद आदिम कबीलों के बीच की लड़ाइयाँ अन्न भण्डार को लूटने के लिए ही हुआ करती थीं। कालान्तर में जैसे-जैसे कृषि का विकास होता गया और खाद्यान्नों का उत्पादन बढ़ता गया, वन्य वस्तु संग्रहण तथा आखेट आदि व्यवसाय धीमे पड़ते गये। मानव के यायावरी जीवन में स्थायित्व आने लगा। उसमें सामुदायिक भावना का विकास हुआ जिससे सभ्यताओं के युग का प्रारम्भ हुआ। दूसरे शब्दों में खेती के विकास के साथ ही मानव खाद्य संग्राहक से खाद्य उत्पादक बन गया। कतिपय विचारक प्रारंभिक नगरीकरण के उद्‌भव का मुख्य कारण खाद्यान्न आधिक्य (surplus) को बताते हैं जिससे व्यापार, परिवहन आदि कृष्येत्त पेशे अस्तित्व में आये।

कृषि में अनाजों की पैदावार का वर्चस्व पुरातन युग से लेकर अब तक बना हुआ है। किन्तु सभ्यता के विकास, नगरीकरण एवं औद्योगीकरण के कारण उसकी आवश्यकताओं की सूची लम्बी होती गई है। तदनुसार खाद्यान्नों के अलावा कृषि में अन्य फसलों के उत्पादन पर ध्यान दिया जा रहा है। इनमें रेशेदार व्यापारिक, पेय

फसल फल, सब्जियाँ, फूल, मसाले, औषधियां पौधों आदि की खेती का उल्लेख किया जा सकता है। विकसित राष्ट्र में इन्हें काफी बढ़ावा मिला है और विकासशील प्रदेशों में भी जागरुक किसानों का ध्यान इस तरफ आकर्षित हुआ है। खाद्यान्नों की तुलना में आर्थिक दृष्टि से अधिक लाभदायी होने के कारण इस तरह की प्रवृत्तियों का प्रसार हुआ है जिसके दो परिणाम सामने आये हैं—एक, इस प्रकार की कृषि से किसानों की आमदनी में वृद्धि हुई हैं; दूसरा, खाद्यान्नों के क्षेत्र में कमी हो जाने के कारण खाद्यान्न संकट पैदा होने की सम्भावना प्रबल हुई है। यहाँ इन उदीयमान कृषि पद्धतियों के कुछ पहलुओं पर प्रकाश डालने का प्रयत्न किया गया है।

फलोत्पादन

फलों का प्रयोग मानव जीवन हेतु विशिष्ट महत्त्व रखता है हमारे भोजन में सन्तुलित आहार के लिए फलों का होना काफी आवश्यक है। फलों में समस्त प्रकार के पोषक पदार्थ, यथा—विटामिन, लवण इत्यादि पाये जाते हैं। कुछेक फलों यथाः—पपीता, नींबू, अमरूद, इत्यादि में आश्लेणि (Pectin) पाया जाता है, जो पेट को साफ रखने तथा अंतड़ियों की क्रिया को बढ़ाने में मदद करता है। सर्वाधिक महत्त्वपूर्ण तथ्य यह है कि फलों को खाते समय हम एक विशेष स्वाद की अनुभूति करते हैं। फल उत्पादन से जुड़े अध्ययन फल विज्ञान (Pomology) फल उद्यानिकी अथवा फलों की बागबानी (Fruit culltre) या फलोत्पादन (Fruit Production) कहा जाता है।

ऐसे स्थानों को जहाँ पर फलों के वृक्ष योजना के अथवा विशेष उद्देश्य से लगाए जाते हैं, उसे फलोद्यान या फलों का बगीचा (Orchard) कहते हैं तथा फलों की खेती करने वाले को फलोत्पादक (Fruit Grower) कहते हैं। आदि मानव का जीवन अभिन्न रूप से वनस्पति जगत से संबंधित था। उसकी आवास संबंधी जरूरत भी वनस्पति जगत से ही पूर्ण होती थी। जीव जगत् एवं वनस्पति जगत में पारस्परिक सम्बन्ध है, क्योंकि मनुष्य की प्रथम आवश्यकता प्राणवायु (ऑक्सीजन) वृक्षों से प्राप्त होती है तथा मनुष्य द्वारा विसर्जित वायु (कार्बन डाईऑक्साइड) को वृक्ष भोजन के रूप में ग्रहण करते हैं। इस प्रकार मानव तथा वृक्षों के बीच दृढ़ सम्बन्ध है। मिस्र, यूनानी एवं भारत तथा चीन आदि देशों में उद्यान की महत्ता प्राचीन काल से ही रही है। हमारे पूर्वज बागान कला में निपुण थे।

प्राचीन पुस्तकों नीतिसार, उपवन विनोद तथा वृक्षारोपण विधि आदि को देखने एवं पढ़ने से ज्ञान होता है कि भारतीय उद्यान कला में काफी चतुर थे। वे पौधों की

गुणवत्ता तथा उपयोगिता से भलीभाँति अवगत थे। इन पौधों के सहयोग से विभिन्न बीमारियों का इलाज करते थे। ईसा से लगभग 10,000 वर्ष पौधों का घरेलूकरण प्रख्यात हो गया था। लगभग 2000 वर्ष पूर्व पौष्टिक तत्त्वों की कमी का ज्ञान पौधों की पत्तियों तथा, फूल फलों को देखकर ही लोग मालूम कर लेते थे। पौधारोपण एवं कुडमन (Budding) की कला ईसा से 500 वर्ष 2000 वर्ष पहले पौष्टिक तत्त्वों का अभाव का ज्ञान पौधों की पत्तियों, व फूल एवं फलों क़ो देखकर ही लोग मालूम कर लेते थे।

पौधरोपण तथा कुडमन (Budding) की कला ईसा से 500 वर्ष पूर्व ही लोगों को मालूम थी। कहने का आशय यह है कि हमारे पूर्वज उद्यान कृषि (horticulture) से परिचित हो चुके थे। संस्कृति में भी इन्हें उच्च स्थान प्राप्त था। प्राचीन पुस्तकों में बेर, अनार, आँवला, आम, नींबू, नारियल, शहतूत व अंजीर आदि फलों की खेती का वर्णन मिलता है। मुगल काल में उद्यानकला शिखर पर पहुँच गयी। मुगलशासक फल तथा फूलों से विशेष लगाव रखते थे। इन्होंने योजनाबद्ध तरीके से बाग लगवाये। बाबर ने स्वयं कई प्रकार के फलों का वर्णन किया है।

अकबर ने बिहान में दरभंगा के पास एक विशाल बाग लगवाया था जिसमें आम के एक लाख पौधे थे। शाहजहां द्वारा विकसित शालीमार उद्यान अपनी छटा के लिए प्रसिद्ध है। इस प्रकार मुगलकाल में बाग लगाने की कला में पर्याप्त उन्नति हुई। सत्रहवीं सदी व इसके बाद यूरोपीय शासकों द्वारा भारत में अनेक प्रकार के नवीन फलों का प्रवेशन किया गया। इस दौरान अनन्नास, अमरूद, लिची, शरीफा, नींबू, पपीता तथा एवेकैडों आदि फलों का प्रवेशन भारत में किया गया व यहाँ से आम की कई प्रजातियाँ विदेशों में ले जायी गयीं। यूरोपीय शासन काल में उद्यान कृषि का और भी विकास हुआ। आधुनिक तथा वैज्ञानिक तरीके से उद्यान कला के विकास में सन् 1928 के बाद काफी प्रगति हुई जबकि यहाँ पर "भारतीय कृषि अनुसंधान परिषद्" (I.C.A.R) की स्थापना हुई। इस परिषद् द्वारा देश के समस्त राज्यों में "फल अन्वेषण केन्द्र" खोजे गये। इससे उद्यान संस्कृति में अभिवृद्धि हुई। भारत में मनुष्य उद्यानों से आध्यात्मिक, आर्थिक, सामाजिक तथा व्यक्तिगत रूप से सम्बन्धित है। इस सम्बद्धता के निम्न प्रकार हैं–

पोषक आहार में मुख्य स्थान–फलों से शरीर के लिए जरूरी पोषक तत्त्व प्राप्त होते हैं। ऐसे आहार को सन्तुलित आहार कहते हैं। मनुष्य शरीर के लिए कार्बोहाइड्रेट, वसा, प्रोटीन, खनिज पदार्थ तथा विटामिन आदि तत्त्व जरूरी हैं। जिनकी आपूर्ति फलों द्वारा हो जाती है। शर्करा तथा कार्बोहाइड्रेट शरीर को शक्ति

दान करने वाले अन्य तत्त्व है। फलों में कार्बोहाइड्रेट पूर्ण रूप में रहता है जो कि रीर को जल्दी ही मौजूद शरीर की उचित उन्नति के लिए आवश्यक माना जाता । वसा तत्त्व शरीर को शक्ति प्रदान करता है। खनिज पदार्थ के अन्तर्गत सल्फर, ना, लोहा, तत्त्व आते हैं। प्रोटीन पाचन तन्त्र को शक्ति देता है। विटामिन, जिन्हें ीवन सत्व भी कहते हैं, फलों में प्रमुखता से पाये जाते हैं। फल खनिजपदार्थ और टामिन के स्थान हैं। अतः इन्हें रक्षात्मक आहार की संज्ञा प्रदान की जाती है।

शाकाहारी भोजन में फल का प्रमुख स्थान है। शरीर को निरोग बनाये रखने े लिए कम से कम प्रतिदिन 85 ग्राम फल का सेवन आवश्यक है। विश्व कृषि था खाद्य संगठन के अनुसार शाकाहार से ही अधिक मात्रा में पोषक तत्त्वों की पूर्ति ोती है उनमें फल महत्त्वपूर्ण है। भारत में शाकाहारी भोजन की प्रधानता के कारण न फलों के महत्त्व और भी वृद्धि हो जाती है। यहाँ उपवास, व्रत एवं विभिन्न धार्मिक नुष्ठानों में फलाहार को महत्त्व दिया जाता है।

• **प्रदूषण नियंत्रण में मुख्य भूमिका**–प्रदूषण, जल, वायु तथा भूमि में भौतिक, सायनिक तथा जैविक रूप में अवांछनीय बदलाव है, जो मानव स्वास्थ्य, रहन-सहन ी परिस्थितियों, औद्योगिक प्राकृतिक संसाधनों, क्रियाओं व सांस्कृतिक तत्त्वों में ानिकारक प्रभाव उत्पन्न करता है। वायुमण्डल में लगभग 20.94% ऑक्सीजन, '8.09% नाइट्रोजन, 0.03% कार्बन डाई आक्साइड तथा 0.94% अन्य गैसें उपस्थित है। मानवीय हस्तक्षेप के परिणामस्वरूप उपरोक्त स्तर बदलता रहता है।

एक आकलन के अनुसार 1850 में कार्बन डाई आक्साइड की मात्रा 270 पी. ी. एम. थी जबकि सन् 1985 में यह मात्रा बढ़कर 315 पी पी एम हो गयी और न् 1985 में बढ़कर 345 पी. पी. एम. तक पहुँच गयी है। इस प्रकार वर्ष 1958 े 1958 की (27 वर्णों) अवधि में 30 पी. पी. एम. की अभिवृद्धि हुई है। इस दर े यह उन्नति सन् 2056 तक दोगुनी हो जायेगी। साथ ही ऑक्सीजन की मात्रा ें आश्चर्यजनक कमी आयी है। एक अनुमान के अनुसार जो ऑक्सीजन को मात्रा क व्यक्ति के लिए वर्ष भर में जरूरी है, वही मात्रा 100 लीटर पेट्रोल जलने से माप्त हो जाती है। वायु की भांति ही जल प्रदूषण कम गंभीर समस्या नहीं है।

जल आसानी से प्रदूषित हो जाता है। जल में प्रदूषण धात्विक; रासायनिक उर्वरकों, जैविक, कीटनाशी फफूँदीनाशी तथा अपतृणनाशी दवाओं आदि के कारण होता है। विश्व स्वास्थ्य संगठन के अनुसार 100 लीटर पानी में 10 ग्राम से अधिक नाइट्रेट की मात्रा स्वास्थ्य के लिए हानिप्रद होती है।

ध्वनि प्रदूषण के कारण भारतीय आयुर्विज्ञान अनुसंधान परिषद् के अनुसार व 1977-1992 की अवधि में 10% नगरीय तथा % ग्रामीण क्षेत्रों के लोगों में कम या अधिक मात्रा में सुनने की शक्ति का अभाव पाया जाता है। वृक्षों की प्रदूषण नियंत्रण की मुख्य भूमिक होती है। वृक्ष, आक्सीजन को पैदा करने वाले तथा कार्बन डाई ऑक्साइड को सोखने वाले प्रमुख घटक हैं। इसी प्रकार ध्वनि प्रदूषण को भी कम करने में वृक्षों का महत्त्व अत्यधिक है उदाहरणार्थ, वृक्ष 30 मीटर के अन्तर में 10 डेसिबल ध्वनि कम कर देते हैं। वातावारण को शीतलता प्रदान करने में वृक्षों की महत्त्वपूर्ण भूमिका है। ये तापमान को शोषित कर वातावरण को सूखा बना देते हैं। आज दिन-प्रतिदिन कम होता हुआ वृक्षों का क्षेत्रफल प्रदूषण का स्वागत कर रहा है जिससे शुष्क क्षेत्रों के प्रसरण को तीव्र गति मिल रही है।

तुलनात्मक दृष्टि से अधिक उत्पादन और आय प्रदायक—फल व सब्जियों का उत्पादन अनाज-फसलों की अपेक्षा अधिक उत्पादन व आय प्रदान करता है। प्रति हेक्टेयर अनाज की अपेक्षा फलों तथा सब्जियों की पैदावार अधिक होती है। सिंचित क्षेत्रों में सब्जियों का उत्पादन तुलनात्मक तौर पर और भी अधिक होता है। सब्जियों को उगाने में अधिक परिश्रम की जरूरत होती है, इसलिए अधिक श्रमिकों को रोजगार मिलता है। फलोद्यानों में सब्जियाँ उगाने से आमदनी और भी बढ़ जाती है। केला, अंगूर, पपीता की खेती अधिक आय प्रदान करती है। यही कारण है कि बागानी फसलों को उगाने वाले क्षेत्रों के किसान अधिक सम्पन्न दिखलाई पड़ते हैं। भारत में कोइरी, मुराव आदि छोटे से खेत में सब्जियों आदि की गहन खेती कर खाद्यान्न की खेती की अपेक्षा अधिक उत्पादन और आय प्राप्त करते हैं। नीदरलैण्ड में विशेषकर टुलिया फूलों की खेती का विशेषीकरण हुआ है और प्रतिदिन रंग-बिरंगे फूल वायुयान द्वारा यूरोप और उत्तरी अमेरिका के प्रमुख नगरों को भेजे जाते हैं।

अनुपजाऊ भूमि में वृक्षारोपण से लाभ—विभिन्न कारणों से उपेक्षित भूमि, जिस पर उत्पादन खर्च तुलनात्मक रूप से अधिक होता है, का उपयोग वृक्षारोपण करके लाभ कमाने में किया जा सकता है। राष्ट्रीय परती भूमि विकास मण्डल के अनुसार भारत में ऐसी भूमि का क्षेत्रफल लगभग 15.806 मिलियन हेक्टेयर है। इसमें फसल उत्पादन लाभदायक नहीं होता है। कुछ भूमियों पर फसल उत्पादन किया ही नहीं जा सकता है। इसलिए इस प्रकार की भूमि का उपयोग और विकास वृक्षारोपण करके किया जा सकता है। भारत में समस्त प्रकार की परती-बंजर भूमियों के लिए वृक्ष मौजूद हैं।

देशी उद्योगों के विकास में सहायक—विभिन्न राष्ट्रीय उद्योगों यथा—फल परीक्षण उद्योग, रेशा उद्योग, मदिरा उद्योग आदि को कच्चे माल की आपूर्ति फलों द्वारा होती है। फल परीक्षण उद्योग से निर्मित पदार्थ-अचार, स्क्वैश, मुरब्बा, कैण्डी पदार्थ, सिरका आदि तैयार करने में फलों की जरूरत होती है। मदिरा उद्योग में अंगूर तथा सेब, रेशा उद्योग में अनन्नास व शक्कर उद्योग में अंगूर, केला आदि की जरूरत के लिए फलों का उत्पादन बढ़ाना जरूरी है। इसका विकास लघु उद्योग के रूप में बेरोजगारी कम करने में सहयता मिलती है।

भू-संरक्षण में महत्वपूर्ण एवं उपयोगी भूमिका—पानी तथा चाय से भूमि अपरदित होती रहती है। प्राकृतिक तरीके से भूमि की 10 मि० मी० परत बनने में 100 से 400 वर्ष लग जाते हैं। जबकि भूमि क्षरण (Soil Erosion) द्वारा प्रतिवर्ष 6 अरब टन मिट्टी समाप्त हो जाती है। इस क्षरण में 60 लाख टन पोषक तत्त्व समाप्त होते हैं। भारत में लगभग आधी भूमि इस समस्या से ग्रसित है। ढलुआ भूमि, जिस पर वनस्पतियाँ नहीं होती हैं, अपरदन ज्यादा होता है।

उद्यान नैसर्गिक सौन्दर्य स्थल, शांति एवं आनन्द प्रदायी—वृक्ष, थके हुए व्यक्ति को विश्राम तथा शांति प्रदान करते हैं। इनका सामाजिक महत्त्व भी है। इनसे पूजा हेतु पुष्प प्राप्त होता है। स्वागतार्थ पुष्पोहार का प्रचलन है। वृक्षों के संसाधनों का इस्तेमाल जीवन पर्यन्त है, इसीलिए इन्हें 'मानव सहचर' भी कहा गया है। इतिहास गवाह है कि विश्व में सर्वाधिक क्रूर एवं निर्दयी जातियाँ वृक्ष-विहीन क्षेत्रों में ही रही है। हरीतिमा से आच्छादित क्षेत्र हमेशा से दर्शन, विज्ञान तथा चिन्तन के केन्द्र रहे हैं।

पादमोपजों से विदेशी मुद्रा की आय—पदमोंपजों से दुलर्भ विदेशी मुद्रा प्राप्त हो सकती है। भारत वैश्विक उत्पादन 11 प्रतिशत उत्पादन करता है। इस उत्पादन में 0.36% विदेशों को निर्यात किया जाता है। कृषि उत्पादों में निर्यात किये जाने वाले कच्चे तथा संसाधित पदार्थों में फल महत्त्वपूर्ण हैं। वर्ष 1985-86 में निर्यात किये गये कृषि पदार्थों के 298.58 करोड़ रुपयों में से सब्जियों, फल तथा उनसे निर्यातित पदार्थों का प्रतिशत 10 रहा है। इस तरह विदेशी मुद्रा प्राप्त करने में बागान कृषि का प्रमुख अंशदान है। इसके साथ ही कृषि वानिकी में उद्यान की का विशेष महत्त्व है। वृक्षों से हमें बहुमूल्य तथा उपयोगी लकड़ियाँ भी प्राप्त होती हैं। इस प्रकार मनुष्य जीवन में फलों की भूमिका महत्त्वपूर्ण है।

वैश्विक स्तर पर फलों का उत्पादन तुलनात्मक दृष्टि से काफी कम है। फलों की अनेक किस्में हैं। इनका उत्पादन आवासों के नजदीक एवं बगानों में किया जाता

है। इंग्लैण्ड में सेब के बागान, मलाया में पपीते के बागान तथा सं. रा. अमेरिका के दक्षिणी भाग में आडू (Peach) के वृक्ष सभी बागानों में दृश्य हैं। व्यापारिक दृष्टिकोण से भी फलों का महत्त्वपूर्ण स्थान है। विश्व के फलोत्पादन को जलवायुविक आधार पर निम्नांकित तीन वर्गों में विभक्त किया जा सकता है—

फलों का वर्गीकरण

विश्व की जलवायुविक दशाओं के आधार पर फलों का समूहन किया जा सकता है। इसके आधार पर फल वाले पौधों को प्रमुख रूप से तीन समूहों में विभक्त किया जा सकता है। किन्तु फलों का यह वर्गीकरण शत-प्रतिशत खरा नहीं उतरता है। यही वजह है कि ऊष्ण प्रदेश के फल उपोष्ण क्षेत्र में यथा उपोष्ण कटिबंधीय फल शीतोषण कटिबंधीय भागों में वितरित देखे जाते हैं। आजकल समुन्नत प्रौद्योगिकी का उपयोग कर कृत्रिम काँच गृहों (glass houses) में किसी भी क्षेत्र के फलों को उगाया जा सकता है भले ही इनकी उत्पादन लागत इतनी ज्यादा हो कि आर्थिक दृष्टि से यह खेती अलाभकर हो। साधारण तौर पर जलवायविक विशिष्टताओं के आधार पर विश्व में पाय जाने वाले फलों को मुख्यतया तीन श्रेणियों में विभिक्त किया जा सकता है—

1. उष्ण कटिबंधीय फल
2. उपोष्ण कटिबंधीय फल
3. भू-मध्य सागरीय फल

आम

आम भारत का प्रमुख फल है। इसकी बागबानी लगभग 6000 वर्ष पुरानी मानी जाती है। वैदिक काल में इसे सबसे अधिक प्रसिद्धि प्राप्त थी। शतपथ ब्राह्मण तथा अन्य प्राचीन ग्रन्थों जैसे महाभारत, मेघदूत, रामायण आदि में आम का वर्णन मिलता है। आम भारत, पाकिस्तान बंग्लादेश, थाईलेंड, म्यांमार और इण्डोचीन में जंगली रूप में उगता है। विद्वानों का मानना है कि आम का जन्मस्थान भारत-वर्मा क्षेत्र है। कुछ का मानना है कि भारत से ही आम की किस्में संसार के अन्य देशों में पहुँची हैं। भारत से आम का पौधा दक्षिण-पूर्वी एशिया में ले जाया गया। यह सोमाली (अफ्रीका) में 1331 ई के आस-पास पहुँच चुका था। पुर्तगाली आम को अफ्रीका फिलीपाइन्स और वेस्ट इण्डीज में ले गये। पुर्तगालियों ने ही ब्राजील में आम को प्रसारित किया। 1690 में आम इंग्लैण्ड के काँचघरों में पैदा होने लगा था मिस्र में आम बम्बई से 1825

में ले जाया गया। इजरायल ने आम को मिस्र से 1929 ई. में मँगाया। व्यावसायिक दृष्टिकोण से आम दक्षिण-पूर्वी एशियाई देशों में यथा–फिलीपाइन्स थाईलैण्ड, हिन्देशिया, बर्मा, मलेशिया और श्रीलंका में उत्पन्न किया जाता है।

पश्चिमी देशों विशेषकर सं रा. अमेरिका, आस्ट्रेलिया, इजरायल, (क्विंसलैण्ड), पूर्वी वेस्ट इण्डीज, मेक्सिको आदि में आम का महत्त्व बढ़ रहा है। भारत में आम की लोकप्रियता सर्वाधिक है। ऊँचे पहाड़ी भाग को छोड़कर पूरे भारत में आम के बागान मिलते हैं। इसका कुल क्षेत्रफल 6,40,000 हेक्टेयर और उत्पादन 32,10,000 टन है। आम के बागान सम्पूर्ण क्षेत्रफल के मुख्यतः उत्तर प्रदेश (33.2%), बिहार (13.3%) और आन्ध्र प्रदेश में 13.4% राज्यों में स्थित है। भारत में आम की तकरीबन एक हजार किस्में पाये जाते हैं। इनमें व्यावसायिक दृष्टिकोण से सिर्फ 30 किस्में ही प्रमुख हैं।

उत्तरी भारत में दशहरी, लँगड़ा, चौसा, बम्बईहरा, सफेदा लखनऊ तथा फजली; पूर्वी भारत में माल्दा (बम्बई), हिमसागर, जरदालु गुलाबखास; किशनभोरग, पश्चिम भारत में लँगड़ा, अलफांसों, पायली, राजापुरी, केसर फरनादिन, मानकराद, मलगोबा तथा दक्षिण भारत में बाँगन पल्ली नीलम, बंगलोरा, रूमानी आलम पुरवानेशान, सुवर्ण रेखा और रस पुरी प्रमुख किस्में हैं। उत्तरी भारत में आम के पकने का समय जून से अगस्त और दक्षिणी भारत में अप्रैल से जून के बीच पाया जाता है।

पकने के समय के आधार पर आम की किस्में–

(1) उचित समय पर पकने वाली किस्में–इनमें दशहरी, लंगड़ा, जरदालू, रतौली, कृष्णभोग, अल्फान्सो एवं हुस्नआरा मुख्य है।

(2) पछैती पकने वाली किस्में–इनमें चौसा, तेभरिया, फजली, बानेशान, जाफरानी, नीलम फरनाडीन और मुलगोवा आदि हैं।

(3) अगेती पकने वाली किस्में–बम्बई हरा, बम्बई पीला, जाफरान, गोपाल भोग, गुलाबखास केसर हिमसागर और स्वर्ण रेखा।

आम के फलों का प्रयोग कई रूपों में किया जाता है। इसका उपयोग स्क्वैश, अचार, मुरब्बा, चटनी और आमरस आदि बनाने में किया जाता है। फलों की डिब्बा बन्दी की जाती है। कच्चे फलों को सुखाकर अमचूर व पके फल को सुखाकर पापड़ आदि बनाया जाता है। प्रतिवर्ष आम का निर्यात विदेशों को किया जाता है।

केला

केला एक ऊष्ण कटिबंधीय फल है जिसका मुख्य स्थान दक्षिण-पूर्व एशिया माना जाता है। इसके अन्तर्गत असम, म्यांमार, हिन्दचीन और थाईलैण्ड को शामिल

किया जाता है। भारत में पुरातन काल से ही इसकी कृषि के प्रमाण मिलते हैं। पाली साहित्य में (ईसा से 500-600 वर्ष पूवी) इसका वर्णन मिलता है। दक्षिण पूर्वी एशिया से केला अरब देशों में पहुंचा। अरबों न संभवतः 17वीं शताब्दी में भारतीय केले को फिलीस्तीन और मिस्र तक पहुंचाया। अफ्रीका महाद्वीप के पूर्वी समुद्र तटीय क्षेत्र में बहुत पहले पहुँच चुका था जहाँ से यह पश्चिमी तट पहुंचा। 15 वीं सदी तक केला अफ्रीका के पश्चिमी तट तक पहुंच गया था। यहाँ से केला प्रशान्त महासागर के द्वीपों में पहुँच। सन् 1778 में हवाई द्वीप समूह की खोज के समय वहाँ केले की अनेक किस्में पायी गयी थीं।

कनारद्वीप में केला पुर्तगालियों द्वारा 1402 ई. के बाद लाया गया था और वहाँ से यह दक्षिणी अमेरिका के देशों में पहुँचा। (1948) के एक विवरण के अनुसार केला वेस्टइण्डीज में उपलब्ध था। पश्चिम यूरोप और सं.रा. अमेरिका में केले के विषय में सन् 1866 तक कुछ भी पता नहीं था। वर्तमान में केला विश्व के समस्त ऊष्ण कटिबन्धीय देशों में उगाया जा रहा है। उत्पादन की दृष्टि से ऊष्ण अमेरिकी देशों का स्थान महत्त्वपूर्ण है। केला में खनिज पदार्थ और विटामिन प्रचुत्तर मात्रा में पाया जाता है। इसकी खेती सुप्रवाहित उपजाऊ मिट्टी में की जाती है जिसमें चीका मिट्टी उपयुक्त मानी जाती है। इसकी कृषि हेतु उच्च्य तापमान (25°30°) उपयुक्त माना जाता है। तापमान 11°C से कम होने पर फसल को नुकसान पहुँचाती है। इसे वर्ष भर पर्याप्त पानी की आवश्यकता होती है। वार्षिक वर्षा के 155 सेण्टीमीटर से कम होने पर सिंचाई की आवश्यकता पड़ती है।

पश्चिमी द्वीप समूह में आने वाले हरीकेन (Hurricanes) से केले की खेती को विशेष रूप से नुकसान पहुँचती है। यहाँ केले की खेती बड़े-बड़े फार्मों में की जाती है। युनाइटेड फ्रूट कम्पनी ऑफ अमेरिका द्वारा इसकी खेती मध्य अमेरिका (CentralAmerica) में व्यवस्थित तौर पर की जाती है। इसे केला गणराज्य (Banana Republic) के नाम से जाना जाता है। विश्व में केला के प्रमुख उत्पादक ब्राजील (17%) भारत (10.5%) हैं। इसके अलावा इक्वेडोर, कोलम्बिया, थाईलैण्ड आदि देश भी केले की कृषि के लिए महत्त्वपूर्ण हैं। अधिकतर उत्पादन का स्थानीय उपभोग होता है। मुख्य निर्यातक देश इक्वेडोर, भारत एवं मध्य अमेरिका देश है जिनसे मुख्यतः केले का निर्यात अमेरिका और पश्चिमी देशों को किया जाता है। द.पू. एशिया में फिलीपींस व पश्चिमी अफ्रीका के कुछ देशों में केला उत्पादन एवं निर्यात मे विशिष्ट स्थान है। सन् 1984 में विश्व में कुल 41 मिलियन मीट्रिक टन केले का उत्पादन हुआ जिसमें से सिर्फ 6 मिलियन मीट्रिक टन ही विश्व बाजार

में पहुँच पाया।

भारत में पूरी दूनिया का तकरीबन 11 फीसदी केला उत्पादित होता है (वर्ष 1984-85 में उत्पादन 48.5 लाख टन)। देश में केले के अन्तर्गत 164000 हेक्टेयर भूमि लगी है। क्षेत्रफल की दृष्टि से सबसे अधिक क्षेत्र केरल राज्य में है। किन्तु उत्पादन की दृष्टि से महाराष्ट्र, केरल, तमिलनाडु, गुजरात, आन्ध प्रदेश, कर्नाटक, असम, बिहार एवं प. बंगाल राज्य प्रमुख है। भारत में सबसे उत्तम किस्म का केला दक्षिणी भारत में उत्पन्न किया जाता है। यहाँ बसराई, राजेली, बेनची मोंथन, सीरूम लाई केले की प्रमुख किस्में है। केरल, गुजरात के सूरत और खेड़ा; महाराष्ट्र के को लाबा, अकोला, अमरावती और प्रभानी; तमिलनाडु; के तंजोर, तिरूचिरापल्ली सलेम और कोयंबटूर तथा कर्नाटक के मैसूर जिलों में रसवाला किस्म का केला पैदा किया जाता है। अधिकतर उत्पादन की खपत देश में ही हो जाती है।

दक्षिण भारत का अधिकांश केला उत्तर प्रदेश की मण्डियों में भेजा जाता है। 48 से 72 घण्टों में उत्तर भारत के बाजारों में पहुँच जाता है। व्यापारी इसे शीघ्र ही नीलाम कर देते हैं या पका कर फुटकर व्यपारियों को बेचते हैं। केला का उपयोग आधा सब्जी के रूप में तथा आधा पकाकर फलों के रूप में किया जा है। सब्जी और पकाकर खाने के अलावा इससे आटा, जैम, स्वीटमीट, पेस्ट, रवेदार केला चूर्ण, प्रशीतित, आइसक्रीम, फल, केला, कॉफी, शराब, चिप्स, केला, चूर्ण, आइसक्रीम, प्रशीतित फल केला काफी, शराब केला, चिप्स, चाकलेट, अलकोहल पेक्टिन, सिरका, जैली, मार्मलेड, ह्विस्की, पंचामृतम आदि पदार्थ भी बनाये जाते हैं।

अमरूद

यह भारत का प्रसिद्ध फल है। क्षेत्रफल और उत्पादन की दृष्टि से भारत में होने वाले उत्पादन में अमरूद का चतुर्थ स्थान है। क्षेत्रफल की दृष्टि से उत्तर प्रदेश 24,700 है बिहार 11,210 है व मध्य प्रदेश में 5, 530 है का प्रमुख स्थान है। अमरूद वर्ष भर फल देता है।

इसका मुख्य स्थान ऊष्ण कटिबन्धीय अमेरिका है। मैक्सिको से पेरू तक के क्षेत्र को इसका मूल स्थान माना जाता है। यहीं से अमरूद विश्व के ऊष्ण तथा उपोष्ण प्रदेशों में प्रसारित हुआ। भारत में यह फल स्पेनवासियों द्वारा 16वीं शताब्दी में लाया गया। भारत में यह फल अधिक उपयुक्त सिद्ध हुआ जैसे कि लगता है कि अमरूद यहीं का देशज है। यहाँ पर उगाई जाने वाली सभी व्यावसायिक किस्में प्राप्त पौधों से चुनाव करके तैयार की गयी हैं। कुछ किस्मों की विश्व की बहुत अच्छी किस्मों में गणना की जाती है।

व्यावसायिक दृष्टि से बिहार, उत्तर प्रदेश, मध्य प्रदेश, आन्ध्र प्रदेश, प. बंगाल, महाराष्ट्र और गुजरात में बागबानी होती है। उत्तर प्रदेश का इलाहाबाद क्षेत्र अच्छे तथा मीठे इलाहाबादी सफेद किस्म को उत्पन्न करने के लिए विश्वविख्यात है। इलाहाबाद के अलावा उत्तर प्रदेश में बरेली और फैजाबाद; बिहार में चम्पारण, भागलपुर, मुजफ्फरपुर, और आन्ध्र प्रदेश में कुडप्पा, महाराष्ट्र, कर्नूल; में पुणे, औरंगाबाद, नासिक, भिंड और अहमदनगर और गुजरात में अहमदाबाद जनपद अमरूद के उत्पादन के लिए विख्यात हैं। भारत के अतिरिक्त अमरूद की उद्यान श्रीलंका और म्यांमार में भी विस्तृत स्तर पर पाये जाते हैं।

हवाई द्वीप व क्यूबा में अमरूद जंगली तौर पर उगता पाया जाता है। अमरूद की 92 किस्मों की चर्चा है किन्तु 10 से 12 किस्मों को ही व्यावसायिक तरीके से उगाया जाता है। इनमें उत्तर प्रदेश में इलाहाबाद सरदार, सफेदा, बेहट कोकोनट, चित्तीदार, लालगूदा, और एपिलकलर; महाराष्ट्र बिहार और गुजरात में नासिक, सरदार और धारीदार व दक्षिण भारत में धोलका, नासिक, धारवार तथा बेदाना किस्में प्रमुख हैं। अमरूद के फलों को ताजा खाने के अलावा अमरूद से जेली, जैम, नेक्टर, चीज और टॉफी आदि वस्तुएं बनायी जाती हैं। यह पोषक तत्त्व को प्राप्त करने का अच्छा साधन है। तत्त्व की प्रचुरता की दृष्टि से यह फल सेब से भी पौष्टिक है। अतः इसे ऊष्ण कटिबन्धीय सेब भी कहते हैं।

पपीता

पपीते की का जन्म स्थान मैक्सिको की खाड़ी वेस्ट इण्डीज का सागरीय किनारा या ब्राजील माना जाता है। अमेरिकी महाद्वीप की खोज के बाद ही यह एशिया में प्रसारित हुआ। भारत में पपीता सोलहवीं शताब्दी के मध्य में पुर्तगालियों द्वारा लाया गया। 1626 के आस-पास भारत से इटली को पपीते का बीज भेजा गया। 1880 तक यह द. पू. एशियाई देशों व प्रशान्त महासागर के द्वीपों में दूर तक पहुँच गया था। पपीते की खेती भूध्य रेखा से 32° उत्तरी तथा दक्षिणी अक्षांश के बीच होती है। यह विश्व के सभी ऊष्ण तथा ऊपोष्ण देशों में उगाया जाता है विशेषतः अमेरिका, द. स्पेन, दक्षिणी अफ्रीका, केन्या, उगाण्डा, श्रीलंका, कांगो श्रीलंका, मलेशिया, फिलीपींस सिंगापुर, आस्ट्रेलिया और भारत में इसकी बागबानी विस्तृत भू-क्षेत्र पर होती है। भारत में पपीते की बागबानी उत्तर प्रदेश,प. असम, बंगाल बिहार गुजरात, महाराष्ट्र, तमिलनाडु, मध्य प्रदेश, कर्नाटक, उड़ीसा, आदि राज्यों में सफलतापूर्वक सम्पन्न की जाती है। अन्तर्राष्ट्रीय बाजार में पपीते की वाशिंगटन और हनीडयू किस्में बहुत चर्चित है।

भारत में उपर्युक्त के अलावा कोयम्बटूर 1,2,3, पैराडिनिया, सिंगापुर पिंक, फिलीपींस शान्ताकुन्ज जायष्ट, पूसा आदि प्रमुख किस्में है। पपीते के पके फल सुगंधित, पौष्टिक, स्वादिष्ट होते है। पके फल का प्रयोग खाने में किया जाता है। इसके अलावा पपीता से जैम, जैली, शराब, सिरप, मार्म लेड, कैण्डी, चटनी, टॉफी और नेक्टर आदि बनते हैं। यह फल औषधीय गुण रखता है। इसके पके फल पाक वायुरोग-नाशक और मूत्र-वर्धक होते हैं। इससे बने हुए सिरप और शराब कफ निस्सारक, शक्तिवर्धक और शामक होते हैं।

कटहल

कटहल के मुख्य स्थान के संदर्भ में कुछ कहा नहीं जा सकता है। इसके पौधे सबसे पहले भारत वर्ष में पश्चिमी घाट के पहाड़ी क्षेत्रों में उगते हुए पाये गये थे। पुर्तगाल के निवासियों ने इस फल का नाम जैक रखा। कटहल म्यांमार, भारत, श्रीलंका, मलेशिया, द. चीन, आस्ट्रेलिया, मॉरीशस और ब्राजील में 1400 मी. की ऊंचाई तक पाया जाता है। भारत में यह फल विशेष प्रसिद्ध है। क्षेत्रफल के अनुसार असम के बाद बिहार और केरल का स्थान आता है। इसके बाद तमिलनाडु, कर्नाटक और आन्ध्र प्रदेश का स्थान है। उत्तर प्रदेश के पूर्वी तथा मध्यवर्ती हिस्से में बिहार के उत्तर-पूर्वी भाग में कटहल के वृक्ष बहुतायत मात्रा में पाये जाते हैं। इसके कच्चे फलों का इस्तेमाल सब्जी और आचार बनाने में किया जाता है कटहल के पके हुए कुए (कोए) काफी मीठे होते है।

अनन्नास

अनन्नास मूल रूप से ब्राजील में पाया जाने वाला फल है। अमेरिका की खोज उपरान्त इसका प्रसार दुनिया के दूसरे मुल्कों में हुआ। 1493 में कोलम्बस और उसके साथी नाविकों ने वेस्टइण्डीज के एक द्वीप पर इसकी खोज की। भारत में यह 1548 ई. तक पहुँचा। इस समय अनन्नास की खेती उच्च तथा उपोष्ण कटिबन्धीय देशों-ब्राजील, द. अफ्रीका, मैक्सिको, सिंगापुर, क्वीन्स लैण्ड, फिलीपाइन्स, सं. रा. अमेरिका, आईवरी कोस्ट, जामेर कोस्ट, कीनिया, मलेशिया, आस्ट्रेलिया, थाईलैण्ड, श्रीलंका, मेक्सिको, क्यूबा और भारत में की जाती है। विश्व व्यापार में मेक्सिको तथा क्यूबा का महत्त्वपूर्ण स्थान है। भारत में इसकी बागबानी मुख्य रूप से पूर्वी क्षेत्रों-असम, त्रिपुरा और मणिपुर में की जाती है। इसके अतिरिक्त महाराष्ट्र, प. बंगाल, कर्नाटक और केरल तथा आन्ध्र प्रदेश में भी इसे उगाया जाता है।

अन्नास की किस्मों को तीन मुख्य समूहों में विभक्त किया जा सकता है–

(1) कैथेन समूह—इसमें कैथेन अथवा जायष्ट क्यू और क्यू आदि किस्में शामिल हैं।

(2) क्वीन समूह—इसमें रिप्ले-क्वीन, क्वीन आदि किस्में शामिल हैं।

(3) स्पेनिश समूह—इसमें सिंगापुर, मॉरिशस, स्पेनिश, रोथचाइण्ट आदि किस्में सम्मिलित है।

साधारण तौर पर इसका उत्पादन प्रति हेक्टेयर 10 से 15 टन है। केरल में उत्पादन 35 से 40 टन है। इसकी बाजार में बड़ी माँग है। अन्नास का जूस, स्क्वैस, जैक्स और स्लाई से बनाकर उपयोग किया जाता है।

शरीफा

शरीफा एक मीठा स्वादिष्ट फल है। भारतीय प्राचीन साहित्यों में इसकी भरपूर चर्चा मिलती है। इसका मुख्य स्थान दक्षिणी अमेरिका व अफ्रीका माना जाता है। कुछ लोग भारत को भी इसका मुख्य स्थान मानते हैं। आन्ध्र प्रदेश में लगभग 40,000 हेक्टेयर, क्षेत्र पर, उत्तर प्रदेश तथा असम में लगभग 3000 हेक्टेयर क्षेत्र पर इसके बागान पाये जाते हैं। इसके अलावा तमिलनाडु, मध्य प्रदेश, प. राजस्थान बंगाल, उड़ीसा तथा बिहार में इसकी बागबानी की जाती है। इसका ताजा पका फल खाने के काम आता है। इसका गूदा दूध में मिलाकर पेय के रूप में प्रयुक्त किया जाता है। गूदे से आइस क्रीम भी बनायी जाती है। कुछ समय के लिए इसे जैम तथा जैली के रूप में भी रखा जा सकता है। आन्ध्र प्रदेश में इसके फलों को भूनकर भी खाते हैं। शरीफा को अन्य नामों से भी पुकारा जाता है यथा—रामफल, हनुमान फल, लक्ष्मण फल, मामफल या सीताफल भी कहते हैं। इसका पौधा सदाबहार होता है।

चीकू

इसका उद्गम स्थल ऊष्ण कटिबन्धीय मेक्सिको क्षेत्र है। इसके अलावा मध्य अमेरिका, दक्षिण फ्लोरिडा (सं. रा. अमेरिका), श्रीलंका, फिलीपींस तथा थाईलैण्ड में भी यह सफलतापूर्वक उगाया जाता है। भारत में गुजरात, पश्चिमी बंगाल, महाराष्ट्र बिहार, आन्ध्र प्रदेश, कर्नाटक, तथा तमिलनाडु राज्यों में इसके बागान विस्तृत क्षेत्र पर पाये जाते हैं। चीकू का फल तोड़ने के चार-पाँच दिन बाद गदराने लगते हैं। और उनका रस चिपचिपा हो जाता है और फल खाने योग्य हो जाते हैं। चीकू के पूरी तरह पके हुए फल खाये जाते हैं। ये बहुत मीठे होते हैं। फलों के गूदे को मिठाइयाँ, शरबत, डबल रोटी और केक बनाने में भी प्रयुक्त किया जाता है।

कमरख

यह खट्टा फल है। इसका उत्पत्ति स्थल मलेशिया माना जाता है। इसकी बागबानी द. पूर्व एशियाई देशों में अनेक सदी से की जाती है। इस समय इसकी कृषि विश्व के सभी ऊष्ण कटिबंधीय क्षेत्रों में की जाती है। यह सं. रा. अमेरिका के कैलीफोर्निया तथा फ्लोरिडा राज्यों में भी उगाया जा रहा है। कमरख उगाये जाने वाले उन देशों में चीन, हिन्देशिया, मलेशिया और भारत प्रमुख हैं। द. भारत में नीलगिरि पहाड़ियों पर 1200 मीटर की ऊंचाई तक इसके पौधे उगाये जाते हैं। यह फल मुलायम व जल्दी ही खराब होने वाला होता है। इसलिए स्थानीय बाजार में ही बेच दिया जाता है। फल को ताजा खाने के अलावा कई अन्य प्रकार से उपयोग में लाया है। इसमें पैक्टिन पदार्थ की अधिकता मिलती है। इसलिए इसे जैली, जैम बनाने में प्रयोग किया जाता है। पेय पदार्थ में इसके रस का इस्तेमाल करने से स्वादिष्ट हो जाता है। इसका मुरब्बा भी बनाया जाता है। इसके रस से कपड़ों के धब्बे मिटाये जाते हैं।

काजू

यह एक गिरीदार पौष्टिक फल है। व्यापारिक दृष्टि से इसका विशेष महत्त्व है। इसका मुख्य स्थान ब्राजील है। भारत में इसका प्रवेश 16वीं सदी में हुआ। भारत की नहीं अपितु विश्व के महत्त्वपूर्ण काजू उत्पादन में केरल राज्य का सर्वोच्च स्थान है। यहाँ देश के काजू का 20% क्षेत्र उपस्थित है तथा यहाँ देश का लगभग 57% काजू पैदा किया जाता है। इसकी बागबानी कर्नाटक, गोआ, महाराष्ट्र, (कोंकण तट), आन्ध्र प्रदेश तथा तमिलनाडु के तटवर्ती क्षेत्र में भी की जाती है। प. बंगाल एवं असम में भी काजू पैदा करने का प्रयत्न किया जा रहा है। ब्राजील के अतिरिक्त यह फल, प. द्वीप समूह तथा पूर्वी अफ्रीका में भी उत्पन्न किया जाता है। भारत से काजू का निर्यात, सं. रा. अमेरिका को किया जाता है। इसके साथ-साथ देश में पश्चिमी अफ्रीका से कच्चे काजू का आयात भी होता है। पोषक तत्त्व व स्वाद की दृष्टि से काजू का महत्त्वपूर्ण स्थान है। इसमें 16.9% वसा 22. 3% कार्बोहाइड्रेट और 21.2% प्रोटीन पया जाता है। इसके अलावा इसमें कैल्शियम, फास्फोरस, विटामिन, लोहा बी 1,2 एवं प्रचुर मात्रा में मौजूद है। यह विटामिन सी का उत्तम साधन है। इसका प्रयोग मदिरा के निर्माण में भी किया जाता है।

उपोष्ण कटिबंधीय

इसमें मुख्य तौर पर निम्बू वंशीय (Citrus) फलों को शामिल किया जाता है जिसमें अंगूर, सन्तरा, अंजीर, नींबू, अनार, फलसा, आंवला, नाशपाती, आदि प्रमुख हैं। वंशीय फलों के वितरण को प्रदर्शित किया गया है। इसके अतिरिक्त इसमें बेल, इमली, खजूर, करौंदा, जामुन, बादाम आदि ऊष्ण क्षेत्रों के फलों के साथ-साथ जैतून, चेस्टनट, बालनट, हेजनट, खूबानी, चेरी, सतालू, अलूचा आदि शीतोष्ण प्रदेशों के फलों को भी शामिल किया जाता है।

ये फल ऊष्ण और शीतोष्ण कटिबंधीय क्षेत्रों के संक्रमण प्रदेश में विशेषकर मैदानी भागों में ज्यादा वितरित पाये जाते हैं। निम्बूवंशीय फलों के मुख्य स्थान और इतिहास के बारे में पर्याप्त तथ्य नहीं मौजूद हैं। कुछ विद्वान इनकी उत्पत्ति दक्षिणी एशिया के क्षेत्र से ही मानते हैं। इनकी कुछ प्रजातियाँ चीन, कुछ भारत, कुछ इन देशों के बीच और मलाया प्रायद्वीप में पैदा मानी जाती हैं। चीनी साहित्य में 2200 ई. पूर्व में निम्बू वंशीय फलों का उल्लेख मिलता है। चीन से संतरा सान वंश के चीनियों द्वारा ईस्वी सन् के आरम्भ में यूनान (yunnan) होता हुआ असम लाया गया जहाँ से इसका प्रसरण देश के शेष भागों में हुआ। डिमामा द्वारा पश्चिमी देशों में ले जाया गया। ग्रेप फ्रूट की किस्मों का भारत में प्रवेश पश्चिम से हुआ।

जैतून

जैतून (olive or lea cuopaea) का उत्पादन मुख्यतः तेल हेतु किया जाता है। यह भूमध्य सागरीय जलवायु का विशिष्ट पौधा है। यह पौधा पहाड़ी तथा पथरीली भूमि में भी उग जाता है और इसके लिए अधिक देखरेख की जरूरत नहीं पड़ती है। एक स्वस्थ जैतून का पेड़ 100 या अधिक वर्षो तक उत्पादन देता रहता है। इसके फलों को सर्दी की वर्षा के पूर्व (नवम्बर माह में) तोड़ लेते हैं। तोड़ते समय क्षतिग्रस्त फलों को तेल निकालने वाली मिलों को भेज दिया जाता है। जैतून का पीला तेल भूमध्य सागरीय क्षेत्र का प्रमुख खाद्य तेल है। किन्तु इसे जलाने, मलहम, साबुन बनाने और विभिन्न औषधियों के निर्माण में भी इस्तेमाल किया जाता है। जैतून की खेती विश्व के भूमध्य रेखीय क्षेत्रों में की जाती है जिसमें स्पेन, पुर्तगाल, इटली का विशिष्ट स्थान है। संयुक्त राज्य अमेरिका में व्यापाक पैमाने पर इसकी खेती कैलीफोर्निया प्रांत में स्पेन के मिशनरियों द्वारा शुरू की गयी।

सन्तरा

सन्तरा एक मुख्य निम्बूकुलीय फल है। इसका मुख्य उद्गम चीन माना जाता है। इसके मुख्य उत्पादक भूमध्य सागरीय जलवायु वाले देश हैं जिनमें इटली, सं. राज्य अमेरिका (कैलीफेर्निया) एवं स्पेन, इजराइल का प्रमुख स्थान है। स्पेन का दक्षिणी तथा पूर्वी भाग, दक्षिणी फ्रांस, दक्षिणी फ्रांस का तटवर्ती भाग, उत्तरी इटली, कैलीफोर्निया का सैनज्वाकिन घाटी क्षेत्र, इजराइल का भूमध्य सागरीय तट संतरे की बागबानी के लिए प्रसिद्ध है। इसके अलावा संयुक्त राज्य अमेरिका के फ्लोरिडा प्रान्त, ब्राजील का द. पूर्वी क्षेत्र, जापान, भारत, चीन, मैक्सिको, टर्की, सीरिया, मोरक्को अल्जीरिया, ट्यूनीशिया, पैलेस्टाइन और अर्जेन्टाइना भी सन्तरे के उत्पादन हेतु उल्लेखनीय हैं। सारणी में दुनिया के कतिपय मुख्य देशों में सन्तरा के उत्पादन को दिखाया गया है।

सारणी

विश्व में सन्तरा उत्पादन, 1984

देश	उत्पादन (हजार मीट्रिक टन)	विश्व का प्रतिशत
ब्राजील	13,372	34
संयुक्त राज्य अमेरिका	6,566	17
इटली	1,700	7
मेक्सिको	1,600	4
चीन	1,495	4
विश्व	39,679	100

स्रोत-FAO Production year book] 1985

संयुक्त राज्य में देश के 60% से अधिक नारंगी का उत्पादन दक्षिणी कैलीफोर्निया सैनज्वाकिन घाटी क्षेत्र से प्राप्त होता है। यहाँ बड़ी नारंगियों के डिब्बों में बन्दकर खाने के लिए, छोटी का रस निकाल कर बोतल में बन्दकर एवं इसके छिलके और अवशिष्ट अंश को जानवरों को खिलाने या तेल प्राप्त करने हेतु उपयोग किया जाता है।

सन्तरे की कई किस्में पाई जाती हैं जिसमें जाफा (Jaffa of Israel), घण्टीदार (navel) वलेन्सिया (valencia) सतसुमा (Satsuma of Japan) टिजोन (Tizon of

Phillipines) मनड्रेन (Mandrain of China) एवं सेविल (Seville of Spain) आदि प्रमुख है। सेविल सन्तरा का उपयोग मुरब्बा (marmalade) बनाने के लिए किया जाता है। भारत में नासिक और नागपुर के सन्तरे विश्व विख्यात हैं जिनका उत्पादन महाराष्ट्र प्रांत के नागपुर और मध्य प्रदेश के नीमाड़ के उत्तर-पश्चिमी जिलों में किया जाता है। इसी प्रकार खासी या दार्जिलिंग, असम की ब्रह्मपुत्र घाटी, मेघालय, सिक्किम, अरुणाचल प्रदेश में उगाई जाती है। कुर्ग और लाहौर किस्में कश्मीर में पठानकोट के निकट तथा देशी नागपुरी, और लड्डू किस्में हिमाचल प्रदेश (कुलू और कांगड़ा क्षेत्र) तथा उत्तर पद्रेश (सहारनपुर, कुमायूँ एवं देहरादून क्षेत्र) में पैदा की जाती है।

सन्तरे की उपज पर मृदा उर्वरता, उर्वरकों का प्रयोग, वृक्षों की उम्र एवं कीड़ों से बचाव का प्रभाव पड़ता है। भारत में प्रतिवर्ष लगभग 13.7 लाख टन सन्तरे का उत्पादन होता है जिसका अधिकांश भाग घरेलू खपत में ही उपयोग में लाया जाता है।

नींबू

नींबू (Lemon) एक नाजुक प्रकृति का भूमध्य सागरीय पौधा है इसकी जो अधिक शीतलता व शुष्कता दोनों से ही प्रभावित होता है। दो प्रमुख किस्में-खट्टे (acid) तथा मीठे (sweet) पायी जाती हैं। विश्व में स्पेन और सिसिली का नींबू के उत्पादन में सर्वोपरि स्थान है। दक्षिणी इटली का बर्गमोट (Bergmot) किस्म का नींबू विश्व प्रसिद्ध है जिससे एक विशेष प्रकार का तेल प्राप्त किया जाता है। संयुक्त राज्य अमेरिका के कैलीफोर्निया (सैनज्वाकिन घाटी) में अंगूरी नींबू का उत्पाढ़न होता है, जो गुच्छों में फलता है। भारत में नींबू का उत्पादन उत्तर प्रदेश के सहारनपुर, मेरठ जिलों तथा कुमाऊँ की पहाड़ियों, पूर्वी उत्तरी तमिलनाडु, उत्तर प्रदेश के मकराई, कोयम्बटूर और सलेम जिलों व महाराष्ट्र के खानदेश और अहमदनगर जिलों में की जाती है।

चकोतरा

चकोतरा का उत्पादन मुख्य तथा सं. राज्य अमेरिका के—फ्लोरिडा तथा टेक्सास प्रान्तों में किया जाता है। गौण उत्पादन क्षेत्रों में इजराइल, द.अफ्रीका, अर्जेन्टाइना और साइप्रस उल्लेखनीय हैं। भारत में इसकी बागबानी पंजाब व हरियाणा राज्यों में की जाती है।

अंगूर

अंगूर एक अर्द्ध-ऊष्ण कटिबंधीय बहुत स्वादिष्ट फल है। क्षेत्रफल की दृष्टि से दुनिया में इसकी बागबानी सबसे अधिक की जाती है। विश्व के कुल फलोत्पादन का लगभग $\frac{1}{2}$ भाग पर अंगूर के उत्पादन के रूप में प्राप्त होता है। लगभग 2400 ईसा पूर्व मिस्र में इसके उगाने का उल्लेख मिलता है। ओल्ड टेस्टामेन्टा (Old Testament) में भी अंगूर की कृषि का उल्लेख मिलता है। इसका उत्पादन क्षेत्र केस्पियन सागर के नजदीक आरमेनिया माना जाता है।

उत्तरी अमेरिका में भी खोज के पहले अंगूर की खेती होती थी। भारत में अंगूर की बागबानी किये जाने का उल्लेख प्राचीन ग्रन्थों (संस्कृत, पालि एवं प्राकृत) में मिलता है। ईरानी तथा अफगानिस्तानी इसकी तीन किस्में-अविअर फकरी, भोकरी और साहेगी 1338 ई. के आस-पास औरंगाबाद लाई गयी। मुगलों ने इसकी कुछ किस्में पंजाब में प्रचलित कीं। दक्षिण में कुछ किस्में महाराष्ट्र के नासिक व पूना जिलों में पहुँची। 1890 में हैदराबाद के आस-पास इसकी बागबानी आरम्भ की गयी। विश्व के कई देशों में अंगूर का उत्पादन होता है। इसके अन्तर्गत लगभग 110 लाख हेक्टेयर क्षेत्र शामिल हैं। इसके उगाने वाले मुख्य देशों में शराब बनाने के लिए इटली, स्पेन और फ्रांस, खाने वाले अंगूरों के लिए इटली बुल्गारिया, अर्की सं.रा. अमेरिका, यूनान और पुर्तगाल तथा किशमिश के लिए अर्की, आस्ट्रेलिया, यूनान और सं.रा. अमेरिका उल्लेखनीय हैं। आगे दी गयी सारणी में दुनिया के मुख्य अंगूर उत्पादक राष्ट्रों का उल्लेख किया गया है।

अंगूर सं. रा. अमेरिका में सेब उत्पादन के पश्चात् फलों में सर्वाधिक उत्पादन वाली फसल है। कैलीफोर्निया प्रदेशों में विशेषकर पूर्वी क्षेत्र में अमेरिकी अंगूर उगाया जाता है। नम ऊष्ण कटिबंधीय दशाओं में इसका सबसे अधिक उत्पादन भारत में किया जा रहा है। विभाजन के उपरान्त अधिकतर क्षेत्र पाकिस्तान में चला गया। वर्तमान भारत में फिर से इसकी कृषि पर्याप्त क्षेत्र में की जाने लगी है। तकरीबन 10,000 हेक्टेयर क्षेत्र में इसकी बागबानी की जाती है। सबसे अधिक उत्पादन कर्नाटक, महाराष्ट्र, आन्ध्र प्रदेश और तमिलनाडु में किया जाता है।

उत्तर भारत में इसकी बागबानी पंजाब, हिमाचल (शर्बो एवं किन्नौर), प. उत्तर प्रदेश, मध्य प्रदेश और राजस्थान में की जाती है। महाराष्ट्र में नासिक और पुणे; कश्मीर में श्रीनगर; तमिलनाडु में मदुराई और सलेम तथा आन्ध्र प्रदेश में औरंगाबाद,

हैदराबाद और अनन्तपुर जिले अंगूर के प्रमुख उत्पादक हैं। भारत में 1987 में कुल 280000 मीट्रिक टन अंगूर का उत्पादन किया गया।

सारणी

विश्व के प्रमुख अंगूर उत्पादक देश 1984

देश	*उत्पादन हजार हेक्टेयर*	*विश्व का प्रतिशत*
स्पेन	1710	18
पूर्व सोवियत संघ	1400	15
फ्रांस	1292	13
इटली	1125	12
टर्की	640	7
अर्जेन्टाइना	317	3
सं. रा. अमेरिका	313	3
विश्व	9611	100

स्रोत—FAO Production Year book, 1995

भारत के भिन्न-भिन्न क्षेत्रों में बोयी जाने वाली अंगूर की मुख्य किस्में निम्नांकित हैं—

(क) उत्तरी मैदान-ब्लैक, बेदाना, प्रिंस, कंधारी दाख, सिकन्दरिया की मस्कत और परलैट।

(ख) शुष्क और शीतोष्ण प्रदेश-बीजरहित, थाम्पसन, श्वेत किशमिश और सुल्ताना।

(ग) दक्षिणी भारत-ब्लू, बंगलौर, पचद्राक्ष, अनबेशाही, गुलाबी, थाम्पसन, काली चम्पा, बीजरहित।

(घ) पश्चिमी भारत-सीमा अनबेशाही, सीमा साहेबी, थाम्पसन।

भारत प्रतिवर्ष अधिक मात्रा में अंगूर और दाख अफगानिस्तान, पाकिस्तान, आस्ट्रेलिया और सं. रा. अमेरिका से आयात करता है।

अंगूर भूमध्य सागरीय कृषि

अंगूर का पौधा (vine) एक लता के रूप में पाया जाता है जिसके लिए उच्च तापमान (18°C) और तेज धूप (लम्बी गर्मी की ऋतु जिसमें सितम्बर में तापमान

तर रहता हो) की जरूरत होती है। इसकी जड़ें लम्बी होती हैं जिससे लताओं को गहराई से पानी मिल जाता है। इसके लिए गर्म भुरभूरी मृदा उत्तम मानी जाती है। चूना और खड़िया वाली जमीन इसकी उपज के लिए उत्तम मानी जाती है। पाला इसके लिए हानिप्रद है जिससे फलों के गुच्छे समाप्त हो जाते हैं। फसल के तैयार होने के समय ऊष्ण और शुष्क मौसम उपयुक्त होता है। अंगूर की गुणवत्ता पर ढलान, मिट्टी एवं सौर प्रकाश की मात्रा (optimal sun angles) का प्रभाव पड़ता है।

भूमध्य सागरीय प्रदेशों में अंगूर की कृषि पहाड़ी ढालों के सहारे की जाती है। उपर्युक्त विशिष्ट स्थिति के कारण अंगूर की कृषि संसार के कुछ ही भागों में सम्भव है। इसकी वृद्धि में फैलाव के लिए उचित टेक की आवश्यकता पड़ती है। रोपण के समय पौधे में उसे लेकर 3 मीटर का अन्तराल रखा जाता है। अंगूर की लता के समुचित फैलाव व संरचना को बनाये रखने के लिए इसको साधना जरूरी होता है जिससे काट-छाँट अन्तराल, कर्पण छिड़काव और फलों की तलुई सुविधापूर्वक हो सके। अंगूर के पौधे को तैयार होने में 150 दिन की अवधि लगती है। यह पौधा जाड़ों में पत्तियाँ गिरा देता है। छोटे पौधों को खड़ा रखने के लिए टेक की आवश्यकता होती है। पौधों का कर्तन (Pruning) क्रिया हर देश में अलग-अलग समयों में की जाती है। भारत में पौधों का कर्तन भिन्न-भिन्न समयों में होता है। यह क्रिया आन्ध्र प्रदेश में मार्च-अप्रैल में तथा तमिलनाडु में जून में की जाती है। कर्तन क्रिया में मुख्य दो आधारी कलिकाओं को छोड़कर शेष शाखाओं को काट-छांट दिया जाता है। जिससे नयी वानस्पतिक उन्नति हो सके। इसे वृद्धि कर्तन या पश्चकर्तन भी कहते हैं। कुछ क्षेत्रों में कर्तन सितम्बर के आखिरी सप्ताह या दिसम्बर के महीनों में किया जाता है। इस कर्तन क्रिया के अन्तर्गत छह महीने पुरानी डालियों को काटा जाता है। छंटाई का स्तर पौधों की किस्मों पर निर्भर करता है। यदि प्रशाखा (Cane) की मोटाई अधिक हो तो अधिक कलिकायें छोड़ी जाती हैं, व पतली होने पर कम। इस विधि को अग्रकर्तन (forward pruning) कहते हैं। यदि दो बार उत्पादन प्राप्त करना हो तो ग्रीष्म तथा शरद् दोनों ही ऋतुओं में कर्तन आवश्यक है। काट-छांट का स्तर निम्न अथवा उच्च करके उत्पादन का परिमाण बढ़ाया या घटाया जा सकता है। अंगूर की कृषि दो प्रकार से की जाती है–

(i) एक फसल के रूप में (Clean vine culture)

(ii) मिश्रित फसल के रूप में (Mixed vine culture)

इटली में मिश्रित कृषि प्रणली प्रचलित है। यहाँ अधिकतम उत्पादन के

लिए कृषक अंगूर के साथ-साथ दूसरी फसल भी बो देते हैं। अंगूर की खेती में विशेष सावधानी की जरूरत पड़ती है। लताओं पर कई प्रकार के कीड़े तथा रोग लगते हैं। अंगूर के पौधों में फाइलोंजेरा रोग (Phylloxera disease) सबसे पहले अमेरिका में लगा था। जहाँ से इसका प्रसार विश्व के समस्त अंगूर उत्पादक क्षेत्रों में हो गया।

यूरोप में अंगूर की बागबानी इस रोग से विशेष रूप से प्रभावित हुई। फाइलोजेरा के कीट अंगूर के पौधों की जड़ों में आर-पार छिद्र कर देते हैं। इस रोग से फ्रांस में 1863 से 1895 की अवधि में 1 मिलियन हेक्टेयर अंगूर की बागबानी समाप्त हो गयी बाद में सं. रा. अमेरिका के कैलीफोर्निया क्षेत्र से पौधे की कलम मँगाकर अंगूर की खेती दोबारा प्रारम्भ की गयी। अंगूर की पत्तियों पर अधिक नमी व शीतऋतु में पत्तियों एवं फलियों पर श्वेत धब्बे या फफूँद दृष्टिगोचर होते हैं।

पत्तियों पर फफूँद से बचाव हेतु बोर्डियक्स मिश्रण (bourdeux mixture) कॉपर-सल्फेट के घोल का छिड़काव करना जरूरी होता है। अंगूर के फलों को पकने से पहले तोड़ना उचित नहीं रहता है। जब अंगूर कुछ मुलायम हो जाय तथा कुछ रंग निखर जाये तो गुच्छों को कुछ डंठल सहित तेज चाकू या कैंची से सावधानीपूर्वक काटना चाहिए। यह कार्य भूमध्य सागर के क्षेत्र में सितम्बर माह में किया जाता है। फल को बार-बार छूने से खराब हो जाते हैं। साधारणतः प्रति लता से 10 कि. ग्रा. अंगूर प्राप्त किया जाता है। गुच्छों का रंग, सुबास, स्वाद, मिठास से भी तुड़ाई के लिए सही समय का निर्धारण किया जा सकता है। गुच्छे से सड़े-गले अंगूर को बाहर निकालकर ही संवेष्ठन (Packing) के बाद अलग-अलग स्थानों पर विपणन के लिए भेजा जाता है। पैकिंग के समय बक्सों में सल्फर डाई आक्साइड का इस्तेमाल करते हैं। जिससे लम्बे समय तक फल को सुरक्षित रखा जा सके। अंगूर का प्रयोग मदिरा निर्माण काफी मात्रा में किया जाता है। एक हेक्टेयर अंगूर की बागबानी से 1690-3380 लीटर (अर्थात 150-300 गैलन) शराब बनायी जा सकती है सम्पूर्ण अंगूर के उत्पादन का लगभग 85% भाग मदिरा बनाने में प्रयोग किया जाता है। शेष 15% ताजे फल खाने के रूप में इस्तेमाल किया जाता है। कुछ देशों में अंगूर को सुखाकर किशमिश के रूप में भोजन व विभिन्न प्रकार के मिठाइयों, पकवानों आदि में किया जाता है।

अंगूर एवं मदिरा

विश्व में अंगूर उत्पादक क्षेत्रों में भू-मध्य सागरीय प्रदेश के यूरोपीय देश आस्ट्रेलिया, दक्षिणी अफ्रीका और संयुक्त राज्य (कैलीफोर्निया) आदि को शामिल

करते हैं। इसके साथ ही कुछ उपोष्ण व शीतोष्ण कटिबंधीय देश भी अंगूर के उत्पादक देश हैं। ये देश अंगूर का ताजे फल के रूप में उपयोग करने के साथ ही शराब बनाने के लिए भी करते हैं। कुछ देश ताजा फल खाने के लिए निर्यात भी करते हैं। ताजे फल के साथ ही इसे सुखाकर किशमिश (द्राक्षा) आदि भी बनाकर निर्यात किया जाता है।

ग्रीक, टर्की, कैलीफोर्निया और आस्ट्रेलिया (सं. रा. अमेरिका) आदि देश अंगूर को सुखाकर निर्यात करते हैं। ताजे फल का उपयोग विशेषकर सं रा. अमेरिका, आस्ट्रेलिया एवं दक्षिणी अफ्रीका आदि देशों में किया जाता है। विश्व में अंगूर के रस का अधिकतम उपयोग मदिरा बनाने के लिए किया जाता है। मंदिरा एक अल्कोहली पेय पदार्थ है। अंगूर के फलों के रस के किण्वन द्वारा तैयार किया जाता है। व मदिरा एक किण्वित पेय पदार्थ है जो शर्करायुक्त फलों के रस को अल्कोहली किण्वन द्वारा प्राप्त किया जाता है। मदिरा तैयार करने की कला तथा विज्ञान को वाइनोलोजी (vinology) कहते हैं। प्राचीन तथा मध्यकालीन भारतीय तथा यूरोपीय साहित्य में मदिरा का विस्तृत विवरण मिलता है।

ग्रीक, भारत एवं रोम में आदि काल से मदिरा का प्रचलन रहा है। वर्तमान में विश्व के बहुत से शीतोष्ण एवं उपोष्ण कटिबंधीय देशों में अंगूर पैदा कर मदिरा बनाया जा रहा है। इसके प्रयोग से व्यक्ति में स्फूर्ति तथा उत्तेजना आती है। इसका उपयोग विशेषकर वयस्क लोग ही करते हैं किन्तु यूरोपीय देशों में विशेषकर फ्रांस एवं इटली में यह राष्ट्रीय पेय पदार्थ के रूप में प्रयोग होता है। मदिरा सेवन में फ्रांसीसी विश्वविख्यात है। यह वार्षिक खपत का औसत प्रति व्यक्ति 6 गैलन (73 लीटर) है। शराब के अधिक सेवन से फ्रांस में अनेक समस्याएं पैदा हो गयी हैं और अब इसमें कमी के लिए प्रयास किया जा रहा है। इटलीवासी एवं स्पेनवासी भी-अपेक्षाकृत अधिक शराब का सेवन करते हैं जबकि प्राच्यवासियों का वार्षिक सेवन बहुत ही कम (अर्थात् एक लीटर से भी कम) है। शराब का प्रयोग अमेरिका में 3 लीटर प्रति व्यक्ति वार्षिक है जबकि ब्रिटेन में वार्षिक उपयोग 8 लीटर प्रति व्यक्ति वार्षिक है जबकि ब्रिटेन में वार्षिक उपयोग 8 लीटर प्रति व्यक्ति है। आयातित शराब कर एवं शुल्क (Taxes and duties) के कारण यह बहुत ही महँगी हो जाती है। मध्य-पूर्व में शराब की खपत बहुत कम है। शराब सिर्फ इसलिए अंगूर से ही निर्मित नहीं होती अपितु अनेक फलों साधारणतः बेरी, सेब, आलू, फूलों, चुकन्दर, गाजर आदि सब्जियों द्वारा भी घरेलू प्रयोग के लिए की जाती है।

चावल के प्रयोग से व्यावसायिक दृष्टि से शराब का निर्माण जापान, चीन तथा द.-पू. एशिया के देशों में किया जाता है। अब नारियल से भी शराब बनायी जाती है। अंगूरी शराब के अलावा अनेक उत्तेजित पेय पदार्थ यथा—साइडर, बीयर, ह्विस्की रम, ब्राण्डी, आदि की हैं। बीयर जौ से निर्मित पेय पदार्थ है जो विश्व के सभी शहरों में प्रयोग की जाती है। इसका उत्पादन अधिक प्रचलन के कारण प्रतिवर्ष बढ़ रहा है। स्पेन तभी इटली में परम्परागत रूप से इसका प्रयोग होता है।

जापान में मुख्य रूप से चावल द्वारा निर्मित शराब का इस्तेमाल किया जाता है। वहीं दूसरी ओर फ्रांस बीयर का मुख्य उत्पादक राष्ट्र है। शराब की तुलना में बीयर में कम नशा होता है और इसके निर्माण में तुलनात्मक दृष्टि से कम खर्च आता है। इसीलिए इसका प्रचलन एवं सेवन शराब की अपेक्षा में अधिक है। शराब उत्पादक देश मुख्य रूप से पश्चिमी जर्मनी, सं. रा. अमेरिका, ब्रिटेन, रूस, फ्रांस, जापान, चेकोस्लोवाकिया और ब्राजील आदि है मदिरा का सबसे अधिक उपयोग यूरोपीय देशों में होता है। चेकोस्लावा किया में वार्षिक उपभोग प्रति व्यक्ति 135 लीटर (30 गैलन) है। जर्मनी और ब्रिटेन भी मुख्य रूप से उपभोक्ता देश हैं। आस्ट्रेलिया व न्यूजीलैण्ड में मदिरा की वार्षिक खपत प्रति व्यक्ति 112 लीटर (25 गैलन) है। मदिरा (वाइन) की अपेक्षा में बीयर सस्ती है। यह सभी जगह सुलभ भी है। इसलिए अन्तर्राष्ट्रीय व्यापार में इसका कोई महत्त्व नहीं है।

शराब के विभिन्न प्रकार

मदिरा का विभाजन फल, स्वाद, स्थान, रंग आदि अनेक आधारों पर किया गया है। इसका वर्गीकरण निम्नवत् है—

1. **लाल मदिरा**—यह मदिरा अंगूर के छिलकों सहित तैयार की जाती है।

2. **गुलाबी मदिरा**—इस प्रकार की मदिरा छिलकों तथा गूदों को एक साथ कुछ समय तक रखकर तैयार की जाती है।

3. **सफेद मदिरा**—फलों से रंगीन छिलका अलग करके तैयार की जाती है।

4. **कड़ी मदिरा**—इसमें एल्कोहल की मात्रा तुलनात्मक दृष्टि से अधिक रहती है।

5. **औषधीय मदिरा**—मदिरा में दवाई मिलाकर उपयोग की जाने वाली को मदिरा दवाइयां की संज्ञा प्रदान की जाती है।

6. **फेनी मदिरा**—इस प्रकार की मदिरा काजू फल से बनायी जाती है।

7. पेरी मदिरा—यह नाशपाती से तैयार की जाती है।

8. संतरा मदिरा—इसे संतरे के रस को मीठा करके सड़ाकर तैयार किया जाता है।

9. बेरी मदिरा—यह बेरी फल से तैयार की जाती है।

10. सूखी मदिरा—इसमें शक्कर की अल्प मात्रा होती है।

11. मीठी मदिरा—इसमें शक्कर की मात्रा अधिक होती है।

12. खट्टी मदिरा—इस प्रकार की मदिरा एसिटिक एसिड किण्वन से प्राप्त होती है।

देश तथा स्थानीय स्तर पर शराब का नामकरण

1. शैम्पेन

यह अंगूर के रस से निर्मित की जाने वाली चमकदार शराब है। यह फ्रांस के अतिरिक्त अन्य देशों में भी तैयार की जाती है। आंशिक रूप में सड़ने अथवा तैयार होने की प्रक्रिया बोतलों में ही पूरी हो जाती है। जिसके कारण बोतलों में गैस भरी रहती है। इसमें 6 वायुमण्डलीय दबाव रहता है।

2. पोर्ट

यह पुर्तगाल में तैयार की जाती है।

3. मस्कट

यह मदिरा इटली, स्पेन, कैलीफोर्निया और आस्ट्रेलिया में तैयार की जाती है। यह अंगूर से तैयार की जाती है।

4. टोके

यह हंगरी की विख्यात मदिरा है।

5. साइडर

यह इंग्लैड में निर्मित की जाती है। यह सेब से किण्वित पेय पदार्थ है जिसका प्रचलन ब्रिटेन एवं फ्रांस में है। ह्विस्की (whisky), जो आसवित पेय पदार्थ है, सबसे पहले स्काटलैण्ड और स्कैण्डिनेविया में निर्मित की गयी। यद्यपि आज ह्विस्की विश्व के अनेक देशों, मुख्य रूप से सं. रा. अमेरिका व जापान में भी बनायी जाती है। रम (Rum) चीनी उद्योग के अवशिष्ट पदार्थ शीरा से बनायी जाती है। इस तरह की मदिरा मुख्य तौर पर उत्तर प्रदेश (भारत) निर्मित होती है।

ब्राण्डी (Brandy) अंगूर के रस से आसवित पेय पदार्थ है जो कांगनाक (फ्रांस) में बनती है। वोडका (Vodka) रूस का निर्मित पीने का पदार्थ है जो आलू तथा राई से आसवित कर तैयार की जाती है। भौगोलिक दृष्टि से मदिरा (वाइन) स्फूर्ति तथा उत्तेजना के लिए एक जरूरी पेय पदार्थ है। इसका निर्माण एवं वितरण मुख्य रूप से कुछ विशिष्ट कृषि उत्पादों से भिन्न-भिन्न प्रकार से तैयार की जाती है। उच्च कोटि के शराब को बनाने के लिए समुचित मात्रा में अंगूर को उत्पादित करना आवश्यक है।

भिन्न-भिन्न प्रदेशों में निर्मित मदिरा के गुण एवं स्वाद (Taste) में अन्तर होता है। क्योंकि अंगूर के उत्पादन पर भौगोलिक तत्त्व का प्रभाव पड़ता है, इसलिए मदिरा के गुण एवं स्वाद में अन्तर होना स्वाभाविक है।

विश्व में कुछ विशिष्ट मदिरा उत्पादक क्षेत्र निम्नांकित है–

1. क्लारेट (Claret)–गिरोण्डे (Geronde Basin)
2. शरी (Sherry)–स्पेन
3. पोर्ट (Port)–पुर्तगाल
4. टोक्यो (Tokay)–हंगरी
5. चियान्ती (Cheanti)–इटली
6. मार्सला (Marsala)–सिसली

फ्रांस में अंगूर उत्पादन मुख्य रूप से फ्रांस के पर्याय के रूप में है। यहाँ पर कुछ विशिष्ट क्षेत्रों में निश्चित किस्म की मदिरा बनती है। और उस मदिरा का नामकरण भी वहीं कर दिया गया है यथा–शैम्पेन (Champagne) बुरगण्डी (Burgundy) मेडॉक (Medoc) आदि। मदिरा के नवीन क्षेत्रों के रूप में द. अफ्रीका, सं. रा. अमेरिका, आस्ट्रेलिया व सोवियत रूस (पूर्व) भी है किन्तु ये देश विशिष्ट प्रकार के मदिरा उत्पादक देशों में नहीं है।

शराब निर्माण उद्योग

शराब का निर्माण करना एक कला है जिसमें विशेष धैर्य, प्रवीणता और अनुभव की आवश्यकता पड़ती है। इसमें सिर्फ अंगूर ही नहीं अपितु अनेक प्रक्रियाएँ मदिरा के लिए अपनानी पड़ती हैं। विभिन्न तकनीक से अनेक प्रकार की शराब बनायी जाती है। अंगूर का रस ज्यादा रस वाली किस्मों से तैयार किया जाता है। इसका रस निकालना बहुत आसान हैं।

इससे रस निकालने से पूर्व फल का पूरी तरह पका होना आवश्यक है। रस निकालने के लिए दोनों ही प्रकार के अंगूर अर्थात रंगवाली व सफेद किस्मों का इस्तेमाल किया जाता है।

निर्माण की प्रक्रिया

(i) सबसे पहले अच्छे फलों का चुनाव करते हैं। फल को विधिवत साफ करके मसलते, कुचलते और दबाकर रस निकाला जाता है। साधारणतयाः 60-70% रस निकलता है। इस प्रकार तैयार पदार्थ मस्ट (Must) कहलाता है।

(ii) सल्फिटिंग—तैयार गूदे अथवा मस्ट में सल्फर डाई आक्साइड मिला दिया जाता है। इसकी मात्रा 50-70 जी. पी. एम. अर्थात् (22 ग्राम प्रति 100 किलो. फल अथवा गुदा पोटैशियम-मेटा-बाई सल्फाइट के रूप में प्रयोग किया जाता है।) इसके इस्तेमाल से शराब की शुद्धता एवं स्वाद में अभिवृद्धि हो जाती है।

(iii) मस्ट में शक्कर अथवा एसिड की न्यूनता को अनिवार्य सीमा तक लाने के लिए उन्हें इसमें मिलाया जाता है जिससे Must में समानता आ जाय व किण्वन उचित रूप से हो सके।

(iv) मस्ट में अल्कोहली किण्वन विधि से के मदिरा तैयार करने की क्रिया पूरी की जाती है।

किण्वन योग्य शर्करा → खमीर → एथाइल अल्कोहल + कार्बन डाई आक्साइड

Fermentable Sugar → Yeast → Ethyal → Alcohol + Corbon dioxide

$C_6H_2O_6 \rightarrow 2C_2H_5OH + 2Co_2$

किण्वन तीन अवस्थाओं में होता है—

1. प्रारम्भिक अवस्था → खमीर की वृद्धि

2. तीव्र किण्वन → तापक्रम बढ़ना, बुलबुले उठना तथा कार्बन डाई आक्साइड गैस निकलना।

3. शान्त किण्वन → अंतिम किण्वन शांत रूप से हो है।

तापक्रम 27-29°C उपयुक्त होता है। 35°C से अधिक होने पर रूक जाता है।

किण्वन की प्रक्रिया 2 से लेकर 20 दिनों के बीच भी हो सकती है। यह प्रक्रिया विभिन्न परिस्थितियों पर निर्भर करता है। अधिकतर अंगूर में 12-16% शक्कर की मात्रा होती है। निम्न शर्करा वाले फलों में अतिरिक्त शक्कर मिलाकर इस कार्य को पूरा किया जाता है। मदिरा में शक्कर 23% से अधिक नहीं होनी

चाहिये। अम्लता 1% उपयुक्त मानी जाती है। 1° ब्रिटेन या 1 ग्राम शर्करा प्रति 100 मिली. रस को किण्वन करने 0.55 ग्राम अलकोहल प्राप्त होता है।

(v) खमीर की किस्म (सैकेरो माइसीज इलिप्साइडिया उचित मानी जाती है। शुद्ध कल्चर की बोतल में 113-141 के अनुपात पास्चुरीकृत रस मिला दिया जाता है। 24 घण्टे में खमीर वृद्धि पर्याप्त रूप से हो जाती है। इसे 1.10 के अनुपात में मिला दिया जाता है।

(vi) साफ रस को साइफन के जरिये अलग करके बोतलों को भरकर वायुरुद्ध से बन्द कर दिया जाता है।

(vii) पकाने तथा अनुकूलन में तयशुदा समय लगता है। इस निर्धारित अवधि को कम करने का कोई नया उपाय नहीं है। जिस प्रकार पुराना चावल पुराना आचार उत्तम माना जाता है। मदिरा की किस्म के अनुरूप इसके निर्माण में 6-12 माह का समय लगता है। इस क्रिया से मदिरा में सुबास एवं सुरभि पैदा हो जाती है, साथ ही मदिरा की तीक्ष्णता भी समाप्त हो जाती है।

(viii) अवांछित जीवाणुओं की वृद्धि विशेषकर एसिट बैक्टर (Aceto vacter) को रोकने के लिए पास्चुरीकरण जरूरी है। 82 से 88°C में 1 से 2 मिनट तक पास्चुरीकरण किया जाता है इसके बाद पास्चुरीकृत मदिरा को बोतलों में भरकर सीलकर दिया जाता है। निर्माण प्रक्रिया के आधार पर शराब को तीन भागों में बांटा जा सकता है–

1. सामान्य शराब

यह सस्ती और सभी जगह उपलब्ध होती है। अल्जीरिया में इस प्रकार की मदिरा बनायी जाती है।

2. किण्वित शराब

इसे सिर्फ किण्वित कर बोतल में भर दिया जाता है। दूसरा किण्वन बोतल में ही होता है। इसे Sparkling wine भी कहते हैं।

3. आसुवित मदिरा

यह किण्वन के बाद आसवन प्रक्रिया द्वारा तैयार की जाती है। ब्राण्डी, पोर्ट, शेरी इसी प्रकार की मदिरा हैं। इसे Furtified wine भी कहते हैं।

शराब का सामान्य रासायनिक विश्लेषण

(मात्रा-100 मिली लीटर, 20°C)
सोडियम क्लोराइड-0.1 ग्राम से अधिक नहीं
पोटैशियम सल्फेट-0.2 ग्राम से अधिक नहीं

वाष्पशील अम्ल

लाल मदिरा = 0.14 ग्राम
सफेद मदिरा = 0.12 ग्राम
एल्कोहल = 4.5-10.0 ग्राम अपोषित
ग्लिसरीन = 0.4-1.0 ग्राम अपोषित
राख = 0.1 से-0.44 ग्राम
अम्लता (टार्टरिक एसिड) = 0.5-0.9 ग्राम
नाइट्रोजन = 0.007-0.009 ग्राम
पी. एच. = 2.3-3.8
उपर्युक्त विश्लेषण किसी विशेष मदिरा का नहीं है।

उत्पादन और व्यवसाय

शराब का वैश्विक व्यापार में ज्यादा महत्व नहीं है। विश्व के कतिपय ऐसे राष्ट्र हैं जो अपनी आवश्यकता से कुछ ज्यादा मात्रा में शराब बनाते हैं। विश्व का लगभग 2/3 शराब का उत्पादन भूमध्यसागरीय प्रदेशों में होता है। उत्पादित शराब का अधिकतर भाग स्थानीय बाजार में ही खप जाता है। सिर्फ उत्तम कोटि की ही मदिरा का विश्व व्यापार होता है। इटली और फ्रांस प्रमुख मदिरा उत्पादक देश हैं। आगे सारणी में विश्व के प्रमुख देशों में मदिरा के उत्पादन को प्रदर्शित किया गया है।

फ्रांस उच्च कोटि की मदिरा बनाकर उसे विदेशों में निर्यात कर देता है जबकि अपने देशवासियों के लिए निम्न कोटि की मदिरा रोजमर्रा के इस्तेमाल हेतु आयात करता है। इटली और स्पेन दोनों प्रमुख उत्पादक देश हैं किन्तु इन दोनों ही देशों में प्रति व्यक्ति मदिरा का सेवन अपेक्षाकृत अधिक होने के कारण बहुत ही कम मात्रा में मदिरा का निर्यात सम्भव हो पाता है।

अन्तर्राष्ट्रीय बाजार में प्रसिद्ध उच्च श्रेणी की शराब है—शेरी (Sherry) स्पेन, आस्ती, चैनाती (Asti, Chainti) पोर्ट (Port), पुर्तगाल, इटली का उल्लेख किया जा

सकता है। इस मदिरा को यूरोपीय उपभोक्ताओं द्वारा विशेष रूप से पसन्द किया जाता है। उपर्युक्त देशों की अपेक्षा ग्रीक, हंगरी, जर्मनी अपेक्षाकृत कम निर्यातक देश हैं। ये सभी देश अपने विख्यात ब्रांडेड शराब का निर्यात करते हैं। ब्रिटेन शराब का मुख्य आयातक राष्ट्र है। अल्जीरिया अपने परम्परागत निम्न श्रेणी की मदिरा को फ्रांस के लिए तैयार करता है। चूँकि यहाँ पर मुसलिम जनसंख्या ज्यादा है। इसलिए धार्मिक प्रतिबंध के कारण मदिरा का सेवन वर्जित है। यहाँ की मदिरा फ्रांस को निर्यात की जाती है। यहाँ मदिरा निर्माण का प्रारम्भ फ्रेंचवासियों के द्वारा हुआ क्योंकि अल्जीरिया फ्रांसीसियों के उपनिवेश के रूप में था। अब यहाँ मदिरा का उत्पादन आधा से भी कम हो गया है। यहाँ के निवासी अंगूर उत्पादन के पक्ष में बहुत नहीं हैं। यूरोप महाद्वीप के बाहर मदिरा का उत्पादन तुलनात्मक कम होता है जो उत्पादन होता भी है, उसका स्थानीय स्तर पर खपत हो जाता है। साथ ही अन्तर्राष्ट्रीय व्यापार में भी उसका कम महत्त्व है।

सारणी
विश्व के प्रमुख मदिरा उत्पादक देश, 1984

देश	*उत्पादन (हजार मीट्रिक टन)*	*विश्व का प्रतिशत*
इटली	7000	21
फ्रांस	6447	20
पूर्व सोवियत संघ	3800	12
स्पेन	3554	11
अर्जेन्टाइना	2000	6
सं. रा. अमेरिका	1620	5
विश्व	32759	100

स्रोत- FAO Production Year books, 1985

संयुक्त राज्य में कैलीफोर्निया आवश्यकता के लिए आंशिक उत्पादन करता है। चिली एवं अर्जेन्टाइना में मदिरा का उत्पादन घरेलू उपयोग के लिए किया जाता है। यूरोपीय देशों की अपेक्षा बाहरी देशों की मदिरा निम्न श्रेणी की होती है इस मदिरा का संसार के बाजार में भी प्रसिद्धि भी नहीं है। यूरोप के अलावा भूमध्य सागरीय प्रदेश के देश ताजे फल एवं सूखे फल का निर्यात करते हैं।

यूरोप में मदिरा निर्माण

मुख्यतया भूमध्य सागरीय यूरोपीय राष्ट्र ही मदिरा उत्पादक राष्ट्र हैं परन्तु उच्च श्रेणी की गुणवत्ता वाली शराब भूमध्य सागरीय जलवायु प्रदेश के अतिरिक्त अन्य क्षेत्र में भी जैसे पेरिस, राइन बेसिन और उसकी नदी घाटियों में भी बनाई जाती है। इस भाग में यह उपयुक्त अच्छी मिट्टी तथा अन्य भौगोलिक तत्त्वों की मौजूदगी के कारण सम्भव हुआ है। चित्र में यूरोप के मदिरा के उत्पादक देशों एवं मदिराओं के प्रकार को दिखाया गया है। यूरोप के कुछ महत्त्वपूर्ण देशों का वर्णन निम्नवत् है–

इटली–इटली यूरोप का महत्त्वपूर्ण मदिरा उत्पादक देश है। यहां उत्पादन मुख्य रूप से मौसमी दशाओं पर आश्रित है। वर्ष 1977 में इटली विश्व का 22% मदिरा उत्पादक (6363000 टन) देश था। साथ ही ताजे फल तथा किशमिश के उत्पादन में भी इटली का प्रथम स्थान था। यहाँ पर अंगूरी शराब मिश्रित रूप (Mixed Culture) में तैयार की जाती है और यहां मिश्रित मदिरा का उत्पादन फ्रांस से ज्यादा होता है। यहाँ पर निम्न श्रेणी की मदिरा भी तैयार की जाती है।

इटली मं प्रतिव्यक्ति शराब का सेवन अन्य यूरोपीय राष्ट्रों की तुलना में ज्यादा है जनसंख्या के एक बड़े भाग द्वारा ज्यादा मात्रा में शराब के उपयोग के कारण कम मात्रा में शराब बाहर निर्यात किया जाता है। इटली के कुछ प्रमुख शराब की किस्मों में आस्ती (Asti) तुरीन के मध्यवर्ती पर्वत पदीय क्षेत्र में, चियान्ती (Chianti) आरनों तथा टिबर बेसिन में और मारशाला (Marsala) सीसली द्वीप की है। भूमध्य सागरीय जलवायु के कारण प्रायद्वीपीय इटली में सर्दी के मौसम में नम और मृदुल होती है जबकि ग्रीष्म काल वर्षाहीन होने के कारण अंगूरों के उत्पादन के लिए अनुकूल दशाएँ प्राप्त होती हैं। चूना पत्थर प्रदेश व अल्पाइन के पादप-प्रदेश में दक्षिणी ढालुआँ प्रदेश पर अंगूर की सफल बागबानी की जाती है। सस्ते और कुशल श्रमिक भी इटली में अधिक अंगूर उत्पादन के कारक हैं। इटली के अंगूर उत्पादक क्षेत्र में दूसरी सहचरी फसलें भी पैदा की जाती हैं। इस प्रकार यहाँ पर 65% क्षेत्र पर अंगूर की बागबानी में दूसरी फसलें भी ली जाती हैं। यहाँ पर अंगूर का उत्पादन पोबेसिन, कैम्पानिया, आपूलिया, तुसकेनी, पर्वत की तलहटी वाले क्षेत्रों और एपेन्नाइन्स के निम्न ढालुआँ प्रदेशों में किया जाता है। सिसली में भी अंगूर से मदिरा बनाई जाती है।

फ्रांस

अंगूर और अंगूरी मदिरा के निर्माण के लिए फ्रांस सदैव से विश्व में विख्यात रहा है। यह विश्व का दूसरा महत्त्वपूर्ण मदिरा उत्पादक देश है। विश्व व्यापार में भी

इसका अद्वितीय स्थान है। यहाँ पर अंगूर बागान 2 हेक्टेयर से लेकर 360 हेक्टेयर तक के फार्मों के रूप में मिलते हैं, जहाँ अंगूर के अन्तर्गत 1.3 मिलियन हेक्टेयर क्षेत्र शामिल हैं। अर्थात् कृषियोग्य भूमि के 7% क्षेत्र पर अंगूर की बागबानी की जाती है। यहाँ पर मदिरा निर्माण से संबंधित उद्यम देश के सभी भागों में छिट-पुट रूप में मिलते हैं किन्तु मुख्यतया अवस्थित हैं शैम्पेन में। यहाँ से निर्यात होने वाली शराबों में एन्जूर, एत्सादे, वोर्डियोक्स बरगण्डी, शैम्पेन, बर्गोन, कौटेस-डयू-कोन, जुराकन आदि विश्व प्रसिद्ध हैं। इसकी खेती के लिए चूना अंशयुक्त मिट्टी तथा शुष्क ग्रीष्म काल की जरूरत होती है।

यहाँ की अधिकांश दक्षिणी तथा मध्यवर्गी भागों की जलवायु अंगूर के उत्पादन के लिए अनुकूल है। अतएव यहां हर जगह अंगूर की कृषि होती है। यदि लौइर के मुहाने से पेरिस को जोड़ती रीम क्षेत्र तक एक रेखा खींची जाय तो यह लगभग अंगूरों की उत्तरी सीमा बताएगी। इस रेखा के दक्षिण में जिसके अन्तर्गत देश का तीन-चौथाई भू-भाग आता है, सभी जगह अंगूर व शराब उत्पन्न किया जाता है फिर भी गुणवत्ता (Quality) की दृष्टि से गैरोन-डोडोन घाटियों, शैम्पेन-एत्साके, लौइर घाटी एवं रोन-साओन कॉरीडोर आदि प्रदेश महत्त्वपूर्ण हैं। लैंग्वेडक क्षेत्र में साधारण किस्म की शराब सर्वाधिक मात्रा में बनती है। फ्रांस शराब उत्पादन में विशिष्टता का ध्यान रखा जाता है।

कतिपय ऐसे क्षेत्र हैं जो अपने विशिष्ट उत्पादन हेतु सम्पूर्ण जगत में विख्यात हैं जैसे—साओन घाटी की तरफ वाले कोटेडोर के ढाल प्रदेश जहाँ कि पर्याप्त धूप रहती है, अपनी बरगंडी शराब के लिए विख्यात हैं। एत्साके में सासेजेज के निचले ढालों में राइन शराब तैयार की जाती है। आइन, एस्ते तथा मानें नदियों की घाटियों में विश्व प्रसिद्ध शैम्पेन तैयार की जाती है जिसके महत्त्वपूर्ण केन्द्र रीम्स व एपने हैं। यहाँ अंगूर के खेत दक्षिण-पूर्व की ओर झांकते हुए स्कार्पलैण्ड के ढाल के सहारे दिखते हैं।

फ्रांस को प्रकृति ने गुफाओं के रूप में, जिनमें हमेशा एक सा तापमान रहता है, सुन्दर स्टोर प्रदान किया है। शैम्पेन शराब बनाने की पद्धति इसी क्षेत्र में मौलिक रूप से आरम्भ किया गया। फ्रांसीसी शैम्पेन बनाने की पद्धति को बहुत दिनों तक गुप्त रखे रहे। वर्तमान लौइर बेसिन में भी शैम्पेन की ही तरह की शराब बनाई जा रही है। लैंग्यूडॉक (Languedoc) अंगूर उत्पादन का महत्त्वपूर्ण क्षेत्र है, जहाँ फ्रांस की लगभग आधी शराब तैयार की जाती है।

बोर्डेक्स (Bordeaux) में नाना प्रकार की शराब तैयार की जाती है। यहाँ देश की लगभग एक-चौथाई शराब बनती है। चेरण्ट धारी में ब्राण्डी तैयार की जाती है। कलेरेट (Clarets) और सोटेर्नेस (Sauternes) प्रकार की मदिरा एक्वीटेन बेसिन में निर्मित की जाती है। इस प्रकार फ्रांस अंगूर तथा अंगूरी शराब के लिए विश्व प्रसिद्ध है। भौगोलिक दृष्टि से भी यहाँ एतदर्थ सभी दशायें सुलभ हैं। इसलिए यहाँ पर अंगूर की खेती एवं मदिरा निर्माण उद्योग का भविष्य विकासोन्मुख तथा उज्ज्वल है।

स्पेन

स्पेन विश्व का तृतीय प्रमुख अंगूरी मदिरा का उत्पादक राष्ट्र है। यह विश्व का 8% शराब उत्पन्न करता है। यहाँ फ्रांस व इटली की अपेक्षा अंगूर की खेती में अपेक्षाकृत कम क्षेत्रफल शामिल है। किन्तु स्पेन के लगभग एक चौथाई भाग पर अंगूर और दूसरी सहचरी फसलों की खेती होती है। यहाँ अंगूर के लिए उपयुक्त मिट्टी एवं जलवायुविक दशाएं मिलती हैं। यहाँ नदी वेदिकाओं पर सिंचित अंगूर की बागबानी की जाती है। स्पेन की शेरी (Sherry) शराब विश्व-प्रसिद्ध है जिसका उत्पादन कॉडिज (Cadiz) के आस-पास जिरेजडीला फ्रोन्ट्रा (Jerej dela frontera) में किया जाता है।

मालगा (Malaga) प्रकार की शराब मालगा बन्दरगाह के आस-पास (इ स्पेन में) तैयार की जाती है। अधिकतर अंगूर उत्पादक क्षेत्र वेलेन्सिया और एन्डालुस्या के तटवर्ती भाग में है। इसके अलावा अंगूर उत्पादन क्षेत्र इब्रो बेसिन, टागसबेसिन; डोडरो बेसिन, ग्वाडियाना और ग्वाडा लक्यावीर में भी पाये जाते हैं।

यूरोप के अन्य देशों में पुर्तगाल की 'पोर्ट' नामक मदिरा ऑपरटो और डाउरो बेसिन के अंगूर उत्पादन से तैयार की जाती है। सागरतटीय बन्दरगाह कोयम्ब्रा से लन्दन को भेजा जाता है। पुर्तगाल के इस शराब को अंग्रेज बहुत ही पसन्द करते हैं। हंगरी में 'टोके' (Tokay) प्रमुख मदिरा उत्पादक क्षेत्र हैं।

जर्मनी में मदिरा का उत्पादक केन्द्र फेरीवर्ग है। यहाँ की हॉक और राइन की शराब प्रमुख हैं जो राइन व उसकी सहायक नदियों मेन, नेकर, लाह्न, मोसिसी में उत्पन्न की जाती है। इसके अलावा यूगोस्लाविया के वालकन प्रान्त, रोमानिया, बुल्गारिया, ग्रीक और पूर्व सोवियत संघ के दक्षिणी प्रदेशों में विश्व की 11% मदिरा तैयार की जाती है। यहाँ की अधिकतर मदिरा घरेलू उपयोग में आ जाती है।

भूमध्य सागरीय क्षेत्र में अल्जीरिया और मोरक्को में भी मदिरा निर्माण किया जाता है। मिस्त्र में अंगूर का उत्पादन (वर्ष 1985 में) 7.20 लाख टन हुआ था।

सीरिया या इजरायल में अंगूर की कृषि विशेष प्रसिद्ध है। उपर्युक्त उत्पादक प्रदेशों के अतिरिक्त अंगूर तथा शराब का उत्पादन उत्तरी गोलार्द्ध में सं. रा. अमेरिका की कैलीफोर्निया घाटी में भी किया जाता है। यहाँ पर तुलनात्मक रूप में अंगूर के ताजे फल का उत्पादन किया जाता है। शराब के लिए अंगूर का उत्पादन झीलों वाले प्रदेश में करते हैं। सं. रा. अमेरिका में अंगूर की खेती दो प्रमुख क्षेत्रों में होती है—

1. पूर्वी क्षेत्र, एवं 2. पश्चिमी क्षेत्र।

पूर्वी क्षेत्र को दुबारा पाँच लघु क्षेत्रों में बांटा जा सकता है—

(i) मिशीगन राज्य का दक्षिणी-पश्चिमी भाग,
(ii) इरी और ह्यूरन झीलों का दक्षिणी भाग,
(iii) ओण्टोरियो झील का तटवर्ती भाग,
(iv) न्यूयार्क में किंगरलेक के पास का भाग तथा
(v) फ्लोरिडा तट।

संयुक्त राज्य अमेरिका का दूसरा प्रमुख क्षेत्र पश्चिमी हिस्से में अवस्थित कैलीफोर्निया प्रांत है, जहां अंगूर की खेती की जाती है। यहाँ की इम्पीरियल घाटी अंगूर के उत्पादन के लिए विश्वविख्यात है। वर्ष 1985 में सं. रा. अमेरिका का उत्पादन 47 लाख टन था जिसमें कैलीफोर्निया राज्य में 2,34,731 टन उत्पादन हुआ था। अन्य उत्पादक क्षेत्रों में वाशिंगटन ओरोगन, नेवादा तथा पेंसिलवानिया प्रमुख हैं। पेंसिलवानिया राज्य ने 1985 में 60,000 टन अंगूर पैदा किया था। दक्षिणी गोलार्द्ध में अंगूर तथा शराब का उत्पादन चिली के मध्यवर्ती घाटी प्रदेश (सेण्टियागो के आस-पास) में किया जाता है। अर्जेन्टाइना में अंगूर का उत्पादन मेण्डोजा व सानजुआन प्रान्तों में किया जाता है। अर्जेंटाइना और चिली विश्व के 11% अंगूर का उत्पादन करते हैं। अर्जेंटाइना विश्व का चौथा प्रमुख अंगूर उत्पादक देश है। दक्षिणी अफ्रीका के केप प्रान्त में अंगूर व शराब का उत्पादन होता है क्योंकि यहाँ पर भूमध्य सागरीय प्रकार की जलवायु पायी जाती है।

शुष्क क्षेत्रों में सिंचाई की सुविधा द्वारा अंगूर की कृषि होती है। केपटाउन से शराब व अंगूर के ताजे फल व किशमिश का निर्यात होता है। दक्षिणी आस्ट्रेलिया में एडीलेड के आस-पास अंगूर तथा अंगूरी शराब तैयार की जाती है। विक्टोरिया प्रान्त के मर्रे डालिग के बेसिन में सीमित क्षेत्र पर मध्यवर्ती न्यू साउथ बेल्स के भिल्डुरा के आस-पास अंगूर की बागबानी सिंचाई पर निर्भर है। न्यूजीलैण्ड में अंगूर की खेती उत्तरी द्वीप के तारानाकी, मानावातू मैदानी दक्षिणी द्वीप के नेलशेन पृष्ठ

प्रदेश में की जाती है। पूर्व सोवियत संघ में अंगूर के बगीचे दक्षिणी यूक्रेन, माल्डेविया में पाये जाते हैं। यहाँ पर अंगूर की कृषि लगभग 20 लाख हेक्टेयर भूमि पर की जाती है।

ट्रान्सकाकेशिया का क्यूटेश प्रदेश अंगूर उत्पादक प्रदेश हैं। वर्ष 1985 में अजरबेजान 2123 लाख टन, आरमीनिया 223 लाख टन तथा जार्जिया ने 522 लाख टन अंगूर पैदा किये थे। सीरिया तथा इजरायल में अंगूर का विशेष महत्त्व है। टर्की का पठारी भाग, अफगानिस्तान, ईरान और बिलुचिस्तान के पर्वतीय भागों में अंगूर उत्पन्न किया जाता है। ईरान का शिराजनगर अंगूरी शराब बनाने के लिए प्रसिद्ध है।

ताइवार ने अंगूर की पैदावार उत्तरी हिस्से में होती है। फलों को यहाँ से सं. रा. अमेरिका और ब्रिटेन को निर्यात किया जाता है। जापान में अंगूर का उत्पादन ग्लास हाउस (Glass House) में किया जाता है। भारत में अंगूर की बागबानी के अन्तर्गत मौजूद आंकड़ों के अनुसार लगभग 10,000 हेक्टेयर क्षेत्र शामिल हैं व कुल उत्पादन 2 लाख टन वार्षिक है। इसके क्षेत्रफल में लगातार वृद्धि हो रही है। उत्तरी भारत में यह पर्णपाती फल के रूप में विकसित हो रहा है। इसके पौधे सर्दियों में पत्तियां गिराकर सुषुप्तावस्था में रहते हैं। यहाँ दक्षिण की तुलना में उत्पादन कम मिलता है। दक्षिणी भारत में दो बार काट-छांटकर तथा अधिक पोषण की जरूरत पड़ती है। दक्षिण भारत में 21.5 टन अंगूर का प्रति हेक्टेयर उत्पादन दूनिया भर में एक रिकार्ड है।

5

विविध फलों का उद्गम स्थान

लीची

लीची एक काफी स्वादिष्ट फल है। इसका मूल स्थान चीन माना जात है। चीन में ही इसका सबसे ज्यादा उत्पादन भी किया जाता है। विश्व में दूसरा स्थान भारत का है। इसका पौधा भारत में बर्मा से 17वीं सदी में लाया गया।

चीन और भारत के अलावा वियतनाम, थाईलैण्ड, फिलीपींस, दक्षिणी अफ्रीका, ताइवान, आस्ट्रेलिया, न्यूजीलैण्ड, क्वीन्सलैण्ड तथा द. फ्लोरिडा और हवाई सं. रा. अमेरिका में (हवाई द्वीप) भी इसकी बागबानी की जाती है। भारत में लगभग 98% लीची बिहार राज्य के मुजफ्फरपुर तथा दरभंगा जिलों में उत्पन्न की जाती है। इसके अलावा उ. प्र. अब उत्तरांचल के देहरादून, पंजाब, नैनीताल (गुरदासपुर); प. बंगाल (हुगली) और द. भारत (नीलगिरि की निचली पहाड़ियों) में लीची उगाई जाती है।

यहाँ इसके तहत तकरीबन 23,442.2 हेक्टेयर क्षेत्र में उद्यान लगा है व वार्षिक उत्पादन 2,23,585 टन है। लीची में शर्करा की अधिकता होती है। इसका प्रयोग ताजे फल के रूप में किया जाता है। चीन में इसे सुखाकर प्रयोग में लाया जाता है। इसके अलावा इसके फल से मुरब्बा, अचार, शराब और स्क्वैश आदि भी बनाये जाते हैं।

अनार

स्वाद और ताजगी की दृष्टि से अनार का फलों में अपना विशिष्ट महत्व है। इस पौधे का जन्म स्थल सम्भवतः ईरान है। यह 17वीं सदी में चीन से भारत आया और उसके बाद इसकी बागबानी देश के भिन्न-भिन्न भागों में शूरू हुई। विश्व के अन्य उत्पादक देशों में स्पेन, मिस्र, मोरक्को, ईरान, अरब और अफगानिस्तान हैं जहाँ बड़े पैमाने पर इसकी बागबानी की जाती है। इसके अलावा म्यांमार, जापान, चीन और कैलीफोर्निया (सं. रा. अमेरिका) में भी इसकी बागबानी मिलती है। भारत में लगभग 1200 हेक्टेयर भूमि पर अनार की बागबानी फैली है।

महाराष्ट्र में तकरीबन 800 हेक्टेयर भूमि पर इसकी बागबानी की जाती है। अन्य प्रान्तों में उत्तर प्रदेश, गुजरात, कर्नाटक, आन्ध्र प्रदेश और तमिलनाडु है। अनार के मीठे व स्वादिष्ट फल उगाने के लिए गर्म वातावरण का होना जरूरी है। फल की वृद्धि तथा पकने के समय लगभग 40°C तापमान उपयुक्त होता है। इसका शर्बत बहुत ही स्वादिष्ट तथा स्फूर्तिदायक होता है। इससे जेली भी बनाया जाता है।

बेर

भारत के प्राचीन फलों में से बेर एक मुख्य फल है। प्रचीन ग्रन्थों में इसका काफी उल्लेख मिलता है। इसका उत्पत्ति स्थल भारत से लेकर मलेशिया, द. पश्चिमी चीन तक फैला क्षेत्र माना गया है। बेर उत्पन्न करने वाले देशों में चीन का स्थान प्रमुख है। अन्य देशों में रूस, ईरान, अफगानिस्तान, आरमीनिया, सीरिया, मलक्का, म्यांमार, मलेशिया आस्ट्रेलिया तथा सं. रा. अमेरिका के कैलीफोर्निया, फ्लोरिडा एवं टेक्सास राज्य हैं।

भारत में इस फल के तहत 12,000 हेक्टेयर क्षेत्र सम्मिलित हैं। मध्य प्रदेश में यह सबसे अधिक पाया जाता है। अन्य प्रदेशों में हरियाणा, पंजाब, बिहार, उत्तर प्रदेश, राजस्थान, प. बंगाल, गुजरात, आन्ध्र प्रदेश, असम, महाराष्ट्र एवं तमिलनाडु शामिल हैं। बेर के छोटे एवं खट्टे फल सुखाकर चूर्ण बनाये जाते हैं। इन फलों को सुखाकर फिर भिगोकर भी खाया जाता है। बेर के ताजे फल के अलावा मुरब्बा, कैन्डी, स्क्वैश तथा चटनी आदि भी बनाया जाता है। बेर की लकड़ी ईंधन तथा फर्नीचर बनाने में उपयोगी है। हरे पेड़ लाख के कीड़े पालने के लिए भी उपयोगी होते हैं।

अंजीर

इसका जन्म स्थान अरब माना जाता है। इसकी बागबानी विस्तृत रूप में भूमध्य सागरीय देशों-इटली, टर्की, पुर्तगाल, यूनान एवं अल्जीरिया में की जाती है। भारत में इसकी बागबानी मुख्यतः महाराष्ट्र में पुणे, कर्नाटक में श्रीरंगपट्टनम, उत्तर प्रदेश में लखनऊ तथा गुजरात के कुछ भागों में की जाती है। शहरों के किनारे इसकी बागबानी पर विशेष जोर दिया जाता है। इसका फल जल्दी ही नाशवान है। इसके फलों से जैम, सिरप और जेली आदि तैयार किया जाता है।

लोकाट

इसका मूल स्थान चीन का नमी और मृदुशीतल मध्यवर्ती पर्वतीय क्षेत्र है। इसकी बागबानी चीन तथा जापान में सदियों से होती आयी है। आज इसकी बागबानी संसार के सभी उपोष्ण जलवायु वाले देशों में की जाती है। व्यापारिक दृष्टि से इसकी बागबानी भूमध्य सागरीय क्षेत्र दक्षिणी अफ्रीका, आस्ट्रेलिया, द. अमेरिका, सं. रा. अमेरिका के कैलीफोर्निया राज्य और भारत में की जाती है। भारत में लगभग 1300 हेक्टेयर भूमि पर लोकाट उत्पन्न किया जाता है। उपोष्ण जलवायु में 1525 मीटर की ऊँचाई तक इसकी बागबानी सफलतापूर्वक की जाती है।

उत्तर प्रदेश में सहारनपुर, मुजफ्फरनगर, देहरादून, मेरठ, कानपुर, फर्रूखाबाद और बरेली; उत्तरांचल के देहरादून, पंजाब में होशियारपुर अमृतसर और गुरुदासपुर, हिमाचल प्रदेश में कांगड़ा और दिल्ली में बड़े पैमाने पर तथा असम, तमिलनाडु के नंदी पर्वत पर तथा कर्नाटक में छोटे पैमाने पर इसकी बागबानी की जाती है। इसके अनेक उपयोग हैं। पूर्ण परिपक्व फल बहुत ही स्वादिष्ट होता है। इसके फलों में 65-70% गूदा व 15-20% बीज होता है। इसके फलों से जैमी, स्क्वैश, जैली आदि भी बनाये जाते हैं। उल्टी आने पर तथा प्यास लगने पर इसके फल लाभकारी पाये गये हैं।

फालसा

इसका उत्पत्ति-स्थल भारत है। फालसा का प्रयोग भिन्न-भिन्न दवाइयों के तौर पर किया जाता हैं। इसकी बागबानी उत्तर प्रदेश, आन्ध्र प्रदेश एवं पंजाब के शहरी क्षेत्रों के आस-पास की जाती है। इसका पौधा स्वतन्त्र रूप में उत्तर प्रदेश, मध्य प्रदेश, राजस्थान, पंजाब, बिहार तथा प. बंगाल के पहाड़ी क्षेत्रों में व मालाबार क्षेत्र में उगता

है। फालसा का आकार अत्यंत छोटा होता है और यह जल्दी नष्ट भी हो जाता है। इस कारण इसकी भंडारण क्षमता काफी कम होती है। पकने पर फलों का रंग लाल अथवा बैंगनी हो जाता है। इस अवस्था में फल में मिठास भी ज्यादा होता है। फल का उपयोग पेय बनाने में भी किया जाता है। पेय में रस तथा स्क्वैश मुख्य हैं। ताजा फल खाने में स्वादिष्ट होता है। 80% फल ताजा खाने में उपयोग आता है।

सारणी

विश्व एवं भारत में प्रमुख फलों का उत्पादन (000 मीट्रिक टन)

फल	*विश्व*	*भारत*	*विश्व उत्पादन का प्रतिशत*
आम	15,810	9,450	59.772
केला	41,913	4,600	10
अंगूर	59,	280	0.468
नारियल	36,806	4600	12.499
सेब	40860	900	2.202
लेमन-लाइम	6,040	455	7.533
ग्रेप फ्रुट-पुमेलो	4,872	20	0.410
पपीता	3,683	339	9.204
अन्नास	10,631	790	7.431
काजू	476	163	34.249
सन्तरा	46,738	1,370	2.931
नाशपाती	9,873	83	0.841
अखरोट	843	20	0.237
खुबानी	2,212	17	0.840
धूम	6,590	36	0.546
एवोकैडो	1,581	1	0.063

स्रोत–एफ. ए. ओ. उत्पादन ईयर बुक 42, 1988

आँवला

इसका मुख्य स्थान द.-पू. एशिया का ऊष्ण भाग विशेष रूप से मध्य तथा दक्षिण भारत माना जाता है। प्राकृतिक रूप से इसके पौधे क्यूबा, सं. रा. अमेरिका, पोर्टरिको, पाकिस्तान, श्री लंका, चीन, मलेशिया और हिन्देशिया (जावा) में उगते पाये गये हैं। व्यापारिक दृष्टि से इसकी बागबानी भारत के उत्तर प्रदेश राज्य में की जाती है। उत्तर प्रदेश में प्रतापगढ़, वाराणसी, आजमगढ़, सुल्तानपुर, सीतापुर, रायबरेली, बरेली और उत्तरांचल में नैनीताल जनपद उल्लेखनीय हैं। यह भारत का बहुत ही पुराना फल है। इसका वर्णन प्राचीन साहित्यों में भरपूर मिलता है। रामायण, चरक संहिता, कालिदास सुश्रत संहिता की रचनाओं में इसका पर्याप्त उल्लेख है। धार्मिक दृष्टि से भी इसकी महत्ता है, इसलिए हर बाग में एक-दो पेड़ मिल जाते हैं।

इस वृक्ष के भिन्न-भिन्न हिस्सों में कई विशिष्ट प्रकार की दवाईयों के गुण होते है। फलों में विटामिन 'सी' की मात्रा अपेक्षाकृत अधिक होती है। इसलिए इसके फलों में विभिन्न प्रकार के पोषक तथा औषधीय पदार्थ बनाये जाते हैं। आँवले में पैक्टिन भी प्रचुर मात्रा में पाया जाता है। इसे जैली बनाने के लिए अच्छी तरह प्रयुक्त किया जाता है। ताजे फल से मुरब्बा, चटनी, अचार आदि बनाया जाता है। आंवले का फल बहुत ही उपयोगी होता है। कई रोगों जैसे अतिसार, पीलिया (रक्त अल्पता), दस्त, डिसैप्सिया और कफ आदि में यह लाभकारी है। आँख और पेट के रोगों की यह रामबाण दवाई है। आंवले से निर्मित च्यवनप्राश का इस्तेमाल अत्यंत प्राचीनकाल से होता आ रहा है।

बेल

इसका मूल स्थान उत्तर भारत है। यहीं से यह दूसरे राष्ट्रों में विस्तारित हुआ। चरक संहिता में बेल के औषधीय गुणों का दर्णन किया गया है। भारत में बेल हिमालय से लेकर कन्याकुमारी तक होती है। इसके अलावा श्रीलंका बांग्लादेश, पाकिस्तान, बर्मा, थाईलैण्ड और अन्य बहुत से द.-पू. एशिया के देशों में भी यह उगता है। बेल का फल स्वास्थ्यप्रद है और औषधीय गुणों के लिए प्रसिद्ध है। इसके औषधीय गुण मार्मेलोसिन पदार्थ के कारण होंते हैं। ताजे फल के अलावा यह विभिन्न प्रकार से उपयोगी है। फल से मुरब्बा, पूर्ण, टॉफी, स्क्वैश, जैम, नेक्टर एवं जैली व शरबत जैसे पदार्थ बनाये जाते हैं। बेल एक बहुविध उपयोगी फल है। अतएव कई आयुर्वेदिक दवाइयों में इसका प्रयोग किया जाता है।

एवोकैडो

इस फल का मूल स्थान उत्तरी अमेरिका महादेश का मैक्सिको है। व्यापारिक दृष्टि से इसकी बागबानी मैक्सिको में की जाती है। इसकी बागबानी वेस्ट इण्डीज, दक्षिणी अमेरिकी देशों, सं. रा. अमेरिका, थाइलैण्ड, क्यूबा, श्रीलंका तथा भारत में प्रमुख रूप से होती है। भारत में इसका प्रवेश दक्षिणी-पश्चिमी सागरतटीय क्षेत्रों तथा श्रीलंका में हुआ। भारत में इसकी बागबानी बंगलोर, नन्दी पहाड़ियों तथा नीलगिरि पहाड़ियों की तलहटी में स्थित कल्लर और बरलियार क्षेत्रों तथा पश्चिमी भारत के पुणे क्षेत्र में की जाती है। इसका फल पेड़ पर पूरी तरह नहीं पकता है। पूर्ण परिपक्व होने से पहले ही यह पेड़ से गिर जाता है और इसके बाद पकता है। पकने पर यह फल मुलायम हो जाता है। एवोकेडो का फल ताजा खाया जाता है। खाने में इसका स्वाद न मीठा होता है और न ही खट्टा। अतः भारत में इसे बहुत कम पसन्द किया जाता है।

शहतूत

काले शहतूत का जन्म स्थल ईरान तथा भारत व सफेद शहतूत का चीन व जापान माना जाता है। लाल शहतूत का मुख्य स्थान उत्तरी अमेरिका माना जाता है। चीन में शहतूत की बागबानी रेशम के कीड़े के लिए की जाती है तो ईरान तथा भारत में फल के लिए बागबानी की जाती है। 17वीं सदी के आरम्भ में बंगाल में रेशम के कीड़े पालने के लिए तथा आगरा (उ. प्र.) में फलों के लिए शहतूत की बागबानी की जाती थी। जापान, चीन व भारत के अलावा यह यूरोप तथा अमेरिका में भी उगाया जाता था।

भारत के तकरीबन सभी क्षेत्रों में शहतूत ज्यादा मात्रा में उगाया जाता है। दक्षिणी भारत-कर्नाटक तथा तमिलनाडु में इसकी बागबानी की जाती है। इसके अतिरिक्त असम, काश्मीर आदि प्रदेशों में इसकी बागबानी अच्छे पैमाने पर की जाती है। अनेक क्षेत्रों में इसकी बागबानी रेशम उत्पादन के लिए की जाती है। शहतूत का फल बहुत ही शीघ्र खराब हो जाता है। फल को वृक्ष पर ही पूर्णरूपेण पकने देना चाहिए। डालियाँ हिला-हिलाकर फल कपड़े के ऊपर गिरा दिये जाते हैं। इस तरह एकत्रित किए हुए फलों को शीघ्र ही बाजार भेज दिया जाता है। इसके फल से बहुत ही स्वादिष्ट जैम बनाया जाता है।

यूरोप में शहतूत के फल से मदिरा का निर्माण किया जाता है। फलों को सुखाकर पीस लेते हैं और चूर्ण को मुर्गी एवं सूअरों के भोजन के रूप में प्रयोग किया

जाता है। इसका रस गले की खराबी तथा बुखार से मुक्ति दिलाने में सहायक होता है। इसके फल मृदुरेचक गुण वाले होते हैं। ये खून को साफ करने में भी सहायता करते हैं। शहतूत के पत्तों को रेशम का कीड़ा बड़े चाव से खाता है। रेशम उद्योग में शहतूत की उपयोगिता जग-प्रसिद्ध है।

करौंदा

इसका मूल स्थान भारत है। इसका प्रयोग बागानों के चारों ओर कंटीली बाड़ (रक्षक) के रूप में होता है। इसकी बागबानी भारत के अतिरिक्त दक्षिणी अफ्रीका और मलेशिया में की जाती है। फल अच्छी तरह विकसित होने पर ही तोड़ना चाहिए। सब्जी तथा चटनी के लिए अपेक्षाकृत कम विकसित फल प्रयुक्त किए जाते हैं। करौंदा, अचार, जेली, सब्जी, मुरब्बा और सीरप के रूप में प्रयुक्त किया जाता है। इसके अलावा इसका उपयोग मिठाइयों तथा पेस्ट्री इत्यादि सजाने के लिए रंगीन चेरी की जगह भी किया जाता है। इसके फलों से रंगीन मदिरा भी बनायी जा सकती है।

खजूर

खजूर का उद्गम स्थल अफ्रीका या एशिया महादेश का अरब प्रदेश माना जाता है। अरब माना जाता है। इसके वृक्ष दजला-फरात नदियों के किनारे (इराक में) तथा टर्की के पठारी भाग में लगभग 5000 वर्ष पूर्व फैले हुए थे। इसकी विधिवत बागबानी चीन व सं. रा. अमेरिका के कैलीफोर्निया में होती थी। इस समय इसकी बागबानी अरब, अफगानिस्तान, इराक, ईरान, स्पेन, उत्तरी अफ्रीका, इटली, यूनान, सिसली द्वीप एवं पाकिस्तान के सिन्ध एवं पंजाब राज्य में होती है। विश्व के खजूर के प्रमुख उत्पादक देशों में मिस्र (18.5%), इराक (17%), ईरान (13%) और सउदी अरब (12%) हैं। भारत के कुछ क्षेत्रों जैसे राजस्थान के जैसलमेर और श्रीगंगानगर, गुजरात के कच्छ, हरियाणा में सिरसा, महेन्द्रगढ़ तथा भिवानी और पंजाब के अबोहर व फिरोजपुर क्षेत्रों की जलवायु इसकी बागबानी के लिए उपयुक्त है।

भारत में खजूर की किस्मों में खुद्रावी, हिलाबी, शामरान, अरबी और जैदी प्रमुख हैं। इसके फलों को ताजा खाने के अलावा विभिन्न प्रकार से उपयोग में लाया जाता है। इसके रस से गुड़ तथा मिश्री बनाई जाती है। कच्चे फलों से ताड़ी और पके फलों को सुखाकर छुहारा बनाया जाता है। बीजों को सुपारी के रूप में किया जाता है। खजूर के बीज को पीस कर ऊंट और बकरी को खिलाया जाता है। जबकि पेड़ की लकड़ी का उपयोग दरवाजा से लेकर मेज, कुर्सी और ऊंट की काठी के निर्माण में किया जाता

है। खजूर ऊष्ण मरुक्षेत्र का प्रमुख पौधा है। इसके लिए उच्च तापमान निम्न सापेक्षिक रेतीली मिट्टी, आर्द्रता, स्वच्छ आकाश और तेज धूप की जरूरत होती है।

खजूर के पेड़ 8 से 9 सालों में फल देने लगता है और तकरीबन 200 सालों तक फल देता रहता है। इसके फल गुच्छों में होते हैं जिनका भार 10 से 15 किलोग्राम तक पाया जाता है। पकी खजूर को तोड़कर सुखाया जाता है। जिससे इसे दूर तक भेजा जा सकता है। इसे ताजा भी विभिन्न प्रकार से प्रयोग में लाया जाता है। यह एक महत्त्वपूर्ण पौष्टिक खाद्य पदार्थ है जिसमें शक्कर तथा प्रोटीन पर्याप्त मात्रा में पाई जाती है। विश्व में खजूर का सर्वप्रमुख निर्यातक देश इराक है जहाँ दजला और फरात की घाटी में इसकी सघन कृषि की जाती है। द.-पूर्व एशिया और अफ्रीका के मेरु प्रदेश का यह एक महत्त्वपूर्ण फल माना जाता है।

इमली

इमली का वैज्ञानिक नाम (टैमेरिन्डस इन्डिका) से पता चलता है कि इसका मुख्य स्थान भारत तथा द.-प. एशिया के देश हैं। कई प्राचीन पुस्तकों में इसका वर्णन मिलता है। दक्षिणी भारत के व्यंजन में इसकी फलियों का महत्त्वपूर्ण स्थान है। यहाँ के बगीचों में इमली के वृक्ष मिल जाते हैं। भण्डारण के लिए इमली की फलियों को बोरों में भरकर गोदामों में रखा जाता है। वर्ष पर्यन्त इमली की फलियों की बाजार में अच्छी खपत रहती है। इसलिए विपणन की समस्या नहीं रहती है। इसकी फलियों का उपयोग भोजन के साथ चटनी के रूप में, शाक-भाजी में खट्टा स्थान लाने के लिए व दवा आदि के रूप में किया जाता है। इसका बीज, पत्ती आदि अनेक औषधियों में उपयोगी होते हैं।

जामुन

जामुन का उद्‌गम स्थल म्यांमार, भारत, श्रीलंका एवं मलेशिया माना जाता है। दक्षिणी आस्ट्रेलिया के वनों में भी जामुन के प्राकृतिक वृक्ष मिलते हैं। फूलने से लेकर फल पकने तक करीब 3.5 महीने लगते हैं। पकने पर फलों का रंग गहरा जामुनी, स्वाद मीठा और सुबास अच्छी हो जाती है। इसका फल रसीला व पतले छिलके का होता है। जामुन का फल खाने के अलावा शीतलता व ताजगी प्रदान करने वाला होता है। गुठलियाँ पशुओं को खिलाई जाती हैं। बीजों का काढ़ा मधुमेह को कम करने के लिए उपयुक्त होता है। फलों के रस का सिरका भी बनाया जाता है। इसके अलावा जामुन से स्ववैश, जैली आदि भी बनाया जाता है।

शीतोष्ण कटिबंधीय फल

इन फलों को शीतोष्ण जलवायु के क्षेत्रों में उगाया जाता है। ठण्डी जलवायु में उगाये जाने के कारण इन्हें 'पहाड़ी फल' भी कहते हैं। इन फलों को न्यून से कुछ मध्यम प्रकार की गर्मी की जरूरत होती है। इनके पौधों में कड़ाके की सर्दी सहन करने की क्षमता होती है। सर्दी के मौसम में इनके पौधे पत्तियां गिराकर 'सुषुप्तावस्था' में चले जाते हैं। व्यावसायिक दृष्टि से इन फलों की कृषि यूरोपीय राष्ट्रों मुख्यतया पर्वतीय अंचलों में की जाती हैं इस वर्ग के फलों में सेब, नाशपाती, आड़ू, आलू बुखारा, बादाम, खुबानी, हेजलनट, स्ट्राबेरी, तेंदू, अखरोट, रसभरी, चेस्टनट चिल गोजा, पीकनट आदि प्रमुख हैं।

सेब

इसकी वृद्धि कालासागर तथा कैस्पियन सागर के मध्य शीतोष्ण भाग में हुई है। यहीं से यह यूरोप तथा विश्व के अन्य भागों में प्रसारित हुआ। सेब की खेती समान शीतोष्ण कटिबंधीय देशों में की जाती है। विश्व में सेब के प्रमुख उत्पादक राष्ट्रों में संयुक्त राज्य अमेरिका, फ्रांस, इटली, जर्मनी, जापान, दक्षिण पूर्वी, बिट्रेन एवं पूर्वी यूरोपीय देश, कनाडा, आस्ट्रेलिया, अर्जेन्टाइना और चीन आदि हैं। इस फल का प्रयोग ताजे फल के रूप में खाने में किया जाता है। सेब का रस (juice) तथा मदिरा (cider) महत्त्वपूर्ण हैं। फ्रांस और ब्रिटेन सेब द्वारा निर्मित मदिरा (Cider) के प्रमुख उत्पादक देश हैं। शीतोष्ण कटिबन्धीय फलों का क्षेत्रफल भारत में बहुत कम है। इनमें क्षेत्रफल की दृष्टि से सेब को सबसे उच्च स्थान प्राप्त है।

शीतोष्ण कटिबन्धीय फलों के कुल क्षेत्रफल का लगभग 63% भाग सेब के बागान के तहत है। ये बागान मुख्यतः जम्मू-कश्मीर (49757 है), हिमाचल प्रदेश (35,076 है) तथा उत्तर प्रदेश (59,000 है) राज्यों में हैं। भारत में सेब का व्यापारिक उत्पादन उत्तर प्रदेश, जम्मू-कश्मीर और हिमाचल के पर्वतीय भागों में किया जाता है। इसके अतिरिक्त असम एवं प. बंगाल के कुछ भागों में, नागालैण्ड, अरुणाचल प्रदेश, मेघालय, मणिपुर तथा नीलगिरि की पहाड़ियों में भी व्यापारिक दृष्टि से सेब का उत्पादन किया जा रहा है। मध्य प्रदेश में पंचमढ़ी, अमरकंटक एवं पेंडा में भी इसकी बागबानी की संभावना है। फल से जैम, मुरब्बा, जेली, साइडर आदि पदार्थ तैयार किये हैं।

भारत में सेब की प्रमुख किस्मों में हिमाचल प्रदेश की लाल, सुनहरी, पीपीन वससस्टर, फॉक्स, रिचार्ड, न्यूटन, कश्मीर घाटी की अम्बरी, कश्मीरी लाल-सफेद

दानेदार, कुमायूँ, पहाड़ियों, कुलू घाटी एवं नीलगिरि की रोम-ब्यूटी, शैनबरी तथा असम की लैडी शैडले, चार्ल्स रास तथा प्रिन्स एल्बर्ट आदि प्रसिद्ध हैं। इनमें कश्मीर का सेब उत्तम किस्म का माना जाता है।

नाशपाती

यह शीतोष्ण कटिबंधीय क्षेत्र का सर्वाधिक प्रमुख फल है। इसका उद्‌गम स्थल चीन, अफगानिस्तान, उ. प. भारत, उज्बेकिस्तान एवं काकेसस पर्वत का पूर्वी भाग माना जाता है। नाशपाती पैदा करने वाले मुख्य क्षेत्र उत्तरी-दक्षिणी अमेरिका, यूरोप, चीन, आस्ट्रेलिया, द. अफ्रीका एवं जापान हैं। चीन में नाशपाती उत्पादन का क्षेत्रफल सेब उत्पादन से भी अधिक है। ताजे फल की प्राप्ति ज्यादा इटली से किया जाता है।

भारत में नशपाती जम्मू और कश्मीर, हिमाचल प्रदेश (1200 मीटर से ऊँचे भाग) तथा उत्तर प्रदेश के पर्वतीय क्षेत्रों में उगाई जाती है। इसके अलावा नीलगिरि तथा उ.पूर्वी पवंतीय क्षेत्रों में भी इसकी बागबानी की जाती है। यहाँ नाशपाती की प्रमुख किस्मों में थाम्पसन, बब्बूगोशा, कान्फ्रेंस, चीन, कैफर आदि सर्वाधिक प्रसिद्ध हैं। नाशपाती के फल को दूर के बाजारों में भेजने के लिए पूर्णतया पके किन्तु कठोर अवस्था में पेड़ों से तोड़ा जाता है। ताजे फलों के अलावा नाशपाती के फलों की डिब्बाबंदी भी जाती है, जिसके लिए बार्टलेट किस्म उत्तम हैं। इसके फलों से जैम भी बनाया जा सकता है।

आड़ू

इसका उत्पत्ति स्थल चीन माना जाता है। यहाँ पर आड़ू 2000 ईसा पूर्व में उगाया जाता था। चीन से यह मध्य एशिया, अरब और बाद में स्पेनवासियों द्वारा यूरोप और फिर उत्तरी अमेरिका में लाया गया। भारत में इसका प्रवेश उ. पश्चिम की ओर से हुआ। आड़ू की अच्छी किस्में विदेशी पादरियों ने 19वीं शताब्दी में कश्मीर, हिमाचल प्रदेश और उत्तरांचल की पहाड़ियों में लगायी। भारत में लगभग 2000 हेक्टेयर भूमि पर आड़ू की बागबानी होती हैं। उत्तरांचल में इसकी बागबानी का क्षेत्रफल सर्वाधिक नैनीताल और अल्मोड़ा जिलों में है। आड़ू के फलों को तोड़ने के पश्चात ज्यादा दिनों तक नहीं रखा जा सकता है, क्योंकि ये काफी जल्दी नष्ट हो जाते है। फलों को तोड़ने के पश्चात् लकड़ी की पेटियों में भरकर ट्रकों में रखकर शीघ्र ही निकट के बाजार में पहुँचा दिया जाता है।

आलू बुखारा

इसकी बागबानी सदियों से की जा रही है। यूरोप में उद्यान कृषि तकरीबन 2000 सालों से निर्बाध गति से जारी है। इसका मुख्य स्थान काकेशस पर्वत तथा काकेशस पार क्षेत्र माना जाता है। म्यांमार, चीन में भी इसकी बागबानी की जाती है। यहीं से यह जापान में 1500 ई. के लगभग ले जाया गया। जापान से यह सं. रा. अमेरिका पहुँचा जहाँ से विश्व के अन्य भागों में प्रसारित हुआ। भारत में आलू बुखारा की बागबानी जम्मू कश्मीर, उत्तर प्रदेश, हिमाचल प्रदेश के पहाड़ी भागों तथा दक्षिणी भारत के नीलगिरि पहाड़ियों में होती है। इसके फल को एक मिष्टान्न के रूप में प्रयुक्त किया जाता है। उन्हें पकाकर खाया जाता है। फलों की डिब्बाबन्दी की जाती है तथा मुरब्बा भी बनाया जाता है। इसके गूदे को आइसक्रीम मिश्रण, कैण्डी, डबल रोटी, जेली, कस्टर्ड, पेस्ट्री तथा मांस की चटनियाँ बनाने में भी प्रयुक्त किया जाता है।

बादाम

बादाम का उद्‌गम स्थल भूमध्य सागरीय प्रदेश है। रूमसागर के आस-पास के क्षेत्रों में भी इसकी बागबानी की जाती है। इसकी बागबानी स्पेन, मोरक्को, इटली, पुर्तगाल तथा अल्जीरिया में होता है। कैलीफोर्निया (सं. रा. अमेरिका) में बादाम काफी उत्पन्न किया जाता है। इसके अलावा ईरान, अफगानिस्तान और पाकिस्तान में भी बादाम के बागान हैं। हिमाचल प्रदेश के किन्नौर तथा लाहौर क्षेत्र में भी बादाम के काफी वृक्ष पाये जाते हैं। पंजाब के पठानकोट, गुरदासपुर, और फिरोजपुर जिलों में बादाम की बागबानी पर काफी बल दिया जा रहा है। यह एक स्वास्थ्यवर्द्धक फल है। बादाम की गिरी से तेल निकाला जाता है जिसको बादाम रोगन कहते हैं। यह अनेक औषधियों में प्रयुक्त होता है। ज्यादातर लोग कच्चे बादाम की गिरी खाना भी पसन्द करते हैं जो बहुत ही पौष्टिक होती है।

स्ट्राबेर

इसका वर्णन 13वीं सदीं के विभिन्न ग्रन्थों में मिलता है। 15वीं सदीं में इसकी बागबानी होने लगी थी। यूरोपीय देशों में यह चिली से लायी गयी। इसकी बागबानी, ब्रिटेन, सं.रा. अमेरिका और फ्रांस आदि में बड़े विस्तार से की जाती है। भारत में इसकी बागबानी पहाड़ी क्षेत्रों में सीमित क्षेत्र पर होती है। उत्तर प्रदेश में ज्योली कोट व हिमाचल प्रदेश में कुल्लू और सोलन के आस-पास विस्तृत क्षेत्रों पर इसकी

बागबानी हो रही है। बालेश्वर (महाराष्ट्र), नीलगिरि तथा दार्जीलिंग की पहाड़ियों में भी बागबानी की जाती है उपोष्ण प्रदेशों, मेरठ, सहारनपुर, मुजफ्फर नगर, नैनीताल, दिल्ली, जालन्धर, गुरुदासपुर तथा बंगलौर में भी इसकी बागबानी सफलता पूर्वक की जा रही है। यह एक ऐसा फल है जिसका उपयोग ताजा ही किया जाता है अन्यथा यह बहुत जल्दी खराब हो जाता है। इसके अलावा इनसे जैम, जेली, रस, स्ववैश, क्रीम आदि पदार्थ तैयार किये जाते हैं। ताजे फलों में विटामिन सी, की मात्रा नींबू के अनुरूप पाई जाती है। लोहे की अधिकता के कारण एनीमिया के मरीजों को स्ट्राबेरी के फलों के सेवन की सलाह दी जाती है।

खुबानी

इसका मुख्य स्थान पश्चिमी चीन है। रोम में खुबानी की बागबानी ईसा के समय से ही की जा रही है तथा वर्जीनिया (सं. रा. अमेरिका) में इसकी बागबानी 1720 ई. में प्रारम्भ हुई। भारत में हिमाचल प्रदेश के किन्नौर जिले के जंगलों में इसके पेड़ मिलते हैं। इसके फल खाने में बहुत ही स्वादिष्ट होते हैं। इन फलों को सुखाकर उस समय इस्तेमाल में लाया जा सकता है जब इन फलों का मौसम न हो। खुबानी को नकैटर, शराब एवं जैम बनाने के लिए भी उपयोग में लाया जाता है। हिमाचल प्रदेश (भारत) में इसकी गुठलियों की गिरी से तेल निकालकर खाने के काम में लाया जाता है।

चेरी

इसका मुख्य स्थान पश्चिमी एशिया माना जाता है। खट्टी तथा मीठी दोनों ही प्रकार की चेरियाँ होती हैं। इसकी व्यावसायिक बागवानी 1960 से प्रारम्भ हुई। चेरी की बागबानी सं. रा. अमेरिका इटली, जर्मनी, फ्रांस, स्वीडेन, आस्ट्रेलिया, नीदरलैण्ड, जापान, नार्वे, न्यूजीलैंड, पूर्व सोवियत संघ के देशों में की जाती है।

चूँकि चेरी का उत्पादन शीतल जलवायु में होता है इसलिए भारत में ज्यादातर कुमाऊँ, हिमाचल प्रदेश और जम्मू-कश्मीर में इसका उत्पादन होता है। भारत में लगभग 350 हेक्टेयर क्षेत्र पर चेरी के बागान पाये जाते हैं। इसके वृक्ष लगभग 10 वर्षों की अवस्था से फलोत्पादन प्रारम्भ करते हैं और 50 वर्षों तक फल देते रहते हैं। प्रति वृक्ष 10 किलोग्राम फल प्राप्त होता है। पूर्णरूप से पकने के पहले ही फल तोड़ लिया जाता है। दूर बाजारों में बेचने के लिए फल लकड़ी के बक्सों में बन्द किये जाते हैं। मीठी चेरी के फल को ताजा खाने के लिए उपयोग में लाते हैं। फल

से मुरब्बा और चटनी तैयार किया जाता है। साथ ही चेरी का प्रयोग सब्जी बनाने में भी किया जाता है।

चिलगोजा

इसका उत्पत्ति क्षेत्र उत्तर-पश्चिमी हिमाचल की पहाड़ियाँ हैं। जम्मू-कश्मीर में किस्तवाड़ व असतर क्षेत्र; हिमाचल प्रदेश में किन्नौर और चम्बी, पांगी क्षेत्र; गढ़वाल (उत्तरांचल) में नीती दर्रे के पास चिलगोजा के वृक्ष मिलते हैं। भारत के अतिरिक्त पाकिस्तान एवं अफगानिस्तान् में इसकी बागबानी होती है। इसके बीजों के तेल में घाव भरने की असाधारण शक्ति होती है। घाव और नासूर के उपचार में इसका इस्तेमाल किया जाता है। यह खाने में बहुत ही स्वादिष्ट तथा पौष्टिक होता है। बिना भूने भी इसको खाया जाता है। इसके लकड़ी में बिरोजा प्रचुर मात्रा में होता है। इसकी लकड़ी मकान बनाने के लिए उपयोगी होती है।

रसभरी

इसकी कई प्रजातियाँ-यूरोपीय, अमेरिकी, परपिल, ब्लैक रसभरी आदि हैं। यूरोपियन रसभरी, यूरोप का देशज पौधा है। इंग्लैण्ड से इस पौधे को सं, रा. अमेरिका ले जाया गया। रसभरी का संकरण कार्य सबसे पहले सन् 1825 में फिलाडेलफिया पेंसिलवेनिया के वैज्ञानिक डॉ. ब्रिन्किल ने आरम्भ किया। भारत में रसभरी यूरोप से आयी और सर्वप्रथम द. भारत के पहाड़ी क्षेत्रों में लगायी गयी। हिमालय में भी रसभरी की एक जाति रुबस्र निवियास, मिलती है।

रसभरी हिमालय की तलहटी में पंजाब से लेकर असम तक व दक्षिणी भारत में पश्चिमी घाट तथा प्रायद्वीपीय भाग में उगायी जाती है। महाबलेश्वर क्षेत्र इसकी बागवनी के लिए प्रसिद्ध है। यहाँ से इस जाति के पौधों को सं. रा. अमेरिका के फ्लोरिडा प्रदेश में ले जाया गया। यहाँ यह मैसूर रसभरी के नाम से उगायी जाती है। रसभरी का ऑद्योगित महत्व बढ़ने से इसका व्यापारिक महत्व भी बढ़ा है। व्यावसायिक दृष्टिकोण से इसका उत्पादन करने वाले देशों में सं. रा. अमेरिका का पहले स्थान पर है। इसके बाद जर्मनी, यूगोस्लाविया, ब्रिटेन, हंगरी, कनाडा, पोलैण्ड, फ्रांस, नीदरलैण्ड, नार्वे और आस्ट्रेलिया है। यह बहुत ही उपयोगी फल है इसका हर भाग उपयोगी है। फल ताजा खाया जाता है। फल में खुशबू बहुत ज्यादा होती है। इसका सर्वाधिक इस्तेमाल विभिन्न प्रकार का जैम और सीरप बनाने में होता है। आइसक्रीम में भी! इसका प्रयोग करते हैं। इससे दूसरे फलों के रस का

स्वाद व खुशबू बढ़ जाती है। इसके फल से शराब भी अच्छी बनती है। रसभरी के बीज व जड़ें भी बहुत ही उपयोगी होती हैं। जड़ तथा तना पेट की अचूक दवा है। इसकी पत्तियों से बनी चाय पशुओं को पिलाने से इनके गर्भाशय व अंतड़ियों में स्फूर्ति आ जाती है।

हेजलनट

हेजलनट का मुख्य स्थान मध्य यूरोप है जहाँ 18000 वर्ष पहले ये पाये जाते थे। कैस्पियन सागर के आस-पास इसके पौधे प्राकृतिक रूप से मिलते हैं। व्यापारिक दृष्टि से इसकी बागबानी स्पेन, इटली, तुर्की और यूनान में होती है। इसके अलावा सं.रा. अमेरिका, कनाडा और चीन में भी इसकी बागबानी की जाती है। इस पौधे को शुभ माना जाता है। इसलिए यह विभिन्न पवित्र अवसरों पर जैसे शादी, पूजा और जन्म दिवस पर इसका उपयोग पवित्र भाव से किया जाता है।

पीकननट

गिरीदार फलों में पीकननट का महत्त्वपूर्ण स्थान है। इसका मूल स्थान 30 अमेरिका है। सं.रा. अमेरिका तथा कनाडा में इसकी बागबानी अखरोट की तुलना में अधिक व्यापक क्षेत्र में की जाती है। इसका फल भी खाने में अखरोट की तरह स्वादिष्ट होता है। भारत में इसकी बागबानी हिमाचल प्रदेश के आस-पास पालमपुर में की गयी है। इसके अतिरिक्त इसकी बागबानी कश्मीर, अल्मोड़ा, में भी की जाती है। इसकी गिरी खाद्य होती है व लकड़ी का इस्तेमाल अनेक कार्यों में किया जाता है। सारणी में विश्व तथा भारत में विभिन्न फलों के उत्पादन का तुलनात्मक अध्ययन प्रस्तुत किया गया है।

अखरोट

गिरी वाले फलों में अखरोट का दूसरा स्थान है। भारत में अखरोट के पौधे पुराने समय से ही जंगली रूप में पाये जाते रहे हैं। पिछले कुछ वर्षों में भारत सरकार द्वारा अखरोट की बागबानी की परियोजनाएं चलायी जा रही हैं। जिसके परिणामस्वरूप अनेक क्षेत्रों में इसके उद्यान स्थापित किये गये हैं। इसका मुख्य स्थान पूर्वी शीतोष्ण यूरोपीय देश है। आज इसकी बागबानी पूर्वी शीतोष्ण, उत्तरी-पूर्वी यूरोप, अमेरिका, उत्तरी पश्चिमी हिमालय के पर्वतीय क्षेत्र, जापान तथा

चीन आदि स्थानों में की जाती है। इसकी व्यापारिक बागबानी रूमानिया, फ्रांस, जर्मनी, सं.रा. अमेरिका के कैलीफोर्निया क्षेत्र, न्यूजीलैण्ड, आस्ट्रेलिया आदि देशों में की जाती है। भारत में हिमाचल प्रदेश, जम्मू-कश्मीर एवं उत्तर प्रदेश के पर्वतीय क्षेत्रों में इसकी बागबानी की जाती है भारत में लगभग 13,779 क्षेत्र पर अखरोट की बागबानी की जा रही है। अखरोट के सूखे फलों को बोरों में भरकर नमी रहित कमरों में भंडारित किया जाता है। भोजन सामग्री, मिठाई आदि में इसका प्रयोग किया जाता है।

चेस्टनट

इससे पांगर भी कहते हैं। भारत में इसकी व्यापारिक बागबानी नहीं होती है। इसका पेड़ एशिया माइनर, द.यूरोप व पूर्वी अमेरिका का देशज है। इसकी व्यावसायिक बागबानी टर्की, इटली, स्पेन, फ्रांस, स्वीटजरलैण्ड, चीन, जापान एवं सं.रा.अमेरिका में की जाती है। हिमालय प्रदेश तथा उत्तर प्रदेश, दार्जिलिंग तथा मेघालय के खासी पहाड़ियों में यह उपजाया जाता है। इसकी गिरी खाने में स्वादिष्ट होती है। गिरी को भूनकर इस्तेमाल किया जाता है। कभी-कभी इसका आ़ा भी बनता है। इसकी पत्तियाँ बलवर्धक, खाँसी, श्वसन व शरीर के अन्य रोगों में प्रभावकारी होती हैं।

तेंदू

विश्व में इस फल की बागबानी सर्वाधिक जापान में की जाती है व यह वहाँ का राष्ट्रीय फल माना जाता है। इसकी दो प्रजातियाँ चीनी और अमेरिकी हैं। जापान में इसे 'माकी' कहते हैं। जापान के अतिरिक्त इसकी बागबानी मुख्य रूप से चीन, सं.रा. अमेरिका तथा यूरोप में की जाती है। भारत में इसकी बागबानी उत्तर में पर्वतीय क्षेत्रों, पूर्व में असम व दक्षिण में नीलगिरि की पहाड़ियों में सीमित क्षेत्र में की जाती है। तेंदू के फलों को वृक्षों से ठोस अवस्था में तोड़ते हैं बाँद में इसकी पैकिंग कर दूर-दूर के बाजारों में भेजते हैं। इसके तैयार फलों से विभिन्न प्रकार के जैम और पेय पदार्थ बनाए जाते हैं।

6

भारत में फलोत्पादन

भारत में फल का उत्पादन

फल उत्पादन के मामले में भारत प्राचीन काल से ही एक अग्रणी देश रहा है। फलों का औषधीय महत्व होने के कारण इसके उत्पादन पर शुरू से जो दिया जाता रहा है। चूँकि भारत मूलतः एक शाकाहारी देश रहा है। इसलिए फलों की खपत यहा बड़े पैमाने पर रही है। उच्चावच, मृदा एवं जलवायु से जुड़ी विविधताओं के कारण देश में भिन्न-भिन्न प्रकार के फल उत्पादित किये जाते हैं। जिनमें अगर एक तरफ ऊष्ण कटिबंधीय फल हैं तो दूसरी तरफ उपोषण एवं शीतोष्ण कटिबंधीय फल।

यद्यपि फलोत्पादन को कृषि के एक पूरक व्यवसाय के रूप में प्राचीन काल से ही महत्त्व दिया जाता रहा है या खेती आधी बारी की उक्ति से गाँव को जीवन में इनके महत्त्व का स्पष्ट संकेत मिलता है किन्तु तरीके से इनकी खेती अभी पिछले दो-तीन दशकों की ही देन है। भारत के फलों को जलवायुविक विशेषताओं के आधार पर निम्न तीन प्रमुख वर्गों में विभाजित हैं–

1. ऊष्ण प्रदेशीय फल (Tropical Fruits)
2. उपोष्ण प्रदेशीय फल (Sub-Tropical Fruits)
3. समशीतोष्ण प्रदेशीय फल (Tempsate Fruits)

सारणी
विश्व में प्रमुख फलों का उत्पादन (000 मीट्रिक टन)

फल	*विश्व*
आम	15,810
केला	41,913
अंगूर	59
नारियल	36,806
सेब	40860
लेमन-लाइम	6,040
ग्रेप फ्रुट-पुमेलो	4,872
पपीता	3,683
अन्नास	10,631
काजू	476
सन्तरा	46,738
नाशपाती	9,873
अखरोट	843
खुबानी	2,212
धूम	6,590
एवोकैडो	1,581

स्रोत—एफ. ए. ओ. उत्पादन ईयर बुक 42, 1988

उपर्युक्त वर्गीकरण पूर्णतः प्रामाणिक नहीं है क्योंकि भिन्न-भिन्न फल मिले जुले रूप में विभिन्न पानी, वायु प्रदेशों में पाये जाते हैं। उदाहरण के लिए आम ऊष्ण एवं उपोष्ण दोनों ही प्रकार की जलवायु में उत्पन्न किया जाता है। इसी प्रकार आड़ू तथा आलू बुखार उपोष्ण एवं शीतोष्ण किस्म की जलवायु में पैदा किये जा सकते हैं। जलवायुविक आधार पर भारत के फल प्रदेश का अध्ययन निम्न तीन वर्गों में विभक्त किया गया है—

(अ) ऊष्ण प्रदेशीय फल

ऊष्ण प्रदेश के तहत प. बंगाल व मध्य प्रदेश का दक्षिणी भाग उड़ीसा, महाराष्ट्र, कर्नाटक, आन्ध्र प्रदेश, तमिलनाडु, केरल, गोवा, गुजरात आदि राज्यों को सम्मिलित किया जाता है। इसे प्रादेशिक आधार पर तीन वर्गों में विभक्त किया जा सकता है–

(अ) मध्यवर्ती ऊष्ण प्रदेश (Central tropical region),

(ब) दक्षिणी ऊष्ण प्रदेश (Soulten tropical region) तथा

(स) सागरीय तटीय ऊष्ण प्रदेश (Castal tropical humid region)।

ऊष्ण प्रदेशीय फलों हेतु ग्रीष्म काल में नमी तथा ऊष्णता व शीतकाल में कम ठण्ड की आवश्यकता पड़ती है। इन क्षेत्रों में वर्षा की उपलब्धता तथा सिंचाई की सुविधा द्वारा आम, काजू, केला, चीकू, अन्नास, कटहल, पपीता इत्यादि फलों को सफलतापूर्वक पैदा किया जा सकता है। पहाड़ी प्रदेशों में जहाँ वर्षा समान रूप से होती है, व्यापारिक दृष्टि से अंगूर की खेती की जाती है। तमिलनाडु का निचला भाग इसके लिए उपयोगी है।

(ब) उपोष्ण प्रदेशीय फल

उपोष्ण प्रदेशीय क्षेत्र के तहत पंजाब तथा उत्तर प्रदेश के मैदानी भाग, बिहार, मध्य प्रदेश व प. बंगाल के उत्तरी क्षेत्र तथा राजस्थान तथा असम, मेघालय को शामिल करते हैं। प्रादेशिक आधार पर इसे दो भागों में विभाजित किया जा सकता है–

(अ) उत्तरी-पश्चिमी उपोष्णीय प्रदेश (North-Western tropical region) तथा (ब) उत्तरी पूर्वी उपोष्णीय प्रदेश (North-eastern tropical region)

यह प्रदेश ऊष्ण तथा शीतोष्ण प्रदेश के मध्य संक्रमण क्षेत्र के रूप स्थित है इसमें तापमान अधिक मिलता है। इस प्रदेश में नारंगी, नींबू लेमन, फालसा, लीची, अंजीर, अंगूर, खजूर, अमरूद, अनार, आदि मुख्य फल पैदा होते हैं। इन्हें ऊष्ण प्रदेशों में भी पैदा किया जाता है। इसी तरह इस क्षेत्र में ऊष्ण प्रदेशीय फलों जैसे आम, केला तथा कटहल आदि को भी पैदा किया जा सकता है। कुछ क्षेत्रों में शीतोष्ण जलवायु में उत्पन्न होने वाले आड़ू, नाशपाती आदि फलों को भी उत्पन्न किया जाता है।

(स) शीतोष्ण प्रदेशीय फल

इस प्रदेश में हिमालय के पर्वतीय क्षेत्र शामिल किये जाते हैं। इसके तहत जम्मू-कश्मीर, हिमाचल प्रदेश में कुल्लू व काँगड़ा की घाटियों कोट गढ़ तथा नाहन

और उत्तर प्रदेश में कुमाऊँ गढ़वाल की पहाड़ियाँ सम्मिलित हैं। भारत के ऊँचाई वाले मध्यवर्ती तथा दक्षिणी भाग (नीलगिरि तथा पालनी की पहाड़ियाँ) भी शीतोष्ण फलों को प्रमुख उत्पादक क्षेत्र हैं।

ऊँचाई के आधार पर इस प्रदेश को दो भागों में विभक्त कर सकते हैंः—

(i) सागरतल से 1200 मीटर की ऊँचाई पर उत्पन्न होने वाले फल जैसे—आड़ू, आलू, खुबानी, बुखारा तथा स्ट्राबेरी इत्यादि प्रमुख हैं। आड़ू तथा आलू बुखारा हिमालय की निचली पहाड़ियों में सफलतापूर्वक उत्पन्न किये जा सकते हैं। इसी तरह स्ट्राबेरी को उत्तर प्रदेश के तराई वाले जिलों में पैदा किया जा सकात है।

(ii) सागरतल से 1500 मीटर से 2400 मीटर की ऊँचाई पर उत्पन्न होने वाले फल इसके, नाशपाती, बादाम, अखरोट व चेरी इत्यादि प्रमुख फल सम्मिलित हैं।

इसी तरह प्रादेशिक आधार पर फलोत्पादन के ख्याल से भारत को निम्नांकित पाँच प्रदेशों में विभाजित किया जा सकता है—

1. हिमालय का शीतोष्ण प्रदेश

इस भौगोलिक क्षेत्र के अन्तर्गन पूर्वी हिमालय श्रीनगर का घाटी क्षेत्र, कुमाऊँ की पहाड़ियाँ कुलू एवं कांगड़ा इत्यादि आते है। यहां फलोत्पादन के लिए वर्षा पर्याप्त हो जाती है। कहीं-कहीं सिंचाई की भी जरूरत होती है। यहाँ के अधिकांश फल इंग्लैण्ड, सं.रा.अमेरिका आदि देशों से लाकर लगाये गये हैं। यहाँ उगाये जाने वाले फलों में अंगूर, नाशपाती, सेब, चेरी, आड़ू; आलू बुखारा, लीची, अखरोट, एप्रीकाट, पिस्ता आदि हैं। अधिक ऊँचाई (12 मीटर से अधिक) के भागों में लुकाट और नींबू जैसे फल उत्पन्न किये जाते हैं।

2. उत्तरी शुष्क प्रदेश

इसमें पंजाब, पश्चिमी उत्तर प्रदेश, हरियाणा, प. मध्य प्रदेश और राजस्थान के भाग शामिल हैं। यहाँ वर्षा का औसत 50-60 सेण्टीमीटर तक रहता है। शुष्क भागों में सिंचाई भी की जाती है। इस क्षेत्र के फलों में खजूर, अमरूद, अंजीर, लुकाट, लीची, आम, पपीता, जैनत, फालसा, अनार, शक्तालू, नाशपाती, बादाम, बेर आदि प्रमुख हैं। इसी प्रकार दक्षिणी दिल्ली में केला, पंजाब, प.उत्तर प्रदेश और उ.राजस्थान में नारंगियाँ (माल्टा) और मध्य प्रदेश में सन्तरा भी उत्पन्न किये जाते हैं।

3. पूर्वोत्तर-प्रदेश

भारत का पूर्वोत्तर क्षेत्र भी फल उत्पादन के मामले में महत्वपूर्ण क्षेत्र है। पूर्वोत्तर के अन्तर्गत मुख्यतः दक्षिणी असम, प. बंगाल, बिहार, उड़ीसा, पू. मध्य प्रदेश, पूर्वी उत्तर प्रदेश और उत्तरी-पूर्वी आन्ध्र प्रदेश के भाग शामिल हैं। इन भागों में मिट्टी लाल, दोमट, पीली, बलुई दोमट और जलोढ़ है। तापमान 21°C(शीतकाल) एवं 32°C(ग्रीष्म काल) तथा वार्षिक वर्षा की मात्रा 76 से 190 सेण्टीमीटर तक पाई जाती है। इस प्रदेश के मुख्य फल आम, अमरूद, केला, काजू, अन्नास, पपीता, लीची, सीताफल, चीकू और नाशपाती आदि हैं।

4. दक्षिणी प्रदेश

भारत के दक्षिणी प्रदेशों की जलवायु फल उत्पादन के ख्याल से अनुकूल है। इन प्रदेशों में मुख्यतः द.मध्य प्रदेश, पश्चिमी आन्ध्र प्रदेश, पूर्वी कर्नाटक, तमिलनाडु व महाराष्ट्र के क्षेत्र सम्मिलित है। यहाँ की मिट्टी काली है। कुछ भागों में लाल अथवा पीली मिट्टी भी मिलती है। वर्षा की मात्रा 50 से 125 सेण्टीमीटर (महाराष्ट्र 190 से 380 सेण्टीमीटर तक प्राप्त होती है। यहाँ के प्रमुख फल आम, नारंगी, नींबू, अमरूद, अंगूर, केला, अंजीर, सीताफल, अन्नास, अनार, काजू, सैपोटा और कटहल आदि हैं।

5. समुद्र तटीय प्रदेश

इसके तहत दक्षिणी भारत के पार्श्ववर्ती पूर्वी और पश्चिमी समुद्र तटीय भाग, समाहित हैं। यहाँ की मिट्टी जलोढ़ तथा उपजाऊ है। यहाँ के फलों में आम, काजू, अन्नास, नारंगी, केला, सेब, कटहल, नाशपाती, पपीता आदि मुख्य हैं। सारणी में भारत में उगाये जाने वाले विभिन्न फलों के उत्पादक की मात्रा एवं प्रतिशत को प्रदर्शित किया गया है।

सारणी के अवलोकन से स्पष्ट होता है कि प्रति वर्ष 37.691 लाख टन फलों के उत्पादन के साथ आन्ध्र प्रदेश का देश में प्रथम स्थान है। यहाँ देश के 13.97% फलों का उत्पादन होता है। इसके उपरान्त क्रमशः बिहार, उत्तर प्रदेश, कर्नाटक,तमिलनाडु एवं गुजरात राज्यों का स्थान है। देश में फलों के उत्पादन में दक्षिणी राज्यों का महत्त्वपूर्ण स्थान है जहाँ की तटीय जलवायु बागबानी हेतु अधिक अनुकूल है। इन प्रदेशों में फलों की बागवानी कृषि का एक महत्वपूर्ण भाग है। अत्यधिक आय होने के कारण किसान इसमें गम्भीरता से लगे होते हैं। यही कारण है कि अहमदाबाद

से त्रिवेन्द्रम तक पश्चिमी तट के सहारे यात्रा करने पर अंगूर, केला आदि के बागान नियमित रूप में दिखलायी पड़ते हैं।

सारणी

भारत के विभिन्न राज्यों में फलोत्पादन (1989-90)

प्रदेश	*उत्पादन (लाख टन)*	*भारत में कोटि*	*भारत का प्रतिशत*
असम	8.364	12	3.10
आन्ध्र प्रदेश	37.691	1	13.97
उड़ीसा	16.352	7	6.06
उत्तर प्रदेश	29.869	4	11.07
कर्नाटक	31.858	3	11.80
केरल	10.157	9	3.76
गुजरात	18.329	6	6.79
जम्मू कश्मीर	7.686	13	285.00
तमिलनाडु	27.117	5	10.05
त्रिपुरा	3.511	16	1.30
पंजाब	5.939	14	2.20
प. बंगाल	10.879	8	4.03
बिहार	32.111	2	11.90
मध्य प्रदेश	8.530	10	3.16
हिमाचल प्रदेश	4.560	15	1.69
अन्य	8.497	11	3.15
भारत	269.732		100.00

स्रोत—इण्डियन फूड इण्डस्ट्रीज, 1993

उत्तर प्रदेश में फल का उत्पादन

धरातलीय विविधता के फलतः उत्तर प्रदेश राज्य के फल उत्पादक वृक्षों में पर्याप्त अन्तर मिलता है। प्रादेशिक आधार पर फलों की दृष्टि से राज्य को 4 भागों में विभक्त किया जा सकता है—

1. उत्तरी पर्वतीय फल प्रदेश—इसके तहत प्रदेश के पर्वतीय क्षेत्र (कुमाऊँ-गढ़वाल प्रदेश) में टिहरी गढ़वाल, अल्मोड़ा, नैनीताल, उत्तर काशी, देहरादून आदि जिले समाहित हैं। ये भाग सागर तल से 600 मीटर से अधिक ऊँचे हैं। यहां कड़ाके की ठण्ड पड़ती है। अत्याधिक ठण्ड के कारण बर्फ जब जाती है। इसलिए यहां की जलवायु में वैसे फल पैदा होते हैं जो शीत ऋतु के अनुकूल होते हैं। यहाँ पर सेब, आड़ू नाशपाती, अलूचा, चेरी इत्यादि फल उत्पन्न किये जाते हैं।

2. तराई प्रदेश या उप पर्वतीय प्रदेश—इसमें सहारनपुर, रामपुर, बिजनौर, बरेली, पीलीभीत, खीरी, बहराइच, गोंडा, गोरखपुर, बस्ती, देवरिया आदि जनपद समाहित हैं। यहाँ वार्षिक वर्षा 90 से 125 सेमी. होती है। इन क्षेत्रों में ग्रीष्म ऋतु में भयंकर गर्मी पड़ती है। प्रादेशिक आधार पर इसे दो भागों में वर्गीकृत किया गया है—

(अ) उत्तरी-पूर्वी प्रखण्ड—इस प्रदेश में लीची, आड़ू, अलूचा व कलमी आम पैदा किये जाते हैं।

(ब) उत्तरी-पूर्वी प्रखण्ड—इस प्रदेश में वर्षा अपेक्षाकृत ज्यादा होती है। इसलिए कटहल, अन्नास, आम, केला आदि अच्छी तरह उत्पन्न किये जाते हैं।

(3) मैदानी प्रदेश—इस भाग में गर्मियों में अधिक गर्मी व सर्दियों में अधिक सर्दी पड़ती है। वार्षिक वर्षा 100-125 सेमी. है। प्रादेशिक आधार पर इसे तीन वर्गों में विभक्त किया जा सकता है—

(अ) मेरठ-आगरा प्रखण्ड (या पश्चिमी क्षेत्र)—यहाँ पर माल्टा, चकोतरा, मुसम्मी, पपीता, कमरख, आम, फालसा तथा बेर आदि फल उत्पन्न किये जाते हैं। मुख्य नगर मेरठ है।

(ब) मध्यवर्ती क्षेत्र—यहाँ पर लुकार, कलमी आम, नींबू, प्रजाति के फल, कटहल तथा पपीता आदि उत्पन्न किये जाते है। मुख्य नगर लखनऊ है।

(स) पूर्वी क्षेत्र—इस क्षेत्र में कटहल, आम, आँवला, बेल, नींबू, प्रजाति के फल, पपीता, अमरूद इत्यादि उत्पन्न किये जाते हैं। मुख्य नगर वाराणसी है।

(4) बुन्देलखण्ड प्रदेश—यहाँ पर बेर, बेल नींबू, अमरूद, पपीता, शरीफा, आदि फल उत्पन्न किये जाते हैं।

चुँकि उत्तर प्रदेश में जलवायु का स्वरूप विविधता से पूर्ण हैं इसलिए यहां विभिन्न प्रकार के फलों का उत्पादन होता है। जहाँ पहाड़ी भागों में सेब, नाशपाती, चेरी आदि फल उत्पन्न किये जाते हैं, वहीं मैदानी भाग में आम अमरूद, नींबू, बेर, प्रजाति के फल उत्पन्न होते हैं। तराई प्रदेश में आड़ू, लीची, अलूचा आदि फल उत्पन्न होते हैं।

सब्जी उत्पादन

सब्जी हमारे भोजन का प्रमुख अंग है। इसमें हमारे शरीर को पोषण करने वाले पर्याप्त पोषक तत्व मौजूद रहते हैं। सन्तुलित आहार में इनकी उपयोगिता के कारण जीवन-स्तर में बढ़ोतरी होने के साथ-साथ लोगों द्वारा सब्जियों की खपत में निरन्तर वृद्धि हो रही है। लगातार वैज्ञानिक खोजों के परिणामस्वरूप सब्जी उत्पादन एवं उपभोग में भी वृद्धि हुयी है।

सब्जियाँ मनुष्य को स्वस्थ रहने के लिए जरूरी पोषक तत्त्व प्रदान करती हैं। इनमें विटामिन, कार्बोहाइड्रेट, खनिज पदार्थ तथा प्रोटीन पर्याप्त मात्रा में पाये जाते हैं।

आहार विशेषज्ञों के अनुसार, एक व्यक्ति को रोजाना सन्तुलित आहार के लिए 300 ग्राम सब्जियाँ (जिसमें 115 पत्तियों वाली सब्जियाँ, 115 ग्राम दूसरी प्रकार की सब्जियाँ तथा 70 ग्राम जड़ों वाली सब्जियाँ) प्रयोग करना चाहिए। इनसे भोजन के स्वाद में भी अभिवृद्धि हो जाती है। साधारण रूप से सब्जियों के अन्तर्गत शाकीय पौधों और उनके विभिन्न अंगों को समाहित किया जाता है जिनका उपयोग खाद्य पदार्थ के रूप में होता है। सब्जी के रूप में पौधों के खाये जाने वाले भाग अलग हो सकते हैं यथा—जड़, कन्द, शकरकन्द तना, फूल, पत्ती, बीज, फल आदि। संसार भर में मनुष्य के आहार में अपनी पौष्टिकता के कारण सब्जियाँ भोजन का एक मुख्य भाग बन गयी हैं तथा इनकी कमी से भोजन अधूरा समझा जाता है।

भारत जैसे देशों में जहां की अधिकांश आबादी शाकाहारी है वहां पर भोजन से में पौष्टिक सब्जियों का महत्व बढ़ जाता है। फिर भी अपने देश में सिर्फ 1. 2 प्रतिशत कृषि योग्य भूमि पर सब्जियाँ पैदा की जाती हैं। भारत में सब्जियों का वार्षिक उत्पादन 160 लाख टन आँका गया है। यह प्रगतिशील देशों की तुलना में बहुत ही कम है। देश में रोजाना प्रतिव्यक्ति लगभग 45 ग्राम से भी कम सब्जियों का उपयोग किया जाता है (आवश्यकता 300 ग्राम)। सब्जियों के उत्पादन के लिए शीतोष्ण जलवायु उपयुक्त होती है लेकिन पाला इन्हें सहन नहीं। इसके लिए रेतीली दोमट मिट्टी अच्छी होती है। इनकी खेती के लिए भूमि की गहरी जुताई तथा अधिक खाद की जरूरत होती है।

विश्व के सघन आबादी क्षेत्रों में खाद्यान्न फसलों के साथ-साथ सब्जियों की खेती होती है। केवल कुछ ही क्षेत्रों में इन्हें बागानों में उगाया जाता है।

साधारणतः सब्जियों की खेती उन्हीं जोतों में की जाती है जो घर के नजदीक होते हैं। इसलिए ऐसी सब्जियों की घरेलू खपत अधिक होती है। किन्तु परिवहन

के तीव्र साधनों के विकास एवं प्रशीतन की व्यवस्था के कारण अब इनके व्यापार क्षेत्र में वृद्धि हो रही है। आज ट्रकों एवं रेलों द्वारा वे देश के विभिन्न भागों में तथा वायुयान द्वारा एक देश से दूसरे देश को ले जायी जा रही हैं। सब्जियों की खेती को उसके उद्देश्य उगाने के तरीके एवं बेचने के आधार पर विभिन्न वर्गों में विभक्त किया जा सकता है–

(अ) रसोईघर

सब्जी उगाने का यह सबसे पुराना तरीका है। इसमें हर परिवार अपने उपभोग के लिए सब्जियों को पैदा करता है। यहां खेती घर के पास स्थित भूमि में की जाती है। अतः इसे 'रसोई घर के लिए सब्जियों का उत्पादन' अथवा 'किचेन गार्डेनिंग' कहते हैं। इस खेती से व्यक्ति स्वयं जुड़ा होता है चाहे वह शहर का रहने वाला हो या गांव का। किचेन गार्डेनिंग में सब्जी उत्पादन गहन रूप में किया जाता है। इस प्रकार की गार्डेनिंग से परिवार के इस्तेमाल हेतु प्रतिदिन ताजी सब्जियाँ मिल जाती हैं। बड़े-बड़े शहरों में लोग बहुमंजिली भवनों की छतों पर अपनी रुचि तथा आवश्यकता के अनुसार सब्जी की खेती कर रहे हैं। छतों के ऊपर मिट्टी डालकर अथवा गमलों में यह कृषि की जाती है किन्तु ज्यादातर खेती मकान से सम्बन्धित छोटे से प्लाट में की जाती है।

(ब) बाजार हेतु सब्जी उद्यान

व्यापार के लिए सब्जियों की बागबानी के अनेक रूप देखने को मिलते हैं।

1. बाजारोपयोगी सब्जियों की बागबानी–इस तरह की सब्जियों के उत्पादन का एकमात्र उद्देश्य इन्हें बाजार में बेचना होता है। यह सब्जी उत्पादन की गहनतम पद्धति है। इसके अंतर्गत बाजार से लगभग 15 से 20 किलोमीटर की दूरी तक स्थित क्षेत्र में सब्जी का उत्पादन किया जाता है। जैसे-जैसे यातायात के साधनों की उन्नति होती जा रही है इसका क्षेत्र विस्तार विस्तृत होता जा रहा है। इस प्रकार की कृषि बड़े नगरों के चतुर्दिक अधिक लोकप्रिय हो रही है जहाँ ताजी सब्जियों की काफी माँग पायी जाती है। उत्तर प्रदेश में फर्रूखाबाद का आलू कानपुर के बाजार में थोक व्यापार के लिए चला आता है।

2. ट्रक गार्डनिंग या ट्रक फार्मिंग–इस तरह की खेती में किसी खास सब्जी का उत्पादन दूरस्थ बाजार के लिए किया जाता है यहाँ यह स्पष्ट कर देना सार्थक होगा कि Truck शब्द का अर्थ मोटर ट्रक से नहीं अपितु यह फ्रेंच भाषा का शब्द

Troquer से लिया गया है जिसका अर्थ होता है To barter or exchange यानि माल का हेर-फेर करना। इस प्रकार उगायी हुई सब्जी ज्यादातर मध्यस्थों (दलालों) के द्वारा बेची जाती है। इसमें फसल विशेष के अनुकूल भूमि एवं जलवायु सम्बन्धी कारक महत्त्वपूर्ण होते हैं। इसमें भूमि तथा मजदूर सस्ते होते हैं और यन्त्रीकरण द्वारा खेती की जाती है। इसलिए खेती करने की लागत कम आती है व शुद्ध आमदनी भी कम होती है, क्योंकि इसमें यातायात तथा मध्यस्थों का व्यय बढ़ जाता है। जल्दी ही एवं सस्ते यातायात के साधनों का विकास होने के कारण अब Market Gardening एवं Truck Gardening के बीच अन्तर खत्म होता जा रहा है।

3. संसाधन हेतु सब्जियों की खेती—इस प्रकार की खेती संसाधन हेतु फैक्ट्रियों के आस-पास के क्षेत्र में की जाती है। इसका मुख्य उद्देश्य कारखानों को निरन्तर सब्जियों की आपूर्ति बनाये रखना होता है। इस प्रकार की खेती अभी भारत में अधिक विकसित नहीं हो पायी है। इसका एक मात्र कारण सिर्फ संसाधन उद्योग का अभाव है। सम्भावना व्यक्त की जा रही है कि भविष्य में इस तरह की खेती का विकास सबसे ज्यादा होगो। इस प्रकार की खेती कुछ विशेष प्रकार की ही सब्जियों के उत्पादन में रुचि रखती है जिनको कि संसाधन उद्योग के लिए प्रदान करना होता है। इसमें सब्जियों को निम्न प्रकार से संसाधित किया जा सकता है–

(i) डिब्बों में बन्द करना (Canning)

(ii) जमाना (Freezing)

(iii) सुखाना (Dehydration)

(iv) अचार आदि बनाना (Pickling & Fermentation)

संसाधन की प्रक्रिया से सब्जियों को दीर्घकाल तक संरक्षित किया जा सकता है।

4. बल वैज्ञानिक तकनीक द्वारा सब्जी उत्पन्न करना—इस पद्धति में सब्जियों को अपने मौसम के अतिरिक्त (out of normal season) उगाया जाता है। सबसे महत्त्वपूर्ण बलकृत संरचना काँच गृह (Glass House), गर्म स्थान (Heating Building) हरित गृह (Green House), ठण्डे ढाँचे (Cold Frames) तथा अन्य कृषि दशाएँ हैं। ये विशेषकर सर्दी के मौसम में शीतोष्ण कटिबंधीय क्षेत्रों में उपयोग की जाती हैं। टमाटर तथा खीरा ठण्डे महीने में बाहर नहीं उगाये जा सकते हैं इसलिए ये सुरक्षित स्थानों में ही उगाये जा सकते हैं।

इस प्रकार की सब्जियों का उत्पादन बहुत महँगा होता है। काँच गृह में खेती करने के कारण इनकी लागत बढ़ जाती है। इस पद्धति से जिन सब्जियों का उत्पादन होता उनमें एसपेरागस और मशरूम प्रमुख हैं।

5. बीजोत्पादन हेतु सब्जी उगाना—वर्तमान में कृषि की सफलता का मुख्य आधार अच्छे बीज का होना है। सब्जियों का बीज उत्पादन सब्जियों की खेती का एक विशेषीकृत क्षेत्र है। फाउण्डेशन सीड राजकीय विभागों व संगठनों जैसे—राष्ट्रीय बीज निगमों (National Seed Corporations) द्वारा उपजाये जाते हैं और उसके पश्चात् पंजीकृत बीज तथा प्रमाणित बीज किसानों के द्वारा उगाये जाते हैं। भारत में यह तकनीक एक बहुत ही नयी एवं विस्तृत उद्योग के रूप में विकसित हो रही है। साथ ही इस उद्योग का भविष्य भी उज्ज्वल है।

6. तैरने वाली तरकारियों की कृषि—सब्जी उत्पादन का यह आधुनिक तरीका है। तालाबों और झालों में इस तरह की सब्जियाँ उगायी जाती हैं। भारत में कश्मीर के डल झील में भी इस तरह की सब्जी उगायी जाती है। यहीं से अधिकतर सब्जियाँ गर्मी के मौसम में श्रीनगर को भेजी जाती हैं। इस पद्धति में सर्वप्रथम घासों की जड़ों से तैरने वाला आधार तैयार कर लिया जाता है। इसके बाद उसके ऊपर कम्पोस्ट खाद को बिछा दिया जाता है और फिर इसमें पौधों की रोपाई कर देते हैं। सम्पूर्ण कर्षण क्रियाएं तथा पानी का छिड़काव नावों के द्वारा समय-समय पर करते रहते हैं। कभी-कभी तो तैरते हुए बाग की चोरी भी हो जाती है। इस प्रकार के बागों में कभी-कभी मौसमी फूल भी उगाये जाते हैं।

विश्व के प्रमुख सब्जी उगाने वाले देश

विश्व के लगभग समस्त देशों में कमोबेश मात्रा में सब्जी का उत्पादन किया जाता है। हालाँकि वर्षों में विकसित देशों विशेषकर अमेरिकी एवं यूरोपीय देशों में भी सब्जी के उत्पादन तथा उपभोग की मात्रा में वृद्धि रही है। विकसित देशों का झुकाव शनैः शनैः हरी शाक-सब्जियों के प्रति बढ़ रहा है। ये देश मांस का उपयोग क्रमशः कम करने के प्रति उन्मुख हो रहे हैं। विश्व में महत्त्वपूर्ण सब्जी उत्पादक देश (परिशिष्ट D) निम्नवत हैं—

1. संयुक्त राज्य अमेरिका—सब्जी उत्पादन के मामले में विश्व में संयुक्त राज्य अमेरिका का स्थान महत्व पूर्ण है। देश के विभिन्न भागों में अनेक प्रकार की तरकारियाँ उगाकर ताजा रूप में ही उन औद्योगिक नगरों को भेज दिया जाता है जहाँ इनकी सबसे अधिक मांग रहती है। सब्जियों के बदलाव में मोटर ट्रकों की मदद

से सैकड़ों किलोमीटर दूर उत्पादन स्थलों की मांग स्थलों से जोड़ दिया गया है। इसी कारण इस प्रकार की खेती को ट्रक फार्मिंग कहते हैं। इस देश में शाक-सब्जियों की माँग सभी जगह है अतः शाक-सब्जियों को पैदा करने का कार्य थोड़ा बहुत सर्वत्र प्रचालित है। ट्रक फार्मिंग का प्रचलन सं.रा. अमेरिका के सभी भागों में पाया जाता है कुछ महत्त्वपूर्ण सब्जी उत्पादक क्षेत्र निम्नवत् हैं–

न्यू इंग्लैण्ड प्रदेश–इस प्रदेश में 24,397 फार्म हैं जिनके तहत 17,55,128 क्षेत्र समाहित हैं। इस प्रदेश में विशेषकर टमाटर, आलू, एवं सेम आदि सब्जियाँ पैदा की जाती हैं। कनेक्टीकट घाटी में सीढ़ीदार खेत तैयार करके सब्जियाँ उगायी जाती हैं। मेन राज्य के अरूस्तक घाटी में आलू का उत्पादन किया जाता है। यह राज्य प्रदेश का 7% आलू उत्पन्न करता है।

मध्य अटलांटिक प्रदेश–अटलांटिक तट के मध्यवर्ती भाग में शाक-सब्जी की खेती का अधिक-प्रचार-प्रसार है क्योंकि यहाँ कई औद्योगिक नगर है जहाँ इनकी भारी माँग है। लैंकास्टर क्षेत्र तरकारियों हेतु प्रसिद्ध है। न्यूयार्क राज्य में सब्जियों में चुकन्दर, बन्दगोभी, फलियाँ, तथा टमाटर की खेती होती है।

दक्षिणी-पूर्वी प्रदेश–यह सबसे अधिक शाक-सब्जियों का उत्पादक प्रदेश है। इसके तहत फ्लोरिडा जार्जिया और द. कैरोलिना आदि राज्य शामिल हैं। फ्लोरिडा में संयुक्त राज्य की सर्दी की ऋतु की शाक-सब्जियों का 25% भाग पैदा किया जाता है।

खाड़ी तटीय प्रदेश–मिसीसिपी और लुधियाना राज्य के तटीय भाग, टेक्सास राज्य का तट व रीओग्राण्डे घाटी क्षेत्र बन्दगोभी, चुकन्दर और टमाटर के लिए विख्यात है।

कैलीफोर्निया घाटी–इस भाग में अनुकूल जलवायु पाये जाने के कारण यहां सब्जियों का उत्पादन बढ़े पैमाने पर होत है। इस क्षेत्र में भूमध्य सागरीय जलवायु है। गर्मी के मौसम में सिंचाई द्वारा सब्जियों का उत्पादन होता है। यहां की मृदा सब्जियों की कृषि के लिए उपयुक्त है। वातानुकूलित व्यवस्था के कारण शाक-सब्जी की खेती में अधिक विकास हुआ है। यहाँ की सब्जी अटलांटिक तट तक भेजी जाती है।

उत्तरी प्रशान्त प्रदेश–वाशिंगटन और ओरोगन राज्य के तटवर्ती भाग व कोलम्बिय। नदी की घाटी में शाक-सब्जियाँ विशेषकर बन्दगोभी, गाजर, चुकन्दर, टमाटर आदि खूब उत्पन्न किया जाता है।

उत्तरी-मध्यवर्ती मैदानी प्रदेश–महान झीलों के समीप अनेक औद्योगिक नगर हैं–शिकागो, क्लीवलैण्ड, गैरी, डिट्राएट आदि इनकी आवश्यकता की पूर्ति हेतु

यह प्रदेश महत्त्वपूर्ण है। झीलों के तटवर्ती भागों में शाक-सब्जी उत्पन्न किया जाता है। सं.रा. अमेरिका विश्व का 5.5% आलू तथा 18% टमाटर उत्पन्न करता है।

2. पूर्व सोवियत संघ—समुचित जलवायु के कारण पूर्व सोवियत संघ में प्रचुर मात्रा में सब्जी का उत्पादन हुआ करता है। पूर्व सोवियत संघ विश्व का 13.2% आलू तथा 1.8% टमाटर पैदा करता था। यहाँ पर सब्जियों की खेती मुख्यतः मध्यवर्ती भाग वोल्गा क्षेत्र, काकेशस क्षेत्र यूक्रेन क्षेत्र, यूराल क्षेत्र, मोल्डविया, बेलारूस, लिथुआनिया तथा सुदूर पूर्वी सागर तटीय क्षेत्रों में की जाती है। श्रेत्रीय आधार पर इनका विवरण निम्नांकित है—

1. मध्यवर्ती मैदानी क्षेत्र में आलू तथा सब्जियों की खेती अन्य समस्त आर्थिक क्षेत्रों की अपेक्षा पहले स्थान पर है यहाँ अनेक नगर हैं, सब्जियों की उपनगरीय कृषि प्रमुख है यहाँ आलू सब्जी उत्पादक फार्म है। सब्जियों के क्षेत्र नदियों के कछारी भाग में पाये जाते है।

2. यूक्रेन-वोल्गा अंचल व उत्तरी काकेशिया काली मिट्टी के क्षेत्र में कृषि मुख्य उद्योग है। इस भाग में देश का 10% अनाज एवं आलू 20% सूरजमुखी और 50% चुकन्दर उगाया जाता है। यहाँ भी नगरों के आस-पास सब्जियां अधिक उगाई जाती हैं।

3. वोल्गा-यात्का क्षेत्र आलू की खेती के लिए प्रसिद्ध है। आलू यहाँ से वोल्गा अंचल केन्द्रीय क्षेत्र तथा मध्य एशिया को भेजा जाता है।

4. उत्तरी-पश्चिमी यूरोपीय क्षेत्र का दक्षिणी भाग आलू तथा सब्जियों के उत्पादन की दृष्टि से महत्त्वपूर्ण है।

5. वोल्गा के निचले बहाव क्षेत्र में लौकी, तरबूज, टमाटर आदि के उत्पादन के लिए उत्तम परिस्थितियाँ मौजूद हैं।

6. उत्तरी काकेशियाई क्षेत्र सब्जी के साथ ही अंगूर तथा चाय की कामयाब खेती के लिए महत्त्वपर्ण है।

7. यूराल क्षेत्र कृषि की दृष्टि से महत्त्वपूर्ण है। इस भाग में शहरी आबादी बढ़ने के साथ ही आलू तथा सब्जियों की खेती में विस्तार हुआ है। शहरों एवं नगरों के आस-पास के भागों में सब्जियों का क्षेत्र अधिक है।

8. सुदूर पूर्वी-याकूतिया, ओखोटसक, कमचटका सागर तटीय क्षेत्र और सखालीन द्वीप पर आलू तथा सब्जियों की खेती प्रमुखता से होती है।

9. मोल्डेविया चुकन्दर तथा आलू की खेती की दृष्टि से महत्त्वपूर्ण है और बोलारूस और वास्टिक क्षेत्र में आलू तथा लिथुअनिया चुकन्दर, मटर एवं आलू

की खेती की दृष्टि से महत्त्वपूर्ण है। रूस के बड़े-बड़े नगरों के समीपवर्ती भागों में अनेक प्रकार की शाक सब्जियाँ उत्पन्न की जाती है। विशेषकर मास्को के समीपवर्ती क्षेत्र-शाक सब्जी के उत्पादन के लिए प्रसिद्ध है। यहाँ लगभग 1,67,200 वर्ग मीटर में 'ग्लास हाउस' मिलते हैं। जिसमें सब्जियाँ तथा केले आदि उत्पन्न किये जाते हैं।

3. फ्रांस—फ्रांस में सब्जी का उत्पादन वहां की कृषि व्यवस्था का एक महत्वपूर्ण अंग है। यहा पर्याप्त मात्रा में सब्जीं का उत्पादन होता है। आलू तथा चुकन्दर का उत्पादन यहा पर्याप्त मात्रा में होता है। यहाँ पर गेहूं की ही भाँति आलू पैदा किया जाता है। ब्रिटेनी तथा एल्साके आलू उत्पादन के महत्त्वपूर्ण क्षेत्र हैं। यहीं से पेरिस के औद्योगिक क्षेत्र को इसी आपूर्ति होती है। पहले यहां का आलू औद्योगिक क्षेत्रों की माँग की पूर्ति के अलावा निर्यात भी किया जाता था। मध्य पठार के उत्तरी आर्द्र भाग में आलू उत्पादन की दशायें सबसे उत्तम है। यहाँ पर व्यावसायिक दृष्टि से आलू की खेती की जाती है।

ब्रिटेनी फ्लैण्डर्स तथा आल्सास-लारेन आलू के महत्त्वपूर्ण उत्पादक क्षेत्र हैं। यहाँ पर लगभग 9 लाख हेक्टेयर क्षेत्र पर 70 लाख टन से अधिक आलू प्रतिवर्ष पैदा होता है। आलू का प्रयोग सूअरों को खिलाने के लिए होता है। फ्रांस के भूमध्य सागरीय प्रदेशों में भी आलू पैदा किया जाता है। फ्रांस के बाकेज क्षेत्र में भी शाक-भाजी का उत्पादन बहुतायत से होता है। व्यवस्थित तौर पर शाक-भाजी पेरिस के आस-पास मध्य लोयर घाटी लियोन और दक्षिणी ब्रिटानी क्षेत्रों में पैदा की जाती है।

4. अर्जेन्टाइना—अर्जेन्टाइना में ऊष्ण कटिबन्धीय नदियों का मैदानी भाग सिंचाई की प्रचुर सुविधा के परिणामस्वरूप शाक-भाजी का प्रधान साधन हैं। अर्जेन्टाइना का पम्पास प्रदेश मटर तथा सब्जी का प्रमुख उत्पादक क्षेत्र है। इसके अलावा सब्जियों के संलग्न क्षेत्र सभी नगरों के पास हैं। ये क्षेत्र परिवहन साधनों द्वारा नगर के खपत केन्द्रों से जुड़े हैं। संलग्न भू-क्षेत्र का सब्जी उत्पादन नगर की माँग पर निर्भर करता है। अर्जेन्टाइना में सब्जी उत्पादन में उच्च पठारी भाग के जुजुम क्षेत्र का महत्त्वपूर्ण स्थान है, जहाँ आलू तथा फलियाँ मुख्यतः इण्डियन तथा मिस्टीजों लोगों के खाने के लिए बोई जाती है। ब्यूनस आयर्स नगर की सब्जियों की माँग की पूर्ति के लिए पम्पा प्रदेश के पूर्वी किनारे पर सब्जियों की गहन कृषि की जाती है। यहाँ तक कि राजधानी के सीमा के बाहर भी छोटे-छोटे सब्जियों के 10-12 बागान स्थित हैं। इस प्रदेशा में सब्जी उत्पादन के अनुकूल तमाम सुविधाएं उपलब्ध हैं। इसलिए यहां सब्जी का उत्पादन बड़े पैमाने पर होता है जैसे-जैसे यहां के

निवासियों के भोजन में सब्जी का उपयोग बढ़ता जा रहा है। वैसे-वैसे यहां सब्जी के उत्पादन में भी वृद्धि होती जा रही है।

5. ब्राजील—यहां प्रमुख सब्जी के रूप में आलू का उत्पादन किया जाता है। दक्षिणी राज्यों में प्रतिवर्ष लगभग 2,35,000 टन आलू का उत्पादन किया जाता है। ब्राजील लाखों डॉलर मूल्य का आलू बाहर से आयात करता है। ब्राजील में जिन सब्जियों का सर्वाधिक उत्पादन होता है उनमें फलिया प्रमुख है। यह प्रटीन से भरा होता है और यहां के लोगों का मुख्य भोजन होता है। गरीब लोग इसे सर्वाधिक खाते हैं। काली फलिया जिसमें प्रोटीन बहुत होती है, ब्राजील में अधिक उत्पन्न होती है। इसकी खेती समस्त स्थानों पर की जाती है मिनास-जिरास, साओ-पालो और रियो ग्रण्डो डी सुल में अधिक पैदा किया जाता है।

सारणी

विश्व एवं भारत प्रमुख सब्जियों का क्षेत्रफल एवं उत्पादन, (क्षे'०० हेक्टेयर, उ०' 000 मीट्रिक टन)

सब्जियाँ	*विश्व*	*भारत*			*विश्व का*
	क्षेत्रफल	*उत्पादन*	*क्षेत्रफल*	*उत्पादन*	*उत्पादन का%*
आलू	18,135	269,702	885	14138	5,242
शकरकन्द	9,258	130,355	176	1453	1,114
जड़ एवं कन्द	46,552	571,182	1331	20,804	3,642
फूलगोभी	369	5,380	93	685	12,732
पत्तागोभी	1,663	37,640	83	500	1,328
टमाटर	2,669	63,988	83	790	1,234
मिर्च, काली मिर्च	10,25	8,733	958	819	9,378
प्या[illegible]	1,789	25,387	287	2450	9.651
लहसुन	456	2839	81	294	10.356
मटर (हरी)	755	4,455	95	262	5.881
मटर (सूखी)	9,854	15,505	471	410	2:644
धनिया (हरी)	448	2,924	22	47	1:607
धनिया (सूखी)	27,332	15,533	10,000	2500	22,532
कासब	14,718	138,237	270	5213	3.771

6. चीन—चीन में खाद्यान्न के साथ ही साथ शकर कन्द, आलू, प्याज, गाजर, मूली, टमाटर तथा अन्य सब्जियों का उत्पादन मुख्य रूप से किया जाता है। सेचवान क्षेत्र में मीठा आलू, रेडबेसिन में सोयाबीन शकर कन्द, आलू, आलू सांल भर पूरे उगाये जाते हैं। सिक्यांग बेसिन शकर कन्द, ह्वांगहों बेसिन आलू मंचूरिया सोयाबीन्सव का प्रमुख उत्पादक है। जबकि उत्तरी भू-भाग में आलू, चुकन्दर महत्त्वपूर्ण है। इसके अलावा सोयाबीन, मटर तथा अन्य फलियाँ निर्यात के लिए पैदा की जाती हैं। चीन विश्व का लगभग 14% आलू व 8% टमाटर पैदा करता है। इसके अलावा यह शाक-भाजी, फलियाँ तथा गोभी, लौकी आदि का भी प्रमुख उत्पादक देश है।

7. जापान—यहाँ पर चावल-गेहूँ, आलू, शाक-सब्जी प्रमुख फसलें हैं। कई प्रकार की फलियाँ तथा मटर, सोयाबीन आदि का स्थान क्षेत्रफल की दृष्टि से खाद्यान्न के पश्चात् आता है। मीठे व सफेद आलू, जापान के लगभग सभी पहाड़ी भागों में उत्पन्न किया जाता है। उत्तरी हान्शू तथा होकैडो इसके लिए मुख्य हैं। उत्तरी हान्शू में सफेद-आलू, क्यूशू एवं हान्शू में मीठे आलू पैदा किये जाते है। आधे से अधिक भूमि पर खाद्यान्नों तथा शाक-भाजी एक के बाद एक कतार में साथ-साथ दोहरी फसल के रूप में उगाये जाते हैं।

जापानी लोगों के भोजन में आलू एक प्रमुख आहार है यहां के लोग चावल के साथ आलू की सब्जी का प्रयोग सर्वाधिक करते हैं। होकैडोवासी चावल के अभाव की पूर्ति आलू से करते है। होकैडो में आलू की कृषि गर्मी के मौसम में की जाती है। उत्तरी हान्शू में भी आलू मई में ही बोया जाता है। आलू का उपयोग स्टार्च, अल्कोहल के अतिरिक्त अनेक रूपों में किया जाता है। फलों के साथ ही सब्जियों की खेती ढालू स्थानों पर की जाती है। इस प्रकार जापान के उत्तरी हान्शू के मध्यवर्ती बेसिन, पश्चिमी तटीय मैदान, व पश्चिमी मैदान में आलू तथा हरी सब्जियों की खेती होती है। मैदान में शाक-भाजी, द. क्यूशू में आलू-शकरकन्द तथा दक्षिणी शिकोकू में शाक-भाजी की खेती काफी प्रसिद्ध है।

8. न्यूजीलैण्ड—यहाँ पर सब्जियों की खेती विशेषतः शहरी क्षेत्रों के आस-पास की जाती है। मुख्य सब्जी उत्पादन क्षेत्र है—

(i) दक्षिणी द्वीप के पूर्वी भाग में स्थित सिंचित क्षेत्रों में उगायी जाने वाली अन्य फसलों में मटर, शलजम आलू मुख्य हैं।

(ii) कैंटवरी मैदान में शलजम, मटर, मूली, आलू, टमाटर तथा अन्य अनेक प्रकार की सब्जियाँ पैदा की जाती हैं।

न्यूजीलैण्ड के नगरीय क्षेत्र में साग-सब्जियों की विशेष माँग है, इसीलिए समस्त नगरों के आस-पास इसकी गहन खेती की जाती है। यहाँ पर सब्जियों की खेती तथा नर्सरी के अन्तर्गत लगभग 86,720 हेक्टेयर क्षेत्र लगा हुआ है।

9. पाकिस्तान—यहाँ पर पंजाब मैदान, सिन्धु नदी की निचली घाटी, बिलूचिस्तान, प्रदेश में आलू, गोभी, बैंगन, टमाटर, फलियाँ, मटर तथा हरी शाक-सब्जियों की भरपूर खेती की जाती है।

10. भारत—भारत में प्रतिवर्ष लगभग 45 लाख हेक्टेयर भूमि में सब्जी उगाई जाती है व इसका उत्पादन लगभग 5 करोड़ टन है। भारतीय जनसंख्या की कुल जरूरत 10 करोड़ टन है। सब्जी उत्पादन के मामले में विश्व में चीन के बाद भारत का स्थान दूसरा है। यहां तकरीबन सभी प्रमुख सब्जियों का उप्पादन होता है। विश्व एवं भारत में उगाई जाने वाली सब्जियों का तुलनात्मक विवरण प्रस्तुत किया गया है—

कृषि उत्पादनों में निर्यात किये जाने वाले कच्चे तथा संसाधित पदार्थों में सब्जियों का प्रमुख स्थान है। (ताजी सब्जी 6%) वर्ष 1992-93 में 3,90,000 टन प्याज (मूल्य 17,30000 लाख रुपये) मलेशिया, श्री लंका, सिंगापुर, बंग्लादेश, यूनाइटेड अरब अमीरात को तथा 31,000 टन ताजी सब्जियाँ (मूल्य 22000 लाख रुपये) खाड़ी प्रदेशों तथा ब्रिटेन को निर्यात की गयीं। भारत में सब्जी उत्पादन में उत्तरोत्तर विकास हो रहा है। वर्ष 1978-79 में सब्जियों के उत्पादन में होने वाली वृद्धि का विवरण दिया गया है। हाल के वर्षों में बढ़ते नगरीकरण, जीवन स्तर में सुधार, संतुलित आहार के प्रति जागरूकता आदि से इनकी माँग तथा उत्पादन में उन्नति हुई है।

कृषि वैज्ञानिकों की शोधों तथा नवीन कृषि आदानों का भी इस पर अनुकूल असर पड़ा है। अन्य देशों की तुलना में भारत में सब्जियों का उपभोग अपेक्षाकृत कम होता है। जहां तक उत्पादन की बात है तो उपभोग की जरूतर के हिसाब से यहां बहुत कम उत्पादन होता है। इसीलिए सब्जियों भोजन अंशदान मात्र 8 से 10% ही है जबकि जापान में सब्जियाँ भोजन में 40-45% भाग प्रदान करती है। अमेरिका जैसे देश में जहाँ भोजन में मांस तथा दुग्ध पदार्थों की अधिकता है वहाँ भी प्रतिव्यक्ति सब्जियों का उपयोग भारत की अपेक्षा 5 गुना अधिक है। इसीलिए सामान्य भारतीय का आहार असंतुलित है। आवश्यकता है अधिकाधिक सब्जियों का उपयोग कर इसे सन्तुलित करने की, इससे किसानों की आर्थिक स्थिति को सुधारने में सहयोग मिलेगा।

आज विश्व स्तर पर सब्जी उत्पादन अथवा सब्जी उगाना (Vegetable production or vegetable culture) आवश्यक एवं अपरिहार्य है। सब्जी उगाने वाले क्षेत्र को सब्जी उत्पादक प्रक्षेत्र (Vegetable form) या 'कछवारा' कहते हैं। इसी तरह सब्जी उगाने की कला तथा तकनीक को सब्जी विज्ञान (Olericulture) कहते हैं। इसके विशेषज्ञ को सब्जी विशेषज्ञ (Olericulturist) कहते हैं।

यहाँ पर कुछ महत्त्वपूर्ण सब्जियों का संक्षिप्त विवरण प्रस्तुत किया जा रहा है।

पौधे के ऊपर फलने वाली सब्जियाँ

टमाटर

टमाटर की उत्पत्ति ऊष्णकटिबन्धीय अमेरिका में पेरू तथा मैक्सिको क्षेत्र से हुई मानी जाती है। मैक्सिको में इसे जिटा टोमैटो कहा जाता है जो बाद में 1695 में टमैटो हो गया। माना जाता है कि स्पेन निवासियों ने 16वीं सदी में टमाटर को लेकर यूरोप गये। फिर यूरोप से यह अमेरिका और कनाडा पहुँचा। भारत में टमाटर का प्रचार-प्रसार पुर्तगालियों द्वारा किया गया। विश्व में आलू शकरकन्द के बाद टमाटर का तीसरा स्थान है। डिब्बो में भरी जाने वाली सब्जियों में टमाटर प्रथम स्थान पर है।

भारत की यह एक लोकप्रिय सब्जी है इसलिए सम्पूर्ण देश में इसकी खेती की जाती है। टमाटर पौष्टिक तत्त्वों से भरपूर होता है। इसके फल में विटामिन सी, विटामिन्स ए, बी.1 तथा बी-2 पाये जाते हैं। इसकी सब्जी बड़ी ही स्वादिष्ट रुचिकर एवं शक्तिपूर्वक होती है। सब्जियों के अलावा इसका प्रयोग सूप, चटनी, सलाद आदि अनेक विधियों से भी किया जाता है। विश्व में टमाटर उत्पादक देशों में संयुक्त राज्य अमेरिका का प्रथम स्थान है, जिसके बाद चीन, इटली, टर्की तथा भारत का स्थान है। भारत में वर्ष 1993 में कुल 46 लाख मीट्रिक टन टमाटर का उत्पादन हुआ।

बैंगन

थोमसन तथा केली (1957) के अनुसार बैंगन का उद्भव भारत में हुआ है यहाँ अभी भी बैंगन में मिलती-जुलती लगभग 16 जंगली प्रजातियाँ देश के विभिन्न क्षेत्रों में मिलती हैं। कुछ लोग चीन का उपोष्ण कटिबन्धीय प्रदेश इसकी उत्पति का केन्द्र मानते हैं। इस समय बैंगन की खेती मुख्य रूप से भारत, चीन, अफगानिस्तान, पाकिस्तान तथा फिलीपींस आदि देशों में की जाती है। भारत में बैंगन की खेती पहाड़ी क्षेत्रों को छोड़कर सर्वत्र होती है। मैदानी भाग की यह लोकप्रिय सब्जी है यहाँ

वर्ष भर इसकी खेती होती है। इसका प्रयोग सब्जी में अलग-अलग तरह से होता है। इसमें कुछ औषधीय गुण भी मिलते है। इसका उपयोग मधुमेह तथा यकृत मरीजों के लिए लाभदायक हुआ है।

मिर्च

मिर्च की उत्पत्ति दक्षिणी अमेरिका में माना जाता है। ऊष्ण कटिबन्धीय अमेरिका खासकर पेरू तथा ब्राजील में यह जंगली रूप से पाई जाती है। अमेरिका की खोज से पहले यूरोप के लोग इसे नहीं जानते थे। 17वीं सदी में पुर्तगाली मिर्च भारत लाये। इस समय यह मुख्य रूप से ब्राजील, सं. रा. अमेरिका, स्पेन, अफ्रीका, चीन हिन्देशिया पाकिस्तान, भारत और जापान में उगायी जाती है।

भारत में मध्य प्रदेश, हरियाणा, राजस्थान, पंजाब, उड़ीसा, बिहार आदि में सीमित स्तर पर इसकी खेती होती है। भारत में मुख्यतः मिर्च का इस्तेमाल मसाले के रूप में होता है। लोग लाल एवं हरी दोनों मिर्च का इस्तेमाल करते हैं। भोजन के साथ लोग हरी मिर्च भी खाना पसंद करते हैं। इसे कच्चा सलाद के रूप में, अचार बनाकर, पकी लाल मिर्च को सुखाकर मसाले की तरह व हरी मीठी मिर्च को सब्जी के रूप में उपयोग में लाते हैं। हरी मिर्च में विटामिन ए, बी और सी पर्याप्त मात्रा में मिलते हैं। मिर्च में कैल्शियम एवं फासफोरस लवणों की भी पर्याप्त मात्रा प्राप्त होती है।

भिण्डी

इसका जन्म स्थान अफ्रीका बताया जाता है। वहाँ पर भिण्डी की खेती अमेरिका की खोज के पहले से की जा रही है। कुछ लोगों के अनुसार इसका जन्म स्थान भारत भी माना जाता है क्योंकि यहाँ पर इसके जंगली पौधे पाये जाते हैं।

यह ऊष्ण कटिबन्धीय प्रदेश की सब्जी है। इसकी खेती विश्व के गर्म देशों में की जाती है। यहाँ पर मुख्य रूप से हरियाणा, पंजाब, उत्तर प्रदेश, तमिलनाडु, महाराष्ट्र, उडीसा, पश्चिमी बंगाल व असम में इसकी खेती होती हैं। अन्य राज्यों में इसकी खेती सीमित क्षेत्र पर की जाती है। भिण्डी के हरे नरम फल सब्जी तथा सूप बनाने के काम आते हैं। इसका फल विटामिन 'ए' 'बी' सी, कैल्शियम, फास्फोरस, तथा लोहे का अच्छा साधन है। इसके प्रति 100 ग्राम फल से 35 कैलोरी प्राप्त होती है। इसके बीज से पेय भी तैयार किया जाता है, जिसका स्वाद कॉफी की तरह होता है। बीज को भूनकर एवं पीलकर यह पेय तैयार होता है। इसके पौधों से रेशा प्राप्त किया जाता है जो कागज उद्योग में उपयोगी है इसकी जड़ की मदद से गुड़ तथा शक्कर साफ किया जाता है।

तरबूज व खरबूज

इस वर्ग में खरबूज, तरबूज, ककड़ी फूट तथा टिंडा आदि सब्जियाँ आती है। इन सब्जियों में पर्याप्त समानता पाई जाती है। तरबूज का उद्भव स्थान भारत तथा अफ्रीका; खरबूज का उत्तरी-पश्चिमी भारत एवं ईरान की ऊष्ण घाटी मानी जाती है। टिण्डा,ककड़ी तथा फूट का उत्पत्ति स्थल भी भारत ही माना जाता है। खरबूज, तरबूज तथा ककड़ी पूरे भारत में प्रमुख फसल के रूप में उगायी जाती है किन्तु टिण्डे की खेती उत्तरी भारत में विशेषकर पंजाब, राजस्थान, हरियाणा, दिल्ली, उत्तर प्रदेश, बिहार-मध्य प्रदेश व आन्ध्र प्रदेश में होती है।

तरबूज, खरबूज एवं फूट को फल की तरह ताजा खाते हैं। ककड़ी के कोमल कच्चे फलों को रायता, सब्जी का कच्चा खाने के काम में लाते है। टिण्डा का इस्तेमाल सब्जी तथा पशुओं को खिलाने में होता है। इन सब्जियों में कार्बोहाइड्रेट, विटामिन ए एवं सी तथा खनिज पदार्थ भी पाये जाते हैं।

खीरा एवं कद्दू

इस वर्ग में लौकी, झींगा, खीरा, तोरई, करेला, नेनुआ, चिचिण्डा, सीताफल, चप्पन कद्दू, विलायती कद्दू आदि आते हैं। सीताफल, चप्पन कद्दू तथा विलायती कद्दू की उत्पत्ति ऊष्ण प्रदेशीय अमेरिका से मानी जाती है। खीरा, नेनुआ, भींगा, चिचिण्डा, पेठा का जन्म स्थान भारत माना गया है। करेले की उत्पत्ति स्थान एशिया के ऊष्ण प्रदेशीय क्षेत्रों भारत, चीन, मलाया और अफ्रीका के ऊष्ण प्रदेशीय क्षेत्र है। पेठा की उत्पत्ति स्थल जापान तथा जावा माना जाता है। इस वर्ग की सब्जियों का उत्पादन भारत और चीन में प्रचीन काल से होता रहा है। यहां अब भी इस तरह की सब्जियाँ उगायी जाती हैं। इन दोनों गोलार्द्धों में ऊष्ण एवं उपोष्ण कटिबन्धों में उपजते हैं। कुछ लोग लौकी का उत्पत्ति स्थान अफ्रीका मानते हैं, जहाँ से वह सागरीय लहरों द्वारा दक्षिणी अमेरिका पहुँची। अफ्रीका में इसकी कुछ जंगली किस्में पाई जाती हैं। इस वर्ग की सब्जियों को भारत के हर राज्यों में उगाया जाता है। कद्दू, खीरा एवं करेले की खेती व्यापक रूप से उत्तरी तथा दक्षिणी भारत में होती है। सीताफल के फूल एवं पत्तियाँ भी सब्जियों बनाने के लिए उपयोग में आती है। इन सब्जियों में विटामिन ए, कार्बोहाइड्रेट विटामिन सी एवं पर्याप्त मात्रा में खनिज पदार्थ पाये जाते हैं। खीरे का उपयोग रायता तथा सलाद तथा अचार के लिए किया जाता है। पेठा, कद्दू, लौकी का प्रयोग मिठाई बनाने के लिए होता हैं। इसके बीज में दवाइयों के गुण भी मिलते हैं।

परबल एवं कुन्दरू

परबल और कुन्दरू एक वर्ग में आने वाली सब्जियाँ हैं इनका सर्वप्रथम उत्पादन भारत में हुआ। उत्तरी और पूर्वी भारत में इसकी जंगली किस्में सभी जगह पायी जाती हैं। चौधरी के अनुसार बंगाल क्षेत्र इनकी उत्पत्ति का प्रमुख स्थल है। परबल एवं कुन्दरू की खेती उत्तरी-पूर्वी भारत में विस्तृत रूप से होती है। इसकी खेती विशेष रूप से बंगाल, असम, बिहार एवं पूर्वी उत्तर प्रदेश में होती है। परबल उत्तरी बिहार, बंगाल तथा उत्तर प्रदेश की प्रमुख सब्जी है जिसका यहाँ से निर्यात होता है। कुन्दरु की खेती दक्षिण एवं पश्चिमी भारत में भी प्रसिद्ध हैं। इन दोनों सब्जियों में विटामिन ए, कार्बोहाइड्रेट तथा विटामिन सी पर्याप्त मात्रा में मिलता है। परबल सुपाच्य होता है। यह हृदय एवं मस्तिष्क को जोर प्रदान करता है। साथ ही यह रक्त परिसंचरण के लिए लाभप्रद माना जाता है। परवल से विभिन्न प्रकार की मिठाइयाँ भी बनती हैं।

दलहनी सब्जियाँ

मटर और सेम को फल वर्ग का पौधा माना जाता है। इसलिए इन्हें फलिया भी कहते हैं। दोनों की जड़ों में ग्रन्थिकायें होती है जिनमें रहने वाले जीवाणु वायुमण्डल से नाइट्रोजन ग्रहण कर मिट्टी से स्थापित करते हैं। सेम विटामिन ए तथा खनिज पदार्थों से भरपूर है। भारत में इस वर्ग की लगभग 18 प्रजातियों की खेती होती है। इनमें फराशबीन, वारफली, लोबिया सेम की किस्में मुख्य हैं। कुछ भागों में परदान सेम की खेती की छोटे स्तर पर होती है। यहा परागित फसल है।

फराशबीन (फ्रेंच बीन या किडनी बीन)

फराशबीन का उदभव स्थान दक्षिणी अमेरिका माना गया है। अमेरिका में आदिवासी मक्के की फसल के साथ इसकी खेती करते थे स्पेनिश लोग इसे यूरोप ले गये व यूरोप से यह अफ्रीका, भारत एवं विश्व के अन्य क्षेत्रों में पहुँचा। भारत में यह 19वीं शताब्दी में यूरोपवासियों के माध्यम से लाया गया। फराशबीन भारत में देशी सेम की तरह प्रसिद्ध है। इसे सीमित क्षेत्र पर उत्तरी भारत के राज्यों के साथ-साथ कर्नाटक, आन्ध्र प्रदेश, तमिलनाडु तथा महाराष्ट्र में उत्पन्न करते हैं। इसकी हरी फलियों से प्राप्त दानों को दाल तथा अन्य पकवान बनाने के काम मे लाते हैं। सूखा तथा ताजा दोनों ही प्रकार के दाने बहुत ही पौष्टिक होते हैं।

सेम

इसका उत्पत्ति स्थान भारत ही है क्योंकि इसकी जंगली प्रजातियाँ भारत में मिलती हैं। भारत से यह चीन, पश्चिम एशिया व मिस्र आदि देशों में प्रसारित हुआ। इसकी खेती मैदानी भाग में सीमित स्तर पर की जाती है। छोटे स्तर पर इसकी खेती आंगनबाड़ी में उत्तरी भारत, आन्ध्र प्रदेश, तमिलनाडु, मध्य प्रदेश तथा महाराष्ट्र में होती है। इसका इस्तेमाल हरी सब्जी, अचार तथा अन्य व्यंजनों में करते हैं। सूखे बीज, सब्जी तथा दाल के रूप में प्रयुक्त होते हैं। यह फराशबीन से अत्यधिक पौष्टिक होती है।

लोबिया

इसका सम्मनित उत्पत्ति क्षेत्र मध्य अफ्रीका माना जाता है। सेम की ही तरह इसकी खेती पूरे भारत में होती है। इसकी सब्जी पौष्टिक होती है। इसकी भी हरी फलियाँ ही इस्तेमाल में लायी जाती हैं। इसके सूखे दाने को दाल तथा अन्य व्यंजनों के लिए इस्तेमाल में लाते हैं।

ग्वार

इसका उत्पत्ति स्थान निश्चित रूप से नहीं कहा जा सकता है। लम्बे समय से इसकी खेती पेरू, भारत तथा जावा में होती आ रही है व इन क्षेत्रों में इसका व्यापारिक स्तर पर उत्पादन होता है। यह उत्तरी पश्चिमी भारत के मैदानी भाग की मुख्य फसल है किन्तु दक्षिण भारत में भी इसकी खेती बहुत ही प्रसिद्ध है। भारत में इसे हरी फली हेतु उगाया जाता है जो सब्जी के रूप में इस्तेमाल में लाई जाती है। इसके बीज से गोंद तैयार कर निर्यात होता है। गोंद का प्रयोग डाक टिकटों पर बिस्कुट उद्योग में निर्मित पदार्थों की चिकनाहट के लिए छपाई की स्याही, कागज बनाने में लुग्दी को उच्च श्रेणी का बनाने में व रेशम एवं कपड़ा उद्योग में किया जाता है।

मटर

मटर की खेती प्रचीन काल से होती आ रही है। इसके उत्पत्ति स्थल को लेकर विवाद रहा है। कुछ लोगों का मानना है कि यह सर्वप्रथम भारत में उत्पन्न हुआ। किन्तु कुछ कृषि वैज्ञानिकों का मानना है कि मटर की उत्पत्ति सर्वप्रथम यूरोप और पश्चिमी एशिया में हुई। सब्जी के रूप में इसका उपयोग मिस्र के लोगों द्वारा हुआ। मटर का शरदकालीन सब्जियों में विशिष्ट स्थान है। भारत में इसे पंजाब, उत्तर प्रदेश, हरियाणा और दिल्ली में उगाते हैं। अन्य राज्यों में भी इसका उत्पादन अच्छे

स्तर पर किया जाता है। इसकी खेती सब्जी तथा दाल की दृष्टि से महत्त्वपूर्ण है। मटर में प्रोटीन तथा अन्य पौष्टिक तत्त्व पर्याप्त मात्रा में पाये जाते हैं। 100 ग्राम हरे दाने में 7.2 ग्राम प्रोटीन, 15.8 ग्राम कार्बोहाइड्रेट पाया जाता है। इसके अलावा फास्फोरस, कैल्सियम, लोहा, विटामिन ए और सी 93 कैलोरीज होती है। उपर्युक्त के अतिरिक्त दलहनी सब्जियों में बाकला भी मुख्य है। इसकी खेती समस्त भागों में होती है, जहाँ मटर की खेती की जाती है।

मूल वर्गीय सब्जियाँ

मूलवाली सब्जियों में गाजर, मूली, शलजम, तथा चुकन्दर महत्त्वपूर्ण है। इसका संक्षिप्त वर्णन निम्नवत् है–

मूली

इसकी उत्पत्ति सम्भवतः यूरोप तथा एशिया (चीन) में हुई है। कुछ लोगों का विचार है कि उत्पत्ति-स्थल मध्य तथा पश्चिमी चीन और भारत है जहाँ प्राचीनकाल से इसकी खेती होती आ रही है। भूमध्य सागरीय प्रदेश में इसकी जंगली किस्में मिलती है। भारत में इसका उत्पादन मैदानी भागों से लेकर पर्वतीय क्षेत्रों तक समस्त स्थानों में किया जाता है। इसकी बढ़ोतरी अपेक्षाकृत तीव्रता से होती है। मूली का सर्वाधिका उपयोग सलाद और अचार के रूप में होता है। भारत में लोग इसे कच्च और ताजा खाना भी पसंद करते हैं। इसमें विटामिन 'ए' 'बी' एवं 'सी' मिलती है। कम मात्रा में कार्बोहाइड्रेट, लोहा एवं प्रोटीन भी मिलता है। मूली, बवासीर, पीलिया तथा यकृत की बीमारियों के लिए लाभप्रद है।

गाजर

इसकी उत्पत्ति के सम्बन्ध में अनेक विचार हैं। विद्वान इसका उत्पत्ति स्थल उत्तरी अफ्रीका, यूरोप तथा उत्तरी एवं दक्षिणी अमेरिका मानते हैं। कुछ लोग इसकी उत्पत्ति मध्य एशिया में पंजाब तथा कश्मीर की पहाडियों से बताते हैं। इसके वितरण का दूसरा केन्द्र एशिया, उत्तरी अफ्रीका, यूरोप में भूमध्यसागरीय क्षेत्र है। भारत में इसकी खेती पर्वतीय भाग से लेकर मैदानी भाग तक होती है। गाजर का उपयोग विभिन्न खाद्य्य पदार्थों के रूप में होता है। इससे हलुआ, मुरब्बा, मिठाई, अचार और सब्जी बनाया जाता है। लोग कच्चा भी खाते है। यह बहुत ही पौष्टिक एवं स्वादिष्ट शाक है। इसका प्रयोग पेय पदार्थ तैयार करने में भी किया जाता है। इसमें दवाइयों के गुण मिलते हैं। पीलिया तथा गुर्दे की बीमारी में इसका सेवन लाभदायक होता है।

शलजम

इसे रूस तथा साइबेरिया के जंगलों में उगता हुआ पाया गया है। कुछ लोग मध्य तथा पश्चिमी चीन को इसका उत्पत्ति स्थल बताते है। कुछ कृषि शास्त्री मध्य एशिया (पंजाब एवं कश्मीर) तथा भूमध्य सागरीय क्षेत्र को इसका उत्पत्ति केन्द्र मानते हैं। इसकी खेती उत्तरी भारत में विशेष रूप से करते हैं। जिसमें मुख्यरूप में दिल्ली, पंजाब, जम्मू-कश्मीर, उत्तर प्रदेश, हरियाणा, हिमाचल प्रदेश आदि राज्य समाहित हैं। इसकी खेती मुख्य रूप से जड़ों के लिए करते हैं जिसका उपयोग मुख्य रूप से सब्जी तथा सलाद के लिए किया जाता है। इसके ऊपरी हरे भाग में कैल्शियम, विटामिन, 'ए' और 'सी' लोहा पर्याप्त मात्रा में पाये जाते हैं तथा जड़ों में कैल्शियम, कार्बोहाइड्रेट, विटामिन 'बी' एवं 'सी' उचित मात्रा में पाये जाते हैं। यह मीठा, स्वादिष्ट तथा सुपाच्य होता है। जम्मू-कश्मीर में इससे विभिन्न प्रकार के व्यंजन बनते है। इसका उपयोग अचार बनाने में भी किया जाता है।

चुकन्दर

इसका उद्भव यूरोप में हुआ। कुछ लोग इसका उत्पत्ति-स्थल यूरोप, पश्चिमी एशिया तथा भूमध्यसागरीय क्षेत्र मानते हैं। यूनान एवं रोम में इसे बहुत ही प्राचीन काल से ही जाना जाता था। चुकन्दर का उपयोग प्राचीन काल से ही होता आ रहा है। पहले लोग इसकी पत्तियों का उपयोग करते थे। कालान्तर में इसका उपयोग विभिन्न भोज्य पदार्थों के रूप में होने लगा।

भारत में यह सभी उगाया जाता है। यूरोप एवं सं.रा. अमेरिका में यह महत्त्वपूर्ण फसल है। चुकन्दर का प्रयोग सब्जी, अचार, सलाद एवं विभिन्न खाद्य पदार्थों में करते हैं। इसमें प्रोटीन, कैल्शियम, कार्बोहाइड्रेट, विटामिन सी पर्याप्त मात्रा में पाये जाते हैं।

आलू

आलू का जन्म स्थान दक्षिणी अमेरिका माना जाता है, जहाँ से इसका प्रसार यूरोप व अन्य देशों में हुआ। डॉ. पुष्कर नाथ के अनुसार भारत में सत्रहवीं शताब्दी के प्रारभ में इसकी खेती आरम्भ हुई। यह शीतोष्ण क्षेत्र की फसल होते हुए आजकल ऊष्ण एवं उपोष्ण कटिबन्धीय क्षेत्रों में भी सफलतापूर्वक उगायी जाती है। आलू की खेती के लिए भारत की जलवायु काफी अनुकूल है। यहां कम समय में अच्छी फसल तैयार हो जाती है। यद्यपि भारत के कुछ भमि के बहुत ही कम क्षेत्र में आलू की खेती होती है। भारत में खेती के अन्तर्गत आने वाली प्रति 100 हेक्टेयर भूमि में से सिर्फ 2.

5 हेक्टेयर भूमि पर आलू उगाया जाता है। जबकि यूरोपीय देशों में 100 हेक्टेयर में से 30.5 हेक्टेयर भूमि पर आलू की फसल उगाई जाती है। भारत में आलू का उपभोग प्रतिव्यक्ति लगभग 13.5 किग्रा. वर्ष पर्यन्त है जबकि पश्चिमी देशों में यह मात्रा 100 किग्रा. से 175 किग्रा. है। विश्वभर में आलू का कुल उत्पादन 1.80 करोड़ हेक्टेयर क्षेत्र से 28.82 करोड़ टन है।

भारत में आलू की फसल के तहत कुल क्षेत्रफल का 9.57 लाख हेक्टेयर क्षेत्र लगा है जिसमें 151.37 लाख टन आलू उत्पन्न किया जाता है। यूरोप में पोलैण्ड विश्व का सर्वप्रमुख आलू उत्पादक देश है। इसके पश्चात् क्रमशः चीन, संयुक्त राज्य अमेरिका, यूक्रेन आदि का स्थान है। आलू महत्त्वपूर्ण सब्जी के साथ-साथ उपयोगी खाद्य फसल तथा सम्पूर्ण आहार भी है। आलू उत्पादक देशों में सं. रा. अमेरिका, रोमानिया, पोलैण्ड और स्पेन महत्त्वपूर्ण हैं जो विश्व के 88% आलू का उत्पादन करते हैं। एशिया में आलू का उत्पादन मुख्य रूप से चीन, टर्की, जापान, ईरान, पाकिस्तान, इजराइल, बंग्लादेश, नेपाल और भारत में होता है।

सारणी

विश्व में आलू का उत्पादन (1993)

देश	*उत्पादन (लाख मीट्रिक टन में)*	*विश्व प्रतिशत*
रूस	380.0	13.2
पौलैण्ड	362.0	12.6
चीन	350.0	12.2
यूक्रेन	210.0	7.3
सं. रा. अमेरिका	190.0	6.6
भारत	157.0	5.5
जर्मनी	120.0	4.2
विश्व	**2881.8**	**100.0**

विश्व के उत्पादन में भारत का योगदान 3.5% है। देश में आलू के अन्तर्गत कुल क्षेत्रफल का 45% भाग उत्तर प्रदेश में 3.59 लाख हेक्टेयर भूमि में आलू उगाया जाता है, जिसमें 66.12 लाख टन आलू का उत्पादन होता है। इस प्रदेश में आलू

उगाने वाले क्षेत्रों में फर्रूखाबाद जनपद आगे है। इस जनपद के किसानों की आर्थिक प्रगति में आलू का विशेष योगदान है। प्रदेश का लगभग 20% आलू फर्रूखाबाद क्षेत्र में होता है। जहाँ पर लगभग 44000 हेक्टेयर से भी अधिक भू-क्षेत्र पर आलू की खेती होती है। शीत भण्डार की सुविधा ने आलू की कृषि को प्रोत्साहन दिया है। फर्रूखाबाद के अलावा उत्तर प्रदेश में आलू की खेती इटावा, कानपुर इलाहाबाद, दिल्ली, वाराणासी, लखनऊ, जौनपुर, बाराबंकी , प्रतापगढ़, आजमगढ़, फैजाबाद, हरदोई, बुलन्दशहर, गाजियाबाद, मेरठ, मुरादाबाद, बदायूँ, एटा एवं मैनुपरी आदि जनपदों में की जाती है।

सारणी
प्रति व्यक्ति आलू का उपभोग

देश	*कि० ग्राम*
जर्मनी	174
बेल्जियम	146
डेनमार्क	132
आस्ट्रिया	124
फ्रांस	122
पुर्तगाल	115
स्वीडन	113
नीदरलैण्ड	108
नार्वे	102
इंग्लैण्ड	100
कनाडा	69
सं.रा. अमेरिका	48
इटली	43
यूनान	38

बिहार में आलू पैदा करने वाले मुख्य जिले नालन्दा सारण, रोहतास, मुजफ्फरपुर, समस्तीपुर, मधुबनी और गया हैं। झारखंड में संथाल परगाना, हजारीबाग

और रांची मुख्य उत्पादक जिले हैं। असम में ग्वालपाड़ा, कामरूप और दरांग; हरियाणा में कुरुक्षेत्र और अम्बाला; हिमाचल प्रदेश में शिमला, लाहौल और स्पीती; मध्य प्रदेश में इन्दौर, छिंदवाड़ा, ग्वालियर और सरगुजा; पंजाब में होशियारपुर, जालन्धर, रूपनगर, पटियाला और अमृतसर; पश्चिमी बंगाल में बांकुडा, बर्दवान, मिदनापुर, हुगली आदि जनपद आलू की खेती के लिए प्रसिद्ध है।

भारत में आलू का प्रति हेक्टेयर उत्पादन 1200 से 15000 किलोग्राम तक होता है। यहाँ आलू की प्रमुख किस्मों में फुलवा (Phulwa), दार्जिलिंग लाल गोल (Darjeeling Red Round) गोला (Gola) आदि मैदानी भागों में प्रचलित हैं, जबकि अप-टू-डेट (Up-to-date) ग्रेटस्काट (Great Skat) और मैगनम बोनम (Magnum bonum) आदि पहाड़ी भागों में उत्पन्न की जाती हैं। अब कृषि वैज्ञानिक ने आलू की नए किस्म के बीज विकसित किये हैं। यह बीज जल्दी सड़ता नहीं है, और अधिक फलदायक है। आलू की कृषि में विकास के साथ-साथ इसके संरक्षण, भण्डारण, विपणन एवं संसाधन पर ध्यान देने की जरूरत है।

प्याज

प्याज का उत्पत्ति स्थान एशिया में भारत तथा फिलिस्तीन क्षेत्र माना जाता है। मिस्र में इसका उपयोग ईसा से 3200 से 2780 वर्ष पूर्व से होता आ रहा है। कुछ विद्वान इसका उत्पत्ति स्थान उत्तर-पश्चिम भारत, अफगानिस्तान, ताजिकिस्तान, उज्बेकिस्तान एवं पश्चिमी तुर्कमानिया मानते हैं। भारत में इसकी खेती बहुत ही पुराने काल से होती चली आ रही है। इसका वर्णन आयुर्वेद के ग्रन्थ चरक संहिता में मिलता है। प्याज सम्पूर्ण भारत में उगायी जाती है। तमिलनाडु, महाराष्ट्र आन्ध्र प्रदेश, असम, बिहार, पंजाब तथा हरियाणा में व्यापारिक स्तर पर इसकी खेती की जाती है। भारत, मलाया, जापान, म्यांमार, श्रीलंका, हांगकांग, पाकिस्तान, ईरान व अफ्रीकी देशों को प्याज का निर्यात करता है। प्याज का उपयोग भोजन में विभिन्न रूपों में होता है। इससे सब्जी सलाद, आचार और चट्टनी भी बनाया जाता है। प्याज एक औषधीय पौधा भी है। यह फॉस्फोरस, कार्बोहाइड्रेट, कैल्शियम का मुख्य साधन है। इसमें दवाइयों के गुण भी पाये जाते हैं। यह पीलिया, गठिया, बवासीर तथा यकृत बढ़ने पर बहुत लाभप्रद है। कोलाक जिले में छोटे कन्द वाली गहरी गुलाबी तथा तीक्ष्ण गंध वाली प्याज की खेती की जाती है जिसे मुख्य रूप से मलाया तथा सिंगापुर को निर्यात किया जाता है।

लहसुन

लहसुन की उत्पत्ति मध्य एशिया व दक्षिणी यूरोप विशेषकर भूमध्य सागरीय क्षेत्र में हुई है। लहसुन प्याज वर्ग का पौधा है। इसका अधिकतर उपयोग सब्जी, मसाला, आचार और औषधीय रूप में होता है। विश्व में उन समस्त देशों में लहसुन की खेती की जाती है, जहाँ पर प्याज की खेती होती है। भारत में मुख्य रूप से इसकी खेती आन्ध्र प्रदेश, उत्तर प्रदेश, गुजरात, बिहार एवं पंजाब में होती है। इसका मुख्य उपयोग मसाले के रूप में होता है। साथ ही इसका इस्तेमाल विभिन्न प्रकार की अचार, चटनी एवं सास आदि में होता है। इसमें अनेक दवाइयों के गुण मिलते हैं। इसका प्रयोग गठिया, दमा, फेफड़ों की बीमारियों रक्त, पक्षाघात आदि में होता है। यह प्रोटीन, फॉस्फोरस, वसा, पोटास तथा कैल्शियम का अच्छा साधन है। इसके अतिरिक्त कंदीय सब्जियों में अरवी, अदरक एवं हल्दी की गणना भी होती है। इसमें अरवी का प्रयोग सब्जी के रूप में व अदरक तथा हल्दी का उपयोग मसाले के रूप में किया जाता है। अदरक एवं हल्दी में दवाइयों के गुण मिलते हैं। ये बहुत ही उपयोगी हैं।

पत्ती प्रयोग वाली सब्जियाँ

शाक अर्थात् हरे पत्ते वाली सब्जियाँ खनिज पदार्थों तथा विटामिन 'ए' तथा 'सी' की प्रमुख स्रोत होती हैं। साथ ही ये आँत को साफ करने में सहायक होती हैं। ये स्वास्थ्यवर्धक होती हैं। हरे शाक के अन्तर्गत मुख्य रूप से चौलाई, पालक, मेंथी, धनिया, सोवा तथा पोई आदि प्रमुख हैं। इनका संक्षिप्त वर्णन निम्नवत् है–

पालक

इसका उत्पत्ति स्थान भारत तथा चीन माना जाता है। चीन में इसे 647 ई. से ही उगाया जाता रहा है। पालाक की सर्वाधिक खेती भारत के उत्तरी मैदान भाग में होती है। इस भाग में सब्जी के रूप में इसका इस्तेमाल बड़े पेमाने पर होता है। दक्षिण भारत में पालक का प्रयोग नहीं के बराबर होता है। पर्वतीय भागों में भी इसकी खेती छोटी-छोटी क्यारियों में होती है। इसकी कोमल पत्तियों का उपयोग सब्जी में किया जाता है। यह विटामिन 'ए' तथा 'सी' का मुख्य साधन है। साथ ही इससे पर्याप्त मात्रा में प्रोटीन, कैल्शियम, लोहा, तथा लवण भी मिलता है। इसमें बहुत से औषधीय गुण भी प्राप्त होते हैं। पालक की भाँति 'विलायती पालक' भी विशेष उपयोगी है। इसकी खेती द.प. एशिया (अरब) से आरम्भ हुई है। ईरान में इसकी

खेती 2000 वर्ष पूर्व से होती आ रही है। 1100 ई. के आस-पास यह स्पेन पहुँची। सं. रा. अमेरिका, यूरोप, कनाडा आदि देशों में यह लोकप्रिय हरी शाक है। भारत में यह सर्वाधिक लोकप्रिय नहीं हो पाई है। इसकी खेती उत्तरी, दक्षिणी भारत के पर्वतीय क्षेत्रों में की जाती है। इसमें पालक की ही भाँति विशेषतायें पाई जाती है।

मेथी

इसका उत्पत्ति स्थान पूर्वी यूरोप व इथियोपिया माना जाता है। भारत के उत्तर-पश्चिमी भागों में मेंथी की जंगली किस्में उगती हुई पायी गई हैं। मेंथी की फलियों, हरी पत्तियों व बीजों का प्रयोग भारत में सभी जगह होता है। मेंथी का घरेलू उपयोग उत्तरी भारत में सबसे ज्यादा होता है। इसकी हरी पतियों का उपयोग मसाला और शाक दोनों ही रूप में होता है। मेंथी फलियों के छिलकों में टेनिन नामक पदार्थ व कुछ हल्के लॉइड भी मिलते हैं। इसमें अनेक दवाइयों के गुण मिलते हैं। यह कब्ज को रोकता है व अपच को खत्म करता है।

चौलाई

यह अनेक प्रकार की होती है। इनमें ऐमरेन्थस की गेन्जेटिकम मैंगोस्टेनस, पेनीकुलेटस तथा एंगस्टीफोलिया प्रजातियों की उत्पत्ति भारत एवं चीन क्षेत्र से हुई मानी जाती है। अन्य प्रजातियों की उत्पत्ति उत्तरी अमेरिका, मध्य अमेरिका, मैक्सिको, दक्षिणी अमेरिका व भूमध्यसागरीय क्षेत्रों से हुई है। भारत में यह गर्मी तथा बारिश की प्रमुख हरी शाक वाली सब्जी है। इसकी पत्तियाँ कोमल तथा रसीली होती हैं। यह पत्ती वाले शाक की तरह सब्जी बनाने से काम आती है। यह प्रोटीन, कार्बोहाइड्रट, कैल्शियम, आयरन विटामिन 'ए' तथा 'सी' का प्रमुख साधन है। यह खून को साफ करती है।

पोई

यह उत्तर-पूर्वी व दक्षिणी भारत का लोकप्रिय शाक है। इसमें लाल तथा हरी पत्तियों वाली किस्में हैं। उसकी पत्तियाँ तथा तने गूदेदार होते हैं। इसका प्रयोग सब्जी में शाक के रूप में होता हैं अपने औषधीय गुण के कारण यह पित्त रोग में लाभकारी होता है। पोई एक बहुवर्णीय बेलदार बेसीलेसी कुल का पौधा है। इसका तना लाल अथवा सफेद गूदेदार एवं रसीला होता है। पत्तियाँ अण्डाकार, मांसल, नुकीली एवं हरी होती हैं। यह शाक पाले के प्रति बहुत सुग्राही होती है।

सलाद वाली सब्जियाँ

भोजन के साथ बगैर पकाये दूसरी अवस्था में खायी जाने वाली सब्जियों को सलाद कहते हैं। इस वर्ग में सलाद, सेलेरी, चिकोरी, परसले आदि मुख्य फसलें हैं। इनमें विटामिन तथा खनिज पदार्थों की मात्रा ज्यादा मिलती है। ज्यादातर इन्हें मूली, गाजर, प्याज, चुकन्दर के साथ मिलाकर कच्चा ही खाते हैं। उपर्युक्त फसलों में 'सलाद' सर्वाधिक लोकप्रिय है।

सलाद की फसलों में लेट्स मुख्य है। यह अमेरिका में बहुत ही प्रचलीत है। इसका जन्म-स्थान एशिया माइनर, ईरान एवं तुर्किस्तान माना जाता है। इसकी खेती 2500 वर्ष पहले से होती आ रही है। सलाद अमेरिका एवं यूरोप में अधिक लोकप्रिय है। भारत में यह अधिक महत्त्वपूर्ण नहीं है फिर भी बड़े-बड़े शहरों में इसका प्रचलन प्रारम्भ हो रहा है। इसकी हरी पत्तियों में कार्बोहाइड्रेट, प्रोटीन विटामिन 'ए' तथा 'सी' और बहुत से खनिज पदार्थ पर्याप्त मात्रा में मिलता हैं जिनमें कैल्शियम, फॉस्फोरस, सोडियम, सल्फर, पोटैशियम तथा मैग्नीशियम प्रमुख हैं।

गोभी वर्गीय सब्जियाँ

इस वर्ग में पत्ता गोभी, गाँठगोभी, फूलगोभी, चाइनीज पात गोभी, स्प्राउटिंग ब्रोकोली, ब्रुसल्स स्प्राउट आदि सब्जियाँ समाहित की जाती हैं। ये समस्त शीतकालीन तथा ठण्डे नमी के मौसम की सब्जियाँ हैं। भारत में ये समस्त सब्जियाँ सर्दी में उगायी जाती हैं। यहाँ पर पत्ता फूलगोभी, पत्ता गोभी तथा गाठ गोभी ही अधिक लोकप्रिय है।

पत्ता गोभी या बन्द गोभी

पत्ता गोभी का जन्म स्थान पश्चिमी यूरोप व भूमध्यसागीरय क्षेत्र का उत्तरी तट बताया जाता है। इसकी उत्पत्ति जंगली पात गोभी से हुई है। इसका उपयोग यूनानियों तथा रोमवासियों द्वारा प्राचीन काल (2500-2000 ई. पूर्व) से किया जा रहा है। भारत में पत्तागोभी का प्रचलन पिछले कुछ दशकों से शुरू हुआ है। अब इसकी खेती यहां बड़े पैमाने पर हो रही है। इसका घरेलू उपभोग भी बढ़ा है। अंग्रेजी का कैबेज (Cabbage) मुख्यतः फ्रांसीसी शब्द कैबोन्च से लिया गया है, जिसका अर्थ है हैड या कल्ला। भारत की शीतकालीन सब्जियों में पत्ता गोभी का प्रमुख स्थान है। विदेशी होते हुए भी यह भारतीय परिस्थिति से अनुकूलित हो गयी है व सम्पूर्ण

देश में इसकी खेती की जाती है। इसका प्रयोग सब्जी, सलाद व अचार के साथ-साथ सूखी सब्जी के रूप में भी करते हैं। यह पाचन में सहायक होती है। इसके पत्तों में खनिज पदार्थ विटामिन 'ए' बी-1, बी-2 तथा 'सी' पर्याप्त मात्रा में मिलते हैं। खनिज पदार्थों में पोटैशियम, फॉस्फोरस, कैल्सियम, सोडियम व लोहा प्रमुख है।

फूल गोभी

फूलगोभी (Cauliflower) शब्द की उत्पत्ति लैटिन भाषा के शब्द Caulis और Floris जिसका अर्थ flower है से हुई है। फूल गोभी, पातगोभी की उत्पत्ति जंगली, पातगोभी (Wild Cabage) जिसे कोलवर्ट्स (Coleworts) कहते हैं, से मानी जाती है। यह पौधा अभी भी जंगली स्थिति में इंग्लैण्ड, डेनमार्क, फ्रांस, ग्रीक तथा ग्रेट ब्रिटेन में पाया जाता है। इसका मुख्य स्थान साइप्रस तथा मेडिटेरिन कोस्ट के आस-पास (विशेषकर इटली) माना जाता है। भारत में फूल गोभी का प्रचलनयों तो मुगल काल में भी था लेकिन उस समय यह उतना लोकप्रिय नहीं था। अंग्रेजों के आने के बाद इसकी लोकप्रियता बढ़ी। अब इसका उपभोग बड़े पैमाने पर हो रहा है। सम्भवतः भारत में इसका प्रवेश सन् 1882 में इंग्लैण्ड से डॉ. जेम्सन के माध्यम से हुआ जो उस समय ईस्ट इण्डिया कम्पनी के शासन काल में कम्पनी बाग, सहारनपुर के इन्चार्ज थे।

फूलगोभी की खेती का प्रसार 60 उत्तरी अक्षांश तक पाया जाता है। भारत में शीतकालीन सब्जियों में फूल गोभी का विशिष्ट स्थान है। यहाँ पर 11^0 उ. से 35^0 उ. अक्षांश के बीच मूल गोभी की खेती होती है। यहाँ मुख्य रूप से कलकत्ता (प. बं) हाजीपुर, रांची, पटना (बिहार) बनारस, फैजाबाद, लखनऊ, अलीगढ़, मेरठ (उत्तर प्रदेश) दिल्ली; पानीपत, सोनीपत तथा करनाल (हरियाणा); लुधियाना, जालन्धर, अमृतसर (पंजाब); अजमेर, गंगानगर एवं जयपुर (राजस्थान) कोलार, बंगलूर, मैसूर तथा हसन (कर्नाटक) में इसकी सफल खेती ग्रीष्म ऋतु में होती है। इसके फूल की सब्जी एवं अचार बनती है। जहाँ फूलगोभी अधिक उगायी जाती है वहाँ उसे सुखाकर परिरक्षित किया जाता है। इसमें पोटैशियम, सोडियम, कैल्शियम, आयरन, फास्फोरस, मैग्नीशियम आदि खनिज पर्याप्त मात्रा मे पाये जाते हैं।

गाँठ गोभी

इसकी उत्पत्ति का स्थान उत्तर यूरोपीय क्षेत्र माना जाता है। इसे कैबेज टरनिप अथवा नोलखोल (Knolkhol) अथवा खोलरबी (Khol Rabi) भी कहते हैं। गाँठ

गोभी को भारत में गन्ध गाभी, नोलखाल तथा एण्टीगोभी आदि के नाम से जाना जाता है। इसका गँठीला तना भूमि के ऊपर होता है जिसे सब्जी के लिए प्रयुक्त किया जाता है। जर्मनी में इसे भूमि की सतह के ऊपर होने वाला शलजम अथवा पात गोभी-शलजम (Cabbage Turnip) के रूप में जाना जाता है। जर्मन भाषा में इसे खोलरबी (KholRabi) के नाम से जाना जाता है। यह गोभी पात गोभी या फूलगोभी की तुलना में कम प्रचलित है। इसकी सब्जी स्वादिष्ट तथा लाभप्रद होती है। यह शीतकालीन सब्जी है। भारत में इसे कश्मीर एवं कर्नाटक में अधिक पसन्द किया जाता है। इसे सीमित क्षेत्रफल गुजरात, महाराष्ट्र, असम, उत्तर प्रदेश, मध्य प्रदेश तथा पंजाब में भी उगाया जाता है। इसमें कैल्शियम, पोटैशियम, मैग्नेशियम, सोडियम, फास्फोरस, शीतकालीन सल्फर प्रमुख रूप से पाये जाते हैं। साथ ही इसमें विटामिन 'ए' तथा 'सी' भी प्राप्त होते हैं।

मशरूम

इसे खुम्बी, कुकुरमुत्ता आदि भी कहते हैं। यह एक प्रकार का मांसल कवक (fungi) होता है। अधिकतर छत्रक एगैरिकैसी कुल के सदस्य हैं। ये जीवांश पर उगते हैं। छत्रक अथवा खुम्बी पहले छोटी गेंद के आकार के दिखाई पड़ते हैं तथा इनका तना छोटा होता है। बाद में गेंद बड़ी होकर फट जाती है। इसका आकार छत्र की तरह दिखायी पड़ता है। अतः इसे छत्रक नाम भी दिया गया है। मशरूम एक ऐसा पौधा है जिसका सम्पूर्ण भाग उपयोगी है। इसका प्रयोग सब्जी के रूप में होता है। इसमें वसा और कार्बोहाइड्रेट नहीं मिलता है। इसलिए यह उन रोगियों के लिए उपयोगी है जिनकों वसा वर्जित है। इसमें प्रोटीन, लवण और विटामिन्स प्रचुर मात्रा में पाया जाता हैं विश्व में व्यापारिक स्तर पर इसकी खेती सं. रा. अमेरिका, यूरोपीय देशों, थाईलैण्ड, जापान, फिलीपींस, हिन्देशिया, म्यांमार आदि में होती है।

भारत में इसका उत्पादन कुछ वर्ष पूर्व से किया गया है। विश्व में छत्रक की प्राप्त किस्मों में से लगभग 1200 किस्में खाने के काम में आती हैं। भारत में मुख्य रूप से ऐगौरिक्स, वोल्वारिया, पौडाक्सिम, फेलीरिगना व लाइकों परडन, मार्केला आदि प्रकार के छत्रक बाजार में दिखाई पड़ते हैं। इसमें अधिकतर जंगली रूप में मिलते हैं। यहाँ पर सिर्फ एगैरिक्स (Agaricus) एवं वोल्वौरिया (Volvaria) प्रकार के मशरूम ही कृत्रिम उत्पादन के लिए प्रयुक्त होते हैं। ऐगैरिस प्रकार का मशरूम पहाड़ी प्रदेश व उ.-पू. भारत के मैदानी क्षेत्रों में उपजता है।

एगैरिकस शीतोष्ण जलवायु का छत्रक है। इसलिए 24^0 C तापक्रम, कम्पोस्ट में उसके प्रवर्धन के लिए अनुकूलतम होता है जबकि 15-18^0 C तापक्रम फलनकाय (fruiting body) बनने के लिए जरूरी है। 25^0 C से दिन का तापक्रम कम रहने पर मौसम इसके लिए आदर्श होता है। कमरे में ताप नियंत्रण की सुविधा न होने की दशा में अगर रात का तापक्रम शून्य डिग्री सेल्शियस से नीचे भी चला जाय तो भी विशेष नुकसान नहीं पहुँचता है। ऐसी स्थिति में कवक-जाल (mycelium) सुसुप्त बना रहता है तथा उन्नति के लिए उपयुक्त दशाएँ मिलते ही दोबारा वृद्धि करने लगता है। गर्म तथा शुष्क मौसम इसके लिए अधिक हानिप्रद होता है। मश्रूम के उत्पादन के लिए नमी सर्वाधिक उपयुक्त होती है इसीलिए इसका उत्पादन प्रकाश रहित और ताप नियंत्रित कमरों में किया जाता हैं।

छोटे स्तर पर उत्पादन के लिए किसी भी ऐसे कच्चे या पक्के भवन का उपयोग किया जा सकता है जिसमें सीलन न हो व वायु का संचरण पर्याप्त होता हो। इस छत्रक को भूमि पर अथवा लोहे के ढाँचे पर रखे लकड़ी के बक्सों में उगाया जा सकता लकड़ी की ट्रे (tray) की एक किश्ती (ट्रे) कमरे की छत से एक मीटर नीचे रहे।

छत्रक के उत्पादन के लिए विशेष विधि से तैयार कम्पोस्ट बहुत जरूरी है। इसे साफ-सुथरे स्थान पर तैयार करते हैं। इस काम के लिए सीमेण्ट कंक्रीट का चबूतरा इस्तेमाल में लाते हैं, जिसके ऊपर ठत हो जिससे वर्षा के कम्पोस्ट को नुकसान न हो।

यूरोपीय अथवा विकसित देशों में मशरूम के उत्पादन हेतु घोड़े की लीद की खाद (Horse manure) का प्रयोग करते हैं। भारत में मशरूम की खेती के लिए खाद बनाने के ख्याल से गेहूँ का भूसा, खाद, चारकोल, लीद एवं अन्य वस्तुओं का उपयोग किया जाता है। इसकी पैदावार शक्ति इससे बढ़ जाती है। हिमाचल विश्वविद्यालय, सोलन में इसके लिए कम्पोस्ट बनने की एक विधि को प्रयोग किया गया है जिसमें—गेहूँ का भूसा, गेहूँ का अमोनिया सल्फेट, चोकर सल्फेट, सुपरफास्फेट, यूरिया, पौटेशियम सल्फेट, लकड़ी का बुरादा (saw-dust) तथा जिप्सम आदि का प्रयोग कर मशरूम पैदा किया जा रहा है।

सबसे पहले कम्पोस्ट बनाने के लिए लकड़ी के बुरादे को नम करके उसमें चोकर कैल्शियम, एमोनियम, नाइट्रेट या अमोनियम सल्फेट, यूरिया, सुपर फास्फेट एवं पोटैशियम सल्फेट को मिलाकर रातभर के लिए रख देते हैं। इस प्रकार समस्त उर्वरक घुलकर बुरादे के द्वारा सोख लिया जाता है। गेहूँ के भूसे को सीमेण्ट के फर्श पर फैलाकर

नम कर देते हैं और उपर्युक्त मिश्रण को ऊपर फैलाकर 1.3 मीटर लम्बा तथा इतना ही चौड़ा तथा ऊँचा ढेर लगा दिया जाता है। इतना तैयार कम्पोस्ट 100 X 50 सेमी. आकार की 25 ट्रे में भरने के लिए पर्याप्त होता है। एक बार में कम से कम इतनी ही कम्पोस्ट तैयार करते हैं क्योंकि छोटे ढेर (pile) में उतना ताप उत्पन्न नहीं हो पाता है जिससे किण्वन (fermentation) की क्रिया पर्याप्त रूप से हो सके।

कम्पोस्ट के ढेर लगाने हेतु लकड़ी के साँचे का इस्तेमाल करते हैं। इसमें लकड़ी के दो समानान्तर खड़े तख्तों को दो क्लैम्प की मदद से एक दूसरे से जुड़ा रखते हैं। यह ऊपर नीचे खुला रहता है। इसके एक ओर किनारे पर तख्ता होता है। इसमें कम्पोस्ट को भरकर हल्के से दबा देते हैं और ढाँचे को एक ओर सरका देते हैं। ठीक प्रकार से रखी कम्पोस्ट में कुछ घण्टों के पश्चात् किण्वन शुरू हो जाता है। ढेर में एक-दो दिन में ही तापमान $60\text{-}70^0$ C हो जाता है।

ढेर में एक सा किण्वन के लिए जरूरी होता है कि कम्पोस्ट बाहर लगायी जाय और उसकी पलटाई होती रहे। कम्पोस्ट का कार्य क्रमशः 6 दिन, 10 दिन बाद करते हैं। पहली बार पलटाई में गेहूँ का भीगा चोकर (15 किग्रा), कैल्शियम, अमोनिया नाइट्रेट अथवा अमोनिया सल्फेट (3 किग्रा) तथा यूरिया (1.2 किग्रा) मिलाते हैं। दूसरी पलटाई में पानी तथा जिप्सम मिलाते हैं। तीसरी पलटाई तीन-तीन दिन के अंतर पर करते हैं। जो कम्पोस्ट बढ़िया ले तैयार हो जाते है। उसकी पहचान ये है कि उसका रंग हल्का भूरा होता है और उससे अमोनिया की गंध नही आती है। लेकिन गंध है तो एक अथवा दो पलटाई और करते हैं। कम्पोस्ट तैयार होने पर 3 किग्रा. कैल्शियम कार्बोनेट मिलाकर 1 सेमी. ऊँची ट्रे को इस प्रकार भरते हैं कि उसमें 1 सेमी. स्थान बचा रहे। छत्रक के बीजाणु को भिन्न-भिन्न केन्द्रों से प्राप्त किया जाता है।

भारत में एगैरीकस वाइस्पोरस के बीजाणु छत्रक अनुसंधान प्रयोगशाला, सोलन (हिमाचल प्रदेश) से प्राप्त किया जाता है। आधी भरी ट्रे में बीजोई करते हैं और बाद में उसे पूरी तरह भर देते हैं। ट्रे को अखबार से ढक देते हैं। कागज पर पानी छिड़क देते हैं और बाद में दो बार पानी छिड़कते हैं। जिससे नमी बनी रहे। 12 से 25 दिनों में छोटे कवक तन्तु कम्पोस्ट पर फैल जाते हैं। कवक $24\text{-}25^0$ तापमान पर उगते हैं। तापमान कम रहने पर समय ज्यादा लगता है। व्यापारिक उत्पादन में निजर्मीकरण (sterilization) के लिए भाप के ताप के द्वारा इसका तापमान 6 घण्टे के लिए $70\text{-}75^0$ C रखा जाता है। क्यारी का आवरण करने के लिए उस पर पड़ा कागज हटा दिया जाता है एवं कम्पोस्ट को लकड़ी

की तख्ती की मदद से हल्के से दबाकर उसे 2-2.5 सेमी. मोटी आवरक मिट्टी (covering soil) से ढक देते हैं।

आवरक मिट्टी का निजर्मीकरण करना जरूरी होता है क्योंकि इससे विद्यमान अन्य कवक खत्म हो जाते हैं। ट्रे की क्यारियों में छत्रक अनेक बार निकलते हैं। इसलिए इनकी कटाई प्रतिदिन करते हैं। छत्रक की पहली बहार आवरक मिट्टी देने के दो या तीन सप्ताह बाद दिखाई देती है। यह छत्रक 3-4 दिन में छोटे बटन के आकार के होते हैं। इस स्थिति में इनकी टोपी बड़ी होती है। छत्रक को इसी अवस्था में तोड़ना अच्छा रहता है क्योंकि बाद में यह खाने के लिए उपयुक्त नहीं रहता है। बहुत से छत्रक इतने जहरीले होते हैं कि उनके खाने से मृत्यु हो जाती है। यह छत्रक भी बाह्य रूप में लगभग खाद्य छत्रकों की भाँति ही होते हैं। इसलिए सरसरी निगाह से देखने पर इनकी पहचान असम्भव है। इसलिए सुरक्षा की दृष्टि से पूरी जानकारी के बगैर किसी भी छत्रक को नहीं खाना चाहिए।

मसालों की कृषि

साधारणतया भोजन को स्वादिष्ट तथा रुचिकर बनाने के लिए मसालों का प्रयोग किया जाता है। इनका प्रयोग विशेषकर चावल प्रधान क्षेत्र तथा केन्द्रीय अथवा रेशेदार खाद्य पदार्थों को सुस्वादयुक्त बनाने हेतु उत्पादक देशो में किया जाता है। साथ ही इसका उपयोग मांस एवं मछली उत्पादक देश भी करते हैं। शीतोष्ण कटिबन्धीय देशों की अपेक्षा ऊष्ण तथा उपोष्ण कटिबंधीय देशों में मसालों का उत्पादन एवं उपभोग अधिक होता है। मसालों के उपयोग से भोजन स्वादिष्ट और रूचिकर हाने के साथ-साथ पौष्टिक भी होता है। कुछ मसालों के कारण भोजन सुपाच्चय होता है। मसाले विशेष रूप से शाकों के सुगन्धित उत्पादन हैं, जो अधिकतर सुखाकर काम में लाये जाते हैं। इसमें मुख्य रूप से वाष्पशील तथा अवाष्पशील तेल, प्रोटीन, रेशा, स्टार्च पदार्थों को सुगन्धित करने तथा संरक्षित करने की क्षमता उनमें विद्यमान वाष्पशील तेलों के कारण ही होती है जो भोजन में महत्त्वपूर्ण भूमिका रखते हैं। इसके अलावा उनसे प्राप्त तेलों का प्रयोग दवा, सौंदर्य-प्रसाधनों आदि में किया जाता है। मसालों के लिए प्रयुक्त होने वाले पौधों की संख्या बहुत ज्यादा है। इन्हें दो वर्गों में विभक्त किया जा सकता है–

(i) बागानी फसलें (Plantation Crops)

(ii) खेती की फसलें (Field Crops)

बागानी फसले वर्षों तक एक ही स्थान पर लगी रहती हैं यथा लौंग (Clove), इलायची (Cardamoms), काली मिर्च (Black Pepper), दाल-चीनी (Cinnamons), जायफल (Nutmeng), वेनिला (Vanilla) आदि। खेती वाली फसलों में अदरक (Ginger), हल्दी (Turmeric), लाल मिर्च (Chillies), धनियां (Coriander), सौंफ (Fennel), कलोंची (Kalongi), अलवाइन (Ajowan or Omum), जीरा (Cumin), सरसों (Mustard), केसर (Saffron), हिंग (Asefoetida), मेथी (Fenugreek), पोदीना (Mint), प्याज तथा लहसुन (Onion and Garlic) आदि शामिल है। विश्व में मसाले मुख्य रूप से ऊष्ण-कटिबन्धीय जलवायु की उपज हैं।

अधिक वर्षा, तीव्र उच्च, धूप तापमान इसकी कृषि में सहायक है। इस दृष्टि से विश्व में दक्षिणी तथा दक्षिणी-पूर्वी एशिया मसालों का प्रमुख उत्पादक क्षेत्र है। **हिन्देशिया** विश्व का सबसे बड़ा काली मिर्च, लौंग, इलायची व जायफल पैदा करता है। दालचीनी व पीपल का उत्पादन मलेशिया तथा श्रीलंका में अधिक होता है। मसाले पैदा करने वाले अन्य देशों में भारत, म्यांमार, थाईलैण्ड, फिलीपींस, पेम्बा एवं जंजीबार (अफ्रीका के पूर्वी तटवर्ती द्वीप समूह), पश्चिमी द्वीप समूल आदि हैं। भारत इलायची के उत्पादन में प्रमुख है। श्रीलंका में जावित्री का उत्पादन प्रचुर मात्रा में होता है।

भारत—भारत में कई प्रकार के मसाले पैदा किये जाते हैं। यहाँ प्राचीन काल से ही मसालों की कृषि होती आ रही है। इन मसालों को प्राप्त करने के लिए ही यूरोपीय देश भारत से व्यापार करते थे। इन मसालों के अन्तर्गत काली मिर्च, लाल मिर्च, अदरक, दालचीनी, लौंग, जायफल, सोंठ, इलायची, हल्दी आदि को शामिल करते हैं।

कुछ प्रमुख मसाले वाली उपजों का संक्षिप्त वर्णन प्रस्तुत किया जा रहा है।

अदरक

इसका उद्भव दक्षिण-पूर्व एशिया से माना जाता है। इसे कन्दों के रूप में उगाया जाता है। अदरक का सर्वाधिक उपयोग मसाला, अचार, सलाद, सब्जी मुरब्बा अेर दबा के रूप में होता है। पकी गाँठों को सुखाकर सोंठ प्राप्त होती है जिसकी काफी बड़ी मात्रा विदेशों को निर्यात होती है। भारत में अदरक तथा सोंठ के निर्यात से लगभग 12 करोड़ रुपये मूल्य की विदेशी मुद्रा की प्राप्ति होती है। सबसे अधिक उत्पादन केरल से प्राप्त किया जाता है। यहाँ भुवतू फूजा, थोडू फूला, मीमाछिल, थालापिली जिले प्रमुख उत्पादक हैं। पश्चिमी तट पर मालाबार जिले में इरवाद

ताल्लुके में भी ज्यादा उत्पादन किया जाता है। पश्चिमी घाट के ढाल अदरक उत्पादन की दृष्टि से सबसे उतम हैं। यह अधिक गर्मी तथा नमी चाहने वाला पौधा है। इसकी खेती समुद्र तल से लेकर 915 मीटर (कर्नाटक) एवं 1520 मीटर (हिमालय क्षेत्र) की ऊँचाई तक होती है। भारत में केरल (वाईकम), मैसूर (कर्नाटक), मद्रास (तमिलनाडु), असम, आन्ध्र प्रदेश, पश्चिमी बंगाल, महाराष्ट्र, गुजरात (खेड़ा तथा अहमदाबाद जिले), हिमाचल प्रदेश, उत्तरांचल (कुमायूँ) में इसकी खेती व्यपारिक स्तर पर होती है। 1990-00 में देश में 78,000 हे० क्षेत्र से कुल 263 हजार टन अदरक की खेती की जाती है।

हल्दी

सर्वामान्य राय है कि हल्दी की उत्पति सबसे पहले भारत में हुई और इसका सर्वाधिक उपयोग मसाला के रूप में होता है। यद्यपि इसमें औषधीय गुण होने के कारण इससे दवांए भी बनायी जाती हैं। इसके 100 ग्राम भोज्य अंश में 6.3 ग्राम प्रोटीन, 5.1 गाम वसा, 2.6 ग्राम रेशा तथा 69.4 ग्राम अन्य कार्बोहाइड्रेटस के अलावा 349 मिलीग्राम विटामिन 'ए' तथा 2.3 मिलीग्राम निकोटिनिक एसिड मिलते हैं। हल्दी की गाँठों में चमकदार पीला रंग पाये जाने का अंश 'करक्यूमिन' (curcumin), के कारण होता है। भोजन, औषधि के अतिरिक्त इसका उपयोग सौंदर्य प्रसाधनों में भी होता है। हल्दी की खेती लगभग 160 हजार हेक्टेयर भूमि पर होती है। वर्ष 2001-01 में कुल उत्पादन 654,000 टन था। हल्दी के प्रमुख उत्पादक आन्ध्र प्रदेश एवं उड़ीसा राज्यों के पूर्वी तट हैं।

आन्ध्र प्रदेश में गंतर, कुडप्पा, कृष्णा, पूर्वी तथा पश्चिमी गोदावरी जनपद इसके लिए लोकप्रिय हैं। उड़ीसा के गंजाम, फूलबनी और कोरापुट जिलों; तमिलनाडु के सलेम, कोयम्बटूर और तिरुचिरापल्ली जनपद व महाराष्ट्र के थाणे, खानदेश, सांगली और शोलापुर जिलों में हल्दी की खेती की जाती है। उत्तर प्रदेश, मध्य प्रदेश, कर्नाटक, पश्चिम बंगाल, राजस्थान और पंजाब अन्य उत्पादक राज्य हैं। देश के उत्पादन का लगभग 10% भाग विदेशों (श्रीलंका, ईरान, सउदी अरब, अदन, संयुक्त राज्य अमेरिका, ब्रिटेन) का निर्यात कर दिया जाता है।

धनिया

धनिया की उत्पत्ति भूमध्य सागरीय क्षेत्र से मानी जाती है। भारत में इसे हरी सुगन्धित पत्तियों के लिए सभी जगह उगाया जाता है। मसाले की व्यापारिक फसल

के लिए इसे पंजाब, हरियाणा, उत्तर प्रदेश, राजस्थान, महाराष्ट्र, गुजरात, कर्नाटक, बिहार व तमिलनाडु में उगाते हैं। हाल के कुछ वर्षों में आन्ध्र प्रदेश में भी इसका क्षेत्र बढ़ रहा है। यह ऊष्ण एवं उपोष्ण कटिबंधीय पौधा है। धनिया के बीज हल्के गर्मी के मौसम में अंकुरते हैं और हलकी गर्मी मौसम में पकते भी है। धनिया के बीजों का प्रयोग शाक, अचार, चटनी आदि में किया जाता है। इसके 100 ग्राम भोज्य अंश में 14.1 ग्राम प्रोटीन, 16.1 ग्राम वसा, 32.6 ग्राम रेशा, 21.6 ग्राम अन्य कार्बोहाइड्रेट के अलावा 15 मिली ग्राम विटामिन 'ए', 0.22 मिलीग्राम थियामाइन, 0.35 मिलीग्राम विटाामिन रिबोफ्लेविन तथा 1.1 मिलीग्राम निकोटिनिक एसिड पाये जाते हैं। शुष्क बीजों के अलावा इसी हरी पत्तियों का उपयोग भी सलाद, चटनी, मसाले आदि के रूप में होता है। धनिया के बीजों के निर्यात से भारत को प्रतिवर्ष लगभग 2 करोड़ रुपये प्राप्त होते हैं। मुख्य आयातक देश श्रीलंका, मलेशिया तथा पूर्वी अफ्रीका हैं।

जीरा

मसाले के रूप में जीरा बहुतायत से उपयोग में लाया जाता है। इससे निकाले गये तेल का दवाई के रूप में उपयोग के रूप में होता है। इसमें प्रोटीन, वसा तथा रेशा का प्रतिशत अधिक मिलता है। इसकी उत्पत्ति भूमध्य सागरीय क्षेत्र है। भारत में इसे गुजरात, राजस्थान, मध्य प्रदेश, महाराष्ट्र, जम्मू-कश्मीर, पंजाब, हरियाणा तथा उत्तर प्रदेश में उगाया जाता है।

भारत में जीरा का उत्पान घरेलू उपयोग से अपेक्षाकृत अधिक उपजाया जाता है। इसलिए उसका विदेशों में निर्यात कर दिया जाता है। इससे भारत तकरीबन प्रतिवर्ष 2 करोड़ विदेशी रूपए कमाता हैं। जीरा शीत ऋतु की फसल है। पौधे की वृद्धिकाल में ठण्डा मौसम, पौध में फूल आने व बीजों के पकते समय उच्च तापमान एवं दीर्घ प्रकाश वाले दिन ठीक रहते हैं। काला जीरा (black cumin) मुख्य रूप से हिमाचल प्रदेश में जंगली रूप से पाया जाता है। इसे जंगली पौधे से एकत्रित करके प्राप्त किया जाता है। अगर इसे उगाया जाय तो और भी आमदनी हो सकती है। इसके बीजों का उपयोग मसाले के लिए व इससे निकाले गये तेल का प्रयोग सौन्दर्य प्रसाधनों व साबुन को सुगन्धित करने के लिए करते हैं।

यह मैदानी भाग में सर्दी के मौसम में उगाया जाता है। इसे कश्मीर, कुमायूँ गढ़वाल, चम्बा, किन्नौर में भी उगाते हैं।

सौंफ

सौंफ को मुख्य रूप से मसाले के लिए उगाया जाता है। इसका मुख्य स्थान दक्षिणी यूरोप है। इसके शुष्क बीजों को अचार, शाक, चटनी, आदि के लिए इस्तेमाल किया जाता है। हरी पत्तियों को भी शाकों को सुगन्धित करने के लिए प्रयोग में लाते हैं। सौंफ भारतीय घरों में दवा के रूप में भी प्रतिष्ठित है। भारत में इसे व्यापारिक स्तर पर गुजरात, राजस्थान, पंजाब, उत्तर प्रदेश, बिहार एवं पश्चिमी बंगाल में उगाया जाता है। इसके अलावा अन्य प्रदेश में इसका छोटे स्तर पर उत्पादन होता है। भारत को इसके निर्यात से प्रतिवर्ष लगभग 1.5 करोड़ रुपये की विदेशी मुद्रा प्राप्त होती है।

अजवायन

इसका मुख्य स्थान मिस्र माना जाता है। इसे मसाले के लिए उगाते हैं। इसके बीजों में थाइमोल (Thymol) प्राप्त होता है जिसके कारण से विदेशों में इसकी बड़ी माँग है। भारत इसका प्रमुख निर्यातक है। इसके उत्पादक क्षेत्र मध्य प्रदेश प. बंगाल, उत्तर प्रदेश, गुजरात, राजस्थान, महाराष्ट्र तथा बिहार है। यह सर्दी के मौसम की फसल है। अजवायन के पौधों के स्वस्थ्य वृद्धि के लिए नम जलवायु और बीजों को पकने के लिए अपेक्षाकृत गरम जलवायु की आवश्यकता पड़ती है। इसके 100 ग्राम बीजों से 17.1 ग्राम प्रोटीन, 21.8 ग्राम वसा, 21.2 ग्राम रेशा तथा 24.6 ग्राम कार्बोहाइड्रेट के अतिरिक्त 119 मिलीग्राम विटामिन 'ए' 0.21 मिलीग्राम थाइमोल, 0.28 मिलीग्राम राइबोफ्लेविन व 2.1 मिलीग्राम निकोटिनिक एसिड प्राप्त किया जाता है।

सोआ

सोआ की हरी पत्तो को पालक, मेंथी, आदि के साथ मिलाकर सब्जी पकाते हैं। भारतीय सोआ वानस्पतिक रूप से यूरोपियन सोआ अथवा डिल से अलग है। इसके बीजों से तेल निकाला जाता है, जिसका उपयोग दवा एवं सौन्दर्य प्रसाधनों में होता है। भारतवर्ष में गुजरात एवं मध्य प्रदेश इसके प्रमुख उत्पादक राज्य हैं। इसकी बुआई अक्टूबर-नवम्बर में करते हैं व फसल मार्च में तैयार होती है। पके बीज झड़ने लगते है इसलिए पहले पुष्य क्रम के बीज जैसे ही भूरे रंग के हो जायें, कटाई करने लगते हैं। अनेक आयुर्वेदिक दवाइयों में इसका इस्तेमाल किया जाता है।

मंगरैल या कलोजी

इसका मुख्य स्थान मिस्र व दक्षिणी यूरोप है। भारत में भी इसे पुराने समय से उगाया जा रहा है। इसके बीजों में तीव्र सुगंध होती है व स्वाद चटपटा होता है

जिसके कारण इसका उपयोग शाक, अचार तथा चटनी में होता है। भारत में मंगरैला का उत्पादन घरेलू उपयोग से अधिक होता है। इसलिए इसका शेष भाग विदेशों में निर्यात कर दिया जाता है। यहाँ पर इसका उत्पादन मुख्य रूप से बिहार, गुजरात, उत्तर प्रदेश तथा आन्ध्र प्रदेश में होता है। मैदानी भाग में इसकी बुआई अक्टूबर-नवम्बर तथा पर्वतीय क्षेत्रों में अप्रैल-मई माह में की जाती है। फसल 115-125 दिन में तैयार होती है।

हींग

यह फेरूला वंश से जुड़ी है। इसकी लगभग 50 स्पेशीज यूरोप, ऊष्ण कटिबन्धीय उत्तरी अफ्रीका तथा मध्य एशिया के देशों में मिलती है। पौधों में बहुवर्गीय जड़ें होती हैं, जिनसे पौधों का प्रसरण वानस्पतिक रूप में होता रहता है। हींग पौधों की जड़ों पर चौरा लगाकर गोंद के रूप में प्राप्त किया जाता है। भारत में मुख्य रूप से बिकने वाली हींग फैरूला एलिएशिया से मिलती है। इसके अतिरिक्त फेरूला फीटिडा तथा फेरूला नारथेक्स से प्राप्त हींग क्रमशः यूरोपियन्स हींग, तथा चायनीज हींग के नाम से विख्यात है। हींग का उपयोग भोजन से सुगन्ध देने के अलावा अनेक दवाइयों के निर्माण में किया जाता है।

केसर

केसर एक बहुवर्गीय बल्बीय पौधे के वर्तिकाग्र (stigma) से प्राप्त होती है। इसका प्रयोग मसाले तथा भोजन को रंग देने हेतु किया जाता है। यह यूरोप का मुख्य पौधा है। भारत में इसका उत्पादन कश्मीर के ऐसे क्षेत्रों में किया जाता है, जो सागर तल से 1600 मीटर ऊँचे में स्थित है। उत्तरांचल में रानीखेत, चोबीट्या क्षेत्र में भी केसर उत्पन्न की जाने लगी है। अगस्त-सितम्बर माह में कन्दों (बल्ब) को लगाते हैं। एक बार लगाये गये पौधे 10-15 वर्ष तक फसल देते रहते हैं। पौधे अक्टूबर-दिसम्बर में फूलते हैं। एक हेक्टेयर में लगभग 15-20 किग्रा. केसर प्राप्त होती है।

काली मिर्च

मसालों में इसका प्रमुख स्थान है। इसे लता से प्राप्त किया जाता है। विश्व में मलेशिया के सारावाक व जोहोर क्षेत्र में, द. भारत के कर्नाटक, तमिलनाडु तथा केरल प्रदेश में, कम्पूचिया तथा हिन्देशिया में इसका उत्पादन किया जाता है। काली मिर्च की अपेक्षा सफेद मिर्च बेहतर होती है। इसका मुख्य उत्पादक क्षेत्र सिंगापुर

है। सिंगापुर ही मुख्य निर्यातक पत्तन भी है। विदित है—कि काली मिर्च का पौधा लता के रूप में होता है। अतः दक्षिण भारत के किसान अपने घरों के किसान अपने घरों के छप्परों और पेड़ों पर लता डालकर काली मिर्च का उत्पादन करते है। जंगलों में इसकी लाताएँ अपने आप जमती रहती हैं जिनसे काली मिर्च तोड़कर एकत्रित कर ली जाती है। इसका पौधा बहुत ही नाजुक होता है। सागरतल से इसे 1000 मीटर ऊँचाई तक उगाया जा सकता है। पौधा नाजुक होने के कारण इसे ज्यादातर छाया में उगाते हैं। यह पश्चिमी घाट के ढलानों पर बहुतायत से उत्पन्न होता हैं। इसके लिए वार्षिक वर्षा 150-200 सेमी० व तापमान 15-35^0 C तक जरूरी है। भारत में इसकी खेती मालाबार तट पर पश्चिमी घाट के दोनों ओर के ढलानों पर उत्तर में कोंकण से लेकर दक्षिण में कोचीन तक की जाती है। केरल, कर्नाटक तथा तमिलनाडु राज्यों में देश के कुल उत्पादन का 98% भाग प्राप्त होता है। भारत में केरल राज्य अकेले ही देश के 95% काली मिर्च का उत्पादन करता है। यहाँ कन्नानोर, कोट्टायम, तिरुवनन्तपुरम, क्विलोन, इदिक्की, पालघाट, कोजीकोड, अर्नाकुलम जनपद काली मिर्च के उत्पादन के लिए विशेष रूप से विख्यात है।

कर्नाटक (4%) तो कालीमिर्च का उत्पादन उत्तरी और दक्षिणी किनारा, शिमोगा, मिकमगलूर और हासन जिलों से प्राप्त होता है। इसी प्रकार तमिलनाडु (सलेम, मदुराई, तिरुचिरापल्ली, कन्याकुमारी और नीलगिरि जनपद) और पांडिचेरी में भी कालीमिर्च उत्पन्न की जाती है।

भारत के लिए विदेशी मुडा कमाने का एक प्रमुख स्रोत काली मिर्च का अन्तर्राष्ट्रीय बाजार भी है। काली मिर्च के कुल उत्पादन का लगभग 40 प्रतिशत भाग निर्यात कर दिया जाता है। जिससे 50 करोड़ रूपए की आमदनी होती है। रूस, संयुक्त राज्य अमेरिका, ब्रिटेन, कनाडा, मेक्सिको, संयुक्त अरब गणराज्य तथा इटली प्रमुख आयातक देश हैं। भारत में लगभग 50 हजार टन काली मिर्च का वार्षिक उत्पादन होता है।

लाल मिर्च

यह ऊष्ण तथा उपोष्ण कटिबन्धीय जलवायु में आसानी से पैदा किया जाता है। द० पू० एशियाई देश तथा ऊष्ण कटिबन्धीय अमेरिकी देश मुख्य उत्पादक हैं। इसका पौधा 65-125 से.मी. वार्षिक वर्षा वाले क्षेत्रों में सागर तल से 1500 मीटर की ऊँचाई तक उगाया जाता है। ज्यादा वर्षा से पत्तियाँ एवं फल समाप्त हो जाते हैं। इसका पौधा जून तथा फरवरी दोनों ही महीनों में उपजाया जाता है। कम वर्षा

वाले भागों में सिंचाई की आवश्यकता पड़ती है। भारी दोमट मिट्टी मिर्च उत्पादन के लिए उत्तम होती है। मिर्च सम्पूर्ण भारत में पैदा की जाती है। मुख्य उत्पादक राज्यों में आन्ध्र प्रदेश, बिहार, राजस्थान, उड़ीसा, मध्य प्रदेश, महाराष्ट्र, तमिलनाडु, कर्नाटक तथा गुजरात का स्थान है। भारत में इसका उत्पादन लगभग प्रतिवर्ष 970 हजार टन है।

दालचीनी

दालचीनी के उत्पादन में श्रीलंका तथा मलेशिया का प्रमुख स्थान है। इसकी सफल खेती गर्म नमी भागों में की जाती है। इसके लिए वार्षिक वर्षा लगभग 200 सेमी० तथा तापमान 22^0 C से अधिक होना चाहिए। भारत में इसे नीलगिरि के पहाड़ी ढालों पर 725 मीटर की ऊँचाई तक उत्पन्न किया जाता है। इसको रोपकर लगाया जाता है। इसका रोपण अक्टूबर-नवम्बर में होता है।

भारत में दालचीनी वृक्ष के छाल से प्राप्त होती है। वृक्ष से 3-4 वर्ष पश्चात् पहली बार छाल प्राप्त की जाती है। प्रति एकड़ 50-60 पौंड तक छाल मिल जाती है। 10 वर्ष के बाद तो इस वृक्ष का इतना विकास हो जाता है कि प्रति एकड़ 150 से 200 पौंड तक दालचीनी मिलती रहती है। भारत में इसकी खेती 500 हेक्टेयर भूमि में होती है। इसका उत्पादन मालाबार एवं नीलगिरि की पहाड़ियों के क्षेत्रों में होता है। तैलीचेरी में "ब्राउन उद्यान" 100 हेक्टेयर क्षेत्र पर फैला है। मंगलोर एवं उत्तरी एवं दक्षिणी कनारा जिले अन्य प्रमुख उत्पादक क्षेत्र है।

इलायची

इलायची के उत्पादन में भारत प्रमुख देश है। यह पश्चिमी घाट के बहुत से भागों में जंगली रूप में उत्पन्न होता है। दक्षिणी भारत में 850 से 1700 मीटर तक की ऊँचाई वाले भागों में इसकी खेती की जाती है। इसके लिए गर्म तथा नम मौसम तथा 10^0 C 30^0 C तक तापमान की आवश्यकता पड़ती है। ऊँचे वृक्षों की छाया में इसका उत्पादन अधिक होता है। द० भारत में इसका उत्पादन केरल, कर्नाटक, तमिलनाडु, द. महाराष्ट्र में किया जाता है। केरल में इसका उत्पादन इलायची की पहाड़ियों पर सबसे अधिक होता है। कोट्टायम (39%), क्विलोन, तिरुअनन्तपुरम्, त्रिचूर, इदिक्की, पालघाट प्रमुख जिले हैं। कर्नाटक (45%) के हासन जिले में, तमिलनाडु के मदुराई एवं नीलगिरि जिले तथा महाराष्ट्र के उत्तरी किनारा जिले प्रमुख उत्पादक क्षेत्र हैं। भारत में मुख्यतः दो तरह की इलायची का उत्पादन होता है। एका

रंग हल्का हरा और दूसरे का सफेद होता है। इसका उत्पादन लगभग 98 हजार हेक्टेयर भूमि पर किया जाता है। वार्षिक उत्पादन लगभग 5 हजार टन है। भारत से इलायची का निर्यात मुख्य तौर पर सउदी अरब, कुवैत, स्वीडन, सं. रा. अमेरिका और रूस आदि देशों को किया जाता है। 1984-85 में 2383 टन इलायची का निर्यात किया गया जिसका मूल्य 65 करोड़ रुपये था। 1994-95 में यह निर्यात कम होना सिर्फ 1550 टन ही रह गया।

वैनिला

इसका उपयोग केक, आइसक्रीम एवं भोजन आदि में किया जाता है। इसे द. अमेरिका के वन्य प्रदेशों से प्राप्त किया जाता है। इसे मलागासी, मेक्सिको तथा हिन्देशिया में भी पैदा किया जाता है।

लौंग

इसके प्रमुख उत्पादक क्षेत्र पेम्बा एवं जंजीबार द्वीप, पश्चिमी द्वीप समूह तथा द. पू. एशियाई देश (सुमात्रा, जावा, श्रीलंका, मलागासी) हैं। इसका इस्तेमाल मसाले तथा विभिन्न तरह की दवाइयों में किया जाता है। इसका तेल बेहद ही उपयोगी होता है जिसका इस्तेमाल औषधियों में किया जाता है। भारत में लौंग का उत्पादन मुख्यतः तमिलनाडु में नीलगिरि तथा तेनकसी की पहाड़ियों, कन्याकुमारी जनपद और केरल के कोट्टायम एवं क्विलोन जनपदों में किया जाता है।

जायफल

इसका प्रमुख उत्पादक देश हिन्देशिया है। इसे द. पू. एशियाई तथा पश्चिमी द्वीप समूह के देशों में भी पैदा किया जाता है। इसके वृक्ष के गोंद से जावित्री (Mace) उत्पन्न की जाती है। भारत में इसका उत्पादन मुख्यतः केरल के तटीय क्षेत्रों तथा तमिलनाडु की नीलगिरि एवं तेनकसी पहाड़ियों से प्राप्त किया जाता है। यद्यपि मसाले के प्रमुख उत्पादक देश ऊष्ण तथा उपोष्ण कटिबन्धीय देश हैं किन्तु इन देशों के अतिरिक्त इसकी खेती शीतोष्ण कटिबन्धीय देशों में भी की जाती है। शीतोष्ण कटिबन्धीय देशों में मसालों के तहत सरसों का उत्पादन विस्तृत भू-क्षेत्र पर किया जाता है। सरसों के हरे पत्तों को हरे तथा बीज के रूप में अनेक दवाईयो में भी उपयोग किया जाता है। लहसुन एवं प्याज का इस्तेमाल मसाले के रूप में भी किया जाता है। इनका वर्णन सब्जियों के अधीन पीछे दिया गया है।

पुष्पोत्पादक

पुष्प की मनुष्य के जीवन में जन्म से लेकर मृत्यु तक समस्त क्रियाकलापों में महत्त्वपूर्ण भूमिका रही है। फूल मानव जीवन में सौंदर्य का विकाास करते हैं। इनका उपयोग पुजापाठ से लेकर विभिन्न तरह से समारोहों में होता है। अतः यह मानव सभ्यता के लिए एक आवश्यक अवयव हैं। इनसे हमारे जीवन में सरसता, समरसता एवं प्राकृतिक आनन्द का ज्ञान होता है; और मानसिक तनाव तथा थकान में कमी आती है। विशिष्ट समारोहों (उत्सव-शादी, पूजा) में पुष्पों द्वारा प्राकृतिक सौंदर्य की झाँकी देखने को मिलती है। इन पौधों से सम्पूर्ण वातावरण उल्लास तथा आनन्दमय हो जाता है। इससे जीवन में स्फूर्ति, प्रेरणा एवं सृजनात्मक प्रवृत्तियों का विकास होता है। प्रकृति के ये खिले फूल सभी के मन को आकर्षित करते हैं। भारत में पुष्प वृक्षों/पौधों को उगाने की परम्परा बहुत ही पुरानी है। वैदिक ग्रन्थों के अध्ययन से पता चलता है कि प्लास की पत्तियाँ और फूल विभिन्न उत्सवों में सजाने के लिए उपयोग में लाये जाते रहे हैं।

रामायण काल में रावण की अशोक वाटिका, जनक की पुष्प-वाटिका, बलि के नन्दन-वन, कुबेर की अलकापुरी, सुग्रीव के मधुवन जैसे पुष्पोद्यानों का उल्लेख मिलता है। ये भारत के पुराने पुष्प उद्यान पुष्प उत्पादन के प्रमुख प्रतीक हैं। रामायण काल में फूलों का उपयोग मनुष्य विभिन्न रूपों में करता था। सजाने-सवांरने से लेकर इसका विभिन्न तरह के लेप तैयार करने में भी उपयोग होता था। इसके अलावा फूलों द्वारा राजमहलों, वाहनों तथा पशुओं को सजाने के भी उल्लेख मिलते हैं। स्त्रियों का श्रृंगार तब तक पूर्ण नहीं माना जाता था जब तक कि वे पुष्प की कलियों एवं रंग-बिरंगे फूलों से अपने शरीर को सजा नहीं लेती थीं। पुरुषों में भी फूलमालाएँ पहनने एवं पहनाने का प्रचलन था। महाभारत काल में कदम्ब के बड़े-बड़े उद्यानों का वर्णन मिलता है।

बौद्धकाल में मठों एवं स्तूपों के पास फूलों के पौधे लगाये जाते थे। पतंजलि ने अपने महाभाष्य में बहुत से उद्यानी पौधों का वर्णन किया है। इनमें कमल, चम्पा, जूही, चमेली, कनेर तथा गुलाब आदि प्रमुख हैं। सन् 100 से 900 ई. के मध्य बने भित्ति चित्रों में कुछ स्त्रियों के गले में पुष्पहार दिखाई देते हैं। गुप्तकाल में पुष्पोद्यानों की प्रमुख भूमिका थी जहाँ से साज-सज्जा हेतु फूल मिलते थे। फूलों का नागरिक जीवन में विशेष महत्त्व था।

कालिदास के साहित्य में फूल-फल के उद्यानों में आश्रम बालाएं सिंचाई के लिए विशेष प्रकार के घड़ों से पौधों को सींचतीं थीं। उद्यान के तालाब को 'वापी' कहा

था। राजमहलों के उद्यानों के ऊँचे टीलों पर माधवी एवं प्रियंगु की लताएँ तथा पहाड़ियों पर जल पक्षी क्रीड़ा करते थे। उज्जयिनी के प्रत्येक बाजार में वापियाँ तथा सरोवर होते थे जिनमें कमल लगे होते थे। ग्रीष्म ऋतु में पुष्पों का उपयोग स्त्री अपने बालों शृंगार मे करती हैं। स्त्रियाँ मालती के फूलों से केश विन्यास करती थीं। कनेर को कानों में पहना जाता था। स्त्री तथा पुरुष दोनों ही पुष्प से श्रृंगार करते थे।

केसर के फूल से कर्धनी बनती थी। बालों में केसर के फूलों एवं पत्तियों को लगाने का प्रचलन था। आश्रम बालाओं का श्रृंगार तो पूर्णतया पुष्पों पर ही आधारित था। कामसूत्र के अनुसार स्त्रियाँ शय्या और फर्श पर पुष्प विन्यास करती थीं; जल क्रीडा के समय वाद्ययंत्रों को फूलों से सजाती थीं, कपड़ों को फूलों से रंगा जाता था एवं कपालों पर पुष्प अंकन होता था। बराह मिहिर के अनुसार गुप्त काल में चम्पा आदि फूलों से सुगंधित तेल तैयार करने की विधियां प्रचलित थीं। हर्ष के शासन काल (600-648 ई.) के कवि बाण भट्ट ने राजभवन के धवल गृह के चारों ओर गृह उद्यान का उल्लेख किया है जिसमें कई प्रकार के पुष्पलता एवं वृक्ष लगे थे। इस धवल गृह से जुड़े हुए कमलवन, लता गृह, क्रीड़ा पर्वत होते थे।

कवि ने उद्यान से जुड़े उत्सवों का वर्णन करते हुए लिखा है कि लोग अशोक के लाल फूल सिर पर लगाते थे। इस प्रकार उपर्युक्त वर्णनों से यह सिद्ध है कि प्राचीन काल में भारत में पुष्पों को उपयोग करना, लगाना एवं व्यापार करना बहुत ही लोकप्रिय व्यवसाय था मनुष्य जीवन में फूलों का विशेष प्रचलन था। इसके मनुष्य पुष्प उद्यान के विकास को विदेशी आक्रमणकारियों द्वारा विशेष नुकसान पहुँचाया गया। मुगलकाल में पुनः इस उद्यान कला को विकसित होने का मौका मिला। मुगलों के द्वारा भारत में मध्य एशिया तथा ईरान की उद्यानकला का प्रवेश हुआ। मुगल शासकों ने दिल्ली, कश्मीर एवं उत्तर प्रदेश में अनेक उद्यान लगवाये। मुगलों के उद्यानों की मुख्य परिकल्पना फारस के उद्यानों की तरह थी जिसमें भारतीय और फारसी दोनों ही पौधों को लगाया गया।

बाबर की पत्नी फूलों के बाग की शौकीन थी। उसने बाबर को बाग लगाने के लिए प्रेरित किया। उसी के प्रयास बागेवफा और बागेकला नामक उद्यान लगाये गये। दिल्ली में हुमायूँ की बेगम हमीदा ने हुमायूँ के मकबरे के चारों तरफ उद्यान लगवाये। आगरा में रामबाग और जोहरा उद्यान, दिल्ली का तालकटोरा उद्यान इसी दौरान लगवाये गये। अकबर और उसकी बेगम मरियम-उद जमानी ने फतेहपुर सीकरी, सिंकदरा, हरिपर्वत एवं नसीम आदि अनेक बाग लगवाये।

इसके पश्चात जहाँगीर और उसी बेगम नूरजहाँ ने दिलकुशा (शाहदरा, लाहौर में) आगरा में इतिमद-उद-दौला के मकबरे का बाग, शालीमार (कश्मीर), बेरीनाग, वाह-वाह बाग (उदयपुर) और खुसरो बाग (इलाहाबाद) लगवाये। जहाँगीरनामा में सुन्दर फूलों वाले वृक्षों का वर्णन मिलता है। शाहजहाँ और उसकी बेगम मुमताज महल ने लाहौर में शालीमार बाग और दिल्ली तथा आगरा में किले के आस-पास उद्यान लगवाये।

औरंगजेब और उसकी पत्नी दिलराज बानो ने लाहौर में बाउर्जी बाग और नमनकोट बाग लगवाये। मुगल शासक के पतन के दिनों में भी नवाबों तथा स्थानीय शासकों ने फैजाबाद की गुलाब बाड़ी उल्लेखनीय है। यूरोपियन्स के भारत में आने पर आंग्ल शैली के उद्यानों का जन्म हुआ। ये उद्यान इटली, चीन, फ्रांस, यूनान, रोम के उद्यानों के नमूनों पर आधारित थे। अठारहवीं सदी के इटली और फ्रांस के उद्यानों में ज्यामितीय प्रतिरूपों को ज्यादा महत्त्व दिया गया था जब कि अंग्रेजों ने उद्यानों को प्राकृतिक स्वरूप प्रदान करने का प्रयत्न किया था। बाद में चलकर अंग्रेजी उद्यानों में पुष्पीय पौधों के अतिरिक्त सब्जियों और फलों के पौधे भी लगाये जाने लगे।

इसी अवधि में इंग्लैण्ड के अन्तर्गत रायल हार्टिकल्चर सोसायटी और क्यू के रायल वनस्पति उद्यान की स्थापना हुई जिससे अंग्रेजी उद्यान कला के नये आयामों का जन्म हुआ उत्तरोत्तर विकास होते जाने के कारण अंग्रेजों ने अपने विभिन्न उद्यानों में विभिन्न तरह के पौधे लगाये। इसमें कुछ दुर्लभ प्रजाति के भी थे। प्रिंस आफ वेल्स फ्रेडरिक और उनकी पत्नी ने बहुत बड़ा उद्यान भूदृश्य बनाया। अठारहवीं सदी के अंत तक क्यू उद्यान में पौधों की लगभग 11,000 प्रजातियाँ लगायी जा चुकी थीं। 19वीं शताब्दी के प्रारम्भ में आस्ट्रेलिया और आइसलैण्ड से अनेक पौधे लाये गये और उन्हें काँचघरों में लगाया गया।

क्यू उद्यान में 1820 तक विभिन्न देशों में लगभग 70 हजार पौधे मँगाकर लगाये गये। 19वीं सदी में उद्यान-कला में एक नया मोड़ आया। उद्यानों के विकास में व्यक्तिगत रुचि और प्राकृतिक छटा और सौंदर्य को महत्त्व दिया जाने लगा, अंग्रेजी उद्यानों में इस नये मोड़ के प्रवर्तक जॉन-क्लांडियस लाउडन तथा उनकी पत्नी जान वैप थी। अंग्रेजी उद्यानों में हरियाली युक्त मैदान या लॉन को प्राथमिकता मिली।

शनैः-शनैः पौधों की प्रमुखता के प्रभाव से चित्रवत आंग्ल उद्यान भूदृश्य प्रधान उद्यानों में बदल गये। इसका प्रभाव भारत की उद्यान शैली पर भी पड़ा और इस शैली में नये उद्यान विकसित होने लगे। मैसूर का वृंदावन गार्डन, दिल्ली का राजघाट

गार्डेन, भुवनेश्वर एवं लखनऊ के उद्यान इस शैली के नमूने हैं। इलाहाबाद का कम्पनी बाग भी आंग्ल शैली का ही उद्यान है।

स्वतंत्रता के बाद भारत में भी उद्यान कला का विकास हुआ। यहां जापानी शैली के विभिन्न उद्योग लगाये गये। दिल्ली में जापानी शैली के उद्यान बनाए गये। इस शैली के गार्डेन में प्रकाश स्तम्भ, जल कुण्डों, शिला खण्डों, पुलों, जलाशयों, हरे-भरे वृक्षों व झाड़ियों का सुन्दर सामंजस्य पाया जाता है। जापानी सरकार ने भारत में 24 जापानी उद्यान बनाने की राय दी है। ये उद्यान भगवान बुद्ध संबंधित स्थानों पर विकसित किये जा रहे हैं। दिल्ली का बुद्ध जयन्ती पार्क जापानियों के सलाह से ही विकसित किया गया है। भारत में फूल उत्पादन की ही भाँति पुष्प उद्योग भी बहुत ही पुराना है। यहाँ प्राचीन काल से फूलों का उत्पादन एवं व्यापार होता आया है।

सारणी

भारत से फूल एवं सम्बद्ध उत्पादों का निर्यात (लाख रुपयों में)

क्रम सं.	*उत्पाद*	*1988-89*	*1989-90*	*1991-92*	*1992-93*
1.	कटे पुष्प	22.59	4.90	39.90	109.90
2.	सूखे पुष्प	69.86	25.54	643.51	743.00
3	पौधे	251.60	315.44	401.53	306.00
4.	सूखे पौधे	115.66	167.64	239.37	255.00
5.	अन्य उत्पाद	43.41	43.30	120.58	78.00
	योग	467.41	556.82	1445.39	1491.00

बड़े-बड़े नगरों में अनेक माली परिवार फूलों की मालाओं, वन्दनवार, गुलदस्तों और प्रवेश द्वारों की फूलों से सजावट व पुष्प विक्रय से अपनी जीविका अर्जित करते आ रहे हैं। भारतीय कृषि अनुसंधान परिषद के एक सर्वेक्षण के अनुसार यहाँ के पाँच महानगरों (कलकत्ता, चेन्नई, बंगलौर, मुम्बई और दिल्ली) में प्रतिवर्ष 9.29 करोड़ रूपये के 10-12 हजार टन फूलों का विक्रय होता है।

भारत में घरेलू उपयोग के बाद बचे फूलों का अन्तर्राष्ट्रीय बाजार भी किया जाता है। यूरोप के देशों में भारतीय फूलों की मांग ज्यादा है क्योंकि यहां शीत कालीन समय में बर्फ जम जाने के कारण फूलों का उत्पादन नहीं हो पाता है। साथ ही ग्लास या ग्रीन हाउस के फूल बहुत ही मँहगे पड़ते हैं। इसलिए इन देशों

को भारत से गुलाब, आर्निड, नरगिस, ट्यूलिप आदि फूलों का निर्यात होने लगा है। इसी प्रकार चमेली, चम्पा आदि फूलों का उत्पादन भी विदेशी व्यापार की दृष्टिकोण से महत्त्वपूर्ण है।

भारत में पुष्पोत्पादन (साभार-योजना, अप्रैल 1996)

1. वर्ष 1994-95 में उत्पादित फूलों का निर्यात 30.6 करोड़ रुपये का था। वर्ष 1995-96 में लक्ष्य 55 करोड़ रुपये को पार कर गया है।
2. इस सदी के अन्त तक फूलों के निर्यात से प्राप्त आमदनी की धनराशि के 200 करोड़ रुपये तक पहुँच जाने की संभावना है।
3. भारत में अकेले गुलाब की 200 व आर्किड की 370 किस्में हैं।
4. पुष्पों का सर्वाधिक निर्यात कर्नाटक से (लगभग 34,200 टन) होता है जो पूरे देश के निर्यात का लगभग 10% है।
5. बंगलोर के पास 200 हेक्टेयर भूखण्ड पर 42 करोड़ रुपये की लागत से उच्च तकनीक पर आधारित एक पुष्प उत्पादक परियोजना आरम्भ की जा रही है। हालैण्ड के तकनीकी मदद से यह एशिया की सबसे बड़ी पुष्प उत्पादक परियोजना होगी।
6. वाणिज्यिक पुष्पों के उत्पादन के लिए नवीन ग्रीन हाउस प्रौद्योगिकी के तहत देश में नौ केन्द्र प्रस्तावित हैं। इसमें से चार केन्द्रों की स्थापना की कार्यवाही आरम्भ हो गयी है।
7. आठवीं पंचवर्षीय योजना के कार्यकारी दल के अनुसार भारत में फूलों की खेती के अन्तर्गत कुल 30,924 हेक्टेयर क्षेत्र समाहित है। अन्य अनुमानों के आधार पर यह क्षेत्र 30,000 से 35,000 हेक्टेयर के बीच है।
8. कुल पुष्पोत्पादन क्षेत्र का लगभग आधा भाग तमिलनाडु, कर्नाटक व आन्ध्र प्रदेश में है। इसलिए दक्षिणी भारत में फूलोत्पादन का विशेष सान्द्रण पाया जाता है।
9. गुलाब, गुलदाउदी, चमेली, चम्पा, गेंदा, एस्टर और क्रोसेण्ड की खेती मुख्य रूप से तमिलनाडु, कर्नाटक, आन्ध्र प्रदेश, पं. बंगाल, महाराष्ट्र और उत्तर प्रदेश के बड़े भू-भाग में की जाती है।
10. सुगन्धित गुलाब की व्यापारिक खेती मुख्यतया उत्तर प्रदेश के कन्नौज, हाथरस, कानपुर, अलीगढ़ जनपदों में; कर्नाटक के बेलगाम जनपद में; तमिलनाडु के मदूरै जनपद में एवं पंजाब के अमृतसर जनपद में की जाती है।

11. ट्यूबर रोज की व्यापारिक खेती कोयम्बटूर, कोलकाता, नासिक, मैसूर, पुणे आदि में की जाती है।
12. आर्किड और एन्यूरियम की व्यावसायिक खेती मुख्य रूप से केरल में होती है।
13. गुलदाउदी की खेती के मुख्य क्षेत्र तमिलनाडु, कर्नाटक, महाराष्ट्र, बिहार और राजस्थान में स्थित हैं।
14. भारत में फूलों का निर्यात वर्ष 1989 से शुरू हुआ है। विश्व व्यापार में भारत का अंश केवल 0.2% है।
15. यूरोपीय देशों में भारतीय पुष्पोत्पाद पर 10% की दर से यूरोपीय समुदाय द्वारा कर लगाया जाता है जबकि इजरायल तथा अन्य देशों के पुष्पोत्पाद इस कर से आजाद हैं।
16. पुष्पोत्पाद की गुणवत्ता बढ़ाने और बेहतर किस्म के फूलों के उत्पादन को प्रोत्साहित करने के लिए भारत सरकार ने फूलों के बीज, पौध, कन्द और कटिंग्स के आयात को आयात शुल्क से पूर्णतः स्वतंत्र कर रखा है।
17. उच्च कोटि के शोभाकार पौधों को कटिंग्स तथा कन्द पर लगने वाले (55%) आयात शुल्क को घटाकर मात्र 10% कर दिया गया है।
18. फूलों के उत्पादन के आधार पर देश के विशिष्ट क्षेत्रों को गहन पुष्पोत्पादन मेखला के रूप में पहचान लिया गया है।
19. देश में पुष्पोत्पादन को प्रोत्साहित करने हेतु केन्द्र सरकार की एक योजना भी लागू की गयी है। "मॉडल फ्लोरीकल्चर सेण्टर" नामक इस योजना के तहत पूरे देश में मॉडल सेन्टर के रूप में 10 केन्द्रों की स्थापना की गयी है।
20. विश्व में पुष्पों के आपूर्तिकर्त्ता मुख्य देश निम्नवत् हैं—नीदरलैण्ड, जर्मनी, फ्रांस, सं. रा. अमेरिका, स्विट्जरलैण्ड, थाईलैण्ड, इजरायल, कोलम्बिया आदि। इन देशों में सबसे पहले स्थान नीदरलैण्ड का है जिसका फूलों के व्यापार में लगभग 70% योगदान है।

भारत में मुगल बादशाहों द्वारा नरगिस, गुलाब, डैफोडिल्स कारेनसन परसिया मध्य एशिया से लाये गये। अंग्रेज, स्पेनिस, डच्, पुर्तगाली आदि यूरोपीय नागरिकों, अफ्रीका, जापान, चीन आदि देशों से अनेक प्रकार के फूलों के बीज, पौधे तथा कन्द लाये। यहाँ पर दिन-प्रतिदिन इसकी महत्ता तथा माँग बढ़ती जा रही है। सरकारी कार्यालयों, नगर के पार्कों, सड़कों के किनारे, सार्वजनिक भवनों, विभिन्न निजी संस्थानों आदि की खाली भूमि पर फूल वाले पौधे सुन्दरता के लिए लगाये जा रहे

हैं। बड़े-बड़े शहरों में व्यवस्थित तरीके से पेड़-पौधे लगाये जा रहे हैं। इसका प्रयोग पूजा, शादी-विवाह, त्योहारों, उत्सवों में किया जाता है।

सारणी
विश्व के विभिन्न देशों में पुष्पों का प्रति व्यक्ति उपभोग (डॉलर में)

देश	प्रतिव्यक्ति उपभोग	देश	प्रतिव्यक्ति उपभोग
नार्वे	133.3	आस्ट्रिया	72.8
स्विट्जरलैण्ड	125.0	नीदरलैण्ड	69.4
स्वीडेन	108.0	बेल्जियम	63.9
डेनमार्क	106.7	फ्रांस	53.9
इटली	98.9	सं. रा. अमेरिका	45.5
इजरायल	94.4	ब्रिटेन	29.4

स्रोत-योजना, अप्रैल 1996

दक्षिण भारत एवं पश्चिम बंगाल की स्त्रियाँ अपने श्रृंगार के लिए बालों में फूलों की बेणी लगाती हैं। फूलों की महत्ता के संदर्भ में पैगम्बर मोहम्मद ने तो यहाँ तक लिखा है कि "यदि आप के पास एक रोटी है तो आधी बेचकर नरगिस के फूल खरीद लें। रोटी शरीर को बनायेगी एवं नरगिस के फूल आत्मा को शान्ति प्रदान करेंगे।" सजावट के अलावा फूलों से इत्र, गुलकन्द, गुलाब जल तथा तेल आदि बनाये जाते हैं। भारत में चमेली का तेल, गुलाब का तेल, ट्यूब रोज का तेल, धवनम का तेल प्रसिद्ध हैं। फूलों को उद्यानों में उत्पन्न करते हैं। फूलों से युक्त उद्यान सुहावने, अमूल्य एवं सुन्दर पौध-पत्तियों से संयुक्त आनन्ददायक दृश्य हैं। ये उद्यान ऐसे आनन्ददायक जगह हैं जहाँ मानव के मन को भरपूर सुख शान्ति व ताजगी मिलती है।

वर्तमान समय में भी मनुष्य के जीवन में फूलों का प्रयोग बढ़ गया है क्योंकि आज का मानव जीवन इतना व्यस्त एवं तनावपूर्ण हो गया है कि पूरे दिन की थकान व चिन्ता को दूर करने के स्थान ये सुन्दर सुहावने फूल और पौधे ही हैं जहाँ उसे चैन और शान्ति मिलती है। यही वह स्थान है जहाँ बैठकर कुछ समय के लिए विश्व के सभी दुःखों को भूलकर सुख का अनुभव किया जा सकता है। फूलों का उत्पादन दो प्रकार के उद्यानों में करते हैं–

(i) व्यक्तिगत उद्यान (Private Garden)

(ii) सार्वजनिक उद्यान (Public Garden or Park)

फूलों के व्यक्तिगत उद्यान छोटे आकार में मकानों के पास कार्यालयों अथवा बंगलों के नज़दीक पाये जाते हैं। इनकी देखरेख और रखरखाव व्यक्तिगत स्तर पर किया जाता है। इन उद्यानों में एक वर्षीय फूलों के पौधों को ज्यादा महत्त्व दिया जाता है। इन उद्यानों का उपयोग ये सांयकाल में अपने मेहमानों का स्वागत करने व अन्य आनन्ददायक कार्यों के लिए करते हैं। फूल के इन उद्यानों में सुन्दर फूलों वाले एक वर्षीय पौधे, आकर्षक गुलाब, गेंदा, फर्न, रात रानी, हमेलिया, बडलिया, गुड़हल, दिन का राजा, कामनी, गारडेनिया, कनेर, विभिन्न रंग के गोल्डमोहर, ओक, चम्पा, अशोक, आकाशनीय बोतल ब्रुश व विभिन्न प्रकार के कैक्टस आदि प्रमुख होते हैं। शहरों में सार्वजनिक उद्यान प्रायः बड़े बनाये जाते हैं। इनकी व्यवस्था सरकार द्वारा की जाती है। इनका उपयोग सार्वजनिक होता है। नगरीय जनता सुबह तथा शाम को इन उद्याानों में घूमने के लिए आती है। इन उद्यानों में फूलों एवं फलों के पौधगृह भी होते हैं। इन पौध गृहों से एक वर्षीय तथा बहुवर्षीय फल तथा फूलों व सब्जियों की पौध का विक्रय सस्ते दामों पर किया जाता है। इस प्रकार के उद्यान का उदाहरण मैसूर का वृन्दावन गार्डेन है।

7

पुष्पोत्पादन से प्रदूषण नियंत्रण

पुष्पोत्पादन द्वारा प्रदूषण नियंत्रण

कृषि वैज्ञानिकों का मानना है कि फूलों की खेती से प्रदूषण का नियंत्रण होता है। इसका सबसे जीवंत उदाहरण बंगलोर शहर के बाहरी क्षेत्रों में देखने को मिला है। जहां ओशों के अनुयायियों ने खूबसूरत बाग लगाकर वहां गंदे नालों एवं मच्छरों से लोगों की मुक्ति दिलायी। रूस के डोनेत्ज कोयला खदान नगर में भी इसी प्रकार का उपयोग सफल रहा है। यथार्थ में गुलाब, बूगन्विलिया, क्रिसनथेमम, डूकैना, सिनगोनियम मेरीगोल्ड, फिलोडेन डून, बॉटॅल पाम, तुलसी, बॉटिल ब्रश इत्यादि में प्रदूषण को निष्प्रभावी करने की अद्भुत क्षमता पाई जाती है। बूगॅन्विलिया नगरीय एवं ग्रामीण क्षेत्रों, विशेषकर औद्योगिक क्षेत्रों में, प्रदूषण नियंत्रण के लिए प्रभावी हो सकता है। सिनगोनियम घर के धूलि कणों को आकृष्ट कर लेता है। पुष्पों के अलावा कदम, पीपल, बरगद, नीम, अशोक, बबूल, कचनार, प्लमेरिया, चायनीज रेन ट्री आदि वृक्षों का प्रदूषण के नियंत्रण में महत्त्वपूर्ण योगदान पाया जाता है।

फूल के उद्यानों में लगाने हेतु उपयोगी पौधे

फूल तथा सुन्दर पत्तियों, झाड़ियों, चढ़ने वाले पौधों, मौसमी पौधों आदि को अनेक वर्गों में विभक्त किया जा सकता है--

(अ) फूल व सुन्दर पत्तियों वाले पौधे

इसके अन्तर्गत निम्न पौधे शामिल किये जाते हैं–

1. सीता अशोक (Saraca Indica)
2. चम्पा (मैगनोलिया ग्रेडीफ्लोरा) (Magnolia Gramdiflora Champa)
3. लाल गोल्ड मोहर (Delonix regia)
4. बोतल ब्रुश (Callistemon Lanceolatus)
5. अशोक (Polyathia longifolia)
6. टेम्पिल ट्री (Plumeria alba)
7. पीली गोल्ड मोहर (Peltophorum Ferriginum)
8. सिल्वर ओक (Grevillea robusta)
9. खेर चम्पा (Pacuti folia)
10. आकाश नीम (Millingtonia Hortensis)
11. नीली गोल्ड मोहर (Jacaranda Mimosa folia)

(ब) फूल व सुन्दर पत्तियों वाली झाड़ियाँ

1. गारडेनिया (Gardenia Florida)
2. क्रोटन्स (Crotons)
3. कामनी (Murraya exotica)
4. दिन का राजा (Cestrum diarnum)
5. कनेर (Nerium odorum)
6. गुड़हल (Hisbiscus Rosasinensis)
7. रात रानी (Cestrum Noetrnum)
8. ग्रफ्टोफायलम (Graftophyllum)
9. साय (Acaypha)
10. बडलिया (Bustrum astalica)
11. हमेलिया (Hamelia Patens)

(स) छाया में उगने तथा गमले वाले पौधे

1. ड्रेकेना (Dracena)
2. ब्रायोफायलम (Bryophyllum)
3. फर्न (Fern)
4. सिलिंड्रिका (Cylindrica)

(द) ऊपर चढ़ने वाले पौधे

1. बिगनोनिया वेन्स्टा (Bignoniavilleas)
2. एण्टीबगोनान लेप्टोपस (Antigonon leptopus)
3. टेकोमा ग्रेण्डी फ्लोरा (Tecoma Grandi Flora)
4. क्रीपर, रंगून (Quesqualis indica)
5. बावगेनविलिया (Bougainvilleas)

(इ) गुलाब

गुलाब की अनेक प्रजातियाँ पाई जाती हैं। इनमें से मुख्य निम्नांतर हैं—पूसा सोनिया, हंस, मोहिनी सुजाता, गुलजार, योदाया (Yodaya), सूर्या, देलही प्रिन्सेज, स्वाती इत्यादि। ये उपर्युक्त सभी फ्लोरिवन्डा, हाइब्रडन्टी व हाइब्रड, परपीच्युल जातियाँ हैं।

(फ) झूलती टोकरियों के पौधे

1. पिलीया मुसकोसा (Pile sa Muscosa)
2. असपैरगस (Asparagus)
3. पोर्टुलाका (Portulaca)
4. पोथास (Money Plants or pothas)
5. मिना लोबाटा (Mina lobata)

(क) शीत ऋतु के मौसमी पौधे

Aeroclium, Callendula, Vhrysanthemum,Antirrhinum, Gandytfit, Corn Flower, Dianthus, Dahlia, Hollyhock, Larkdpur, Linum, Pansy, Phlox, Poppy, Sweet Sultan, Verbena stock, Wall flower, California poppy, Gaillardia इत्यादि।

(ख) ग्रीष्म ऋतु में उगने वाले पौधे

Anaranthus, Cocks Comb, Cosmos, Helian Thus (Sun flower), Balsam, Portulaca, Linnia, kochia आदि।

(ग) वर्षा ऋतु में उगने वाले पौधे

Holly Hock,Althaea rosea, Celosia, Coreopsis Dahlia, Gompherena, Helianlthus, Portulaca Salvia, Tagetes (Marigold), Verbena, Torenia, Zinni इत्यादि।

कुछ महत्त्वपूर्ण फूलों का संक्षिप्त विवरण निम्न प्रकार है—

1. गुलाब

माना जाता है कि भारत में गुलाब की खेती सबसे पहले प्रारम्भ हुई। फिर यहीं से इसका प्रचार-प्रसार यूरोप में हुआ। इसलिए भारत में गुलाब को फूलों का राजा कहते है। गुलाब की उत्पत्ति उत्तरी गोलार्द्ध से हुई है। संस्कृत साहित्य में इसे तरुणीपुष्पा, सेमान्तिका, अतिमंजुल आदि नामों से प्रकट किया गया है। मुगलकाल में भी गुलाब को विषेष महत्त्व प्राप्त था। बेगम नूरजहाँ गुलाब की बेहद ही शौकीन थी। इनके उद्यान में गुलाब की अनेक प्रजातियाँ थीं। बेगम नूरजहाँ ने ही गुलाब के इत्र की खोज की थी।

गुलाब का उपयोग सौन्दर्य प्रदान करने के अलावा पूजा, गुलदस्ते, मालाएँ, औरतों के सिर के बालों की सजावट, कोट में लगाने के लिए इत्र, गुलाब जल व गुलकन्द इत्यादि बनाने में किया जाता है। पं. जवाहर लाल नेहरू को भी गुलाब बहुत पसन्द था। भौगोलिक दृष्टि से फ्रांसीसी गुलाब, डेनमार्क गुलाब, संयुक्त राज्य का गुलाब, टोरोज, चायना गुलाब आदि विशेष महत्त्वपूर्ण हैं। इनके फूल गहरे तथा हल्के लाल गहरे व हल्के गुलाबी, नीले, पीले तथा सफेद आदि अनेक रंगों के होते हैं। इनकी बनावट बहुत ही सुन्दर व खुशबूदार होती है। मुगल बादशाह बाबर द्वारा 1526 में परिशियन गुलाब (डेमस्करोज) भारत लाया गया।

अंग्रेजों ने 1840 में संकर वरबान गुलाब की किस्मों को भारत मे प्रचलित किया। गुलाब की खेती अलीगढ़ के पास बरबाना गाँव (उ. प्र.) व हल्दी घाटी (राजस्थान) में अधिक लोकप्रिय है। उपर्युक्त दोनों स्थानों पर रोजा डमासीन प्रजाति का गुलाब पैदा किया जाता है जिसका इत्र सबसे अच्छा बनता है। यह गाजीपुर, कन्नौज एवं अमृतसर के कुछ क्षेत्रों में भी उगाया जाता है। गुलाब का तेल Fasli गुलाब (Rose domacana) तथा देशी गुलाब Edward rose (Tose barboniana) के फूलों से तैयार किया जाता है। उत्तर प्रदेश में प्रतिवर्ष लगभग 4 हजार लीटर गुलाब का इत्र (20 लाख रुपये) तथा 1.8 लाख लीटर गुलाब जल (10 लाख रुपये) तैयार किया जाता है।

2. गुलदाउदी

गुलदाउदी कंपोजिटी कुल का पौधा है। इसको यूरोप, अमेरिका, एशिया एवं अफ्रीका का पौधा बताया जाता है। कुछ विद्वान इसे पूर्वी देशों का पौधा भी मानते हैं। माना जाता है कि चीन में सर्वप्रथम 500 ई. पू. गुलदऊदी का पता चला लेकिन

चीन इसका विकास नहीं कर सका। बाद में यह कोरिया होते हुए जापान पहुँचा और फिर जापान से यह भारत आया। चीनी इस फूल की कृषि में विशेष वृद्धि नहीं कर सके। चीन से यह फूल कोरिया आया और वहीं से 386 ई. में जापान पहुँचा। वहाँ इसे विशेष महत्त्व प्रदान किया गया।

ब्रेनिउस (Breynius), जो कि इंग्लैण्ड निवासी थे, ने गुलदाउदी पर एक पुस्तक लिखी है। यह पौधा 1764 में इंग्लैण्ड पहुँचा। उस समय इसके फूल का आकार अत्यन्त ही छोटा था। 1789 में लुइस पियरे ब्लेंचार्ड (Louis Pierre Blanchard) द्वारा गुलदाउदी के बड़े आकार वाले फूल की किस्म चीन से फ्रांस लाई गयी। यह गुलदाउदी की सबसे पहली प्रजाति थी, जो उत्पन्न की गयी। इसका पौधा फूल के लिए लगभग 2500 वर्षों से उगायां जा रहा है। इसकी जातियों का बार-बार संकरण तथा प्रजनन करके चीन, इंग्लैण्ड, जापान फ्रांस, अमेरिका तथा आस्ट्रेलिया आदि देशों में बहुत अच्छी किस्में बनाई गयी हैं। भारत वर्ष में इस फूल का उत्पादन क्षेत्र मुख्य रूप से लखनऊ है।

लखनऊ में इसकी अनेक किस्में उत्पन्न की जाती हैं। इसके फूल छोटे-बड़े दोनों ही आकारों एवं विभिन्न रंगों में पाये जाते हैं। गुलदाउदी को Autumn Green भी कहते हैं। इसके फूल को फूलमालाएँ, गुलदस्ते इत्यादि बनाने में उपयोग किया जाता है। इसके पीले व सफेद रंग के फूल बहुत ही मनमोहक होते हैं। दक्षिणी भारत में औरतें इसके फूल को सिर के बालों की सजावट के लिए प्रयोग करती हैं। यहाँ फूल बेचने के उद्देश्य से गुलदाउदी खेतों में उगायी जाती है। मुख्यतया मदुरै, चीगलपत, कोयम्बटूर (तमिलनाडु में); महिर, चिकवलपुर, दिवनानहली (कर्नाटक में) अहमदनगर (महाराष्ट्र में) इन्दौर, उज्जैन (मध्य प्रदेश में); पुष्कर-अजमेर (राजस्थान में); माधवपुर, देवगढ़ (बिहार में) तथा जगाधारी (हरियाणा में) में व्यावसायिक दृष्टि से गुलदाउदी उगाया जाता है।

गुलदऊदी का उत्पादन भारत के उत्तरी एवं दक्षिणी दोनों भागों में होता है। दक्षिण में यह जुलाई से दिसम्बर और उत्तर में नवम्बर से दिसम्बर तक उपजाया जाता है। अब कुछ नयी किस्में उत्तरी भारत में सितम्बर से मई तक उगायी जा रही हैं। ग्रीष्मकाल में पीले फूल वाली फ्रेड यूल किस्म की लुधियाना (पंजाब) में बहुत अच्छी पैदावार दे रही है।

3. जैसमिन

जैसमिन की लगभग 300 प्रकार की प्रजातियाँ मिलती हैं। इनमें कुछ का जन्म स्थान भारत है। शेष का जन्म स्थान चीन, आस्ट्रेलिया, म्यांमार तथा दक्षिणी

पूर्वी यूरोप बताया जाता है। यह ऊष्णकटिबंधीय व समशीतोष्ण कटिबन्धीय जलवायु का पौधा है। जैसमिन को भारत में बेला, जूही, चमेली, मोतियाँ, मोंगरा आदि विभिन्न नामों से जाना जाता है। इसका पौधा झाड़ी व लता के रूप में पाया जात है। इन दोनों ही वर्गों में सदाबहार व पतझड़ वाली प्रजातियाँ पायी जाती हैं।

इसका नन्हा सफेद फूल अपनी विशिष्ट खुशबू से सभी को मुग्ध कर लेता है। जैसमिन का विविध प्रयोग है। इसका उपयोग सजावट के काम से लेकर पूजा पाठ तक से होता है। इससे इत्र का निर्माण भी किया जाता है। इसके फूलों से गजरा, माला, बेणी आदि बनाई जाती है। इसकी झाड़ी अथवा लता को दीवार अथवा पुराने वृक्षों को ढकने व मण्डप बनाने के काम में लाया जाता है। जैसमिन सेमबक्र की खेती का सारे भारत में महत्त्व है। इसकी खेती फूल के बेचने के लिए की जाती है। कुछ भागों में जैसमिनम ऐरीक्यूलेटम की खेती फूल बेचने व इत्र बनाने के लिए की जाती है व दक्षिणी भारत में जूही जैसमिनम ऐरीक्यूलेटम तथा जैसमिनम ग्रेडिंफलोरम (चमेली) का प्रयोग इत्र बनाने में किया जाता है।

भारत में निम्नांकित कम्पनियों द्वारा चमेली का तेल निकालने का काम किया जाता है–

(i) अनाला इटीकल लैबोरेटरी आफ दि इण्डस्ट्रीज, डिपार्टमेण्ट ऑफ तमिलनाडु; दि फ्लोरीकल्चर सेक्शन आफ दि तमिलनाडु, एग्रीकल्चर यूनीवर्सिटी, कोयम्बटूर।

(ii) नेशलन केमिकल लैबोरेटरी, पूना

(iii) हारकोर्ट बटलर इन्स्टीट्यूट, कानपुर

(iv) राष्ट्रीय वानस्पतिक उद्यान, लखनऊ

(v) टाटा आयल मिल्स कम्पनी, बम्बई

चमेली की खेती तमिलनाडु में लगभग 1200 हेक्टेयर भूमि में की जाती है। भारत में चमेली से बनायी गयी खुशबू मिस्त्र या इजरायल की खूशबू से ज्यादा उत्तम होती है। यहाँ पर प्रति हेक्टेयर चमेली के फूलों की पैदावार 12,000 किग्रा होती है, जबकि फ्रांस, मोरक्को व इटली में सिर्फ 6000 किग्रा. प्रति हेक्टेयर उत्पादन प्राप्त होता है। तमिलनाडु में चमेली का पौधा 8-11 महीने तक फूल देने लगता है जबकि दूसरे देशों में सिर्फ 6-8 महीने में ही फूल प्राप्त होने लगता है।

4. डहलिया

डहलिया कंपोजिटी कुल का पौधा है। इसका मुख्य स्थान मेक्सिको है। यह

1689 में मेडरीड (स्पेन) में लाया गया वहीं से फिर यह 1698 में इंग्लैण्ड तथा दूसरे यूरोपीय देशों में प्रसारित हुआ। इसका नाम स्वीडिश वनस्पति वैज्ञानिक डॉ. एण्डरीज डहल के नाम पर रखा गया है। इस तरह के पौधों का सर्वाधिक उपयोग शाही घरों या बागों में होता है। ये दो प्रकार के होते हैं—पहले प्रकार का पौधा क्यारियों में हर वर्ष बीज बोकर उगाया जाता है तथा दूसरे प्रकार का डहलिया गमलों में कलम लगाकर उगाया जाता है। यह पहले से सुन्दर व बड़े फूल वाला होता है। इनके फूल तोड़कर, काटकर घर सजाने के काम लाया जाता है।

5. रजनीगंधा

रजनीगंधा, अमारिलेसी कुल का पौधा है। इसकी उत्पत्ति स्थल मेक्सिको माना जाता है। इसका उत्पादन भारत में दक्षिणी, पूर्वी तथा पश्चिमी राज्यों में किया जाता है। इसे दिल्ली के आस-पास भी सफलतापूर्वक उगाया जा रहा है। इसका फूल लम्बे समय तक अच्छी स्थिति में रखा जा सकता है। इसके फूल से सुगंधित तेल निकाला जाता है। यह तेल परफ्यूम (Perfume) बनाने के काम आता है। पूरी डंडी सहित फूल घर सजाने तथा उत्सवों के मौके पर उपहारस्वरूप भेंट देने के काम लाया जाता है। माले, गजरे, वेणी बनाने, त्योहारों, शादियों पर जाने तथा दुल्हन के शृंगार के लिए भी ये काम में लाये जाते हैं। इसकी दो किस्में होती है। एकाकी (Single) और डबल फूल वाली। एकाकी किस्म की रजनीगंधा में ज्यादा व डबल किस्म के फूल पूर्ण तरह से न खुलने के कारण एकाकी की तुलना में कम सुगन्धित होते है। भारत में इस तरह के फूल जुलाई से शीत ऋतु तक मे प्रायः मिलते है। पश्चिमी बंगाल में ये जुलाई से वर्ष भर तक मिलते हैं। अधिकांश फूल फरवरी से अप्रैल तक पैदा होते हैं। पश्चिमी बंगाल की जलवायु फूलों की पैदावार प्रति हेक्टेयर प्रथम वर्ष 150-200 क्विंटल, दूसरे वर्ष 200-250 क्विंटल तथा तीसरे वर्ष 75-100 क्विंटल होती है। हर तीन वर्ष पर रोपाई नये सिरे से की जाती है।

6. केली

इसे भारत में इंडियन शोट भी कहते हैं। यह साइटेमीनी कुल का पौधा है। इसकी अनेक प्रजातियाँ है जिनमें केना इंडिका (Canna Indica) व केना स्पेसिओसा (Canna Speciosa) प्रमुख हैं। केना इंडिका मध्य तथा दक्षिण अमेरिका और वेस्ट इंडीज का पौधा है। जबकि केना स्पेसिओसा भारत तथा ईस्ट इंडीज में उगाया जाता

है। उद्यान केली की किस्में अलग-अलग प्रजातियों के संयोग से बनी हैं। इनमें बहुत ही अच्छे रंग जैसे सफेद, नीला, पीला, गुलाबी, नारंगी आदि के फूल उगते हैं। इसकी पत्तियाँ भी हरा, कांस्य तथा पीलापन लिए हुए भिन्न-भिन्न रंग की पायी जाती है। केली तीन प्रकार की होती है–

(i) मिनिएचर (Miniature)–इनके पौधे छोटे होते हैं। इन्हें गमले में उगाया जा सकता है।

(ii) ट्रस फूल वाली (Truss Flowering)–इसमें फूल एक साथ खिलते हैं।

(iii) आरचिड फूलवाली (Orchid Flowering)–इसमें फूल एक साथ नहीं खिलते हैं।

शाही घरों या प्राइवेट अथवा सरकारी ऑफिसों के लॉन मे सामान्यतः किनारे -किनारे केली को लगाया जाता है। बाग के सामने इसकी क्यारियाँ बनाई जाएँ तो केली के रंग में चमक आ जाती है। अनेक रंगों (हरे, पीले तथा कांस्य) की केली हो ?तो बाग के सामने लगाने से और अधिक सुन्दरता आ जाती है। एक क्यारी में एक ही रंग के फूल के पौधे लगाना अच्छा रहता है। यह पौधा लगभग 75 दिन बाद फूल देना प्रारम्भ कर देता है। इसमें अक्टूबर-दिसम्बर व अप्रैल से जून तक खूब अधिक फूल आकर्षक आता है। पुराने फूलों के सूखने के बाद तोड़ते रहने से फूल आते हैं तथा उद्यान की शोभ अधिक दिनों तक बनी रहती है।

7. मटर

उद्यानों की खूबसूरती के लिए अलंकृत रूप में मटर की खेती खूब की जाती है। अलंकृत मटर के पौधे को विशेष रूप से अनेक क्रियाएं करके पैदा किया जाता है। इन्हें सहारा देकर जमीन से ऊपर उठाया जाता है। इसकी विशेष कांट-छांट करके ऊपर चढ़ाया जाता है। ट्रेन्डिल्स को ज्यादातर काटते रहते हैं। जब तक पौधा ऊपरी सिरे तक न पहुँच जाय, फूल उत्पन्न नहीं किया जाता है। मटर के पौधों पर रंग-बिरंगे फूल लगते हैं ये फूल अलग-अलग रंग के होते हैं। मटर के पौधों पर सिर्फ ऊपरी सिरे पर ही पुष्प उत्पन्न किये जाते हैं। अलंकृत मटर का फूल गाढ़ा नीला, नीला, गुलाबी, सफेद, नारंगी, लाल तथा हल्के पीले रंग के होते हैं।

8. एस्टर

प्रदर्शनी हेतु एस्टर की बड़े आकार वाली फूल की प्रजाति का प्रयोग किया जाता है। इसे बीजों द्वारा पहले नर्सरी में पौधा तैयार कर दुबारा गमलों में लगाते हैं।

जब पौधों में 5-6 मुख्य तने हो जाँय तो उसे बढ़ने देना चाहिए तथा उनके ऊपरी सिरे पर फूल उत्पन्न होने देना चाहिए। इन तनों से निकली पार्श्व शाखाओं को काट देना चाहिए। इन तनों से निकली पार्श्व शाखाओं को काट देना चाहिए जिससे अच्छे फूल प्राप्त हो सकें। इसकी मुख्य किस्में-सुपर जाइंट, कैलीफोर्निया जाइण्ट, ड्वार्फ क्वीन, जाइंट फूली सुप्रीम, डबल बाल, जाइट चार्मिंग आदि हैं।

अलंकृत पत्तियों वाले पौधे

विभिन्न अलंकृत पत्तियों वाले पौधों को उद्यानों में उगाया जाता है। इनमें कुछ प्रमुख पौधे निम्नवत् हैं–

1. फर्न्स

इसकी उत्पत्ति ऊष्ण प्रदेशों में हुई है। यह घर के अन्दर पैदा करने के लिए बहुत ही 'उपयुक्त पौधा है, क्योंकि इसे छाया अथवा अर्द्ध छाया में सफलतापूर्वक पैदा किया जा सकता है। फनर्स की विभिन्न प्रजातियों का जन्म भारत में माना जाता है। इनको उत्पन्न करने में अत्यधिक ध्यान नहीं देना पड़ता है।

2. क्रोटन

यह अलंकृत सदाबहार झाड़ी है जो कि पत्तियों की बनावट व रंग के अनुसार विभिन्न प्रजातियों में मिलती है। क्रोटन को सुगमतापूर्वक खेती करने व सुन्दरता की दृष्टि से अधिक प्रसिद्धि मिली है। इनका प्रयोग पर्दे के रूप में, पट्टी के रूप में, हरियाली के रूप में गमलों एवं ट्यूब में उगाने के लिए, घरों के चरों तरफ उगाने के लिए, बरामदा व अन्य उपयुक्त स्थानों पर उगाने के लिए किया जाता है। क्रोटन की बहुत से नामों से युक्त जातियाँ मौजूद हैं। इसके बहुत से पौधे ऐसे हैं जिनका जन्म sports तथा बीज से हुआ है। क्रोटन की पत्तियां बहुत सुन्दर होती हैं। ज्यादातर लोग इन्हीं पत्तियों के लिए इस पौधें को लगाया करते हैं। इसलिए इनको पैदा करने में मुख्य उद्देश्य होना चाहिए कि पौधे झाड़ी की आकृति में रहे तथा उन पर नीचे से लेकर ऊपर तक पत्तियाँ हों। इस लक्षण की प्राप्ति के लिए जब पौधे 1.5 सेमी. ऊँचे हों तो-ऊपर से काट देना चाहिए। थोड़े ही समय में नई शाखाएँ अधिक मात्रा में उत्पन्न हो जाती हैं। जब ये शाखाएँ 20-30 सेमी. लम्बी हो जाय तो उनको फिर से काट देना चाहिए जिससे नवीन शाखाएँ अधिक संख्या में निकल सके। अधिक पुराने पौधे को जुलाई-अगस्त

महीने में नीचे से काट देते हैं। इस प्रकार इसमें नयी शाखाएँ उत्पन्न होकर छः महीने में अच्छा आकार प्रदान कर देती हैं।

3. पाम

इसे ताड़ भी कहते हैं। यह Plamaceae कुल का पौधा है। भारत में इसकी अनेक किस्में पायी जाती है। इनमें कुछ पौधों का मुख्य स्थान भारत माना जाता है। इसका पौधा इकहरे तने का सीधा, लम्बा एवं बेलनाकार होता है। पौधे की लम्बाई 10-30 मीटर होती है।

पिछले कुछ दशकों से पाम का महत्व बढ़ा है। अलग-अलग किस्मों के पामों का महत्व भी अलग-अलग होता है। इनका आर्थिक महत्व भी एक-दूसरे से विभिन्न होता है। इनमें से कुछ हवाओं से रक्षा करने के लिए, कुछ खाद्य समस्या के लिए कुछ कपड़ों के लिए, कुछ रेशे के लिए, तेल के लिए, शक्कर के स्टार्च के लिए, शक्कर के लिए, माम (wax) लिगनिन आदि के लिए महत्त्वपूर्ण हैं। इसके अलावा इसकी पत्तियाँ टटिया बनाने, नारियल के फलों के रेशों से से पैर, चटाई, पैर दान, टाट, पाम की पत्तियों से मोम, vinegar रस से तैयार किया जाता है। इसकी गिरी से तेल, फलों के खोल से कमण्डल तथा छोटे अलंकृत पौधों को गमलों में उगाकर सजावट के लिए या खुले स्थानों पर लगाकर सुन्दरता बढ़ाने हेतु प्रयोग किया जाता है।

4. कोलियस

इसकी उत्पत्ति जावा से हुई है। यह एक अति सुन्दर, छोटा शाकीय पौधा होता है जिसकी ऊँचाई 25-50 सेमी तक पायी जाती है। गमलों में पैदा करने के लिए यह मुख्य पौधा समझा जाता है। इसकी पत्तियाँ रंग-बिरंगी होती हैं। पत्तियों का रंग हरा, गहरा हरा, पीला, हरा, क्रिमसन, मैरून, पीला, क्रीम कलर व सफेद पाये जाते हैं। इसकी पत्तियों पर विभिन्न गहरे रंग पाये जाते हैं। पत्तियों का आकार भिन्न-भिन्न प्रजातियों में 4-20 सेमी. के बीच पाया जाता है। इसकी मुख्य स्पिसीज—कोलियस हेण्डर सोनी, कोलियस थायरो साइड, कोलियस प्लूम्लियस हैं। इनकी पत्तियाँ क्रमशः चमकीली, किनारे पीली; तना रेगनें वाला, पत्त्याँ छोटी चमकीली, हरी, बीच में बैंगनी रंग के धब्बे वाली; चमकीले रंग के फूलों के गुच्छे पाये जाते हैं।

5. कोचिया

इसकी लगभग 1,300 स्पिसीज पाई जाती हैं। कैक्टस एक सबसे ही साधारण पौधा है जिसमें पानी को अधिक रोकने की क्षमता होती है। यह पौधा वर्षा

ऋतु में पानी को अपने अंदर एकत्रित कर लेता है तथा वर्ष भर उसी से जीवित रहता है। यह सूखे से अधिक प्रभावित क्षेत्र में भी ठीक प्रकार से उगाया जा सकता है। ये रसपूर्ण पौधे होते हैं किन्तु समस्त कैक्टस एक से नहीं होते हैं। कैक्टस के बहुत से नाम अनकी आकृति के अनुसार जानवरों, चिड़ियों व पौधों के नाम पर रखे गये हैं। इसकी बहुत सी प्रजातियाँ स्वतन्त्र रूप से फूल उत्पन्न करती हैं। इसके फूल बहुत ही आकर्षक होते हैं किन्तु शीघ्र समाप्त हो जाते हैं।

इसकी बहुत-सी प्रजातियों में कुछ रात में और कुछ दिन में फूल उगाती हैं। इनमें से कुछ का फूल छोटा और कुछ का बड़ा होते हैं। इसी प्रकार बहुत सी प्रजातियों के फूलों में खुशबू तथा कुछ में बदबू आती है। इसे एकीय पौधे के रूप में गमलों में उत्पन्न किया जाता है तथा बहुत से लोग इसको घर के अन्दर मेज अथवा उपयुक्त स्थान पर सजाते हैं। इसको पानी बहुत ही सावधानीपूर्वक देना चाहिए। ज्यादा पानी इसके लिए उपयुक्त नहीं होता है। बहुत से कैक्टस खुली हुई धूप चाहते हैं किन्तु उनको अर्द्धछाया में भी पैदा किया जा सकता है। अधिक धूप में पौधे जल सकते हैं या पीले पड़ जाते हैं।

झाड़ियाँ एवं झाड़ियों का समुदाय

उद्यान में झाड़ियों का स्थान बहुत ही महत्त्वपूर्ण है। ये लॉन में दो अथवा तीन पौधों के झुंड में लगायी जाती है। सीढ़ीनमा लगायी गयी झाड़ियां लॉन के आसपास खूबसूरत लगती हैं। जब इनपर फूल खिलते हैं तो इनकी सुन्दरता और बढ़ी जाती है। झाड़ियों को इस प्रकार से लगाने को श्रबरी बॉर्डर (Shrubbery Border) कहते हैं। श्रबरी बॉर्डर हमेशा उद्यान के एक किनारे पर होना चाहिए। उद्यान अथवा बँगले के सामने श्रबरी बार्डर लगाने से स्थान की सुन्दरता काफी ज्यादा बढ़ जाती है।

हरबेसिअस बॉर्डर लगाते समय निम्नांकित बातों का ध्यान दिया जाता है–

(1) पौधों की ऊँचाई–बार्डर में अधिक लम्बे पौधे पीछे, मध्यम ऊँचाई वाले बीच में व छोटे पौधे सामने की पंक्ति में लगाते हैं।

(2) रंग की योजना–पौधों को बॉर्डर में भरते समय विशेष रूप से उनके रंग का ध्यान रखा जाता है। पौधों को रंग के लय के अनुसार इस प्रकार लगाया जाता है कि वे देखने में अधिक आकर्षित लगें।

(3) पौधों के फलने का समय–बॉर्डर में भरने के लिए जिसे पौधे का चुनाव किया जाय, उनका फूलने का समय लगभग एक ही होना चाहिए। ऐसा न हो कि

कुछ पौधा जल्दी फूल समाप्त कर दे तथा कुछ देर तक फूल देते रहें। हरबेसिअस बॉर्डर निम्नांकित बातों के लिए लगाया जाता है–

(1) हरबेसिअस बॉर्डर उद्यान में अन्य पौधों के सम्पर्क में लगाने से उद्यान की शोभा में वृद्धि करता है।

(2) बॉर्डर के अन्दर भिन्न-भिन्न तरह के पौधे उगाये जाते हैं। इसलिए माली को हर पौधे के बारे में उसके स्वरूप व माँग का बढ़िया से ज्ञान होना चाहिये।

(3) बॉर्डर की लम्बाई अधिक और चौड़ाई कम होने के कारण, देखने में ज्यादा सुन्दर लगता है।

(4) गुलदस्ते, मालाएँ आदि बनाने के लिए विभिन्न तरह के विभिन्न रंग के फूल बॉर्डर से प्राप्त किये जा सकते हैं।

बाड़

बाड़ दो स्थानों को एक दूसरे से अलग करने व सुरक्षा के लिए लगाई जाती है। इसे उद्यान के चारों तरफ सुरक्षा तथा हवा रोकने के लिए लगाया जाता है। बाड़ को विण्ड ब्रेक (wind break) भी कहते हैं। सुरक्षा की दृष्टि से जब बॉड लगाया जाता है तो काँटेदार पौधों की आवश्यकता होती है। इस तरह की बॉड बनाने हेतु इन जैसे काँटेदार पौधों का उपयोग किया जाता है। दो देशों के मध्य सुरक्षा की दृष्टि से भी कंटीले तारों के सहारे काँटेदार पौधे बॉड के रूप में लगाये जाते हैं। भारत में मरूभूमि के विस्तार को नियंत्रित करने के लिए इसे अपनाया गया है। आवश्यकता के अनुसार इन पौधों की ऊपर व बगल से छँटाई होती रहती है।

वृक्ष

विश्व भर में फूल देने वाले वृक्ष भारत में सर्वाधिक पाये जाते हैं। हमारे देश में शीतोष्ण कटिबन्धीय जलवायु के वृक्ष रोहडेडेनड्रोन से लेकर ऊष्ण कटिबन्धीय जलवायु के वृक्ष बाउनिया तक मिलते हैं। देश के कुछ शहरों में वृक्षों को सौंदर्य हेतु इस्तेमाल किया जाता है। किसी भी उद्यान में वृा अवश्य लगाये जाने चाहिए। उद्यान के आकार-प्रकार के अनुसार वृक्षों की संख्या और आकार तय किया जाता है। छोटे उद्यान में कम वृक्ष लगाये जाते हैं। अगर उद्यान बहुत ही छोटा है तो वृक्ष लगाये ही नहीं जाते हैं। वृक्ष नगरों व राष्ट्रीय एवं प्रान्तीय नहरों, मार्गों, रेलवे मार्ग के दोनों तरफ पटरियों पर लगाये जाते हैं। वृक्ष पार्क, स्क्वायर, मार्गों स्टेशन, प्लेट फार्म, कम्पाउण्ड, विश्वविद्यालय, कालेज, न्यायालय, स्कूल, कार्यालय, ऐतिहासिक भवनों के कैम्पस

आदि में इन्हें लगाना सबसे उपयुक्त होता है। वृक्षों का चुनाव स्थान विशेष के अनुसार किया जाता है।

नगर के मार्गों, पार्कों एवं विभिन्न कार्यालयों के लिए फूल तथा छाया दोनों देने वाले वृक्ष होने चाहिए। शहर के अन्दर कम जगह घेरने व छोटे आकार वाले पेड़ लगाने चाहिए यथा गुलमोहर, छातवन, अमलतारस, जेकेरेंडा, इरिथिरिना इंडिका आदि। शहर से बाहर सड़कों के किनारे अधिक जगह घेरने वाले वृक्षों को लगा सकते हैं। चौड़ी पट्टी होने पर वृक्षों की दो लाइनें लगा सकते हैं।

बाहर वाली लाइन में इमली, जामुन, पीपल, नीम, पाकड़, मौलश्री, बरगद आदि तथा अन्दर वाली लाइन में गुलमोहर, कचनार, अमलतास आदि फूल देने वाले वृक्षों को लगाना उचित होगा। राष्ट्रीय राजमार्ग (High Way) पर एक ही प्रजाति के वृक्ष अनेक किलोमीटर तक लगाने से स्काई लाइन (Sky line) बन जाती है जो देखने में बहुत ही आकर्षक लगते है। इस काम में इस बात का भी ध्यान रखना चाहिए कि ये वृक्ष छायादार होने के साथ-साथ व्यावसायिक दृष्टिकोण से भी उपयोगी हों। फूलों तथा रंगों की दृष्टि से भी पौधे एक साथ लगाये जा सकते हैं। अलग-अलग महीने में फल देने वाले पौधों को अलग सड़क पर लगाना चाहिये जिससे एक महीने में एक सड़क पर एक ही प्रकार के फूल खिलें, व दूसरी सड़क पर दूसरी तरह के।

लताएँ

लताओं पर फूल बहुत ज्यादा आते हैं। इससे उद्यान के सौन्दर्य में और भी वृद्धि हो जाती है। लताओं का रोपण एक ही साथ दो पौधों के रूप में किया जाता है। साधारणतः पौधों को विपरीत रंगों में चुनकर लगाया जाता है। यह भी ध्यान में रखा जाता है कि इनसे फूल भिन्न-भिन्न मौसम में मिलते रहें। कुछ लताएँ खुशबू वाली होती हैं। इनकी छाया भी भरपूर होती है। कुछ लताएँ ज्यादा जगह घेरती हैं तो कुछ कम जगह में फैलती हैं। इनकी उम्र भी अलग-अलग होती है। कुछ की उम्र सिर्फ एक वर्ष होती है तो कुछ की अवधि बहुत ही लम्बी होती है।

लताओं को अपने विकास के लिए सहारे की जरूरत पड़ती है। इसीलिए इन्हें किसी स्तम्भ, दीवार या छत के सहारे लगाया जाता है। इन सहारों के बल पर ये फूल और फल देती हैं। इस प्रकार सब्जियों, फलों तथा फूलों से खाद्यान्न फसलों की अपेक्षा अधिक उत्पादन तथा आय प्राप्त होती है। आहार विशेषज्ञों के अनुसार

स्वस्थ मनुष्य के संतुलित आहार में प्रति व्यक्ति 75 ग्राम फल व 300 ग्राम हरी सब्जियों का होना आवश्यक है। इसके अलावा, बढ़ते हुए पर्यावरण प्रदूषण की रोकथाम हेतु देश के बीहड़, जंगल, परती भूमि आदि में वृक्षारोपण (फल, फूल के रूप में) तथा अलंकृत बागबानी को प्रोत्साहित करना बहुत ही जरूरी है।

इसलिए कृषि विकास की नयी रणनीति के अनुसार फल, शाक-भाजी तथा आलू की खेती में प्रति हेक्टेयर उत्पादन में उन्नति करके अधिक मूल्यवान फल (आम, नीबू की बेहतर प्रजाति) तथा साक-भाजी, टमाटर, भिण्डी, परबल एवं गोभी की कूल सब्जियों के उत्पादन पर विशेष जोर दिया जा रहा है। हाल में निर्यात योग्य फल तथा सब्जियों का विकास किया गया है। इसी प्रकार उन्नत किस्म के फलों सब्जी के पौधों व बीजों का सम्वर्धन करके उत्पादकों को सुलभ कराया जा रहा है। आधुनिकतम कृषि खोजों, विधियों और तकनीकों के इस्तेमाल के द्वारा कृषि का विकास तेजी से हुआ है। इनका इस्तेमाल कर सब्जियों, फलों और फूलों के उत्पादन में भी वृद्धि की जा सकती है।

8

औषधीय पौधों का उत्पादन

मनुष्य को शुरू से ही दवाइयों की जरूरत रही है। प्रारम्भ में वह प्राकृतिक चिकित्सा का सहारा लिया करता था कालान्तर में जैसे-जैसे चिकित्सा के क्षेत्र में विकास होता गया वैसे-वैसे पौधों का इस्तेमाल औषधि के रूप में शुरू हुआ और औषधीय गुण वाले पौधों की खोज में वृद्धि हुई। भारत में रोग निवारण के लिए पौधों (जड़ी-बूटी) के प्रयोग से जुड़ा विवरण ऋग्वेद में मिलता है। यहाँ औषधिक के रूप में सेमल, पलाश, पीपल तथा पीठवन का स्पष्ट वर्ण है। अथर्ववेद में जड़ी-बूटी से जुड़ी पर्याप्त विषय सामग्री मिलती है। वैदिक काल के बाद लगभग 1000 वर्ष तक इस विद्या की उन्नति का प्रमाण मौजूद है।

रामायाण एवं महाभारत में भी औषधीय पौधों का चिकित्सा के रूप में वर्णन है। इसके बाद चरक एवं सुश्रुत द्वारा औषधियों पर महत्त्वपूर्ण ग्रन्थ 'चरकसंहिता' तथा 'सुश्रुत-संहिता' लिखे गये। चरक संहिता में लगभग 700 औषधियों का वर्णन है जो वनों की जड़ी-बूटियों से सम्बन्ध रखती है। 'सुश्रुत-संहिता' में शल्यचिकित्सा (सर्जरी) का वर्णन मिलता है। इन्हें विदेशी वैद्यों, डॉक्टर, हकीम ने भी बहुत मान्यता दी है। वे स्वीकार करते हैं कि भारत में लगभग 2000 वर्ष पहले से ही 'प्लास्टिक सर्जरी' की पद्धति प्रचलित थी। चरक के समय से लेकर वर्तमान काल तक कई आयुर्वेदाचार्यों, हकीमों, वैद्यों, साधु-महात्माओं, आदिवासियों व अनुसंधानकर्त्ताओं के सहयोग से भारतीय वनौषधियों की संख्या में बढ़ोतरी हुई और आज लगभग 2500 पौधों में दवाइयों

के गुण ढूँढ़ निकाले गये हैं। भारतीय आयुर्वेदाचार्यों का मानना है कि जो भी वनस्पति जगत में उपस्थित है उसमें कोई-न-कोई औषधीय गुण जरूर है, भले ही उसको खोजा नहीं गया हो। इन वनौषधियों तथा जडी-बूटियाँ के विषय में जानकारी आयुर्वेद के कुछ लिखित ग्रंथों के अलावा परम्परागत रूप में समाज में मौजूद है।

आदिम जन जातियों को विभिन्न पौधों के औषधीय गुणों के विषय में आज भी पर्याप्त ज्ञान है जो एक पीढ़ी से दूसरी को हस्तान्तरित होता आ रहा है। वर्तमान में भी ये लोग अपनी अनेक रोगों का इलाज इन्हीं दवाईयों से करते हैं। कुछ विद्वान वनौषधियों तथा जड़ी-बूटियों पर उनकी वैज्ञानिकता के संदर्भ में प्रश्न वाचक चिह्न लगाते हैं। कुछ वैद्यों का यह भी मानना है कि इन औषधियों में अनेक ऐसे अज्ञात तत्त्व हैं, जो मरीज को लाभ पहुँचाते हैं किन्तु रासायनिक परीक्षण-विश्लेषण में दिखायी नहीं देते हैं। आयुर्वेदाचार्यों का यह भी मानना है कि पौधों की औषधीय गुणवत्ता उनके फूलने के समय फलने के समय, बीज अथवा छाल एकत्रित करने के समय, उगने के मौसम व स्थान आदि से प्रभावित होती है। भारत में लगभग 2000 पदार्थ दवाइयों में प्रयुक्त होते हैं। इसमें लगभग 200 पदार्थ जीव-जन्तुओं, इतने ही खनिज पदार्थों से व लगभग 1500 पदार्थ-फल, पत्ती, फूल, जड़, गोंद, छाल, रस आदि वनस्पति जगत से प्राप्त किये जाते हैं।

यहाँ पर विभिन्न जलवायुविक दशाओं के पाये जाने से लगभग 1500 से अधिक प्रजातियों के पौधे पाये जाते हैं। यहाँ कुछ विशिष्ट औषधीय पौधों का वर्णन दिया जा रहा है। ये पौधे वैज्ञानिक दृष्टि से विश्लेषित हैं। ये पौधे भारतीय मानक औषधि कोष (इण्डियन फार्मेस्युटिकल कोडेक्स) तथा अमेरिकन औषधि कोष (यूनाइटेड स्टेट्स डिस्पेंसेटरी) में मान्य समझे गये हैं। इनमें से अधिकांश वनस्पतियां भारतीय हैं। कुछ ऐसे भी विदेशी पौधे हैं जिनका भारत में स्वाभाविक रूप से खेती की जाने लगी है और जिनका व्यापारि महत्व भी अधिक है।

1. चिरायता—इसका पौधा हिमालय पर्वत में कश्मीर से लेकर असम तक 1200 से 3000 मीटर की ऊँचाई वाले स्थानों में मिलता है। पुष्पन के समय सम्पूर्ण पौधे को उखाड़कर सुखा लिया जाता है। समूचा पौधा दवाई के काम आता है। यह एक सुपरिचित औषधि है। यह औषधि पाचक, ज्वरनाशक, कृमिनाशक गुणों के लिए विख्यात है। इसमें वही गुण है जो नीलकंठ में मिलता है। अतिसार, ज्वर और दुर्बलता की चिकित्सा हेतु उपयोग किया जाता है। इसे मलेरिया में भी दिया जाता है।

2. चीड़—इसका वैज्ञानिक नाम प्रसिद्ध वनस्पतिशास्त्री डॉ. विलियम रॉक्सवर्ध के सम्मान में 'रॉक्सवर्धइ' दिया गया। इसका वृक्ष बहुत बड़ा होता है। यह हिमालय

की निचली पहाड़ियों तथा अन्य पर्वतीय क्षेत्रों में होता है। चीड़ तथा इसके वंश वाले वृक्षों से राज जैसा (रेजिनी) पदार्थ तारपीन निकलता है। इसे तारपीन का तेल (आयल आफ टर्पेंटाइन) कहते हैं। यही तेल औषधि के रूप में उपयोग किया जाता है। इसे तेल से त्वचा में उत्तेजना, अत्यन्त सीमित मात्रा में सेवन करने से यह उत्तेजक, खांसी, कफ, निस्सारक व श्वास नली की सूजन में लाभप्रद है। इससे पेट में अफारा, ऐंठन ठीक हो जाता है। कुछ मात्रा में यह मियादी ज्वर, मसूड़ों एवं नाकों में खून आना आदि में भी प्रयोग करने से लाभ मिलता है। चीड़ का तेल एनीमा क्रिया में भी इस्तेमाल होता है। इस क्रिया के द्वारा कब्ज के रोगी को आराम मिलता है। इसका प्रयोग विशेषकर गठिया आदि दर्द में लगाने, लेपन प्लास्टर आदि बनाने में काम आता है। इसका तेल सूँघने से खांसी व जुकाम में लाभ होता है। इसकी लकड़ी बहुत ही उपयोगी होती है।

3. चन्दन को अंग्रेजी में संदल व संस्कृत में 'मलयज' कहते हैं। इसके पौधे विशेषकर प्रायद्वीपीय भारत में ज्यादा मिलते हैं। चन्दन की लकड़ी से प्राप्त तेल दवाई के रूप में प्रयुक्त होता है। इसका तेल मूत्र विरेचक है। यह मूत्र कृच्छ के इलाज में दिया जाता है। इसे मूत्राशय की सृजन, सुजाक और खाँसी में भी उपयोगी बताया जाता है। मूत्राशय के क्षयरोग में चन्दन का तेल लाभप्रद है। इसकी लकड़ी बहुत ही उपयोगी होती है। इसके तेल से सुगंधित साबुन व श्रृंगार सामग्री बनायी जाती है। इससे कीटनाशक दवाइयाँ भी बनाई जाती हैं।

4. चालमोगरा—यह वृक्ष असम एवं त्रिपुरा के वनों में मिलता है। कुछ स्थानों पर तो यह बहुसंख्यक रूप में मिलता है। इसके ताजे, पके बीजों का तेल दवाई के रूप में काम आता है। कुछ दशक पहले तक सिर्फ चालमोगरा का तेल ही दवा के रूप मे इस्तेमाल किया जाता था। अब इसके तेल से दूसरी दवाएं भी बनायी जा रही हैं। जिनको इंजेक्शन के माध्यम से रोगी को दिया जाता है। इस वृक्ष की छाल में टेनीन होता है। इसका छाल बुखार में लाभदायक समझा जाता है। इसकी खली खाद के रूप में काम आती है।

5. छातिन को संस्कृत में सप्तवर्ण कहते हैं। इसका वृक्ष समस्त भारत में विशेषकर ज्यादा वर्षा वाले क्षेत्रों में उगाया जाता है। इस वृक्ष की छाल दवाई के रूप में काम आती है। यह औषधि पुराने अतिसार तथा पेचिश में अत्यन्त उपयोगी बतायी जाती है। यह मलेरिया बुखार में भी उपयोगी है। यह बुखार को शनैः शनैः उतारता है। इसके सेवन से शरीर में अधिक कमजोरी नहीं आती है। छातिन त्वचा के रोगों में भी लाभदायक है। यह दवाई रक्त चाप घटाने के लिए उपयोगी है।

6. जंगली प्याज—यह उत्तरी-पश्चिमी भारत में हिमालय पर्वत के 2000 मीटर ऊँचाई वाले भू-भागों से लेकर दक्षिण में केरल व पूर्वी बिहार में मिलता है। शल्यकंद के बाहरी सूखे छिल्के हटा दिये जाते हैं। तब कन्द के पतले भाग को काटकर सुखा लेते हैं। इसका प्रयोग हृदय रोग, एलर्जी, खाँसी और श्वास नली के सूजन में उपयोगी है। यह मूत्र विरेचक भी है। पुरानी खाँसी में भी लाभदायक है।

7. जामुन—इसको संस्कृत में जम्बू कहते हैं यह मानसूनी प्रदेश का पौधा है। इसे तुलनात्मक जल की अधिक आवश्यकता पड़ती है। जामुन की छाल, फल व बीज औषधि के रूप में काम आते हैं। वृक्ष की छाल स्तम्भक होती है और कंठ के रोग श्वासनली की सूजन, दमा, खांसी, पेचिश व फोड़े-फुंसी में उपयोगी है। जामुन से बनायी गयी औषधि पाचक का भी काम करती है। इसका एक और महत्वपूर्ण इस्तेमाल खून को साफ करने के लिए भी होता है। छाल का ताजा रस बकरी के दूध के साथ सेवरन करने से अतिसार में लाभ होता है। इसके बीज के चूर्ण का उपयोग मधुमेह के मरीज करते हैं। इसकी लकड़ी बहुत ही उपयोगी होती है।

8. जटा मांसी—को अंग्रेजी मे स्पाइकनार्ड कहते हैं। इस पौधे के प्रकंदों पर दाढ़ी जैसे लम्बे रेशे होते हैं। इस कारण इसे भारतीय भाषाओं में जटा मांसी कहते हैं। इसका पौधा हिमालय में 3000-4500 मीटर की ऊँचाई में कश्मीर से भूटान तक मिलता है। इसकी प्रकंद तथा जड़ें सुखाकर दवाई के रूप में प्रयोग करते हैं। इसके सेवन से पौष्टिकता, मरोड़, उत्तेजना तथा ऐंठन में लाभ मिलता है। यह हृदय की धड़कन जैसे रोगों में उपयोगी है। यह रेचक, मूत्रल व पाचक हैं और रजोधर्म को भी ठीक करता है।

9. डिओस्कोरिआ—एक कुंडलाकार बूटी है। भारत में इसकी 50 प्रजातियाँ पायी जाती हैं। इसकी अनेक जातियाँ जैसे रतालू, अरबी आदि की खेती भी की जाती है। विगत वर्षों में इसने डायोस्जेनिन आदि स्टेराइडल सेपोजेनिनों के साधन के रूप में काफी प्रसिद्धि पायी है। इनसे कार्टिजोन के संश्लेषण के लिए काफी पदार्थ मिलते हैं। कार्टिजोन गठिया के इलाज के लिए व यौन हारमोनों के निर्माण के लिए काफी उपयोगी है।

10. तुलसी—भारत का सुपरिचित पौधा है। हिन्दुओं के घरों में इसे पूज्य समझा जाता है। यह हर घरों, उद्यानों एवं मन्दिरों में लगाया जाता है। अनेक स्थानों पर यह जंगली रूप में भी मिलता है। तुलसी के पत्ते व बीज औषधि के काम आते हैं। पत्तों से प्राप्त तेल बैक्टीरियानाशक होता है तथा कुछ प्रकार के कीड़ों को भी समाप्त करता है। पत्तों के रस, श्वास नली की सूजन, जुकाम तथा अपच में उपयोगी

हैं। यह दाद, खुजली एवं अन्य त्वचा रोगों पर भी लगाया जाता है। कान के दर्द को दूर करने के लिए पत्तों के रस की बूंदें कान में डालते हैं। अब तुलसी के पत्तों की चाय भी बनायी जाने लगी है। इस तरह की चाय को आयुर्वेदिक चाय कहते हैं। इससे सर्दी-जुकाम और मुंह के रोग ठीक होते हैं। इसका बीज मूत्र रोगों में लाभप्रद है। तुलसी का क्वाथ पीने से पसीना आ जाता है, इसलिए इसे मलेरिया बुखार में देते हैं। इसकी गुणवत्ता, महत्ता के कारण ही इसकी पूजा की जाती है। पर्यावरण की शुद्धता को बनाये रखने में भी इसकी पूजा की जाती है। पर्यावरण की शुद्धता को बनाये रखने में भी इसकी मुख्य भूमिका होती है।

11. तालमखाना—कीचड़ आदि नम स्थानों में सम्पूर्ण भारत में मिलता है। यह ज्यादातर पूर्वी बिहार में ताल-पोखरों, निम्न जल जमाव वाले स्थानों में स्वतः उग आता है। पूर्वी बिहार में तालमखाने की खेती भी हो रही है। इसका मूल सहित समूचा पौधा दवाई के काम आता है। यह जलोदर, पीलिया, गठिया और मूत्र तथा जननेंद्रियों के रोगों में काम आता है। इसके बीज सुजाक व आतशक आदि रति सम्बन्धी रोगों में फायदेमंद बताये गये हैं। सम्पूर्ण पौधे में मूत्र विरेचक गुण है। इसका पत्ता खांसी, मूत्र में धातु के रोग में उपयोगी है।

12. तिलपुष्पी—तिल के पौधे जैसे फूल होने के कारण इसका यह नामकरण किया गया है। उत्तरी भारत के पर्वतीय प्रदेश में इसकी खेती की जाती है। कश्मीर में इसकी खेती होती है। इसके पौधे उत्पादन क्षेत्र से बाहर भी फैल गये हैं एवं जंगली रूप में उग आते हैं। तिलपुष्पी के पत्तों से ही दवाएं बनायी जाती हैं। इसके पतों को धूप में सुखाकर एवं चूर्णकर दवाएं बनायी जाती है। इसके पत्ते को $60^{0}C$ तापमान पर सुखाना उपयुक्त होता है। पौधों को उखाड़ने के शीघ्र बाद सुखाना चाहिए। इसका दवाई के रूप में हृदय रोग में उपयोग किया जाता है। यह हृदय की पेशियों को उत्तेजित करती है और उनकी गति को बढ़ाती है।

खून के संकुचन की वजसे हृदय की गति बंद हो जाये तो उसमें यह उपयोगी है। तिलपुष्पी कोरोनरी धमनियों में अधिक खून भेजती है। यह हृदय के लिए बलकारक होती है। इस प्रकार यह हृदय की गति तथा क्रिया को ठीक करने में सहायक होती है। यह गुर्दे में भी रक्त-प्रवाह ठीक करती है और इस कारण यह मूत्रल है। इससे निर्मित मरहम फोड़ों पर व जले जख्मों पर भी लगाये जाते हैं।

13. दालचीनी—को संस्कृत में दारूशिला कहा गया है। यह पौधा श्रीलंका से जुड़ा है। श्रीलंका में यह प्राकृत रूप से उगता है। दालचीनी का पौधा दक्षिणी भारत में लगभग 1500 मीटर तक की ऊँचाई वाले क्षेत्रों में अधिक होता है। कम ऊँचे

स्थानों में यह कम होता है। कुछ स्थानों पर इसकी खेती भी होती है। वृक्ष की शाखाएँ काटकर छाल उतार ली जाती है। अंदर की सूखी छाल को दालचीनी कहते हैं। यह छाल दवाई के रूप में काम आती है। यह मितली, अतिसार और वमन में उपयोगी है। यह खाने के मसाले में भी उपयोग होती है। इसका तेल बहुत ही लाभकारी होता है। यह वायुसारी, पाचक और उद्दीपक होती है। यह अतड़ियों के लिए बल कारक है। पत्तों से प्राप्त तेल मिठाइयों तथा साबुन को सुगंधित करने के काम आता है। यह गठिया की पीड़ा में फायदेमंद है। इसके लिए द. भारत, असम, बंगाल तथा अंडमान में उपयुक्त भौगोलिक दशाएँ मिलती हैं।

14. धतूरा—यह शुष्कभागों के मैदानी क्षेत्र में मिलता है। पर्वतीय क्षेत्र में 2500 मीटर तथा मध्य एवं दक्षिणी भारत के पर्वतों में भी पाया जाता है। इसके सुखाये हुए पत्ते, फूलवाली शाखाएं व बीज दवाई के रूप में प्रयोग होते हैं। इसके पत्ते में हिओसिआमीन नामक तत्त्व मिलते हैं। यह श्वासनली में सूजन व दमा में लाभदायक है तथा मुँह में लार बनने की प्रक्रिया में सन्तुलन करता है। इसमें एंटीस्पासमेडिक तथा स्वापक गुण होते हैं। इसके उपयोग से मरोड़ या ऐंठन रोग दूर होते हैं। धतूरा के पौधों की पत्तियों को जलाकर उसका धुआं नाक से लेने पर दमा रोगी को फायदा पहुंचता है।

15. नीम भारत का सुपरिचित पौधा है। प्रायद्वीप भाग में यह स्वतः उगता है। इसका रोपण देश के समस्त भागों में किया जाता है। नगरों में यह सड़कों के किनारे लगाया जाता है।सभी-भारतीय अपने दरवाजे पर नीम का वृक्ष लगाते हैं। पर्यावरणीय दृष्टि से भी इसका विशेष महत्त्व है। इसके बीज, पत्ते, तने और जड़ों की छाल दवाई के रूप में काम आती है। इसकी छाल तिक्त, पौष्टिक व स्तम्भक होती है। यह मलेरिया में लाभदायक है। यह त्वचा के रोगों में भी उपयोगी है। इसके पत्ते कड़वे होते हैं और त्वचा रोगों तथा फोड़ें-फुन्सी पर उपयोग किये जाते हैं। पत्ते के रस का सेवन भी फायदेमंद है। पत्ते व जड़ों में एंटीबायोटिक तत्त्व होते हैं। यह त्वचा के रोगों में लाभदायक है। बीज की खली तथा छाल से प्राप्त गोंद भी अनेक रूप में काम आते हैं।

16. नीलकंठ—इसको हिन्दी में कुटकी या कमलफूल कहा गया है। इसके पौधे उत्तर-पश्चिम हिमालय में कश्मीर व उसके पास के क्षेत्र में 1500 से 3500 मीटर की ऊँचाई वाले स्थानों में पाये जाते हैं। इसके प्रकंद को सुखाकर दवाई के रूप में काम लाते हैं। इसकी दवाई क्षुधावर्धक होती है। यह अतड़ियों के पाचक तत्त्वों के लिए उद्दीपक है। यह कई पौष्टिक औषधियों में पड़ती है। इसका स्वाद तथा गन्ध अच्छी होती है।

17. निसोथ–इसको संस्कृत में कालपर्णी कहते हैं। यह एक बल्लरी पौधा है। इसकी शाखाओं में दूध जैसा सफेद रस होता है। जड़ शाखित, लम्बी, सरस होती है। यह लता 1000 मीटर की ऊँचाई तक के स्थानों में लगभग सम्पूर्ण भारत में उगती है। यह सुन्दर फूलों की शोभा के लिए उद्यानों में भी उपजाया जाती है। पौधे की जड़ को सुखाकर दवाई के रूप में उपयोग करते हैं। इस पौधे के सिर्फ फल वाले पेड़ से जड़ें प्राप्त की जाती हैं। इसमें 'टर पेथिन', नामक तत्त्व होता है। यह रेचक होता है। जड़ों को पीसकर उपयोग किया जाता है।

18. नरसल–इसको संस्कृत में 'देवनाल' कहा गया है। इसके पत्ते तम्बाकू जैसे होते हैं। इसका वैज्ञानिक नाम निकोटिने फोलिआ है। यह प्रायद्वीपीय भाग में पहाड़ियों एवं उनके आस-पास के मैदानी क्षेत्रों में होता है। अक्टूबर में पौधें की जड़ को छोड़कर शेष सभी भाग को एकत्रित कर छाया में रखकर सुखा लेते हैं। इसमें निकोटिन से मिलता-जुलता गुण पाया जाता है। इससे बनी दवाओं का इस्तेमाल विभिन्न रोगों में होता है। यह दमा तथा श्वासनली की सूजन में लाभदायक होता है। नरसल में 'लोबेलिन' नामक एल्केलाइड पाया जाता है। यह श्वास क्रिया में वृद्धि करता है। किन्हीं कारणों वश श्वास आना बंद हो जाय तो 'लोबेलिन' के सेवन से फिर प्रारम्भ हो जाती है।

19. पोदीना–वंश की लगभग समस्त जातियों को भारत में पोदीना नाम से जानते हैं। यह पौधा गंधमय होता है। इसमें मुख्य उपयोगी तत्त्व 'मेंथोल' और 'पेपर मिंट' आयल होते हैं। भारत में उत्तरी भाग में विशेषकर कश्मीर में 1500 से 3000 मीटर ऊँचाई तक स्वतः उगते हैं। देश के मैदानी भागों में इसकी खेती भी होती है। इसके पत्तों का उपयोग गर्मी के दिनों मे बढ़ जाता है। लोग शरबत बनाने में इसका इस्तेमाल करते हैं। यह ठण्डा और पाच्य होता है। इससे गठिया रोग में भी फायदा पहुंचाता है। इसके साथ ही इसमें एण्टीसेप्टिक तथा उत्तेजक गुण प्राप्त होते हैं। इसका प्रयोग बुखार में करते हैं। उत्तरी भारत में गर्मियों में इसकी चटनी तथा जल के सवेन से धूप से सुरक्षा मिलती है इससे तैयार पीपरमिंट आयल सिर दर्द, अपच, गठिया, खांसी, कुल्ला-गरारा, जुकाम में प्रयुक्त होता है। यह एंटीसेप्टिक भी है।

20. पुनर्नवा–को हिन्दी में विषखोपरा, सुर्वरी, सांठी कहते हैं। व्यापार में इसका संस्कृत नाम पुनर्नवा प्रचलित है। यह भूमि पर फैलता है। अन्य पौधों का सहारा पाकर ऊपर भी चढ़ जाता है। यह सारे भारत में पाया जाता है। पौधे के सभी विशेषकर जड़ पुनर्नवा नाम दवाई में काम आती है। इसमें पुनर्नवीन नामक एल्केलाइड होता है। यह दवाई मुख्यतः मूत्र विरेचक के रूप में प्रयोग होती है। यह पीलिया, जलोदर तथा सूजाक में भी उपयोगी है।

21. पीपला मूल–का वैज्ञानिक नाम लोंग-पैंपर, पीपल है। संस्कृत नाम मागधी, मगध प्रदेश (बिहार) को संकेत करता है। यह छोटा सुन्दर पौधा होता है, जो भूमि पर फैलता है। यह पौधा भारत के ऊष्ण क्षेत्रों में उगता है। इसकी खेती भी की जाती है। पीपर का स्पाइक सुखाकर दवाई के रूप में इस्तेमाल किया जाता है। यह पौष्टिक होता है। यह उत्तेजक सुंघनियों में डाला जाता है। कच्चे फलों को सुखाकर उनका क्वाथ बनकर खांसी अथवा धसका में देते हैं। पके फल सुगन्धित, उद्दीपक और वायुसारी होते हैं। यह एंटीबायोटिक होता है। पीपर प्रजाति की एक अन्य वनस्पति दवाई में बहुत फायदेमंद है यह है काली मिर्च। काली मिर्च के कच्चे फल को सुखाकर औषधि के रूप में प्रयोग करते हैं। सूखने पर यह काले रंग की झुर्रीदार और गोल हो जाती है। यह उत्तेजक, वायुसारी व पाचक होती है। इसमें एंटी-बायोटिक गुण मिलता है।

22. पापरी–इसको हिन्दी में बन बैगन भी कहते हैं। यह पौधा हिमालय पर 3000 में 4000 मीटर की ऊँचाई पर होता है। कश्मीर में 1800 मीटर की ऊँचाई वाले स्थानों में भी यह उपजाता है। पापरी के प्रकंद सुखाकर दवाई में काम आते हैं। प्रकन्दों में एक राल जैसा (रेजिनी) पदार्थ 'पोडो फिल्लिन' मिलता है। यह रेचक होता है। इसका प्रभाव शनैः शनैः होता है। यह त्वचा रोगों में व रसौली अथवा गिल्टी में भी उपयोगी होता है।

23. पलाश–इसको हिन्दी में ढाक अथवा टेसू कहते हैं। अंग्रेजी में इस पौधे को 'फ्लेम ऑफ दि फारेस्ट' कहते है। पुष्पन के समय लाल-नारंगी फूलों से लदे वृक्ष जंगल में आग की लपटों जैसे दिखते हैं। यह भारत का सुपरिचित पौधा है। इसके फलचपटी फली जैसे होते हैं। फली में एक बीज के कारण इसे मोनोस्पर्मा वैज्ञानिक नाम दिया गया है। यह पूरे भारत में मिलता है। मध्य तथा पश्चिमी भारत में मिश्रित वनों में मिलता है। पलाश से प्राप्त लाल गोंद को बंगाल के किनो अथवा बूटे आगम कहते हैं। इस पौधे के बीज दवाई में काम आते हैं। इसके गोंद में टैनीन होती है। यह अतिसार में बहुत ही लाभदायी है। राउंडवर्म पर विशेष लाभदायक है। पलाश के फल के बीजों को नींबू के रस के साथ पीसकर जो मलहम बनाया जाता है उसका उपयोग खुजली रोग में होता है। इसकी जड़ भी रक्तचाप में प्रयोग होती है।

24. बच–को संस्कृत में भूत-नाशिनी कहा गया है। यह एक छोटा पौधा है जिसका प्रकंद विभक्त होकर भूमि में दूर-दूर तक फैल जाता है। इस का प्रकंद सुगंधित होता है। इसके स्पाइकों को 'स्पेटिक्स' कहते हैं। इसका पौधा 2000 मीटर

की ऊँचाई तक सम्पूर्ण भारत में उगता है। पर्वतीय प्रदेशों में उत्तरी तथा पूर्वी भागों में दलदल या नम स्थानों पर अधिक उत्पन्न होता है। मैसूर में इसकी खेती की जाती है। इसके प्रकन्द को सुखाकर दवाई के रूप में इस्तेमाल किया जाता है। इसमें वाष्पशील (वोलेटाइल) तेल होता है। जिसकी वजह से यह बात नाशक होता है। इससे पेट फूलने, अफरा या उदर स्फीति की अवस्था में आराम मिलता है। इसका तेल कफ निस्सारक होता है। यह दमा में भी उपयोगी होता है। इसकी जड़ से कृमिनाशक दवाई बनायी जाती है।

25. बेल—इसको संस्कृत में श्रीफल कहा गया है। इसका फल पहले हरा और पकने पर भूरा हो जाता है। फल का छिलका कठोर होता है। इसका गूदा नारंगी रंग का बहुत ही स्वादिष्ट तथा सुगन्धित होता है। यह वृक्ष मैदानी क्षेत्र व हिमालय की तलहटी में मिलता है। इसका पका या अधपका फल दवाई के रूप में प्रयोग किया जाता है। फल का गूदा (म्यूसीलेज) तथा पेक्टीन उपयोगी होते हैं। यह पुराने अतिसार, पेचिश, आँव में लाभप्रद है। बेल का शरबत पेट के लिए फायदेमंद होता है। इसका ज्यादातर उपयोग गर्मी के दिन में किया जाता है। उत्तर भारत में इसका प्रचलन सबसे ज्यादा है। इसके गूदे का शरबत अतड़ियों को स्वस्थ रखने के लिए उपयुक्त होता है। इससे पाचन शक्ति ठीक रहती है। इसके जड़, फल एवं पत्तों में एंटीबायोटिक तत्त्व मिलते हैं।

26. ब्राह्मी—इसको संस्कृत में सौम्लयता कहते हैं। इसका पौधा छोटा होता है और भूमि पर फैलता है। शाखाएं तथा पत्ते मुलायम गुदेदार होते हैं। यह पौधा नम भूमि में नदी-नाले, खेत व तालाब आदि के पास अधिक उगता है। इसके पौधे सम्पूर्ण देश में इधर-उधर बिखरे दिखते हैं। इसका सम्पूर्ण पौधा औषधि के काम आता है। यह नाड़ियों के लिए पौष्टिक होती है। आक्षेप, मिरगी, बेहोशी एवं नाड़ियों की कमजोरियों आदि रोगों की यह अच्छी दवा है। यह कब्ज को भी दूर करती है। इसके पत्ते के रस को पेट्रोल में मिलाकर गठिया के पीड़ा में इस्तेमाल करते हैं। इसमें रक्त शुद्ध करने के गुण होते हैं। इसमें ब्राह्मीन नामक एल्केलाइट होता है जो हृदय के लिए फायदेमंद होता है।

27. ब्रह्ममंडूकी—इसको हिन्दी में 'ब्रह्मी' कहते हैं। यह पौधा भूमि पर फैलता है व इसके विसर्पी शाखाओं की गांठों पर जड़ें फूट आती हैं। यह सम्पूर्ण भारत में नम स्थानों पर उगता है। नदी, नाले, तालाब के किनारे अथवा सिंचित खेत तथा लॉन में इसके पौधे उगे मिलते हैं। इसके पौधे के ताजे पत्ते एवं टहनियों को तोड़कर सुखा लेते हैं जो दवाइयों के काम आता है। जड़ एवं बीज भी फायदेमंद हैं। पानी

में पौधा उबालकर क्वाथ को कुष्ठ रोग में दिया जाता है। इसमें 'एशियाटिकोसाइड' नामक तत्त्व मिलता है। इसके अलावा इसमें बाल, त्वचा व नाखूनों की वृद्धि को तीव्र करने के गुण हैं। इसका प्रयोग मस्तिष्क, क्षय रोग तथा शरीर की विभिन्न क्रियाओं को सन्तुलित करने में उपयोगी है।

28. बाय बिडंग—इसको हिन्दी में गइया व मूंगी कहते हैं। यह झाड़ीनुमा छोटा सा वृक्ष है। इसका फूल बहुत छोटा केलई रंग का होता है जो पकने पर लाल हो जाता है। यह देश के पूर्वी प्रायद्वीपीय भाग में ज्यादा मिलता है। इसके फल को सुखाकर दवाई के रूप में इस्तेमाल करते हैं। यह औषधि टेपवर्म नामक कृमि की चिकित्सा में लाभकारी होती है। बायबिडांग मृदुरेचक हाता है। यह केचुआ नाशक है।

29. बाबची—को संस्कृत में सुगंध कंटक कहा गया है। उर्दू में इसे 'बकुंची' कहते हैं। इसका फूल काला, गोल अथवा दीर्घवत होता है। इसमें एक बीज होता है जो चिकना होता है। यह वनस्पति सारे भारत में खाली स्थानों में प्राकृतिक रूप से उगता है। इसका बीज दवाई के रूप में प्रयोग होता है। इसका बीज त्वचा रोग उत्पन्न करने वाले कुछ बैक्टीरिया अथवा जीवाणु पर बहुत ही प्रभावशाली होता है। इससे तैयार औषधि सफेद दाग और कुष्ठ रोग में फायदेमंद होती है। इससे तैयार दवा तरल और लेप दोनों रूप में होती है। इसके बीज में मूत्रविरेचक एवं कृमिनाशक गुण हैं। परीक्षणों के बाद में बाबची के जीवाणुनाशक तथा कृमिनाशक गुणों की पुष्टि भी हुई है। इसका नाम "कुष्ठ नाशिना" के रूप में प्रचलित है।

30. बीजासाल—को संस्कृत में महाकुटज कहते हैं। इस वृक्ष की छाल से गोंद निकलता है जिसे कीनों कहते हैं। इसलिए इस वृक्ष को 'कीनो ट्री' नाम दिया गया है। इसका वृक्ष बहुत ही शोभनीय तथा बड़ा होता है। इसके फल में एक बीज होता है। इसका पौधा भारत के मध्य व प्रायद्वीपीय भाग में पाया जाता है।यह मिश्रित पतझड़ बन में मिलता है। यह गुजरात तथा महाराष्ट्र में 1100 मीटर की ऊँचाई तक उगता पाया जाता है। वृक्ष पर फूल बहुत शोभनीय होता है। इस वृक्ष के पत्ते, फूल, तथा गोंद औषधि के काम आते हैं। छाल में चीरा लगने से गोंद निकलता है, जिसे कीनों कहते हैं। यह स्तम्भक होता है व अतिसार में लाभदायक होता है। इसका प्रभाव कत्थे की अपेक्षा कम होता है। यह दाँत दर्द में भी उपयोगी है। इसके पत्ते मसलकर फोड़ों एवं अन्य त्वचा रोगों पर लगाये जाते हैं।

31. बला—को संस्कृत में जयन्ती कहते हैं। हिन्दी में इसे **खरेंटी** कुंगी नाम से जाना जाता है। यह पौधा सारे देश में पाया जाता है। यह उद्यानों, खेतों एवं

बस्तियों के आस-पास तथा छोटे वृक्षों अथवा झाड़ियों के नीचे उग आता है। इसका सम्पूर्ण पौधा दवाइयों का गुण रखता है। इसमें बल, पौष्टिकता कारक तथा यौन-शक्तिवर्धक गुण मिलते हैं। इसकी जड़ एवं अदरक का अर्क बुखार में लाभकारी होता है। जड़ की छाल को दूध तथा शक्कर के साथ पीसकर सेवन करने से श्वेत प्रदर तथा स्त्रियों के विभिन्न रोगों, स्नायुमंडल के रोगों में लाभ होता है। जड़ों के रस के उपयोग से जख्म तुरन्त ही भर जाते हैं।

32. बहेड़ा—इसको संस्कृत में तेलफल कहते हैं। इसका वृक्ष बड़ा होता है। तने में मोटे पुश्ते होते हैं। भारत में शुष्क प्रदेश को छोड़कर सम्पूर्ण भारत में यह 100 मीटर की ऊँचाई तक पाया जाता है। यह मिश्रित पतझड़ वन में ज्यादा मिलता है। इसके सूखे फल दवाई के रूप में काम आते हैं। इसका फल अतिसार, अपच आदि उदर रोगों में उपयोगी है। बहेड़ा का पानी बहुत शीतल होता है। इसको आंखों पर लगाने से आंख को शीतलता मिलती है। इससे बाल भी इसलिए धोया जाता है ताकि मस्तिष्क को ठण्डक मिले। यह बवासीर, कुष्ठ रोग, जलोदर और बुखार में भी उपयोगी है। इसका अधपका फल रेचक होता है। पके फल में विपरीत गुण होता है। इसका फल 'त्रिफला' नामक दवाई का एक अंग है।

33. विषखोपड़—यह भूमि पर फैलने वाला सरस पौधा है। इसकी शाखाएं विभाजित होकर दूर दूर तक फैल जाती हैं। यह पौधा सम्पूर्ण भारत में पाया जाता है। इसके पत्ते दवाइयों में उपयोग होते है। पत्तों में 'पुनर्नवीन' नामक एल्केलाइड होता है। यह मूत्र विरेचक होता है एवं जलोदर में उपयोगी है। गुर्दे के विकारों के कारण अगर शरीर फूल जाता है तो उसमें विषखोपड़ा आरामदायक है। इसमें गर्भपातक गुण भी मिलता है।

34. बिल्ली लोटन—पौधा सिर्फ कश्मीर के 2500 मीटर ऊँचाई के कुछ क्षेत्रों में मिलता है। इस पौधे की जड़ें एवं प्रकन्द औषधि के काम आते हैं। जड़ों को शरद ऋतु में एकत्र करने तथा शनैः-शनैः सुखाने से अच्छी औषधि बनती है। यह औषधि स्नायुमण्डल की क्रिया को मंद करती है और हिस्टीरिया के दौरे, मूर्च्छा व ज्ञान तन्तुओं के अन्य विकारों में और पेट के अफारा में फायदेमंद है। ताजी जड़ों एवं प्रकन्दों का रस अधिक उपयोगी हाता है। सूखने पर इनका प्रभाव कम हो जाता है। ताजे रस में नशीले गुण भी अधिक होते हैं और यह अनिद्रा रोग में लाभप्रद होता है। इसके रस से हृदय रोगों की कुछ दवाइयां भी बनती है।

35. महुआ—यह एक पतझड़ी बड़ा वृक्ष है जो भारत के लगभग सम्पूर्ण मैदानी क्षेत्र या 1200 मीटर ऊँचाई तक के स्थानों में मिलता है। यह प्रायद्वीपीय

भाग में तथा हिमालय की तलहटी में बहुत होता है। मैदानी भाग में कुछ बागान तो महुए के ही मिलते हैं। इसकी छाल, बीज, पत्ते, फूल आदि सभी औषधि के काम आते हैं। मछुआ के छात से तैयार दवा खुजली, मसूड़ों से खून आने पर और मधुमेह के रोग में बहुत फायदेमंद होता है। भारत में इसका घरेलू उपचार बहुत पाया जाता है। इसके पत्ते स्तम्भक होते हैं, उनकी भस्म घी में मिलाकर जले जख्मों पर व सिर के स्काल्ड रोग पर लगाते हैं। खांसी तथा श्वास नली की सूजन में यह उपयोगी होता है। यह शीतल तथा पौष्टिक होता है। फूलों से बनी हुई मदिरा भी पौष्टिक होती है। इसके फूलों में बैक्टीरिया नाशक गुण होते हैं। इसके बीज स्तनों में दूध बनाते हैं और उसका प्रवाह बढ़ाते हैं। बीज से प्राप्त तेल त्वचा रोग पर लगाया जाता है। यह रेचक भी होता है।

36. मेहंदी–संस्कृत में रक्तगोभी कहा गया है। यह प्रायद्वीपीय प्रदेश के सूखे भाग में अधिक मिलता है। मेहंदी का पौधा उद्यानों के हेज पर लगाने हेतु उपयुक्त माना जाता है। पंजाब, मध्य प्रदेश, गुजरात तथा राजस्थान आदि में इसकी खेती भी की जाती है। इसके पत्ते में औषधीय गुण होते हैं। यह त्वचा रोगों की रोकथाम के लिए उपयोग किया जाता है। पत्तों का क्वाथ गले की खराश में गरारे करने के काम आता है। सिर दर्द तथा पैरों के तलुओं की जलन आदि में पत्ता को पीस कर ज्यादातर लगाया जाता है। पौधे की छाल एवं बीज भी आयुर्वेद एवं यूनानी चिकित्सा में औषधीय बताये गये हैं। मेंहदी का मुख्य उपयोग इसकी पत्तियों से प्राप्त सुन्दर नारंगी रंग के लिए किया जाता है। इससे शरीर के विभिन्न बालों, अंग, दाढ़ी एवं सिर के बार तथा जानवरों की पूछें आदि रंगी जाती है। इसके फलों से सुगंधित तेल, सुगंध, इत्र की विभित्र वस्तुओं का निर्माण किया जाता है।

37. मुलेठी–भारत में इस पौधे की कृषि की जाती है। इसकी जड़ों एवं भूमिगत तनों को सुखाकर दवाई के रूप में प्रयोग करते हैं। गले की खराश, खाँसी, श्वास नली में सूजन, क्षयरोग, उदरशूल तथा मिरगी के रोग में मुलेठी उपयोगी है। खाँसी आदि में तो मुलेठी का एक टुकड़ा चबाने अथवा चूसने से लाभ मिलता है। यह एंटी बायोटिक एवं बैक्टीरियानाशक भी है। पेट के अंदर अंतड़ियों में होने वाले छाव भी मुलेठी को चूसने से ठीक होते हैं। मुलेठी को पीसकर घी एवं शहद में मिलाकर घाव एवं फोड़ों पर लगाते हैं। पंजाब, कश्मीर, हिमाचल प्रदेश, उत्तर प्रदेश तथा तमिलनाडु राज्य में इसकी खेती की जाती है।

38. मिश्मी तीता–यह पौधा अरुणाचल प्रदेश की मिश्मी पहाड़ियों में पाया जाता है। इस पौधे के प्रकन्द को सुखाकर दवाइयों के रूप में प्रयोग करते हैं। यह

पौष्टिक तथा उदर रोगों में उपयोगी है। यह रुक-रुक कर आने वाले बुखार में लाभदायी होता है। इस पौधें में बेर्बेरीन वर्ग के तत्त्व होते हैं।

39. रसौत के पौधे हिमालय पर्वत के 2000-3000 मीटर की ऊँचाई के क्षेत्रों में पाये जाते हैं। ये दक्षिणी भारत में नीलगिरि पर्वत पर भी पाये जाते हैं। रसौत नामक औषधि पौधों की जड़ों से प्राप्त होती है। इसकी जड़ों में बेर्बेरीन नामक एल्केलाइड मिलता है। जड़ की छाल को टुकड़े में काटकर पानी में उबाला जाता है। इस पानी को छानकर अद्र्ध ठोस अवस्था तक सुखाते हैं। यही द्रव्य रसौत कहलाता है। रसौत को नींबू, घी के रस या फिटकरी में मिलाकर आँख के पपोदों पर लगाना नेत्र रोग में फायदेमंद होता है। यह फोड़ों दूध घावों के लिए भी फायदेमंद है। यह मृदुरेचक, ज्वरनाशक व पौष्टिक होता है। हैजा में भी यह लाभदायी है।

40. रेवंद चीनी को संस्कृत में रेवट चीनी कहते हैं। यह पौधा हिमालय पर्वत के 3000-4000 मीटर ऊँचाई वाले स्थानों में कश्मीर, हिमाचल प्रदेश, पंजाब, उत्तर प्रदेश तथा नेपाल में प्राप्त होता है। इसके प्रकन्द को सुखाकर दवाइयों में इस्तेमाल करते है। 6-7 वर्ष पुराने पौधे से उनके फूलने से एकदम पहले प्रकन्द एकत्रित किये जाने चाहिए। छाल को हानि नहीं पहुँचानी चाहिए। यह रेचक होती है। इसमें टैनीन होती है। हल्का कब्ज होने पर यह लाभप्रद है। हिमालय की ऊँची श्रेणियों में इसकी खेती के लिए उपयुक्त दशाएँ मौजूद हैं।

41. रोशा घास—यह एक बड़ी घास होती है। इसके पत्ते में एक सुगन्धित तेल प्राप्त होता है जिसके कारण थोड़ा मसलने से बहुत अच्छी सुगन्ध आती है। यह घास विशेषकर शुष्क प्रदेशों में मिलती है। छिट-पुट रूप से यह पूरे भारत में दिखती है। इस घास के पत्तों से एक तेल निकलता है जिसे रोशा कहते हैं। इसके तेल से तैयार औषधि का इस्तेमाल कमर-दर्द, त्वचा के रोग और गंजापन को दूर करने के लिए करने के लिए किया जाता है। जिगर खराब होने पर पित्त आदि विकारों में इसका सेवन किया जाता है। इसका तेल सुगन्धित होता है। इसलिए साबुन तथा सुगन्धित तेल बनाने में प्रयोग होता है।

42. लाल दूधी—संस्कृत में गागार्जूनी कहते हैं। यह पौधा भारत में सभी मैदानी क्षेत्रों में व ऊष्ण तलहटियों में मिलता है। यह खाली स्थानों में ज्यादातर उग आता है। जब पौधे में फूल तथा फल आते हैं, उस समय समूचा ही उखाड़कर सुखा लिया जाताा है, यही दवाइयों में काम आता है। लाल दूधी में हृदय तथा श्वास की क्रिया को मंद करने का गुण है, यह श्वास नलियों को थोड़ा शिथिल करके आराम पहुँचाती है। बच्चों के कृमि रोग में, उदर रोगों में, खांसी एवं दमा में फायदेमंद है।

इसके सेवन से स्त्रियों के स्तन में दुग्ध की मात्रा बढ़ती है। यह सुजाक में लाभदायक है। परीक्षणों द्वारा लाल दूधी में एंटीबैक्टीरियल एवं क्षयरोग नाशक गुणों की पुष्टि हुई है। लाला दूधी के पत्तों की भाजी बनाकर भी खाते हैं।

43. लोध—यह वृक्ष मध्य तथा पूर्वी भारत के मैदानी और तलहटी प्रदेशों में पाये जाते हैं। इसके वृक्ष की छाल निकालकर शीघ्र ही सुखा ली जाती है। यह औषधि के काम में आती है। यह अपच, नेत्ररोग तथा फोड़ों व जख्मों पर लाभकारी होती है। अगर मसूड़ों से खून आता है तो छाल के क्वाथ से गरारा या कुल्ला करना आरामदायक होता है। मासिक धर्म में रक्त के अधिक प्रवाह को कम करने, पतली दस्त को कम करने में भी इसका इस्तेमाल करते हैं यह फील पांव तथा पेशाब में चर्बी आने में भी दी जाती है।

44. सर्पगन्धा—को संस्कृत में चन्द्रिका कहते हैं। यह 1000 मीटर ऊँचाई तक के स्थानों में लगभग सम्पूर्ण भारत में उत्पन्न होती है। हिमालय की तहलटी, पश्चिमी तथा पूर्वी घाट की निचली पहाड़ियों में अधिक उगती है। बंगाल, उत्तर प्रदेश, बिहार, महाराष्ट्र आदि प्रान्तों के मैदानी भाग में भी उग जाती है। इसका व्यापारिक महत्व पिछले कुछ दशकों से बढ़ा है। इसलिए इसकी खेती भारत में बड़े पैमाने पर हो रही है। इसकी जड़ों से औषधियां तैयार की जाती है। 3-4 वर्ष पुराने पौधे की जड़ें अच्छी होती है। भारत में आयुर्वेदिक चिकित्सा में इस पौधे का ज्ञान लगभग 4000 वर्ष पूर्व से है। चरक संहिता में भी इसका वर्णन मिलता है। इसमें अनेक प्रकार के एल्केलाइड मिलते हैं। इसमें मुख्य रूप से शमक, निद्रायक, अवसादक एवं रक्तचाप घटाने के गुण हैं। यह रक्तचाप तथा पागलपन में बहुत ही उपयोगी होती है। इससे पुराने मानसिक रोगियों या चिन्ताग्रस्त व्यक्तियों को शांति मिलती है।

45. सदाबहार—बंगाली में 'नयनतारा', पंजाबी में 'रतन जीत' व मराठी में 'सदाफल' कहा जाता है। इसकी जन्मभूमि मेडागास्कर मानी जाती है। अब यह दोनों गोलार्द्धों में प्राकृतिक रूप से मिलता है। इसकी खेती भी की जाती है और शीघ्र ही यह फैलने लगता है। इसकी जड़ें औषधियुक्त होती हैं। यह जहरीली मानी जाती है तथा साथ ही क्षुधावर्धक भी होती है। सदाबहार की जड़ों में आज्माइसाइन व सर्पेंटाइन मिलता है।

46. सोम राजि—वैज्ञानिक नाम आंथेल मींटिकुम है इसका शाब्दिक अर्थ कृमिनाशक, इस पौधे के गुण पर आधारित है। यह 1500 मी० की ऊँचाई तक सम्पूर्ण भारत में उगता है। यह अक्सर बस्तियों के आस-पास देखा जाता है। इसके पौधे के तो बीज को लेकर सुखा लिया जाता है। यही सोमराजि औषधि है। यह

थ्रेडवर्म नामक कृमि के नाश में उपयोगी है। साथ ही यह एंटीसेप्टिक, उत्तेजक है और इसमें मूत्रल गुण भी बताये गये हैं।

47. हरमल—हिन्दी में 'गन्ध' कहते हैं। यह भारत के उत्तर पश्चिमी प्रदेश व भारतीय प्रायद्वीप के शुष्क क्षेत्रों में मिलता है। इसके बीज को सुखाकर दवाई में काम लाते हैं। बीज में अनेक एल्केसाइड होते हैं जो दमा, गठिया, हिस्टीरिया, पित्ताशय में पथरी, ऐंठन, मरोड़ के दर्द, जवर, पीलिया और रजोधर्म के समय दर्द या रुकावट में आरामदायक होते हैं। इसके बीज कृमिनाशक होते हैं। इसके बीज से 'हरमलीन' एवं हरमीन' नामक एल्केलाइड निकलते हैं। यह बैक्टीरियानाशक भी होता है।

48. हींग—इसका वैज्ञानिक नाम फेरूला नार्थेक्स है। इसका पौधा कश्मीर में मिलता है। इसके पौधों की ताजी जड़ों अथवा प्रकन्दों में चीरा लगाने से एक राल जैसा खुशबूदार पदार्थ निकलता है, यही हींग होती है। इसे ही औषधि रूप में प्रयोग करते हैं। हींग पेट के मरोड़, अपच, ऐंठन, हैजा, कुकुर खांसी में बहुत आरामदायक होती है। यह ज्ञान तन्तुओं व श्वास नलिकाओं को उत्तेजित करती है। परीक्षणों से ज्ञात हुआ कि हींग में कुछ शमक अथवा अवसादक गुण भी हैं। हृदय रोग में भी यह फायदेमंद है।

49. हल्दी—प्राकृतिक रूप से भी मिलती है जिसे झाड़ी हल्दी कहते हैं। संस्कृत में इसे दारूहरद्रि कहा गया है। यह पौधा दक्षिण भारत में विशेषकर पश्चिमी घाट क्षेत्र में मिलता है। माड़ी हल्दी में औषधीय गुण पाया जाता है। इसकी शाखाओं को सुखाकर औषधियां तैयार की जाती हैं। इसमें बेर्बेरीन नामक तत्त्व होता है। यह औषधि ज्वर, शरीर की दुर्बलता तथा कुछ प्रकार के अजीर्ण रोगों में उपयोगी है। यह एंटीसेप्टिक है। यह फोड़े तथा घाव पर भी लगाने के काम आती है। परीक्षण से ज्ञात हुआ है कि इसके पौधों की जड़ों में एंटीबायोटिक तत्त्व पाये जाते हैं।

50. हिरन तूतिया—इसको संस्कृत में हिरण्यतूथ कहा गया है। इसके पौधे फूलने से पहले कंद को एकत्रित कर लेते हैं। यही कंद दवाई में काम आता है और कॉलशी कुमकॉर्म कहलाता है। पका बीज भी औषधि तैयार करने काम आता है। इसे कॉलशी कमसीड कहते हैं। कंद में मुख्य तत्त्व कॉलशीसीन होता है। यह गठिया की सूजन तथा दर्द में उपयोगी है। यह कैंसर में भी लाभदायी होता है।

51. हर्रा—हिन्दी में 'हरड़' कहते हैं। यह भी शुष्क प्रदेशों में मिलता है। यह मिश्रित पतझड़ वन में प्राकृतिक रूप में उगता है। इसको अव्यथा अर्थात् व्यथा हरने वाला कहा गया है। इसके सूखे हुए फल हरड़ औषधि में काम आते हैं। यह पुराने फोड़े, नासूर तथा जख्म में फायदेमंद होता है। मुंह में छाले अथवा सूजन में भी पानी

के साथ इसे मिलाकर गरारा करते हैं। यह हृदय के लिए बलकारक होता है। रक्तचाप में लाभदायी है। मुरब्बा, हरड़ का अचार, चटनी व चूर्ण बहुत ही इस्तेमाल होता है। यह पाचक एवं मृदुरेचक भी होता है। प्राचीन भारत में पौधों और वनस्पतियों पर आधारित आयुर्वेदिक चिकित्सा पद्धति उन्नत अवस्था में थी।

आम जन भी छोटे-छोटे रोगों का घरेलू उपचार करने में सक्ष थे। वे कई औषधीय पौधों के विषय में पर्याप्त जानकारी रखते थे। मुसलमानों के आगमन के साथ-साथ यूनानी चिकित्सा पद्धति का विकास हुआ। इसी प्रकार अंग्रेजों के शासन काल में एलोपैथिक चिकित्सा पद्धति को प्रोत्साहन मिला और प्राचीन पद्धति सामाप्त होने लगी। नवीन वैज्ञानिक शोधों के अभाव में भी भारतीय आयुर्वेद का विकास कुंठित रहा। अंग्रेजों की विस्तारवादी साम्राज्यवादी व्यवस्था के फलतः इस पद्धति को बड़ा आघात लगा। यूरोपियन्स ने अपने उपनिवेशों से इस प्रकार के पौधों को प्राप्त कर उसके तत्त्वों का परीक्षण कर उन्हें विश्व में प्रसारित किया। आज सम्पूर्ण मानव समाज में ऐलोपैथी चिकित्सा पद्धति काफी लोकप्रिय हो गयी है। किन्तु विगत दस वर्षों में एलोपैथी के दुष्प्रभाव के परिणाामस्वरूप लोगों की चिन्ता तथा सोचने की दिशा में परिवर्तन हो रहा है।

शनैः-शनैः आज पुनः सम्पूर्ण विश्व उक्त पद्धति से निराश होकर प्राकृतिक चिकित्सा तथा वनौषधियों के प्रति उन्मुख हो रहा है। जापान, सं. रा. अमेरिका आदि का झुकाव भी शनैः-शनैः आयुर्वेदिक चिकित्सा के प्रति हो रहा है। भारत में भी अंग्रेजी औषधियों के साथ-साथ दूसरी चिकित्सा पद्धतियों के विकास पर जोर दिया जा रहा है। इनमें यूनानी आयुर्वेदिक और होम्योपैथिक प्रमुख हैं। इससे लोगों में नयी चेतना जागृत हो रही है। अब इन दवाइयों पौधों का वैज्ञानिक परीक्षण किया जा रहा है। यहां भी विकसित देशों की देखादेखी दोबारा वषधियों के प्रति रुझान हो रहा है।

आयुर्वेदिक चिकित्सा हेतु कई क्षेत्रों में इन पौधों की खेती पर बल दिया जा रहा है। इन औषधीय पौधों में नीम, आंवला, हर्रा, बहेड़ा, धतूरा, तुलसी, पोदीना, मूलेठी, अरंडी, बेल, ब्राह्मी, इसपगोल, कुटज, कुनैन, बला, लाल दूधी, सर्पगंधा आदि विशेष महत्त्व के हैं। इनका उपयोग अनेक औषधियों के रूप में किया जाता हे। इनमें ऐण्टीसेप्टिक, ऐण्टीबायोटिक आदि अनेक विशेषताएं पाई जाती हैं। आयुर्वेदिक दवाओं का ऐलोपैथी की भांति कोई बुरा प्रभाव नहीं होता है। भारत में भौगोलिक विविधता के फलस्वरूप विश्व की अधिकांश वनस्पतियां, वनौषधियों, जड़ी-बूटियां आदि मिलती हैं। आज सभी के हक में लाभकारी है कि सरकार द्वारा औषधीय पौधों, पद्धतियों और नवीन खोजों के विकास पर बल दिया जाय।

52. अशोक के वृक्ष हिमालय के मध्य तथा पूर्वी भागों में और पूर्व तथा दक्षिणी भारत में पाये जाते हैं। यह उद्यानों तथा नगरों में सुन्दर फूलों की शोभा के लिए किनारे-किनारे लगाये जाते हैं। इसकी छाल को सुखाकर दवाई के रूप में प्रयोग किया जाता है। यह स्त्रियों में मासिक धर्म के समय अधिक रक्तस्राव को रोकती है। यह गर्भाशय को शांति पहुँचाती है। अशोक के फूल को पानी में पीसकर खूनी अतिसार में देते हैं। अशोक का बीज मधुमेह के मरीजों के लिए भी उपयोगी है।

53. अमलतास के फूल 3.5-5 से.मी. व्यास के पीले रंग और बहुत बड़े गुच्छों में होते हैं। इसका फल 50-60 सेमी. लम्बा होता है। जब वृक्ष फूलता है तो बहुत ही सुन्दर दिखायी देता है एवं जंगल में दूर से ही पहचाना जा सकता है। फल आने की अवस्था में वृक्ष की शोभा में वृद्धि हो जाती है। इसका वृक्ष 1500 मीटर की ऊँचाई तक पूरे भारत में मिलता है। सड़कों के किनारे तथा लॉन में लगाने के लिए अमलतास का वृक्ष बहुत ही उपयुक्त समझा जाता है। इसका फल बहुत ही उपयोगी होता है। फल का गूदा-जिसे कास्सिआपल्प कहते हैं। इसमें टैनीन प्रचुर मात्रा में मौजूद होता है। इसकी लकड़ी मजबूत तथा कड़ी होती है।

54. अश्वगंधा भारत के सूखे स्थानों में मिलता है। इसकी खेती भी की जाती है। इसके फूल केलई रंग के छोटे, लगभग एक सेमी. लम्बे होते हैं एवं पत्तों के साथ में लगे छोटे गुच्छों में लगते हैं। फल 6 मिमी. व्यास के चिकने, गोल तथा लाल रंग के होते हैं। इसका फल बाह्य दल पुंज के अन्दर ढँका रहता है। इसकी जड़ दवाइयों में काम आती है। यह क्षयरोग, दुर्बलता एवं गठिया में इस्तेमाल की जाती है। इसमें अवरोध नाशक गुण भी है। इसकी जड़ों को पीसकर जख्म और फोड़े और सूजन पर लगाते हैं। इसमें एंटी बायोटिक तथा एंटी बैक्टीरियल गुण पाये जाते हैं।

55. अरंडी को संस्कृत में एरंड कहा जाता है। प्राचीन साहित्य में इसे चित्रबीन, पंचागुल व वातारि नाम दिये गये हैं। चित्रबीज से अभिप्राय बीज के सुन्दर, चित्तीदार रंग से है। पंचागुल का आशय हस्ताकार 5 शिरावाले पत्तों से है। वातारि अर्थात् वात आदि वायुरोग का शत्रु है। इसके बीज अनेक रंगों के होते हैं। इसका तेल जलाने अथवा मशीनों में स्नेहक हेतु प्रयुक्त होता है। अरंडी का तेल औषधि के रूप में भी इस्तेमाल होता है। इसमें रेचकीय गुण होने के कारण कब्ज होने पर इसका प्रयोग किया जाता है। यह दूध अथवा फलों के रस के साथ लिया जाता है। इसका तेल आँख में डालने तथा त्वचा पर ठंडक पहुंचाने के लिए कुछ मरहमों में मिलाया जाता है। प्रसव की सुविधा हेतु इसका प्रयोग बहुत उपयुक्त नहीं है, अपितु जहाँ तक सम्भव हो, इसका तेल रेचक के रूप में भी प्रयोग रजोधर्म के

समय तथा गर्भवती स्त्रियों को नहीं करना चाहिए। इसका तेल गर्भनिरोधों (कंट्रासेप्टिव), जेली तथा क्रीम आदि बनाने के काम में आता है। इसके पत्ते पीसकर रेचक के रूप में प्रयोग करते हैं। इसके तेल से निर्मित श्लेष त्वचा शोध के लिए उपयोगी होता है एवं यह एग्जिमा तथा अन्य त्वचा रोगों का अच्छा रोधक भी है।

56. अतीस (अकोनाइट) एक प्रसिद्ध वनौषधि है। इसके प्रकंद जहरीले होते हैं। परन्तु नियंत्रित मात्रा में प्रयोग करने से इसका औषधीय महत्त्व भी है। इसका पौधा उत्तर-पश्चिम हिमालय में 2000-4000 मीटर की ऊँचाई वाले क्षेत्रों में पाया जाता है। इसके प्रकंद बुखार एवं बुखार के बाद की कमजोरी को दूर करने हेतु उपयोगी हैं। इसे बलवर्धक के साथ ज्वरनाशक के रूप में अधिक मान्यता प्राप्त है।

57. अडूसा को हिन्दी में बांसा, वासिका तथा संस्कृत में वासक कहा गया है। इसका वैज्ञानिक भारतीय नाम वासक पर आधारित है। इसके पौधे भारत में सभी मैदानी व तलहटी क्षेत्रों में मिलते हैं। यह रोचक बस्तियों के आस-पास अधिक उगता है। इसके सुखाये हुए पौधे दवाई के रूप में प्रयुक्त होते हैं। इसके पत्ते में वासीसीन नामक एल्केलाइड तथा वाष्पशील तेल मिलता है। मुख्यतः यह अपने कफ निवारक गुण के कारण प्रसिद्ध है। इसके शरबत, रस अथवा अर्क का प्रयोग किया जाता है। वासव के सेवन से बलगम, श्वास नली का सूजन, दमा (ब्रोंकाइटिस) में लाभ होता है। इसमें कफ निवारक गुण इसलिए है कि यह श्वास नली की ग्रन्थियों को उत्तेजित करता है। इसका उपयोग प्रसव सम्बन्धी रोगों में होता है, क्योंकि इसमें गर्भपात के गुण भी मौजूद हैं। इसके पत्ते का प्रयोग हरी खाद के रूप में, पीले रंग की प्राप्ति के लिए भी करते हैं। अडूसा की पत्तियों बदबूदार होती हैं इसलिए पशु इसे खाना पसंद नहीं करते। अतः इनको उन्हीं क्षेत्रों में लगाया जाता है जिन क्षेत्रों में मिटटी के कटाव को रोकना है।

58. अंगूरशफा को हिन्दी तथा कश्मीरी में संग-अंगूर कहते हैं। व्यापार कार्य में यह बेल्लाडोन्ना दवाई के नाम से जाना जाता है। इसका पौधा कश्मीर में 2000-3000 मीटर की ऊँचाई वाले स्थानों में मिलता है। इसकी खेती भी की जाती है। इसकी जड़ को छोड़कर अन्य सभी भाग सुखाकर दवाई के रूप में प्रयोग किये जाते हैं। इसके पत्तों व भूमि के ऊपर के भाग से प्राप्त दवाई पसीना बनने की क्रिया को धीमी करती है। यह आमाशय तथा मुँह में लार पैदा करने वाली ग्रन्थियों की क्रिया को भी मंद करती है। पेट के मरोड़ तथा ऐंठन जैसे दुख में लाभ पहुँचाती है। इसमें तीव्र एंटीस्पास्मोडिक गुण होते हैं। यह दमा व कुकुर खांसी में भी लाभदायक है। इसकी जड़ों में जहरीले तत्त्व पाये जाते हैं। इसलिए यह औषधि सेवन के बदले में गठिया, वातशूल (न्यूरेलजिआ) तथा सूजन आदि पर बाहरी लेप के काम आती है।

59. असमानिया की टहनियों को सर्दी के मौसम में एकत्रित करके, सुखाकर औषधि के रूप में प्रयोग करते हैं। इससे एफेड्रीन निकलती है। यह दमा में लाभदायक होती है। दमा को शांत करने के लिए इसका औषधि के रूप में सेवन करते हैं या इसका इंजेक्शन भी देते हैं। यह हृदय के लिए बल कारक एवं उत्तेजक है। यह डिप्थीरिया, निमोनिया आदि में विशेष फायदेमंद है। इसका प्रयोग हे-फीवर, एलर्जी, खुजली में किया जाता है। एफेड्रीन से बनी औषधि साइनोसाइटिस व श्लेष्मा की सूजन में लाभदायी है। जो बच्चे रात में सोते समय बिस्तर पर पेशाब कर देते हैं उनके लिए भी यह लाभकारी है। इसका पौधा विशेषकर हिमालय की सूखी श्रेणियों में 2000-4000 मीटर की ऊँचाई पर मिलता है। इसकी खेती भी की जाती है।

60. अनंतमूल पौधा पूरे भारत में मिलता है। इसकी जड़ों को सुखाकर दवाई के रूप में इस्तेमाल करते हैं। यह औषधि ज्वर, भूख न लगना, त्वचा, आतशक, श्वेत प्रदर तथा मूत्ररोगों में लाभप्रद है। यह औषधि खून को साफ करने व गठिया में भी प्रयोग होती है। अनंतमूल, स्मीलाक्स के पौधों से प्राप्त दवाई के स्थान पर भली-भाँति उपयोग की जा सकती है। इसकी पतली पत्तियाँ चबाने से शरीर में ताजगी आती है।

61. अंतमूल पौधा मध्य, पूर्वी तथा दक्षिण भारत में मिलता है। यह पौधा मैदानी प्रदेश अथवा 1000 मीटर की ऊँचाई तक हिमालय की तलहटियों में पाया जाता है। इसकी जड़ को धूप में सुखाकर पेचिश की औषधि बनायी जाती हैं। जड़ों का क्वाथ दमा एवं श्वास नली की सूजन में दिया जाता है। इसके सेवन से वमन (क़ै) हो जाती है व खांसी में आराम आ जाता है।

62. ईशरमूल को हिन्दी में ईश्वरी व संस्कृत में ईश्वर मूल कहते हैं। यह विशेषकर दक्षिण तथा पूर्वी भारत में उगता है। इसके साथ ही इसका पौधा मैदानी भाग व हिमालय की तलहटी में भी मिलता है। इसकी शाखाएँ व जड़ें दवाइयों के रूप में प्रयुक्त होती हैं। इसका रोजाना सेवन लाभदायी होता है। कम सेवन से पाचन क्रिया बढ़ती है। इसके सेवन से मासिक धर्म भी ठीक रहता है। इससे तैयार की गयी दवा का समुचित मात्रा में इस्तेमाल पौष्टिक और बलवर्द्धक होता है। यद्यपि अधिक मात्रा लेने से यह हानिकर होता है। यह पाचन प्रणाली तथा गुर्दों में तीव्र उत्तेजना करके वेग के साथ मर्तली, वमन, गर्भपात तथा अन्य विकार उत्पन्न करता है। इसका निर्धारित मात्रा में सेवन उद्दीपक व ज्वर नाशक के रूप में अच्छा होता है। इसकी एक जाति काली मिट्टी वाले क्षेत्र में उगती है जिसे कीड़ामारी कहते हैं। यह कृमि व फोड़े व जख्म हेतु उपयोगी है।

63. इपेकाक भारत का देशज पौधा नहीं है, अपितु ब्राजील से प्रसरित है। इस समय इसकी खेती असम, बंगाल तथा दक्षिण भारत में की जाती है। इसके प्रकंद दवाई के काम आते हैं। यह औषधि अमीबा-पेचिश और भूख कम होने के रोग में लाभदायक है। इसका इस्तेमाल खांसी में लाभदायी है। यह स्वेद जनक है यानी इसके सेवन से पसीना आता है। इसकी खेती विश्व में सर्वाधिक पश्चिमी बंगाल में होती है। इपेकाक की जड़ों के निर्यात की बड़ी संभावना है।

64. इलायची का पौधा स्वाभाविक रूप में दक्षिण भारत में उगता है। यह विशेषकर तमिलनाडु, कर्नाटक व केरल के पर्वतीय क्षेत्रों के नम वनों में अधिक मिलता है। इसके बीजों का इस्तेमाल होता है। यह पाचक होती है। यह रेचक पदार्थों के साथ दी जाती है। इसका प्रयोग खाद्य पदार्थों को सुगंधित करने के लिए किया जाता है। इसको लौंग, जीरा, अदरक के साथ पीसकर खाने से अपच खत्म हो जाती है।

65. इन्द्रजौ को संस्कृत में कुटज कहते हैं। हिन्दी में इसे कुरची कहा जाता है। इसका वैज्ञानिक नाम एंटीडीसेंटेरिका है। जो इसके दवाइयों वाले गुण की ओर संकेत करता है। यह पौधा 1200 मीटर की ऊँचाई तक सम्पूर्ण भारत में मिलता है। मध्य प्रदेश तथा महाराष्ट्र के वनों में ज्यादातर खुले स्थानों में ऊँचे वृक्षों के नीचे हजारों पौधे देखे गये हैं। इसकी छाल में औषधीय गुण होता है। इसको सुखाकर उससे दवा बनायी जाती है। इससे इस पौधे का व्यापारिक महत्व विगत दशकों में बढ़ा है। इसका मुख्य उपयोग अमीबा-पेचिश में है। छाल का क्वाथ बनाकर सेवन किया जाता है। यह बुखार नाशक भी है। छाल में 'कोनेसीन' नामक एल्केलाइड होता है। जो क्षय रोग के जीवाणुओं की बढ़ोतरी को कम कर देता है। इसके पत्ते में कुछ दवाइयों के गुण हैं।

66. इसपगोल को इसबगोल या इस्पगोल भी कहते हैं। इसका पौधा उत्तर पश्चिम भारत के कुछेक स्थानों पर स्वाभाविक रूप से उगता है। इसकी खेती विस्तृत पैमाने पर की जाती है। इसके बीज दवाइयों के काम आते हैं। बीजों में एल्बमेन व म्यूसिलेज बहुत होता है जिसके कारण इसमें औषधीय गुण पाया जाता है। यह पुरानी पेचिश, अमीबा व बेसिलरी पेचिश तथा पुराने अतिसार में बेहद उपयोगी है। कब्ज में भी इसका सेवन करते हैं। इसबगोल की भूसी का सबसे ज्यादा इस्तेमाल कब्ज रोग में होता है यह पेट को ठण्डा और साफ रखता है। पेट में अधिक गैसे बनने की अवस्था में भी इसका इस्तेमाल किया जाता है।

67. इमली को संस्कृत में अम्लिका कहा गया है। यह सड़कों के किनारे, वनों तथा उद्यानों सहित सम्पूर्ण भारत में पाये जाते हैं। इसका गूदा औषधीय प्रयोग में आता है। इसमें हल्का रेचक गुण होता है। इसका स्वादिष्ट पेय ज्वर में लाभप्रद होता है। इसके मिश्रण से तेज रेचक पदार्थों का गुण मंद हो जाता है। इसकी मिश्रण से तेज रेचक पदार्थों का गुण मंद हो जाता है। इसकी लकड़ी कठोर होती है जो शीघ्र नष्ट नहीं होती है। इसका कोयला पाउडर बनाने के काम आता है। इसके खट्टे गूदे से पीतल तथा चाँदी के बर्तन साफ होते हैं। जैम तथा जेली में भी इसका प्रयोग होता है। पीसे हुए बीज लकड़ी जोड़ने के मसाले व कपड़ा मिलों में उपयोग होने वाले स्टार्च बनाने के काम आते हैं।

68. आँवला भी आम्लिक होता है। यह मैदानी एवं तलहटी प्रदेश में उत्पन्न होता है। मध्य प्रदेश के वनों में स्वतः उगता है। इसका ताजा तथा सुखाया हुआ फल औषधि के रूप में काम आता है। त्रिफला-(आँवला, हरड़ बहेड़ा) से निर्मित होता है। त्रिफला रेचक होता है। बवासीर में, जिगर बढ़ जाने पर, नेत्र रोगों व उदर विकारों में उपयोगी होता है। इसका फल जिगर के लिए पौष्टिक होता है। कच्चे फल, शीतल एवं मृदुरेचक होते हैं। आँवला के फलों से बना सिरका रक्तक्षीणता, अपच, पीलिया, हृदय रोगों व जुकाम में उपयोगी होता है। आंवाला विटामिन 'सी' की मात्रा अधिक होती है। इसलिए इसके सेवन से खून की कमी दूर होती है। साथ ही त्वचा में निखार, बाल में चमक, दांत में मजबूती और हड्डी में ताकत बढ़ती है। तपेदिक (फेफड़ों के क्षयरोगी) के लिए इसका सेवन लाभदायी होता है। इसका सूखा फल अतिसार तथा पेचिस में उपयोगी है। इसका मुरब्बा दवाई के रूप में प्रयुक्त होता है। इसके जड़, फूल एवं छाल में भी दवाइयों के गुण मिलते हैं। इसके बीज के सेवन से दमा तथा उदर रोग ठीक होते हैं। आँवले का फल रंग, स्याही तथा केश के मसाले बनाने के काम आते हैं। इसके फल तथा टहनियों की छाल में टेनीन होते हैं जो चमड़ा बनाने अथवा रंगने के काम आते हैं। इसकी लकड़ी भी बहुपयोगी है।

69. उतरन को संस्कृत में युगफला कहते हैं। यह पौधा 1000 मीटर की ऊँचाई तक पूरे भारत में पैदा होता है। समूचा पौधा दवाई के रूप में काम आता है। पत्तों का रस जुकाम, सर्दी और अतिसार में दिया जाता है। इसका प्रयोग गठिया में व मासिक धर्म रुकने पर औषधि के रूप में किया जाता है। पत्तों का रस गर्भाशय के लिए कफनिस्सारक, बलकारक तथा वमनकारी है। उतरन में ऐसे उपयोगी तत्त्व होते हैं जिनमें "पिटुइट्रिन" जैसी क्षमता होती है।

70. कुनैन दवाई का नाम क्विनीन शब्द पर आधारित है। क्विनीन ही इस वृक्ष की छाल का मुख्य उपयोगी तत्त्व है। इसका वैज्ञानिक नाम सिनकोना है। भारत में यह स्वाभाविक रूप में नहीं होता है। यहाँ इसकी अनेक प्रजातियों का रोपण किया जाता है। इसका वृक्ष, सिक्किम, नीलगिरि पहाड़ियाँ, सतपुड़ा पहाड़ियों, असम, बंगाल में लगाया जाता है। भारत में सिनकोना की लेजेरिआना प्रजाति अधिक प्रचलित है। इसकी छाल सुखाकर दवाई के काम आती है। इसमें क्विनीन सबसे प्रमुख उपयोगी तत्त्व है। यह मलेरिया रोगनाशक होता है। यह कुछेक बैक्टीरिया द्वारा पैदा रोगों को दूर करता है। इसकी बनी औषधि निमोनिया, अमीबा-पेचिश और नेत्ररोगों के लिए उपयोगी साबित हुई है। कुनैन से बने मरहम, घोल, तेल आदि गठिया के दर्द पर लगाने तथा कुल्ला करने के काम आता है। यह कपड़ों की सुरक्षा, जूँ मारने के लोशन आदि बनाने में भी प्रयुक्त होता है। क्विनीन के बाद बची हुई छाल को टैनीन पदार्थों के लिए इस्तेमाल करते हैं।

71. कुलिंजन को व्यापारिक दृष्टि से गलंगल कहते हैं। यह इसका वैज्ञानिक नाम है। यह हिमालय की पूर्वी पहाड़ियों व पश्चिमी घाट में स्वतः उगता है। देश के अनेक भागों में इसका रोपण भी होता है। इसका प्रकंद औषधि के रूप में प्रयोग होता है। यह श्वास, गठिया सम्बधी विकार, खाँसी, जुकाम आदि में लाभकारी है। यह पेट के रोगों में फायदेमंद है। इसमें अदरक जैसे उद्दीपक सुगंधित तत्त्व होते हैं।

72. केऊ को संस्कृत में 'कुस्थ' कहा गया है। यह सम्पूर्ण भारत में मिलता है। इसका पौधा ऊसर भूमि, सड़कों, नगरों तथा खेतों के नजदीक रिक्त स्थानों में स्वतः उग जाता है। इसके सुन्दर पुष्पों तथा उपयोगी प्रकंदो हेतु केऊ की खेती होती है। इसके हरे अथवा सूखे प्रकन्द औषधि के काम आते हैं। प्रकंदों में म्यूसीलेज और किंचित कषाय गुण होता है। केऊ से तैयार की गयी दवा छोटे-छोटे रोगों में लाभदायक होती है। यह खून की कमी को दूर करता है। अपने रेचकीय गुण के कारण कब्जियत होने पर भी इसका इस्तेमाल किया जाता है। जड़ों को शोधक, कृमिनाशक, पौष्टिक तथा कामोद्दीपक गुणों के लिए इस्तेमाल करते हैं। यह ज्वर, सर्दी, खांसी, सर्पदंश, त्वचा रोग तथा अपच आदि में प्रयोग की जाती है। इसके प्रकंदों में प्राप्त क्षारों में मरोड़ तथा हृदय रोग में उपयोगी अंश पाये गये हैं। ये मूत्र-विरेचक भी होते हैं।

73. कड़ाया वृक्ष—हिमालय की निचली पहाड़ियों पर व पूर्व, मध्य तथा दक्षिण भारत में उगता है। यह शुष्क तथा अद्र्धशुष्क वनों में मिलता है। वृक्ष के

तने से जो गोंद निकलता है उसे कड़ाया अथवा करीरागोंद कहते हैं। इसका औषधि के रूप में प्रयोग होता है। गोंद में रेचक गुण होता है। त्वचा पर लगाने के लिए कड़ाया गोंद ट्रैगे कैंथ (Tragacanth) कें गोंद से भी अधिक उपयुक्त है। यह त्वचा को ज्यादा सुहाता है। कुष्ठ रोग, नकली दाँत बनाने के मसाले, अनेक प्रकार की मीठी गोलियाँ, चटनी आदि बनाने में ट्रैगे कैथ गोंद के स्थान पर कड़ाया गोंद का इस्तेमाल होता है। बस्तर के अदिवासी इसके वृक्ष की छाल को कूटकर प्रसव के समय स्त्रियों को देते हैं। उनका यह मानना है कि इससे प्रसव आसानी से हो जाता है।

74. कटेरी एक—कँटीला, बहुत ही सख्त पौधा है। यह पौधा सम्पूर्ण भारत में ज्यादातर सड़कों के किनारे खुले स्थानों, शुष्क भागों और नगरों के कूड़े-कचरे के आस-पास स्वतः उगता है। इसकी जड़ों को सुखाकर दवाई के रूप में प्रयोग किया जाता है। यह खांसी, दर्द दमा (छाती) अनेक प्रकार के बुखारों में उपयोगी है। इसका फल भी अनेक प्रकार के रोगों में प्रयोग होता है। सर्पदंश में भी इसका उपयोग होता है। बस्तरवासी कान दर्द के लिए इसके फलों को कुचलकर उसका रस प्रयोग करते हैं।

75. कूथ पौधा—हिमालय की ऊँची पहाड़ियों पर कश्मीर व असके आस-पास के क्षेत्रों 2500 से 4000 मीटर ऊँचाई पर मिलता है। जम्मू कश्मीर व हिमाचल में इसकी कृषि की जाती है। इसकी जड़ों को सुखाकर दवाई के रूप में इस्तेमाल करते हैं। इसमें एंटीसेप्टिक या निसंक्रामक तथा रोगाणुनाशक गुण मिलते हैं। इसे श्वास दमा, नली की सूजन उदरशूल अफारा तथा हृदय रोगी उपयोग करते हैं। यह मूत्र विरेचक है। कूथ शरीर की अनैच्छिक पेशियों को शांति पहुँचाता है। इसके साथ ही यह दवाई त्वचा रोगों और गठिया में भी लाभदायक है। हिमाचल प्रदेश से लेकर सिक्किम तक का क्षेत्र कूथ के रोपण हेतु उचित समझा जाता है।

76. कुटकी का पौधा—कश्मीर से सिक्किम तक हिमालय क्षेत्र में 3000-4000 मीटर ऊँची पर्वतीय श्रेणियों में मिलता है। इसके पौधे के प्रकंद को सुखाकर दवाई के रूप में प्रयोग करते हैं। यह दवाई कड़वी, पौष्टिक और पर्याय रोधी होती है। इसमें क्षुधावर्धक गुण होते हैं। यह पाचक रसों में स्त्रवण बढ़ाती है। यह जलोदर में लाभप्रद है। कुटकी असली जेंशियन के स्थान पर इस्तेमाल की जा सकती है।

77. कामेला—हिन्दी में सेंदूरी या रोहिनी कहते हैं। यह वृक्ष हिमालय में 1500 मीटर की ऊँचाई तक, दक्षिणी केरल के ऊँचाई वाले भागों में व ऊष्ण क्षेत्रों में पाया जाता है। फलों पर लगा लाल रोम या पाउडर अलग कर लिया जाता है। यही पाउडर दवाई के रूप में काम आता है। कामेला से बनायी गयी दवा का ज्यादातर

इस्तेमाल पेट में जन्म लेने वाले टेपवर्म कृमि को मारने के लिए किया जाता है। अगर एक खुराक में कृमि मर कर नहीं निकल जाता तब दूसरी खुराक दी जाती है। इसमें रेचक गुण होता है। इसे खुजली, दाद व त्वचा रोगों पर लगाया जाता है।

औषधि के अलावा कामेला कपड़ा एवं सूत रंगने के काम आता है। इसके बीज का तेल रंग रोगन एवं वार्निश बनाने के लिए उत्तम समझा जाता है। यह तेल जल्दी ही सूख जाता है। पेटिग के लिए यह बहुत उपयुक्त है और इसकी बहुत माँग है। पेटिग के लिए यह बहुत उपयुक्त है और इसकी बहुत माँग है। इसकी लकड़ी से दियासलाई, पत्ते पशुओं को खिलाने के लिए तथा छाल से टैनीन आदि प्राप्त होती है। स्त्रियाँ लाल पाउडर का सिंदूर बनाती है। इस वृक्ष को अनेक भाषाओं में सेंदूर नाम दिया गया है।

78. काला-दाना—को हिन्दी में नीलकलमी व संस्कृत में कृष्ण-बीज कहते हैं। इस पौधे का वैज्ञानिक नाम 'नील' फूलों के नीले रंग पर आधारित है। यह पौधा 1800 मीटर की ऊँचाई तक पूरे भारत में मिलता है। यह स्वतः भी उगता है एवं इसकी खेती भी की जाती है।

इसके बीज को सुखाकर दवाई के रूप में प्रयोग करते हैं। यह रेचक होता है। ज्यादा सेवन से पेट में जलन होती है। पौधे के ताजे फल का इस्तेमाल शाक-भाजी में किया जाता है।

79. कालमेघ—को संस्कृत में किराता कहते हैं। इसका पौधा विशेषकर मैदानी भागों में होता है। इसकी जड़ के अतिरिक्त समूचा पौधा दवाई के काम आता है। यह क्षुधावर्धक तथा पौष्टिक होता है। यह कृमि, पेचिश, ज्वर, दुर्बलता व पेट के अफारे में उपयोगी है। बच्चों के जिगर व अपच के रोग में भी यह लाभदायक है। पहले इसको उपयोग सर्प काटने में होता था। इसमें एंटीबायोटिक व एंटीफाइड तत्त्व मौजूद है। बस्तर के आदिवासी इसे सरसों के तेल में पीसकर खुजली पर लगाते हैं।

80. किरमानी-अजवाइन—इस पौधे का व्यापरिक नाम सैंटी नीना है। यह बहुवर्षी सुगंधित पौधा है। इसकी शाखाएँ ज्यादा संख्या में विभक्त होती हैं। इसके पौधे उत्तरी भारत के पर्वतीय क्षेत्र में कश्मीर से लेकर कुमाऊँ तक लगभग 2000-3000 मीटर की ऊँचाई वाले पर्वतों पर मिलते हैं। पौधे की नयी पत्तियाँ तथा पुष्प डोडियों को सुखाकर दवाई में प्रयोग करते हैं। पुष्प डोडी पतली स्पाईकों में लगती है। ग्रीष्म ऋतु के प्रारम्भ में अथवा वसन्तऋतु के अन्त में पत्ते व पुष्पडोडियों को एकत्रित कर लेना चाहिए। इस समय इसमें सेंटोनीन की मात्रा ज्यादा होती है।

सेंटोनीन पर ही पौधे के दवाइयों वाले गुण निर्भर करते हैं। फूल के विकसित होने पर सेंटोनीन की मात्रा कम हो जाती है। सैंटी नीना से भी कई रोगों की दवाएं बनायी जाती हैं। लेकिन इसका भी सर्वाधिक इस्तेमाल कृमि रोग में ही होता है। इसका उपयोग थ्रेडवर्म तथा राउंडवर्म हेतु बड़ा उपयोगी है। यह दवाई बुखार तथा जलोदर में भी इस्तेमाल की जाती है।

81. खोकली–इसको हिन्दी में कुप्पी व संस्कृत में हरितमंजरी कहा गया है इसका पौधा सम्पूर्ण मैदानी भाग में मिलता है। साधारणतया इसके पौधे उद्यानों, खेतों तथा सड़कों तथा मकानों के नजदीक उगते हुए पाये जाते हैं। इसके पौधे पर जिस समय फूल आते हैं, उखाड़कर सुखा लेते हैं व औषधि के रूप में प्रयोग करते हैं। इसमें इपेकाक जैसा गुण मिलता है। यह श्वासनली की सूजन, दमा, श्वास रोग, निमोनिया तथा गठिया में फायदेमंद है। इसकी जड़ तथा पत्ती रेचक है। पत्तों का रस वमनकारी होता है। ताजे पत्ते को पीसकर फोड़े पर लगाते हैं।

82. खुरसानी-अजवाइन को संस्कृत में 'मदकारिणी' कहा गया है। इसका पौधा पश्चिमी हिमालय, कश्मीर से गढ़वाल तक 1500-3000 मीटर की ऊँचाई तक मिलता है। इस तरह के पौधों का आर्थिक महत्व होने के कारण इनको घरों या बस्तियों के आस-पास उपजाया जाता है। कश्मीर, पंजाब, महाराष्ट्र, उत्तर प्रदेश, नीलगिरी तथा अन्य स्थानों में इसकी खेती होती है। पौधे के फूलने के शीघ्र बाद पत्ते एवं फूलों के ऊपर की शाखाएं एकत्रित कर ली जाती है। इस दवाई में भी अंगूर शफा के गुण होते हैं। इसका प्रयोग नींद लाने, मांसपेशियों की ऐंठन दूर करने, हिस्टीरिया के दौरों में ज्ञात तन्तुओं की उत्तेजना को शांत करने हेतु किया जाता है। इसके बीज में भी दवाईयों के गुण हैं। पीड़ा को दूर करने हेतु इसके बीज को पीसकर लगाते हैं।

83. गोखरू पौधा सारे भारत में लगभग 3000 मीटर की ऊँचाई तक मिलता है। इसका फल दवाई के रूप में इस्तेमाल है। इसे मूत्र-सम्बन्धी तथा यौन दुर्बलता के निवारण के लिए प्रयोग करते हैं। यह शीतल होता है। फलों का क्वाथ गठिया और गुर्दे के रोगों में लाभदायक है। यह मूत्र विरेचक होता है।

84. गिलो को संस्कृत में अमृत वल्ली कहते हैं। इसके पौधे ऊष्ण भागों में मिलते हैं। इसकी शाखाएँ गर्मी के मौसम में इकट्ठा करके सुखा लेते हैं। इसकी सूखी शाखाएँ ही औषधि के रूप में काम आती हैं। यह पौष्टिक तथा कामोद्दीपक होती है। यह बुखार में भी उपयोगी है। पौधों के तनों और जड़ों से प्राप्त स्टार्च अतिसार तथा पेचिश में लाभदायक है। यह स्टार्च बलवर्धक है।

85. गंध पूरा—इसको अंग्रेजी में "विंटर ग्रीन" कहते हैं। यह पौधा उत्तरी, पूर्वी तथा भारत के पर्वतीय क्षेत्रों में 1500-2000 मीटर की ऊँचाई वाले जगहों में मिलता है। इसके ताजे पौधे में एक वाष्पशील (वोलेटाइल) नामक तेल निकलता है। यह दवाई में काम आता है। इसका तेल विभिन्न प्रकार के वात रोगों में उपयोगी है। तेल की मालिश की जाती है। जलन के समय भी इसका उपयोग करते हैं। इस प्रकार गंधपूर्ण कई औषधीय तेलों तथा मरहमों में इसका प्रयोग होता है। इस तेल से हुकवर्म कृमि समाप्त हो जाते हैं। यह पाचक एवं उत्तेजक भी है। इसका तेल लेमन, सोडा आदि पेय पदार्थों में, दांत के मंजन, मीठी गोलियों में व पेस्टों आदि में सुगंध के लिए मिलाया जाता है। मच्छर तथा अन्य कीड़े मारने अथवा भगाने की कई औषधियों में भी यह तेल प्रयुक्त होता है।

❑❑❑